现代数学译丛 39

信息几何及其应用

Information Geometry and Its Applications

〔日〕甘利俊一 (Shun-ichi Amari) 著

何元智 译

U0214986

科学出版社

北京

图字：01-2024-0337 号

内 容 简 介

本书的翻译和出版为国内读者提供了一个了解信息几何领域知识的媒介，可作为高等院校数学、信息科学等专业本科、研究生教材或学习参考书，也可供从事数学和信息科学等相关学科研究人员参考. 希望读者可以通过阅读本书了解信息几何的基础知识、理论框架和应用方法，并进行研究与探讨，用于解决实际问题.

图书在版编目(CIP)数据

信息几何及其应用/(日)甘利俊一(Shun-ichi Amari)著；何元智译. —北京：科学出版社, 2024.7

书名原文: Information Geometry and Its Applications

ISBN 978-7-03-077658-7

Ⅰ. ①信… Ⅱ. ①甘… ②何… Ⅲ. ①微分几何 Ⅳ. ①O186.1

中国国家版本馆 CIP 数据核字(2024) 第 007560 号

责任编辑：王丽平 范培培 / 责任校对：彭珍珍
责任印制：张 伟 / 封面设计：陈 敬

科 学 出 版 社 出版
北京东黄城根北街 16 号
邮政编码: 100717
http://www.sciencep.com

北京九州迅驰传媒文化有限公司印刷
科学出版社发行 各地新华书店经销
*
2024 年 7 月第 一 版 开本: 720 × 1000 1/16
2025 年 1 月第二次印刷 印张: 21 3/4
字数：436 000

定价: 168.00 元

(如有印装质量问题，我社负责调换)

译　者　序

自香农创建信息论, 描述、分析和处理信息一直是信息理论的核心问题. 若干年以来, 以欧氏几何、赋范空间和线性代数三大传统数学理论为基础, 信息技术得到广泛的应用与发展. 但是, 近代涌现的复杂网络、非线性控制、高维信号分析等新问题给传统数学理论提出了新的严峻挑战. 信息几何作为一门将微分几何、概率论与信息论有机结合在一起的新兴学科, 是在非欧几何流形上采用现代微分几何方法研究统计学和信息领域问题的一套崭新理论体系, 被誉为是继香农开辟现代信息理论之后的又一新的理论变革, 具有划时代的意义.

信息几何与信息论、统计学、概率论、微分几何、系统理论以及物理学广义相对论、量子理论等都有着紧密的联系. 作为一套精密而强有力的数学工具, 信息几何正逐步应用于信息理论、系统理论、控制理论、人工智能和统计推断等各个领域, 并展现出巨大的优势和发展潜力. 在很大程度上, 信息几何将会改变人们对所研究问题的传统认识, 也将提供新的研究方法和手段, 并将给所研究的领域带来理论和方法的革新, 必将成为未来重要发展方向.

本书是信息几何学科创始人 Shun-ichi Amari 于 2015 年所著的信息几何经典专著. 在这本书中, 他首次介绍了信息几何的基本概念, 明确建立了信息几何的完整研究框架, 并且清晰描述了信息几何在若干经典和新兴领域的应用方法. 整本书采用了通俗易懂的撰写风格, 打破了传统数学专著晦涩难懂的桎梏, 即使没有微分几何知识基础的读者, 也能读懂该书的主要内容.

本书内容主要分为四个部分, 共 13 章, 涵盖了信息几何的基本概念、理论框架、应用方法等内容. 第一部分包括 4 章, 主要介绍了流形上的散度函数, 并说明了其为流形提供了一个有黎曼度量的对偶平坦结构. 第二部分包括 2 章, 主要介绍了现代微分几何所涉及的若干基本概念. 第三部分包括 4 章, 主要介绍了统计推断中的信息几何, 包括 EM 算法、Neyman-Scott 问题、线性系统和时间序列. 第四部分包括 3 章, 主要介绍了信息几何在机器学习、奇异区域、信号处理等领域的应用方法.

本书的翻译和出版为国内读者提供了一个了解信息几何领域知识的媒介, 可作为高等院校数学、信息科学等专业本科、研究生教材或学习参考书, 也可供从事数学和信息科学等相关学科研究人员参考. 希望读者可以通过阅读本书了解信息几何的基础知识、理论框架和应用方法, 并进行研究与探讨, 用于解决实际问题.

科学出版社王丽平编辑为本书的出版付出了辛勤劳动, 借此机会表示诚挚的谢意. 同时, 还要感谢我的博士研究生付华珺、冯姗姗、朱传信为本书的校对工作提供的帮助.

由于时间仓促, 加之译者水平有限, 翻译中错误和不妥之处在所难免, 敬请广大读者和同行批评指正.

何元智

2023 年 12 月

前　言

信息几何是利用现代几何知识探索信息世界的一种方法. 迄今为止, 信息理论的研究主要采用代数、逻辑、分析和概率方法. 因其采用几何学方法研究距离、曲率等要素之间的相互关系, 因此可为信息科学提供有力的工具.

信息几何是从统计推断中涉及的不变几何结构的研究中产生的. 它在概率分布的流形上定义了黎曼度量和对偶仿射联络. 这些结构不仅在统计推断中发挥着重要作用, 而且在信息科学的更广泛领域中也发挥着重要作用, 如机器学习、信号处理、优化, 甚至神经科学, 更不用说数学和物理了.

本书将介绍信息几何相关知识, 并概述其广泛的应用领域. 本书第一部分首先介绍了流形中的散度函数, 然后说明了其为流形提供了一个有黎曼度量的对偶平坦结构. 接下来重点介绍了对偶平坦信息流形中的广义勾股定理. 即使没有微分几何知识基础, 这些结论也是可以理解的.

第二部分详细地介绍了现代微分几何. 本书试图以一种直观易懂的方式来呈现概念, 而不拘泥于严格的数学方式. 在整本书中, 并不追求严格的数学基础, 而是详细阐述了一个实用且通俗易懂的框架.

第三部分介绍了统计推断相关知识, 包括 Neyman-Scott 问题、半参数模型和 EM 算法.

第四部分概述了信息几何在机器学习、信号处理等领域的多种应用方法.

请允许我回顾一下我个人在信息几何方面的研究历程. 1958 年, 作为一名硕士研究生, 我参加了一个关于统计学的研讨会, 文章是 S. Kullback 的“Information Theory and Statistics”. 一位教授向我建议, Fisher 信息可以被视为一种黎曼度量. 我计算了高斯分布流形的黎曼度量和曲率, 发现它是一个常曲率的流形, 这与非欧几何中著名的庞加莱半平面没有区别. 我被它的美丽迷住了. 我相信一个美丽的结构一定有重要的现实意义, 但我没能得到更进一步的结论.

15 年后, 我受到 B. Efron 教授的一篇论文和 A. P. Dawid 教授的讨论的启发, 重新开始了对信息几何的研究. 后来, 我发现 N. N. Chentsov 教授也提出了类似的理论. 幸运的是, D. Cox 先生注意到了我的方法, 并在 1984 年组织了一场关于信息几何的国际研讨会, 许多活跃的统计学家都参加了这次研讨会. 这是信息几何的一个良好开端.

现在信息几何已经在世界范围内得到发展, 许多专题讨论会和研讨会已经在世界各地组织起来. 它的应用领域已经从统计推断扩展到更广泛的信息科学领域.

遗憾的是, 我没能介绍许多世界各地其他研究者的优秀成果. 例如, 我还没能接触到量子信息几何. 另外, 由于能力有限, 我也没能参考到很多重要的成果.

最后, 我要感谢 M. Kumon 博士和 H. Nagaoka 教授, 他们在我研究信息几何的早期阶段进行了合作, 也感谢许多研究人员在我研究信息几何的过程中给予的支持, 包括 D. Cox 教授、C.R. Rao 教授、O. Barndorff-Nielsen 教授、S. Lauritzen 教授、B. Efron 教授、A. P. Dawid 教授、K. Takeuchi 教授和已故的 N. N. Chentsov 教授等. 最后, 我要感谢 Emi Namioka 女士, 她把我的手写稿整理成漂亮的 TEX 格式. 如果没有她的奉献, 这本书就不会出现.

Shun-ichi Amari

2015 年 4 月

目　　录

第一部分　散度函数的几何：对偶平坦的黎曼结构

第二部分　对偶微分几何导论

第三部分 统计推断的信息几何学

第四部分 信息几何学的应用

第一部分

散度函数的几何：对偶平坦的黎曼结构

第 1 章　流形、散度、对偶平坦结构

本章将从一个流形及其坐标系谈起. 继而, 定义两点之间的散度. 我们会使用直观的方式来解释流形, 并给出典型的示例. 散度代表两点之间的分离程度, 但不是两点间的距离, 因为它对于这两点并不对称. 这就是对偶耦合不对称的起源, 它把我们带到了一个双重世界. 当一个凸函数按照布雷格曼散度导出散度时, 流形中就产生了两个仿射结构, 它们通过勒让德变换进行对偶耦合. 因此, 凸函数提供了具有对偶平坦仿射结构的流形以及由它导出的黎曼度量. 正如广义的勾股定理所示, 对偶平坦结构在信息几何中起着关键作用. 对偶平坦结构是黎曼几何中具有非平坦对偶仿射联络的一种特殊情况. 这将在第二部分中研究.

1.1　流　　形

1.1.1　流形及坐标系

n 维流形 M 是一组点的集合, 使得每个点在其邻域内具有 n 维扩展. 也就是说, 这样的邻域在拓扑上等价于一个 n 维欧氏空间. 直观来说, 流形是一个变形的欧氏空间, 就像二维情况下的曲面, 但它可能具有不同的全局拓扑结构. 球面是局部等价于二维欧氏空间的一个例子, 但由于它是紧致的 (有界且封闭), 因此它是弯曲的并具有不同的全局拓扑结构.

由于流形 M 局部等价于一个 n 维欧氏空间 E_n, 故我们可以引入一个由 n 个分量组成的局部坐标系

$$\xi = (\xi_1, \cdots, \xi_n), \tag{1.1}$$

每个点在一个邻域内由它的坐标 ξ 唯一指定. 二维情况见图 1.1. 由于流形可能具有不同于欧氏空间的拓扑结构, 通常我们需要多个坐标邻域和坐标系来覆盖流形的所有点.

即使在一个坐标邻域内坐标系也不是唯一的, 所以坐标邻域内存在多个坐标系. 设 $\zeta = (\zeta_1, \cdots, \zeta_n)$ 是另一个坐标系. 一个点 $P \in M$ 在两个坐标系 ξ 和 ζ 中都有表示时, 它们之间是一一对应的, 我们可以建立如下关系:

$$\xi = f(\zeta_1, \cdots, \zeta_n), \tag{1.2}$$

$$\zeta = f^{-1}(\xi_1, \cdots, \xi_n), \tag{1.3}$$

其中 f 和 f^{-1} 是互逆的向量值函数, 它们是坐标变换及其逆变换. 我们通常假设 (1.2) 和 (1.3) 是 n 个坐标变量的可微函数.[①]

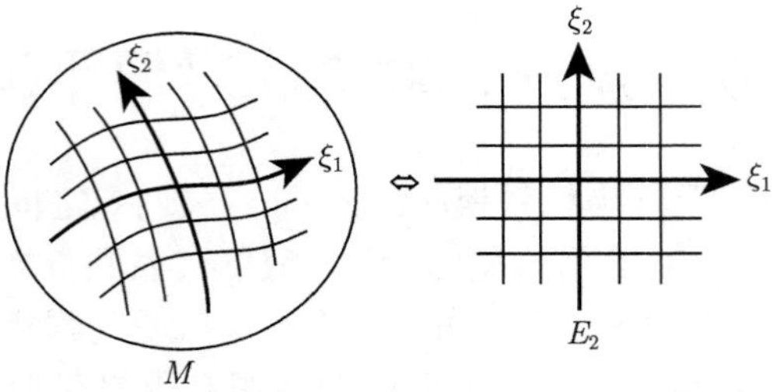

图 1.1　流形 M 和坐标系 ξ. E_2 是一个二维欧氏空间

1.1.2　流形示例

1. 欧氏空间

考虑一个二维平面欧氏空间, 我们会使用正交直角坐标系 $\xi = (\xi_1, \xi_2)$, 有时也会使用极坐标系 $\zeta = (r, \theta)$, 其中 r 是半径, θ 是一个点与一个轴的角度 (图 1.2). 它们之间的坐标变换由下式给出:

$$r = \sqrt{\xi_1^2 + \xi_2^2}, \quad \theta = \text{artan}\left(\frac{\xi_2}{\xi_1}\right), \tag{1.4}$$

$$\xi_1 = r\cos\theta, \quad \xi_2 = r\sin\theta, \tag{1.5}$$

除了原点之外, 这个变换是可解析的.

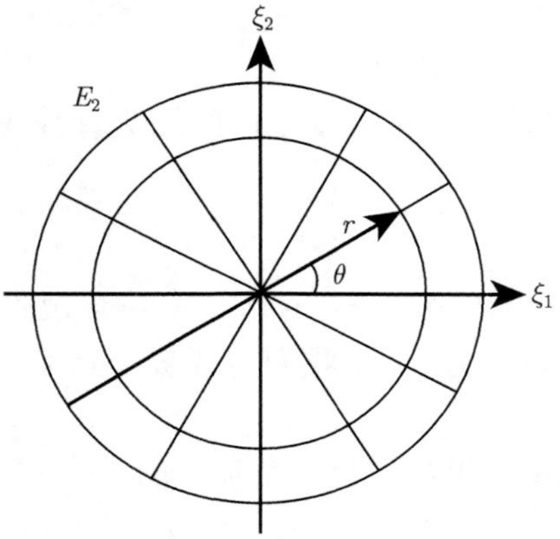

图 1.2　E_2 中的笛卡尔坐标系 $\xi = (\xi_1, \xi_2)$ 和极坐标系 (r, θ)

① 受过数学训练的读者可能知道流形的严格定义: 流形 M 是一个豪斯多夫空间, 它被许多称为坐标邻域的开集覆盖, 因此坐标邻域与欧几里得空间之间存在同构. 同构定义了邻域中的局部坐标系. 当坐标变换可微时, M 称为可微流形. 参见《现代微分几何》教科书. 我们的定义很直观, 在数学上并不严谨, 但足以理解信息几何及其应用.

2. 球面

球面是三维球的表面. 普遍认为, 地球表面是一个球面, 其中每个点都有一个二维邻域, 这样我们就可以在平面上绘制一张局部的地图. 一组纬度和经度构成了一个局部坐标系. 然而, 球面在拓扑上不同于欧氏空间, 它不能被一个坐标系覆盖. 至少需要两个坐标系来覆盖球面. 如果我们删除一个点, 比如地球的北极, 它在拓扑上等价于一个欧氏空间. 因此, 我们至少需要两个重叠的坐标邻域, 一个包括北极, 另一个包括南极, 它们足以覆盖整个球面.

3. 概率分布流形

1) 高斯分布

高斯随机变量 x 的概率密度函数由下式给出

$$p(x;\mu,\sigma^2)=\frac{1}{\sqrt{2\pi}\sigma}\exp\left\{-\frac{(x-\mu)^2}{2\sigma^2}\right\}, \tag{1.6}$$

其中, μ 是均值, σ^2 是方差. 因此, 所有高斯分布的集合是二维流形, 其中一个点表示概率密度函数和

$$\xi=(\mu,\sigma),\quad \sigma>0 \tag{1.7}$$

一个坐标系. 这在拓扑上等价于二维欧氏空间的上半部分. 高斯分布的流形被一个坐标系 $\xi=(\mu,\sigma)$ 覆盖.

针对高斯分布的流形也可以建立其他坐标系来覆盖. 例如, 设 m_1 和 m_2 分别为 x 的一阶矩和二阶矩, 由下式给出

$$m_1=E[x]=\mu,\quad m_2=E[x^2]=\mu^2+\sigma^2, \tag{1.8}$$

其中, E 表示随机变量的期望. 令

$$\zeta=(m_1,m_2) \tag{1.9}$$

是一个坐标系 (力矩坐标系).

后面会讲到由 θ 定义的坐标系,

$$\theta_1=\frac{\mu}{\sigma^2},\quad \theta_2=-\frac{1}{2\sigma^2}, \tag{1.10}$$

θ_1, θ_2 被称为自然参数, 便于研究高斯分布的性质.

2) 离散分布

设 x 是 $X=\{0,1,\cdots,n\}$ 中取的离散随机变量. 概率分布 $p(x)$ 由 $n+1$ 个概率指定:

$$p_i = \mathrm{Prob}\{x=i\}, \quad i=0,1,\cdots,n, \tag{1.11}$$

因此 $p(x)$ 由概率向量表示为

$$p=(p_0,p_1,\cdots,p_n). \tag{1.12}$$

受到如下条件限制:

$$\sum_{i=0}^{n} p_i = 1, \quad p_i > 0, \tag{1.13}$$

所有概率分布 p 的集合形成 n 维流形. 坐标系由下式给出

$$\xi=(p_1,\cdots,p_n), \tag{1.14}$$

p_0 不是自由的, 而是坐标的函数,

$$p_0 = 1-\sum \xi_i. \tag{1.15}$$

流形是一个 n 维单形, 称为概率单形, 用 S_n 表示. 当 $n=2$ 时, S_2 是三角形的内部; 当 $n=3$ 时, 它是 3-单形的内部, 如图 1.3 所示.

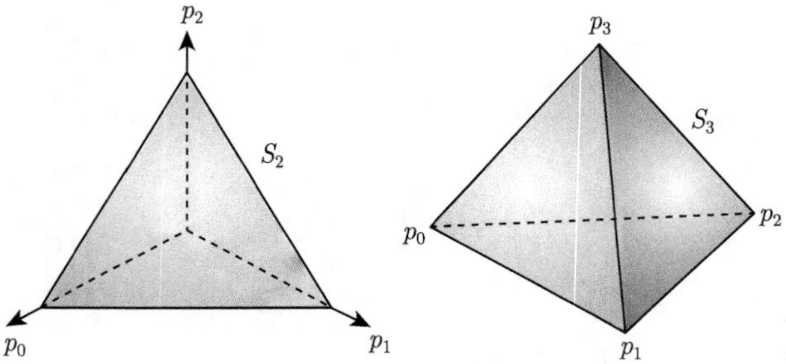

图 1.3　概率单形: S_2 和 S_3

让我们引入 $n+1$ 个随机变量 $\delta_i(x), i=0,1,\cdots,n$,

$$\delta_i(x)=\begin{cases} 1, & x=i, \\ 0, & x\neq i. \end{cases} \tag{1.16}$$

关于 ξ 坐标, x 的概率分布由下式表示

$$p(x,\xi)=\sum_{i=1}^{n}\xi_i\delta_i(x)+p_0(\xi)\,\delta_0(x), \tag{1.17}$$

另一个坐标系 θ, 由下式给出

$$\theta_i=\log\frac{p_i}{p_0},\quad i=1,\cdots,n, \tag{1.18}$$

这个坐标系也非常有用.

3) 正则统计模型

设 x 是一个随机变量, 它可以取离散值、标量或向量的连续值. 统计模型是由向量参数 ξ 指定的一族概率分布 $M=\{p(x,\xi)\}$, 当它满足一定的正则性条件时, 称为正则统计模型. 这样的 M 是流形, 其中 ξ 起着坐标系的作用. 高斯分布族和离散概率分布族是正则统计模型的例子. 信息几何学是从对正则统计模型的不变几何结构的研究中产生的.

4. 正测度流形

设 x 是取集合 $N=\{1,2,\cdots,n\}$ 中值的一个变量. 我们给元素 i 指定一个正测度 (或权重) $m_i, i=1,\cdots,n$. 然后

$$\xi=(m_1,\cdots,m_n),\quad m_i>0, \tag{1.19}$$

在 N 上定义测度分布. 所有这些测度的集合位于 N 维欧氏空间的第一象限 R_+^n. 它们的总和

$$m=\sum_{i=1}^{n}m_i \tag{1.20}$$

被称为 $m=(m_1,\cdots,m_n)$ 的总质量.

当 m 满足总质量等于 1 的约束时,

$$\sum m_i=1, \tag{1.21}$$

属于 S_{n-1} 的概率分布. 因此, S_{n-1} 作为它的子流形包含在 R_+^n 中.

正测度 (非正态概率分布) 出现在许多工程问题上. 例如, 当亮度为正时, 在 x-y 平面上绘制的图像 $s(x,y)$ 为正测度,

$$s(x,y)>0. \tag{1.22}$$

当我们将 x-y 平面离散成 n^2 个像素 (i,j) 时, 离散的图片 $\{s(i,j)\}$ 形成属于 R_+^n 的正测度. 同样, 当考虑声音的离散功率谱时, 它是一个正测度. 观测数据的直方图也定义了一个正测度.

5. 正定矩阵

设 A 为 $n \times n$ 的矩阵. 所有这样的矩阵形成一个 n^2 维流形. 当 A 对称且正定时, 它们形成一个 $\frac{n(n+1)}{2}$ 维流形. 这是嵌入在所有矩阵流形中的子流形. 我们可以用 A 的右上角元素作为坐标系. 正定矩阵出现在统计学、物理学、运筹学、控制论等领域.

6. 神经流形

神经网络由大量相互连接的神经元组成, 信息处理的动态过程就在其中进行. 网络由连接神经元 i 和神经元 j 的连接权 w_{ji} 来定义. 所有这样的网络的集合形成一个流形, 其中矩阵 $W = (w_{ji})$ 是一个坐标系. 稍后, 我们将从信息几何的角度分析这种网络的特性.

1.2　两点之间的散度

1.2.1　散度

若流形 M 中有两点 P 和 Q, 它们的坐标分别是 ξ_P 和 ξ_Q. 散度 $D[P:Q]$ 是满足一定标准条件 ξ_P 和 ξ_Q 的函数. 详细参考书目见 (Bassevile, 2013). 我们可以将其记为

$$D[P:Q] = D[\xi_P:\xi_Q], \tag{1.23}$$

我们假设它是 ξ_P 和 ξ_Q 的可微函数.

定义 1.1　当 $D[P:Q]$ 满足以下标准时, 称为散度:

(1) $D[P:Q] \geqslant 0$;

(2) $D[P:Q] = 0$, 当且仅当 $P = Q$;

(3) 当 P 和 Q 足够接近时, 用 ξ_P 和 $\xi_Q = \xi_P + d\xi$ 分别表示它们的坐标, D 的泰勒展开式记为

$$D[\xi_P:\xi_P + d\xi] = \frac{1}{2}\sum g_{ij}(\xi_P)d\xi_i d\xi_j + O\left(|d\xi|^3\right), \tag{1.24}$$

矩阵 $G = (g_{ij})$ 是正定的并取决于 ξ_P.

散度代表两点 P 和 Q 的离散度, 但它或它的平方根不是距离. 它不必满足对称性条件, 所以一般来说

$$D[P:Q] \neq D[Q:P]. \tag{1.25}$$

我们可以称 $D[P:Q]$ 为从 P 到 Q 的散度. 而且, 三角不等式不成立. 如

(1.24) 所示, 它具有距离平方的维数. 通过以下方法可以使散度对称化:

$$D_S[P:Q]=\frac{1}{2}(D[P:Q]+D[Q:P]). \tag{1.26}$$

然而, 散度的不对称在信息几何学中起着重要的作用, 这将在后面看到.

当 P 和 Q 足够接近时, 我们用 (1.24) 定义它们之间无穷小距离 ds 的平方为

$$ds^2=2D[\xi:\xi+d\xi]=\sum g_{ij}d\xi_i d\xi_j, \tag{1.27}$$

当正定矩阵 $G(\xi)$ 定义在 M 上, 且附近两点 ξ 和 $\xi+d\xi$ 的最小距离的平方由 (1.27) 给出时, 称流形 M 为黎曼流形. 散度 D 给 M 提供了黎曼结构.

1.2.2 散度的例子

1. 欧氏散度

在欧氏空间中使用正交直角坐标系时, 可以用欧氏距离平方的一半来定义散度:

$$D[P:Q]=\frac{1}{2}(\xi_{Pi}-\xi_{Qi})^2, \tag{1.28}$$

在这种情况下, 矩阵 G 是单位矩阵, 因此

$$ds^2=\sum(d\xi_i)^2. \tag{1.29}$$

2. 库尔贝克-莱布勒 (Kullback-Leibler, KL) 散度

设 $p(x)$ 和 $q(x)$ 是概率分布流形中随机变量 x 的两个概率分布. 以下称为库尔贝克-莱布勒 (KL) 散度:

$$D_{\mathrm{KL}}[p(x):q(x)]=\int p(x)\log\frac{p(x)}{q(x)}dx. \tag{1.30}$$

当 x 离散时, 用求和代替积分可以很容易地发现它是否满足散度的标准. 一般是不对称的, 在统计学、信息论、物理学等方面都很有用. 许多其他的散度将在后面的概率分布流形中介绍.

3. 正测度的 KL 散度

正测度 R_+^n 的流形是欧氏空间的子集. 因此, 我们可以在其中引入欧氏散度 (1.28). 但是, 我们可以扩展 KL 散度:

$$D_{\mathrm{KL}}[m_1:m_2]=\sum m_{1i}\log\frac{m_{1i}}{m_{2i}}-\sum m_{1i}+\sum m_{2i}. \tag{1.31}$$

当两个测度 m_1 和 m_2 的总质量为 1 时, 它们是概率分布并且 $D_{\mathrm{KL}}[m_1:m_2]$ 简化为 (1.30) 中的 KL 散度 D_{KL}.

4. 正定矩阵散度

正定矩阵流形中引入了一族有用的散度. 设 P 和 Q 是两个正定矩阵. 以下是散度的典型例子:

$$D[P:Q]=\operatorname{tr}(P\log P-P\log Q-P+Q). \tag{1.32}$$

这与量子力学的冯・诺依曼 (Von Neumann) 熵有关,

$$D[P:Q]=\operatorname{tr}\left(PQ^{-1}\right)-\log\left|PQ^{-1}\right|-n. \tag{1.33}$$

这是由多元高斯分布的 KL 散度造成的, 并且

$$D[P:Q]=\frac{4}{1-\alpha^2}\operatorname{tr}\left(-P^{\frac{1-\alpha}{2}}Q^{\frac{1+\alpha}{2}}+\frac{1-\alpha}{2}P+\frac{1+\alpha}{2}Q\right) \tag{1.34}$$

叫作 α 散度, 其中 α 是一个实参数. 这里 $\operatorname{tr}P$ 表示矩阵 P 的迹, $|P|$ 是 P 的行列式.

1.3　凸函数和布雷格曼散度

1.3.1　凸函数

对于任意 ξ_1 和 ξ_2 以及标量 $0\leqslant\lambda\leqslant 1$，当满足下列不等式时

$$\lambda\psi(\xi_1)+(1-\lambda)\psi(\xi_2)\geqslant\psi\{\lambda\xi_1+(1-\lambda)\xi_2\}, \tag{1.35}$$

在坐标系 ξ 上的非线性函数 $\psi(\xi)$ 被称为是凸的.

我们考虑一个可微凸函数. 那么, 一个函数是凸的当且仅当它的黑塞矩阵 H 是正定的.

$$H(\xi)=\left(\frac{\partial^2}{\partial\xi_i\partial\xi_j}\psi(\xi)\right). \tag{1.36}$$

在物理、优化和工程问题中出现了许多凸函数. 一个简单的例子是

$$\psi(\xi)=\frac{1}{2}\sum\xi_i^2, \tag{1.37}$$

它是原点到点 ξ 的欧氏距离的平方的一半. 设 p 是属于 S_n 的概率分布. 那么 p 的熵

$$H(p)=-\sum p_i\log p_i \tag{1.38}$$

将是一个凹函数, 所以它的负 $\varphi(p) = -H(p)$ 是凸函数. 我们再举一个概率模型的例子. 概率分布的指数族表示为

$$p(x,\theta) = \exp\left\{\sum \theta_i x_i + k(x) - \psi(\theta)\right\}, \tag{1.39}$$

其中 $p(x,\theta)$ 是由向量参数 θ 指定的向量随机变量 x 的概率密度函数, $k(x)$ 是 x 的函数. $\exp(-\psi(\theta))$ 项是归一化因子, 满足下式

$$\int p(x,\theta)dx = 1. \tag{1.40}$$

因此, $\psi(\theta)$ 的表达式为

$$\psi(\theta) = \log\int \exp\left\{\sum \theta_i x_i + k(x)\right\} dx. \tag{1.41}$$

$M = \{p(x,\theta)\}$ 被视为流形, 其中 θ 为坐标系. 通过微分 (1.41), 我们可以证明 $\psi(\theta)$ 的黑塞矩阵是正定的 (见 1.3.2 节). 因此, $\psi(\theta)$ 是凸函数, 它在统计学中被称为累积函数, 在统计物理学中被称为自由能. 指数族在信息几何中起着基础性的作用.

1.3.2 布雷格曼散度

凸函数的图形如图 1.4 所示. 我们在点 ξ_0 处画一个相切超平面 (图 1.4). 它由下式给出:

$$z = \psi(\xi_0) + \nabla\psi(\xi_0)\cdot(\xi - \xi_0), \tag{1.42}$$

其中 z 是图的垂直轴. 在下式中, ∇ 是梯度算子, $\nabla\psi$ 是以分量的形式由下式定义的梯度向量

$$\nabla\psi = \left(\frac{\partial}{\partial\xi_i}\psi(\xi)\right), \quad i = 1,\cdots,n. \tag{1.43}$$

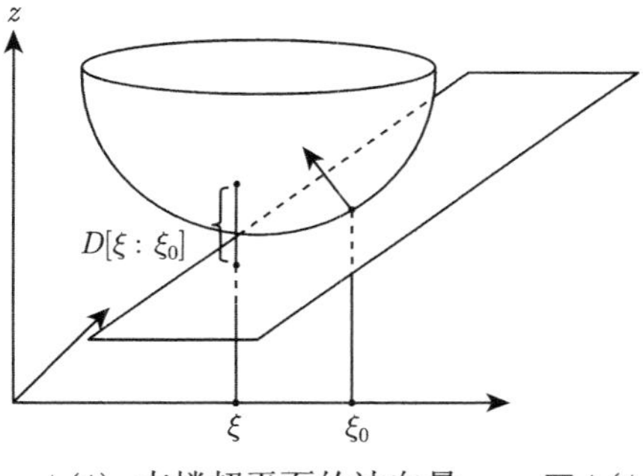

图 1.4 凸函数 $z = \psi(\xi)$, 支撑超平面的法向量 $n = \nabla\psi(\xi_0)$ 和散度 $D[\xi : \xi_0]$

由于 ψ 是凸的, ψ 的图总是在超平面之上, 在 ξ_0 点处有接触. 它是 ξ_0 处 ψ 的支撑超平面 (图 1.4).

我们评估函数 $\psi(\xi)$ 在离超平面 (1.42) 的 ξ 处有多高. 这取决于定义支撑超平面的 ξ_0 点. 与 (1.42) 的差值记为

$$D_\psi[\xi:\xi_0]=\psi(\xi)-\psi(\xi_0)-\nabla\psi(\xi_0)\cdot(\xi-\xi_0), \tag{1.44}$$

把它看作一个函数的两个点 ξ 和 ξ_0, 我们可以很容易地证明它满足散度的标准. 这就是从凸函数 ψ 导出的布雷格曼散度 (Bregman, 1967).

我们来看一下布雷格曼散度的例子.

例 1.1 (欧氏散度)　对于欧氏空间中由 (1.37) 定义的 ψ, 我们很容易看出散度为

$$D[\xi:\xi_0]=\frac{1}{2}|\xi-\xi_0|^2, \tag{1.45}$$

也就是说, 它等于欧氏距离平方的一半并且是对称的.

例 1.2 (对数散度)　我们考虑一个在正测度 R_+^n 的流形中的凸函数,

$$\psi(\xi)=-\sum_{i=1}^{n}\log\xi_i. \tag{1.46}$$

它的梯度是

$$\nabla\psi(\xi)=\left(-\frac{1}{\xi_i}\right). \tag{1.47}$$

因此, 布雷格曼散度是

$$D_\psi[\xi:\xi']=\sum_{i=1}^{n}\left(\log\frac{\xi_i'}{\xi_i}+\frac{\xi_i}{\xi_i'}-1\right). \tag{1.48}$$

对于另一个凸函数

$$\varphi(\xi)=\sum\xi_i\log\xi_i, \tag{1.49}$$

布雷格曼散度与 (1.31) KL 散度相同, 由下式给出

$$D_\varphi[\xi:\xi']=\sum\left(\xi_i\log\frac{\xi_i}{\xi_i'}-\xi_i+\xi_i'\right). \tag{1.50}$$

当 $\sum\xi_i=\sum\xi_i'=1$ 成立时, 这是从概率向量 ξ 到 ξ' 的 KL 散度.

例 1.3 (指数族的自由能) 我们计算 (1.41) 指数族的归一化因子 $\psi(\theta)$ 给出的散度. 为此, 我们对等式

$$1 = \int p(x, \theta) dx = \int \exp\left\{\sum \theta_i x_i + k(x) - \psi(\theta)\right\} dx \tag{1.51}$$

关于 θ_i 进行求导, 可以得到

$$\int \left\{x_i - \frac{\partial}{\partial \theta_i}\psi(\theta)\right\} p(x, \theta) dx = 0 \tag{1.52}$$

或

$$\frac{\partial}{\partial \theta_i}\psi(\theta) = \int x_i p(x, \theta) dx = E[x_i] = \bar{x}_i, \tag{1.53}$$

$$\nabla\psi(\theta) = E[x], \tag{1.54}$$

其中, E 表示相对于 $p(x, \theta)$ 的期望, $\bar{x}_i$ 是 x_i 的期望. 然后我们再对 (1.53) 关于 θ_j 求导, 通过一系列计算, 得到

$$-\frac{\partial^2 \psi(\theta)}{\partial \theta_i \partial \theta_j} + E\left[(x_i - \bar{x}_i)(x_j - \bar{x}_j)\right] = 0 \tag{1.55}$$

或

$$\nabla\nabla\psi(\theta) = E\left[(x - \bar{x})(x - \bar{x})^{\mathrm{T}}\right] = \mathrm{Var}[x], \tag{1.56}$$

其中 x^{T} 是列向量 x 的转置, $\mathrm{Var}[x]$ 是 x 的协方差矩阵且是正定的. 这说明 $\psi(\theta)$ 是凸函数. 可以看出 x 的期望和协方差是从 $\psi(\theta)$ 微分导出的.

由指数族 ψ 导出的从 θ 到 θ' 的布雷格曼散度由下式计算

$$D_\psi[\theta : \theta'] = \psi(\theta) - \psi(\theta') - \nabla\psi(\theta') \cdot (\theta - \theta'), \tag{1.57}$$

经过系列计算可以得到, 它等于从 θ' 到 θ 的 KL 散度,

$$D_{\mathrm{KL}}[p(x, \theta') : p(x, \theta)] = \int p(x, \theta') \log \frac{p(x, \theta')}{p(x, \theta)} dx. \tag{1.58}$$

1.4 勒让德变换

$\psi(\xi)$ 的梯度

$$\xi^* = \nabla\psi(\xi). \tag{1.59}$$

从图 1.4 中可以看出, ξ^* 等于在 ξ 处的支撑切线超平面的法向量 n, 不同的点有不同的法向量. 因此, 可以通过法向量来指定 M 的一个点. 换句话说, ξ 和 ξ^* 之

间的转变是一一对应且可微的. 这说明 ξ^* 是 M 的另一个坐标系, 通过 (1.59) 与 ξ 连接.

(1.59) 变换被称为勒让德变换. 勒让德变换是关于两个耦合坐标系 ξ 和 ξ^* 的二元结构. 为了证明这一点, 我们通过下式定义了 ξ^* 的新函数:

$$\psi^*(\xi^*) = \xi \cdot \xi^* - \psi(\xi), \tag{1.60}$$

其中

$$\xi \cdot \xi^* = \sum_i \xi_i \cdot \xi_i^*, \tag{1.61}$$

ξ 是 ξ^* 的函数但不是自由的,

$$\xi = f(\xi^*) \tag{1.62}$$

是 $\xi^* = \nabla\psi(\xi)$ 的反函数. 通过求 (1.60) 相对于 ξ^* 的微分, 我们得到

$$\nabla\psi^*(\xi^*) = \xi + \frac{\partial\xi}{\partial\xi^*}\xi^* - \nabla\psi(\xi)\frac{\partial\xi}{\partial\xi^*}. \tag{1.63}$$

由于 (1.63) 的最后两项因 (1.59) 而抵消, 我们得到一个二元结构

$$\xi^* = \nabla\psi(\xi), \quad \xi = \nabla\psi^*(\xi^*). \tag{1.64}$$

ψ^* 称为 ψ 的勒让德对偶. 对偶函数 ψ^* 满足

$$\psi^*(\xi^*) = \max_{\xi'}\{\xi' \cdot \xi^* - \psi(\xi')\}, \tag{1.65}$$

这通常被用作 ψ^* 的定义. 定义 (1.60) 是直接的. 我们需要证明 ψ^* 是凸函数. $\psi^*(\xi^*)$ 的黑塞矩阵表示为

$$G^*(\xi^*) = \nabla\nabla\psi^*(\xi^*) = \frac{\partial\xi}{\partial\xi^*}, \tag{1.66}$$

其中 G^* 是从 ξ^* 到 ξ 逆变换的雅可比矩阵. 这是黑塞矩阵 $G = \nabla\nabla\psi(\xi)$ 的逆, 由于 $G = \nabla\nabla\psi(\xi)$ 是 ξ 到 ξ^* 变换的雅可比矩阵, 因此, G^* 是一个正定矩阵. 可见, $\psi^*(\xi^*)$ 是 ξ^* 的凸函数.

由对偶凸函数 $\psi^*(\xi^*)$ 得到的一个新的布雷格曼散度

$$D_{\psi*}[\xi^* : \xi^{*\prime}] = \psi^*(\xi^*) - \psi^*(\xi^{*\prime}) - \nabla\psi^*(\xi^{*\prime}) \cdot (\xi^* - \xi^{*\prime}), \tag{1.67}$$

我们称之为对偶散度. 然而, 通过计算, 可以很容易地得出

$$D_{\psi*}[\xi^* : \xi^{*\prime}] = D_\psi[\xi' : \xi]. \tag{1.68}$$

因此, 如果交换两点的顺序, 对偶散度等于原始散度. 所以, 除了顺序不同以外, 两个凸函数导出的散度基本相同.

利用两个坐标系, 可以方便地使用散度的自对偶表达式.

定理 1.1 由一个凸函数 $\psi(\xi)$ 导出的从 P 到 Q 的散度可记为

$$D_\psi[P:Q]=\psi(\xi_P)+\psi^*(\xi_Q^*)-\xi_P\cdot\xi_Q^*, \tag{1.69}$$

其中 ξ_P 是在 ξ 坐标系中 P 的坐标, ξ_Q^* 是在 ξ^* 坐标系中 Q 的坐标.

证明 由 (1.57) 可得

$$\psi^*(\xi_Q^*)=\xi_Q\cdot\xi_Q^*-\psi(\xi_Q), \tag{1.70}$$

将 (1.70) 代入 (1.69), 并且利用 $\nabla\psi(\xi_Q)=\xi_Q^*$, 定理得证.

我们给出了对偶凸函数的例子. 对于例 1.1 中的凸函数 (1.37), 我们很容易得到

$$\psi^*(\xi^*)=\frac{1}{2}|\xi^*|^2 \tag{1.71}$$

和

$$\xi^*=\xi. \tag{1.72}$$

因此, 对偶凸函数与原凸函数相同, 这意味着结构是自对偶的. □

在例 1.2 的情况下, (1.46) 和 (1.49) 中 ψ 和 φ 的对偶分别是

$$\psi^*(\xi^*)=-\sum\{1+\log(-\xi_i^*)\}, \tag{1.73}$$

$$\varphi^*(\xi^*)=\sum\exp\{\xi_i^*-1\}. \tag{1.74}$$

因此 (1.75) 中的两个公式均成立:

$$\nabla\psi^*(\xi^*)=\xi,\quad \nabla\varphi^*(\xi^*)=\xi. \tag{1.75}$$

对于例 1.3 中的自由能 $\psi(\theta)$, 其勒让德变换为

$$\theta^*=\nabla\psi(\theta)=E_\theta[x], \tag{1.76}$$

其中 E_θ 是相对于 $p(x,\theta)$ 的期望. 正因为如此, θ^* 被称为统计学中的期望参数. 由 (1.65) 得到的对偶凸函数 $\psi^*(\theta^*)$ 由下式计算:

$$\psi^*(\theta^*)=\theta^*\cdot\theta-\psi(\theta), \tag{1.77}$$

其中, θ 是 θ^* 的函数 $\theta^* = \nabla\psi(\theta)$, 这证明了 ψ^* 是负数熵,

$$\psi^*(\theta^*) = \int p(x,\theta)\log p(x,\theta)dx. \tag{1.78}$$

由 $\psi^*(\theta^*)$ 导出的对偶散度是 KL 散度:

$$D_{\psi*}[\theta^* : \theta^{*\prime}] = D_{\mathrm{KL}}\left[p(x,\theta) : p(x,\theta')\right], \tag{1.79}$$

其中, $\theta = \nabla\psi^*(\theta^*), \theta' = \nabla\psi^*(\theta^{*\prime})$.

1.5 由凸函数导出的对偶平坦黎曼结构

1.5.1 仿射和对偶仿射坐标系

当一个函数 $\psi(\theta)$ 在坐标系 θ 中是凸的时, 同样的函数在另一个坐标系 ξ 中可表示为

$$\tilde{\psi}(\xi) = \psi\{\theta(\xi)\}, \tag{1.80}$$

但其不一定是 ξ 的凸函数. 因此, 函数的凸性依赖于 M 的坐标系, 但凸函数在仿射变换下仍保持凸性

$$\theta' = A\theta + b, \tag{1.81}$$

其中 A 是非奇异常数矩阵, b 是常数向量.

通过固定一个坐标系 θ, $\psi(\theta)$ 为凸的, 并在此基础上给 M 引入几何结构. 我们把 θ 看作一个仿射坐标系, 它给 M 提供了一个仿射平坦结构: M 是一个平坦流形, θ 的每个坐标轴都是一条直线. M 的任意曲线 $\theta(t)$ 写成参数 t 的线性形式,

$$\theta(t) = at + b, \tag{1.82}$$

$\theta(t)$ 是一条直线, 其中 a 和 b 是常数矢量, 称 $\theta(t)$ 为仿射流形的测地线. 这里 "测地线" 一词是用来表示直线的, 并不是指连接两点的最短路径. 测地线在仿射变换 (1.81) 下是不变的, 但在非线性坐标变换下并不是这样.

我们可以通过勒让德变换定义另一个与 θ 对偶的坐标系 θ^*,

$$\theta^* = \nabla\psi(\theta), \tag{1.83}$$

并将其视为另一种仿射坐标. 这定义了另一个仿射结构. θ^* 的各坐标轴为对偶直线或对偶测地线. 对偶直线写成

$$\theta^*(t) = at + b. \tag{1.84}$$

这是由凸函数 $\psi^*(\theta^*)$ 导出的对偶仿射结构. 由于两个仿射坐标系 θ 和 θ^* 之间的坐标变换一般不是线性的, 因此测地线不是对偶测地线, 反之亦然. 这意味着, 我们在 M 中引入了两种不同的直线度或平面度的标准, 即原始平面度和对偶平面度. M 是对偶平坦的, 两个平坦坐标由勒让德变换相连接.

1.5.2 切空间、基向量和黎曼度量

当 $d\theta$ 为 (无穷小) 线性微元时, 其长度 ds 的平方由下式给出

$$ds^2 = 2D_\psi[\theta : \theta + d\theta] = \sum g_{ij} d\theta^i d\theta^j, \tag{1.85}$$

使用上指数 i, j 来表示 θ 的分量. 很容易看出黎曼度量 g_{ij} 是由 ψ 的黑塞矩阵给出的,

$$g_{ij}(\theta) = \frac{\partial^2}{\partial\theta^i \partial\theta^j} \psi(\theta). \tag{1.86}$$

设 $\{e_i, i = 1, \cdots, n\}$ 是沿 θ 坐标曲线的切向量集 (图 1.5). 由 $\{e_i\}$ 所扩展的向量空间是 M 在各点的切空间. 由于 θ 是仿射坐标系, $\{e_i\}$ 在任何一点看起来都是一样的. 切向量 A 表示为

$$A = \sum A^i e_i, \tag{1.87}$$

其中 A^i 是 A 相对于基向量 $\{e_i\}$ 的分量, $i = 1, \cdots, n$. 线性微元 $d\theta$ 是一个切向量, 表示为

$$d\theta = \sum d\theta^i e_i. \tag{1.88}$$

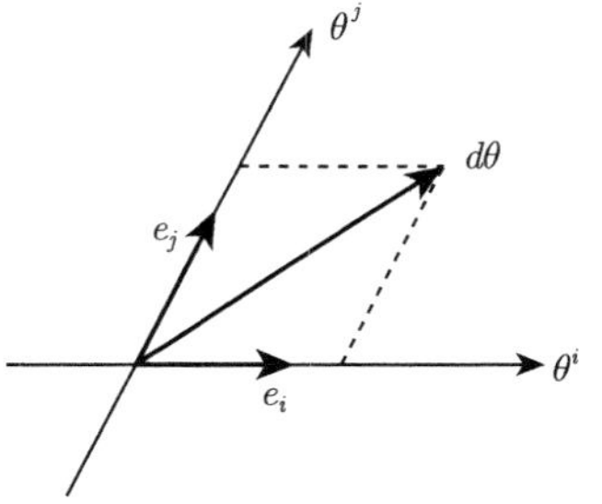

图 1.5 基向量 e_i 和线性微元 $d\theta$

同理, 引入一组基向量, $\{e^{*i}\}$ 是 θ^* 的对偶仿射坐标曲线的切向量 (图 1.6). 在此基础上, 线性微元 $d\theta^*$ 表示为

$$d\theta^* = \sum d\theta_i^* e^{*i}. \tag{1.89}$$

向量 A 表示为

$$A = \sum A_i e^{*i}. \tag{1.90}$$

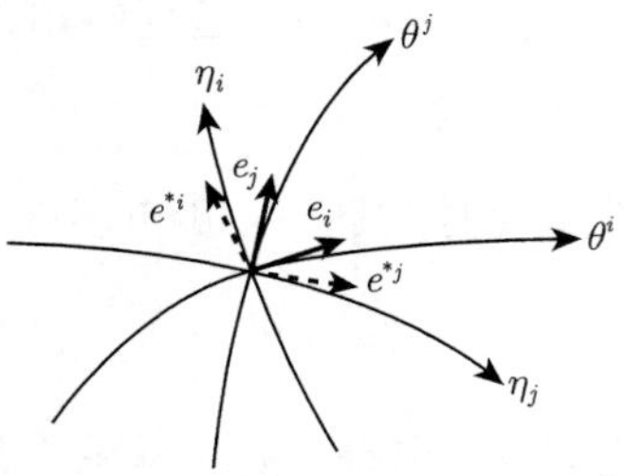

图 1.6　两个对偶基向量 $\{e_i\}$ 和 $\left\{e^{*i}\right\}$

为了区分仿射基和对偶仿射基, 我们对仿射基使用下指数 e_i, 对对偶仿射基使用上指数 e^{*i}. 然后, 通过在两个基向量 A^i 和 A_i 中使用上下标, 使向量的分量在不改变字母 A 而是通过改变上下标的情况下自然地表达. 它们是同样的向量在不同基中的表达, 如下

$$A = \sum A^i e_i = \sum A_i e^{*i}, \tag{1.91}$$

而 A_i 一般不等于 A^i.

在方程 (1.87)—(1.91) 或者其他公式中频繁使用求和符号很麻烦. 即使省略求和符号, 读者也可能从上下文语境中认为是出现人为失误而被省略了. 在大多数情况下, 指数 i 在一个项中出现两次, 一次作为上指数, 另一次作为下指数, 从 1 到 n 代入指数 i 进行求和. 爱因斯坦引入了以下求和约定.

爱因斯坦求和约定: 当同一个指数在一个项中出现两次时, 一次作为上指数, 另一次作为下指数, 即使没有求和符号, 这个指数也会自动进行求和.

除非另有说明, 本书中都使用该约定. (1.91) 可以重写为

$$A = A^i e_i = A_i e^{*i}. \tag{1.92}$$

由于线性微元的长度 ds 的平方由 $d\theta$ 的内积给出, 所以

$$ds^2 = \langle d\theta, d\theta \rangle = g_{ij} d\theta^i d\theta^j, \tag{1.93}$$

也可以记为

$$ds^2 = \left\langle d\theta^i e_i, d\theta^j e_j \right\rangle = \langle e_i, e_j \rangle \, d\theta^i d\theta^j. \tag{1.94}$$

因此, 得到

$$g_{ij}(\theta) = \langle e_i, e_j \rangle, \tag{1.95}$$

这是基向量 e_i 和 e_j 的内积, 取决于位置 θ.

由 (1.93) 给出线性微元 $d\theta$ 的长度的流形 $G=(g_{ij})$ 是黎曼流形. 在欧氏空间具有正交坐标系的情况下, g_{ij} 由下式给出

$$g_{ij}=\delta_{ij}, \tag{1.96}$$

其中 δ_{ij} 是克罗内克函数, 如果 $i=j$ 相等, 则其输出值为 1, 否则为 0. 这是由凸函数 (1.37) 导出的. 欧氏空间是黎曼流形的一个特例, 其中存在一个坐标系, 使 g_{ij} 不依赖于任何位置, 记为 (1.96). 由凸函数导出的流形一般不是欧氏的.

黎曼度量也可以在对偶仿射坐标系 θ^* 中表示. 由线性微元 $d\theta^*$ 表示为

$$d\theta^*=d\theta_i^* e^{*i}, \tag{1.97}$$

我们有

$$ds^2=\langle d\theta^*, d\theta^*\rangle=g^{*ij}d\theta_i^*d\theta_j^*, \tag{1.98}$$

其中 g^{*ij} 由下式给出

$$g^{*ij}=\left\langle e^{*i}, e^{*j}\right\rangle. \tag{1.99}$$

从 (1.66) 中, 可以看出线性微元 $d\theta$ 和 $d\theta^*$ 的分量与下式有关:

$$d\theta^*=Gd\theta, \quad d\theta=G^{-1}d\theta^*, \tag{1.100}$$

$$d\theta_i^*=g_{ij}d\theta^j, \quad d\theta^j=g^{*ji}d\theta_i^*, \tag{1.101}$$

其中 $G=G^{*-1}$. 所以两个黎曼度量张量是互逆的.

这也意味着这两个基向量是相关的:

$$e^{*i}=g^{ij}e_j, \quad e_i=g_{ij}e^{*j}. \tag{1.102}$$

因为 $G=G^{*-1}$, 所以, 两个基向量 e_i 和 e_j^* 的内积满足下式

$$\left\langle e_i, e^{*j}\right\rangle=\delta_i^j. \tag{1.103}$$

因此两个基向量 e_i 和 e^{*i} 是相互对偶的或互为倒数的 (图 1.6). 一般来说, 两个基向量都不是正交的, 但两者是互补正交的. 这样一组基向量是有用的, 因为向量 A 的分量由内积给出,

$$A^i=\left\langle A, e^{*i}\right\rangle, \quad A_i=\langle A, e_i\rangle, \tag{1.104}$$

这两个分量相关:

$$A_i=g_{ij}A^j, \quad A^j=g^{*ij}A_i. \tag{1.105}$$

1.5.3 向量平移

由于 e_i 在对偶平坦流形中的任何地方都是相同的, 在不改变分量 A^i 的情况下, 点 θ 处定义的切向量 $A = A^i e_i$ 被移动到另一个点 θ'. 这是一般非平坦流形中矢量平移的一个特例. 正如将在第二部分中看到的, 矢量的平行移动在一般情况下需要使用仿射联络. 但是对于由凸函数 $\psi(\theta)$ 导出的对偶平坦流形, 平行移动非常简单.

A 的对偶平移不同于 A 的平移, 当 A 在对偶基中表示为

$$A = A_i e^{*i} \tag{1.106}$$

时, 对偶平移不会改变分量 A_i. 然而, 如 (1.105) 中所见, 它改变了分量 A^i, 因为 A_i 和 A^i 之间的关系取决于位置 θ 或 θ^*, 其中 g_{ij} 和 g^{*ij} 取决于 θ 或 θ^*.

由于 M 属于黎曼流形, 不属于欧氏空间, 所以即使平行很容易被定义, 向量的长度也会因为平移和对偶平移而改变. A 的大小的平方记为

$$|A|^2 = \langle A, A \rangle = g_{ij}(\theta) A^i A^j = A^i A_i. \tag{1.107}$$

因此, A 的大小取决于位置 θ, 即使 A^i 的分量不因平移而改变. 向量 A 和 B 的内积用各种形式表示

$$\langle A, B \rangle = g_{ij} A^i B^j = g^{*ij} A_i B_j = A_i B^i. \tag{1.108}$$

当 $\langle A, B \rangle = 0$ 时, 两个向量 A 和 B 正交. 然而, 当 A 和 B 都从 θ 点平移到 θ' 时, 在 θ 点处成立的正交性在 θ' 处一般不成立. 不过, 对 A 进行平移, 对 B 进行对偶平移, 其正交性保持不变, 因为 $A^i B_i$ 是恒定不变的. 这是两个对偶平移的一个重要性质.

1.6 广义勾股定理和投影定理

1.6.1 广义勾股定理

两条曲线 $\theta_1(t)$ 和 $\theta_2(t)$ 相互正交当它们的切向量

$$\dot{\theta}_1(t) = \frac{d}{dt}\theta_1(t), \tag{1.109}$$

$$\dot{\theta}_2(t) = \frac{d}{dt}\theta_2(t) \tag{1.110}$$

是正交的, 也就是说

$$\left\langle \dot{\theta}_1(t), \dot{\theta}_2(t) \right\rangle = g_{ij} \dot{\theta}_1^i(t) \dot{\theta}_2^i(t) = 0 \tag{1.111}$$

在交点 $t=0$ 处, $\theta_1(0)=\theta_2(0)$ 时且 · 表示 d/dt.

即使从仿射结构的角度来看流形是平坦的, 它也不同于欧氏空间. 对偶平坦流形是欧氏空间的推广. 广义勾股定理适用于对偶平坦流形 M.

让我们考虑对偶平坦流形 M 中的三个点 P, Q, R, 这三点形成了一个三角形. 当连接 P 和 Q 的对偶测地线与连接 Q 和 R 的测地线正交时, 我们称之为正交三角形 (见图 1.7).

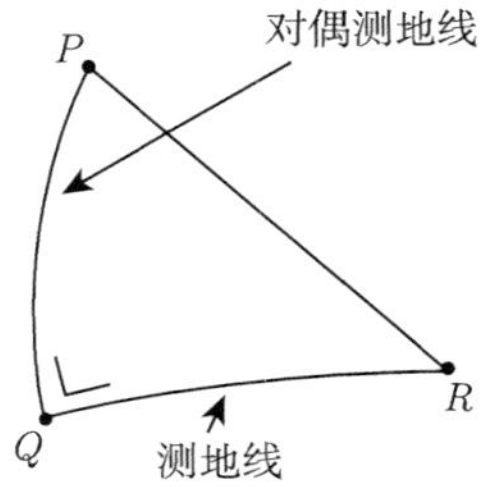

图 1.7 广义正交三角形 PQR 和勾股定理

定理 1.2 (广义勾股定理) 当三角形 PQR 是正交三角形时, 即连接 P 和 Q 的对偶测地线与连接 Q 和 R 的测地线正交时, 以下广义勾股关系成立:

$$D_\psi[P:R]=D_\psi[P:Q]+D_\psi[Q:R]. \tag{1.112}$$

证明 利用下式

$$D_\psi[P:Q]=\psi(\theta_P)+\psi^*(\theta_Q^*)-\theta_P\cdot\theta_Q^*, \tag{1.113}$$

经过计算得到

$$D_\psi[P:Q]+D_\psi[Q:R]-D_\psi[P:R]=(\theta_P^*-\theta_Q^*)\cdot(\theta_Q-\theta_R). \tag{1.114}$$

连接 P 和 Q 的对偶测地线可以记为如下参数形式

$$\theta_{PQ}^*(t)=(1-t)\theta_P^*+t\theta_Q^*. \tag{1.115}$$

它的切向量为

$$\dot{\theta}_{PQ}^*(t)=\theta_Q^*-\theta_P^*. \tag{1.116}$$

连接 P 和 Q 的对偶测地线记为

$$\theta_{QR}(t)=(1-t)\theta_Q+t\theta_R, \tag{1.117}$$

它的切向量为

$$\dot{\theta}_{QR}(t) = \theta_R - \theta_Q. \tag{1.118}$$

因为两个切向量是正交的, 因此得到

$$(\theta_P^* - \theta_Q^*) \cdot (\theta_Q - \theta_R) = 0. \tag{1.119}$$

勾股关系可由 (1.114) 证明. □

由于散度是不对称的, 因此有对偶的说法.

定理 1.3 (对偶勾股定理) 当三角形 PQR 是正交三角形, 即连接 P 和 Q 的测地线与连接 Q 和 R 的对偶测地线正交时, 广义勾股关系的对偶性成立,

$$D_{\psi *}[P : R] = D_{\psi *}[P : Q] + D_{\psi *}[Q : R]. \tag{1.120}$$

在凸函数 (1.37) 的特殊情况下, 散度正好是欧氏距离平方的一半. 而且仿射坐标系和对偶仿射坐标系相同, 因为仿射结构是自对偶的, 所以测地线同时也是对偶测地线. 在这种情况下, 广义勾股关系简化为欧氏空间中的勾股关系. 这些定理实际上是欧氏空间的勾股定理到对偶平坦流形的推广.

1.6.2 投影定理

考虑对偶平坦流形 M 中的一个点 P 和一个平坦子流形 S, 那么点 P 到子流形 S 的散度被定义为

$$D_\psi[P : S] = \min_{R \in S} D_\psi[P : R]. \tag{1.121}$$

上述要研究的问题是在散度意义上寻找 S 中最接近 P 的点. 这给出了一个用 S 内的一个点逼近 P 的方法. 勾股定理适用于解决各种逼近问题.

定义 P 到 $S \subset M$ 的测地线投影和对偶测地线投影. 当曲线的切向量 $\theta(t)$ 与 S 在交点处的任何切向量正交时, 称曲线 $\theta(t)$ 与 S 正交 (图 1.8).

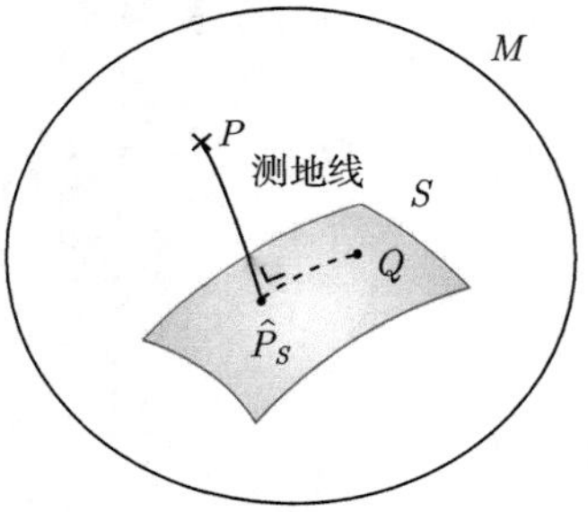

图 1.8 P 到 S 的测地线投影

定义 1.2 当连接 P 和 $\hat{P}_S \in S$ 的测地线与 S 正交时, $\hat{P}_S$ 是 P 到 S 的测地线投影. 见图 1.8. 同理, 当连接 P 和 $\hat{P}_S^* \in S$ 的对偶测地线与 S 正交时, $\hat{P}_S^*$ 是 P 到 S 的对偶测地线投影.

我们有如下投影定理.

定理 1.4 (投影定理) 给定 $P \in M$ 和平坦子流形 $S \in M$, 点 $\hat{P}_S^*$ 最小化散度 $D_\psi[P:R], R \in S$ 是点 P 到 S 的对偶测地线投影. $\hat{P}_S^*$ 点最小化对偶散度 $D_\psi[P:R], R \in S$ 是点 P 到 S 的测地线投影.

证明 设 $\hat{P}_S^*$ 为 P 到 S 的对偶测地线投影. 考虑一个点 $Q \in S$, (无穷小) 靠近 $\hat{P}_S^*$, 三点 P, $\hat{P}_S^*$ 和 Q 构成一个正交三角形, 因为连接 $\hat{P}_S^*$ 和 Q 的线性微元元素与连接 P 和 $\hat{P}_S^*$ 的对偶测地线正交. 因此, 勾股定理表明对任意邻域的 Q 都成立

$$D_\psi[P:Q] = D_\psi[P:\hat{P}_S^*] + D_\psi[\hat{P}_S^*:Q]. \tag{1.122}$$

这表明 $\hat{P}_S^*$ 是 $D_\psi[P:R]$, $Q \in S$ 的临界点, 从而证明了定理. 对偶部分的证明类似. □

需要注意的是, 投影定理给出了点 $\hat{P}_S^*$ 使散度最小的必要条件, 但不是充分条件. 投影或对偶投影可以给出散度的最大值或鞍点. 下面给出的定理给出了投影的最小化及其唯一性的充分条件.

定理 1.5 当 S 是对偶平坦流形 M 的平坦子流形时, P 到 S 的对偶投影是唯一的, 并使散度最小. 同理, 当 S 是对偶平坦流形 M 的对偶平坦子流形时, P 到 S 的投影是唯一的, 并且使对偶散度最小.

证明 对于任意的 $Q \in S$, 勾股关系 (1.112) 和 (1.120) 都成立. 因此投影 (对偶投影) 是唯一的, 并使对偶散度 (散度) 最小化. □

1.6.3 子流形之间的散度: 交替最小化算法

当一个对偶平坦流形 M 中有两个子流形 K 和 S 时, 我们定义 K 和 S 间的散度如下

$$D[K:S] = \min_{P\in K, Q\in S} D[P:Q] = D[\bar{P}:\bar{Q}]. \tag{1.123}$$

两个点 $\bar{P} \in K$ 和 $\bar{Q} \in S$ 是 K 和 S 间最接近的一对点. 为了得到最接近的一对点, 提出以下迭代算法, 即交替最小化算法, 见图 1.9.

以任意 $Q_t \in S$ $(t = 0, 1, \cdots)$ 开始, 对 $P \in K$ 搜索使 $D[P:Q_t]$ 最小化的点. 这是由 Q_t 到 K 的测地线投影给出的. 设它为 $P_t \in K$, 然后在 S 中搜索使 $D[P_t:Q]$ 最小化的点, 设它为 Q_{t+1}. 这是由 P_t 到 S 的对偶测地线投影给出的. 由于

$$D[P_{t-1}:Q_t] \geqslant D[P_t:Q_t] \geqslant D[P_t:Q_{t+1}], \tag{1.124}$$

则过程收敛. 当 S 是平坦的且 K 是对偶平坦时, 它是唯一的. 否则收敛点不一定唯一.

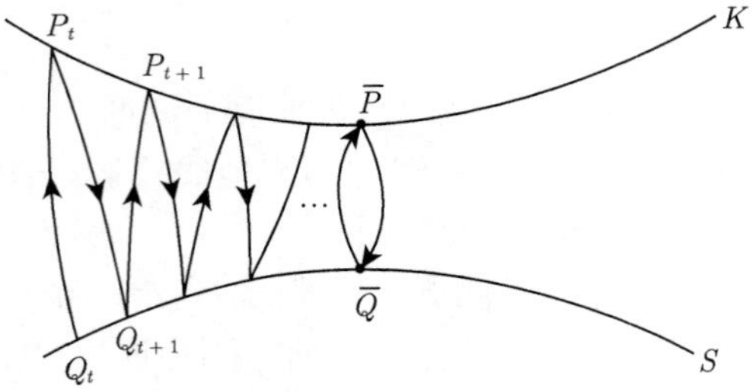

图 1.9　迭代对偶测地线投影 (EM 算法)①

在后面的章节中, 测地线投影被称为 e 投影, 表示指数投影; 对偶测地线投影被称为 m 投影, 表示混合投影. 因此, 这种交替的原始测地线投影算法和对偶测地线投影算法被称为 EM 算法.

注　对偶平坦黎曼结构是通过使用凸函数从布雷格曼散度推导的, 它具有二元结构. 但是, 并不是所有的散度都是布雷格曼散度, 也就是说, 不一定所有的散度都从凸函数得到. 有趣的是什么类型的几何是由这样一个普遍的散度推导得出的, 这个问题将在第二部分研究. 简单地说, 它给出了一个具有非平坦的对偶仿射联络对的黎曼流形, 在这种情况下没有仿射坐标系.

对偶平坦流形是欧氏空间的推广, 拥有欧氏空间的特征. 一般的非平坦流形被看作对偶平坦流形的曲面子流形, 就像黎曼流形是具有高维欧氏空间曲面子流形一样. 因此, 研究对偶平坦流形的性质是很重要的.

Nagaoka 和 Amari (1982) 提出, 勾股定理和相关的投影定理是对偶平坦流形的重点. 然而, 不幸的是, 这部作品并没有在期刊上发表, 因为它被各大期刊拒绝了. 这些定理在信息几何的大多数应用中发挥着重要的作用. 因为 KL 散度的问题, 勾股定理很多年前就已经为人所知. 正是信息几何将勾股定理推广到了任何布雷格曼散度. 反过来, 当流形从几何角度看是对偶平坦的, 我们可以证明存在一个凸函数, 从这个凸函数可以导出对偶平坦的结构. 这个后面会解释.

我们在符号上添加注释. 流形的一个坐标邻域有很多坐标系, 因为当 ξ 是坐标系时, 它的变换 $\zeta = (\zeta_1, \cdots, \zeta_n)$,

$$\zeta = f(\zeta); \quad \zeta_\kappa = f_\kappa(\zeta_1, \cdots, \zeta_n), \quad \kappa = 1, \cdots, n \tag{1.125}$$

① 译者注: 因原书此图中符号无法与正文对应, 现将 P^* 和 Q^* 分别更改为 $\bar{P}$ 和 $\bar{Q}$.

是另一个坐标系, 前提是 f 为可微且可逆的. 坐标变换的雅可比矩阵 $J=(J_{\kappa i})$,

$$J_{\kappa i}=\frac{\partial f_\kappa}{\partial \xi_i},\quad i=1,\cdots,n \tag{1.126}$$

是非退化的, 即矩阵 J 是可逆的.

使用指数 $i,j,\cdots$ 表示坐标系 $\xi=(\xi_i),i=1,\cdots,n$ 中的分量, 同时使用希腊字母指数 κ, λ, $\nu,\cdots$ 表示坐标系 $\zeta=(\zeta_\kappa),\kappa=1,\cdots,n$ 中的分量. 这是一种区分坐标系的简便方法. 举个例子, 一个连接 P 和 $P+dP$ 的线性微元在 ξ 坐标系中是 $d\xi=(d\xi_i)$, 在 ζ 坐标系中是 $d\zeta=(d\zeta_\kappa)$. 它们由下式线性连接:

$$d\zeta_\kappa=\sum_i J_{\kappa i}d_{\xi_i}. \tag{1.127}$$

当 ds 是坐标系 ξ 中表示最小距离时, 记为

$$ds^2=\sum g_{ij}d\xi_i d\xi_j; \tag{1.128}$$

在坐标系 ζ 中记为

$$ds^2=\sum g_{\kappa\lambda}d\zeta_\kappa d\zeta_\lambda. \tag{1.129}$$

这里, (g_{ij}) 和 $(g_{\kappa\lambda})$ 是不同的矩阵, 由下式连接

$$g_{ij}=\sum_{\kappa,\lambda}J_{\kappa i}J_{\lambda j}g_{\kappa\lambda}. \tag{1.130}$$

这样的量叫作张量. 使用相同的字母 g 表示黎曼度量张量, 但是用指数 i, j 或 κ, λ 区分它所代表的坐标系. 一般来说, 我们可以用同一个字母来表示一个量, 即使它在不同的坐标系中表示, 一样可以通过指数的字母类型来区分它们. 这是由 Schouten(1954) 提出的指数符号. 本书主要也遵循这个思路.

我们可以选择任何坐标系. 无论使用哪个坐标系, 几何都应该是相同的. 数学家通常不喜欢使用坐标系, 因为几何不应该依赖它. 数学家认为指数符号是微分几何的一种不讨喜的方法, 在微分几何中, 张量由具有指数的量来表示. 所以他们使用了抽象描述的无坐标方法. 这有时是完美的. 然而, 更明智的做法是选择一个适当的坐标系, 因为无论分析哪个坐标系, 几何都是相同的. 对于欧几里得几何来说, 正交坐标系通常是更好的. 然而, 当分析一个欧氏空间中热方程的边值问题时, 如果边界是圆, 极坐标系统使边界条件非常简单. 所以在这种情况下, 我们使用极坐标系.

使用任何坐标系都是可以的, 但建议使用方便的坐标系, 而不是拒绝使用坐标系. 这就是工程师和物理学家的工作方式.

第 2 章　概率分布的指数族和混合族

本章研究概率分布指数族的几何学. 它不仅是一个典型的统计模型, 包括许多众所周知的概率分布族, 如离散概率分布 S_n、高斯分布、多项式分布、伽马分布等, 而且它和称为累积生成函数或自由能的凸函数相关联. 推导出的布雷格曼散度是 KL 散度. 它定义了一个对偶平坦黎曼结构. 推导出的黎曼度量是 Fisher 信息矩阵 (Fisher information matrix), 两个仿射坐标系是统计学中众所周知的自然 (规范则) 参数和期望参数. 指数族是对偶平坦流形的通用模型, 因为任何布雷格曼散度都有相应的概率分布指数族 (Banerjee et al., 2005). 我们还研究了概率分布的混合族, 它是指数族的对偶. 广义勾股定理的应用证明了这是多么有用.

2.1　概率分布的指数族

指数族的标准形式由概率密度函数给出

$$p(x,\theta)=\exp\left\{\theta^i h_i(x)+k(x)-\psi(\theta)\right\}, \tag{2.1}$$

其中, x 是随机变量, $\theta=\left(\theta^1,\cdots,\theta^n\right)$ 是指定分布的 n 维向量参数, $h_i(x)$ 是关于 x 的 n 个线性无关函数, $k(x)$ 是 x 的函数, ψ 对应于归一化因子, 爱因斯坦求和约定起作用. 我们通过下式引入一个新的向量随机变量 $x=(x_1,\cdots,x_n)$.

$$x_i=h_i\left(x\right). \tag{2.2}$$

在样本空间 $X=\{x\}$ 中进一步引入了一个度量

$$d\mu(x)=\exp\{k(x)\}dx. \tag{2.3}$$

(2.1) 可以重写为

$$p(x,\theta)dx=\exp\{\theta\cdot x-\psi(\theta)\}d\mu(x). \tag{2.4}$$

因此, 可以得到

$$p(x,\theta)=\exp\{\theta\cdot x-\psi(\theta)\}, \tag{2.5}$$

它是 x 相对于测度 $d\mu(x)$ 的概率密度函数.

分布族 M:

$$M = \{p(x,\theta)\} \tag{2.6}$$

形成 n 维流形, 其中 θ 为坐标系. 从归一化条件,

$$\int p(x,\theta)d\mu(x) = 1, \tag{2.7}$$

ψ 写成

$$\psi(\theta) = \log \int \exp(\theta \cdot x)d\mu(x). \tag{2.8}$$

本书在第 1 章证明了 $\psi(\theta)$ 是 θ 的凸函数, 在统计学中称为累积生成函数, 在物理学中称为自由能. 利用 $\psi(\theta)$ 在 M 中引入了对偶平坦黎曼结构. 仿射坐标系为 θ, 称为指数族的自然参数或规范参数. 由勒让德变换给出对偶仿射参数

$$\theta^* = \nabla\psi(\theta), \tag{2.9}$$

θ^* 是 x 的期望由 $\eta = (\eta_1, \cdots, \eta_n)$ 表示

$$\eta = E[x] = \int xp(x,\theta)d\mu(x), \tag{2.10}$$

η 叫作统计学中的期望参数. 由于对偶仿射参数 θ^* 正是 η, 后文用 η 代替 θ^* 来表示指数族中的对偶仿射参数. 这是 Amari 和 Nagaoka(2000) 使用的传统符号, 避免了烦琐的 * 符号. 可以得到

$$\eta = \nabla\psi(\theta). \tag{2.11}$$

因此, θ 和 η 是由勒让德变换连接的两个仿射坐标系.

使用 $\varphi(\eta)$ 来表示对偶凸函数 $\psi^*(\theta^*)$, 这也是 ψ 的勒让德对偶, 定义如下:

$$\varphi(\eta) = \max_{\theta}\{\theta \cdot \eta - \psi(\theta)\}. \tag{2.12}$$

为了得到 $\varphi(\eta)$, 通过计算 $p(x,\theta)$ 的负熵, 得到

$$E[\log p(x,\theta)] = \int p(x,\theta)\log p(x,\theta)d\mu(x) = \theta \cdot \eta - \psi(\theta). \tag{2.13}$$

给定 η, 通过解 $\eta = \nabla\psi(\theta)$ 给出使 (2.12) 式最大的 θ. 因此, ψ 的对偶凸函数 ψ^* 由负熵给出, 我们在下文中将 ψ^* 表示为

$$\varphi(\eta) = \int p(x,\theta)\log p(x,\theta)dx, \tag{2.14}$$

其中 θ 被视为 η 的函数, 函数为 $\eta = \nabla\psi(\theta)$. 由下式给出逆变换

$$\theta = \nabla\varphi(\eta). \tag{2.15}$$

从 $p(x,\theta')$ 到 $p(x,\theta)$ 的散度表示为

$$\begin{aligned} D_\psi[\theta' : \theta] &= \psi(\theta') - \psi(\theta) - \eta\cdot(\theta' - \theta) \\ &= \int p(x,\theta)\log\frac{p(x,\theta)}{p(x,\theta')}d\mu(x) = D_{\mathrm{KL}}[\theta : \theta']. \end{aligned} \tag{2.16}$$

由下式给出黎曼度量

$$g_{ij}(\theta) = \partial_i\partial_j\psi(\theta), \tag{2.17}$$

$$g^{ij}(\eta) = \partial^i\partial^j\varphi(\eta). \tag{2.18}$$

针对上式, 本书在下文使用缩写

$$\partial_i = \frac{\partial}{\partial\theta^i}, \quad \partial^i = \frac{\partial}{\partial\eta_i}. \tag{2.19}$$

在式 (2.19) 中, 指数 i 的位置很重要. 如果它位于右下角, 如 ∂_i, 微分是关于 θ^i 的, 而如果它位于右上角, 如 ∂^i, 微分是关于 η_i 的.

Fisher 信息矩阵在统计学中起着基础性的作用. 我们证明了下面这个将几何和统计学关联起来的定理.

定理 2.1 指数族中的黎曼度量是由下式定义的 Fisher 信息矩阵

$$g_{ij} = E[\partial_i\log p(x,\theta)\partial_j\log p(x,\theta)]. \tag{2.20}$$

证明 从下式中,

$$\partial_i\log p(x,\theta) = x_i - \partial_i\psi(\theta) = x_i - \eta_i, \tag{2.21}$$

我们有

$$E[\partial_i\log p(x,\theta)\partial_j\log p(x,\theta)] = E[(x_i-\eta_i)(x_j-\eta_j)], \tag{2.22}$$

该式等于 $\nabla\nabla\psi(\theta)$. 这是由 $\psi(\theta)$ 导出的黎曼度量, 见 (1.56). □

2.2 指数族例子: 高斯分布和离散分布

有许多属于指数族的统计模型. 这里, 我们只展示两个众所周知的重要分布.

2.2.1 高斯分布

均值为 μ 和方差为 σ^2 的高斯分布的概率密度函数为

$$p(x,\mu,\sigma)=\frac{1}{\sqrt{2\pi}\sigma}\exp\left\{-\frac{(x-\mu)^2}{2\sigma^2}\right\}. \tag{2.23}$$

我们引入一个新的向量随机变量 $x=(x_1,x_2)$,

$$x_1=h_1(x)=x, \tag{2.24}$$

$$x_2=h_2(x)=x^2. \tag{2.25}$$

注意: x 和 x^2 是相互依赖的, 也是线性无关的. 我们进一步引入了新的参数

$$\theta^1=\frac{\mu}{\sigma^2}, \tag{2.26}$$

$$\theta^2=-\frac{1}{2\sigma^2}. \tag{2.27}$$

(2.23) 的标准形式为

$$p(x,\theta)=\exp\{\theta\cdot x-\psi(\theta)\}. \tag{2.28}$$

凸函数 $\psi(\theta)$ 由下式给出

$$\psi(\theta)=\frac{\mu^2}{2\sigma^2}+\log(\sqrt{2\pi}\sigma)=-\frac{(\theta^1)^2}{4\theta^2}-\frac{1}{2}\log(-\theta^2)+\frac{1}{2}\log\pi. \tag{2.29}$$

x_1 和 x_2 不是独立的, 且满足如下关系

$$x_2=(x_1)^2, \tag{2.30}$$

我们使用下式的度量

$$d\mu(x)=\delta\left(x_2-x_1^2\right)dx, \tag{2.31}$$

其中, δ 是狄拉克函数.

由式 (2.10) 给出对偶仿射坐标 η

$$\eta_1=\mu,\quad \eta_2=\mu^2+\sigma^2. \tag{2.32}$$

2.2.2 离散分布

离散随机变量 x 的分布在 $X=\{0,1,\cdots,n\}$ 上形成概率单纯形 S_n. 分布 $p=$

$(p_0, p_1, \cdots, p_n)$ 由下式表示

$$p(x) = \sum_{i=0}^{n} p_i \delta_i(x). \tag{2.33}$$

我们认为 S_n 是一个指数族. 我们之所以得到

$$\begin{aligned}\log p(x) &= \sum_{i=0}^{n} (\log p_i)\delta_i(x) = \sum_{i=1}^{n} (\log p_i)\delta_i(x) + (\log p_0)\,\delta_0(x) \\ &= \sum_{i=1}^{n} \left(\log \frac{p_i}{p_0}\right)\delta_i(x) + \log p_0,\end{aligned} \tag{2.34}$$

是因为

$$\delta_0(x) = 1 - \sum_{i=1}^{n} \delta_i(x). \tag{2.35}$$

我们引入了新的随机变量 x_i,

$$x_i = h_i\left(x\right) = \delta_i\left(x\right), \quad i = 1, \cdots, n \tag{2.36}$$

和新参数

$$\theta^i = \log \frac{p_i}{p_0}. \tag{2.37}$$

这样, 离散分布 p 由 (2.34) 写成

$$p(x, \theta) = \exp\left\{\sum_{i=1}^{n} \theta^i x_i - \psi(\theta)\right\}, \tag{2.38}$$

其中, 累积生成函数为

$$\psi\left(\theta\right) = -\log p_0 = \log\left\{1 + \sum_{i=1}^{n} \exp\left(\theta^i\right)\right\}. \tag{2.39}$$

对偶仿射坐标 η 为

$$\eta_i = E\left[h_i\left(x\right)\right] = p_i, \quad i = 1, \cdots, n. \tag{2.40}$$

对偶凸函数是负熵,

$$\varphi\left(\eta\right) = \sum \eta_i \log \eta_i + \left(1 - \sum \eta_i\right) \log\left(1 - \sum \eta_i\right). \tag{2.41}$$

对上式微分, 我们得到 $\theta = \nabla\varphi(\eta)$.

$$\theta^i = \log \frac{\eta_i}{1 - \sum \eta_i}. \tag{2.42}$$

2.3 概率分布的混合族

一般情况下, 混合族不同于指数族, 但离散分布族 S_n 既是指数族又是混合族. 这两个族扮演着双重角色.

给定 $n+1$ 个概率分布 $q^0(x), q^1(x), \cdots, q^n(x)$, 它们是线性无关的, 我们构造一个由下式给出的概率分布族,

$$p(x,\eta) = \sum_{i=0}^{n} \eta_i q_i(x), \tag{2.43}$$

其中

$$\sum_{i=0}^{n} \eta_i = 1, \quad \eta_i > 0. \tag{2.44}$$

这是一个叫作混合族的统计模型, 其中 $\eta = (\eta_1, \cdots, \eta_n)$ 是一个坐标系 (我们有时会考虑上述族的闭包 $\eta_0 = 1 - \sum \eta_i$, 其中 $\eta_i > 0$).

从 (2.33) 中很容易看出, 离散分布 $p(x) \in S_n$ 是一个混合族, 其中

$$q_i(x) = \delta_i(x), \quad \eta_i = p_i, \quad i = 0, 1, 2, \cdots, n. \tag{2.45}$$

因此, η 是指数族 S_n 的对偶仿射坐标系. 我们考虑一个不是指数族的一般混合族 (2.43). 即使在这种情况下, 负熵是 η 的凸函数. 见下式

$$\varphi(\eta) = \int p(x,\eta) \log p(x,\eta) dx. \tag{2.46}$$

因此, 我们把 $\varphi(\eta)$ 看作一个对偶凸函数, 并把对偶平坦结构引入 $M = \{p(x,\eta)\}$, 把 η 作为对偶仿射坐标系. 然后, 主仿射坐标由梯度给出

$$\theta = \nabla\varphi(\eta). \tag{2.47}$$

它定义了与 η 对偶耦合的原始仿射结构, 尽管除 S_n 以外的 θ 不是指数族的自然参数.

$\varphi(\eta)$ 给出的散度是 KL 散度

$$D_\varphi[\eta : \eta'] = \int p(x,\eta) \log \frac{p(x,\eta)}{p(x,\eta')} dx. \tag{2.48}$$

2.4　平坦结构: e-平坦和 m-平坦

指数族的流形 M 是对偶平坦的. 定义直线度或平坦度的原始仿射坐标是指数族中的自然参数 θ. 考虑一条连接两个分布 $p(x,\theta_1)$ 和 $p(x,\theta_2)$ 的直线, 即测地线. 这在 θ 坐标系中写成

$$\theta(t) = (1-t)\,\theta_1 + t\theta_2, \tag{2.49}$$

其中 t 是参数. 测地线上的概率分布是

$$p(x,t) = p\{x,\theta(t)\} = \exp\{t(\theta_2-\theta_1)\cdot x + \theta_1 x - \psi(t)\}. \tag{2.50}$$

因此, 测地线本身是一维指数族, 其中 t 是自然参数.

通过取对数, 我们有

$$\log p(x,t) = (1-t)\log p(x,\theta_1) + t\log p(x,\theta_2) - \psi(t). \tag{2.51}$$

因此, 测地线由对数标度上两个分布的线性插值组成. 由于 (2.51) 是指数族, 我们称之为 e-测地线, e 代表 "指数". 将 θ 中的线性约束定义的子流形称为 e-平坦, 仿射参数 θ 称为 e-仿射参数.

对偶仿射坐标是 η, 定义了对偶平坦结构. 关于对偶坐标系, 由 η_1 和 η_2 指定的连接两个分布的对偶测地线由下式给出

$$\eta(t) = (1-t)\,\eta_1 + t\eta_2. \tag{2.52}$$

沿着对偶测地线, x 的期望是线性插值的

$$E_{\eta(t)}[x] = (1-t)E_{\eta_1}[x] + tE_{\eta_2}[x]. \tag{2.53}$$

在离散概率分布 S_n, 连接 p_1, p_2 的对偶测地线是

$$p(t) = (1-t)\,p_1 + tp_2, \tag{2.54}$$

它是两种分布 p_1, p_2 的混合. 因此, 对偶测地线是两种概率分布的混合. 我们称对偶测地线为 m-测地线, 通过这种推理, η 被称为 m-仿射参数, 字母 m 代表 "混合". 由 η 中的线性约束定义的子流形称为 m-平坦. 线性混合

$$(1-t)\,p(x,\eta_1) + tp(x,\eta_2) \tag{2.55}$$

一般不包含在 M 中, 但是 $p(x,(1-t)\,\eta_1 + t\eta_2)$ 包含在 M 中, 这里我们用符号 $p(x,\eta)$ 来指定对偶坐标为 η 的 M 的分布.

注　在一般指数族的情况下, m-测地线 (2.52) 不是由 η_1 和 η_2 所指定的两个分布的线性混合. 然而, 在这种情况下, 我们依然使用 m-测地线这一术语.

2.5 关于概率分布的无限维流形

我们证明了离散概率分布的 S_n 同时是指数族和混合族. 它是一个超流形, 其中离散随机变量的任何统计模型都可以作为一个子流形. 当 x 是连续随机变量时, 我们倾向于以类似的方式考虑所有概率密度函数 $p(x)$ 的流形 F 的几何结构. 它是一个包含连续随机变量的所有统计模型的超流形, 同时被认为是一个指数族和一个混合族. 然而, 这个问题在数学上并不容易, 因为它是一个无限维的函数空间. 我们提出了一个研究 F 的几何结构的想法. 这在数学上是不合理的, 尽管它在大多数情况下都很有效, 除了“谬误”的情况.

设 $p(x)$ 为实随机变量 $x \in R$ 的概率密度函数, 其中相对于勒贝格测度是相互绝对连续的.①我们提出

$$F=\left\{p(x) \middle| p(x)>0, \int p(x)dx=1\right\}, \tag{2.56}$$

其中, F 是由 L_1 函数组成的函数空间. 对于两个分布 $p_1(x)$ 和 $p_2(x)$, 关联它们的指数族写成

$$p_{\exp}(x,t)=\exp\{(1-t)\log p_1(x)+t\log p_2(x)-\psi(t)\}, \tag{2.57}$$

前提是它存在于 F 中. 当然, 关联它们的混合族假设属于 F,

$$p_{\text{mix}}(x,t)=(1-t)p_1(x)+tp_2(x). \tag{2.58}$$

那么, F 与 S_n 同时被视为指数族和混合族. 在数学上, 有一个关于 F 的拓扑的微妙问题, 函数空间 F 的 L_1 拓扑和 L_2 拓扑是不同的. 此外, 由 $p(x)$ 推导的拓扑不同于由 $\log p(x)$ 推导的拓扑.

我们忽略这些数学问题, 将实线 R 离散为 $n+1$ 个区间, 即 $I_0, I_1, \cdots, I_n$. $p(x)$ 的离散方式由离散概率分布 $p=(p_0, p_1, \cdots, p_n)$ 给出,

$$p_i=\int_{I_i} p(x)dx, \quad i=0,1,\cdots,n. \tag{2.59}$$

这给出了从 F 到 S_n 的映射, 其中, 用 $p \in S_n$ 近似 $p(x)$. 当离散化以上述方式完成, 即 n 趋于无穷大时, 每个区间中的 p_i 收敛于 0, 则近似看起来很好. 然后, F 的几何形状将由离散化的 p 组成的 S_n 的极限定义. 然而, 我们遇到了困难. 极限 $n \to \infty$ 时 S_n 的几何形状可能不是唯一的, 这取决于离散化的方法. 此外, 对于不同的 $p(x)$, 可容许的离散化将是不同的.

---

① 最好使用相对于高斯测度的密度函数 $p(x)$,

$$d\mu(x)=\frac{1}{\sqrt{2\pi}}\exp\left\{-\frac{x^2}{2}\right\}dx,$$

而不是勒贝格测度.

忽略上述的困难, 通过使用狄拉克函数 $\delta(x)$, 我们引入一族由实参数 s 索引的随机变量 $\delta(s-x)$, 其在 S_n 的 $\delta_i(x)$ 中起着指数 i 的作用. 然后, 我们有

$$p(x)=\int p(s)\,\delta(x-s)\,ds, \tag{2.60}$$

这表明 F 是由狄拉克分布 $\delta(s-x)$ 产生的混合族, $s\in R$. 这里 $p(s)$ 是混合系数. 同样, 我们有

$$p(x)=\exp\left\{\int \theta(s)\,\delta(s-x)\,dx-\psi\right\}, \tag{2.61}$$

其中

$$\theta(s)=\log p(s)+\psi, \tag{2.62}$$

ψ 是由下式给出的 $\theta(s)$ 的函数

$$\psi[\theta(s)]=\log\left\{\int \exp\{\theta(s)\}\,ds\right\}. \tag{2.63}$$

因此, F 是指数族, 其中, 等式 $\theta(s)=\log p(s)+\psi$ 是 θ 仿射坐标, 而等式 $\eta(s)=p(s)$ 是 η 的对偶仿射坐标. 对偶凸函数是

$$\varphi[\eta(s)]=\int \eta(s)\log\eta(s)\,ds. \tag{2.64}$$

对偶坐标由下式给出

$$\eta(s)=E_p[\delta(s-x)]=p(s), \tag{2.65}$$

可得

$$\eta(s)=\nabla\psi[\theta(s)], \tag{2.66}$$

其中 ∇ 是关于函数 $\theta(s)$ 的弗雷歇导数. 连接 $p(x)$ 和 $q(x)$ 的 e-测地线为 (2.57), m-测地线为 (2.58). e-坐标中 e-测地线的切向量为

$$\frac{d}{dt}\log p(x,t)=i(x,t)=\log q(x)-\log p(x); \tag{2.67}$$

m-坐标中 m-测地线的切向量为

$$\dot{p}(x,t)=q(x)-p(x). \tag{2.68}$$

KL 散度为

$$D_{\mathrm{KL}}[p(x):q(x)] = \int p(x)\log\left\{\frac{p(x)}{q(x)}\right\}dx, \tag{2.69}$$

这是由 $\psi(\theta)$ 导出的布雷格曼散度, 它给出了 F 的对偶平坦结构. 对于三个分布 $p(x)$, $q(x)$ 和 $r(x)$, 勾股定理为

$$D_{\mathrm{KL}}[p(x):r(x)] = D_{\mathrm{KL}}[p(x):q(x)] + D_{\mathrm{KL}}[q(x):r(x)], \tag{2.70}$$

当连接 p 和 q 的混合测地线与连接 q 和 r 的指数测地线正交时, 即当

$$\int \{p(x)-q(x)\}\{\log r(x)-\log q(x)\}dx = 0 \tag{2.71}$$

成立时可以直接证明这一定理. 投影定理也是如此.

两个邻近的分布 $p(x)$ 和 $p(x)+\delta p(x)$ 之间的 KL 散度展开为

$$\begin{aligned} D_{\mathrm{KL}}[p(x):p(x)+\delta p(x)] &= \int p(x)\log\left\{1-\frac{\delta p(x)}{p(x)}\right\}dx \\ &= \frac{1}{2}\int\frac{\{\delta p(x)\}^2}{p(x)}dx. \end{aligned} \tag{2.72}$$

因此, 无穷小偏差 $\delta p(x)$ 的平方距离为

$$ds^2 = \int \frac{\{\delta p(x)\}^2}{p(x)}dx, \tag{2.73}$$

其定义了由 Fisher 信息给出的黎曼度量.

实际上, θ-坐标中的黎曼度量由下式给出

$$g(s,t) = \nabla\nabla\psi = p(s)\,\delta(s-t), \tag{2.74}$$

其在 η-坐标中的逆为

$$g^{-1}(s,t) = \frac{1}{p(s)}\delta(s-t). \tag{2.75}$$

显然我们在 S_n 中研究的大多数结果即使在函数空间 F 中也是成立的. 尽管没有给出数学证明, 它们实际上还是有用的. 不幸的是, 我们仍然没有摆脱数学上的困难, 举一些例子来说明.

这种本质在连续的情况下早已为人所知. 接下来的事实是由 Csiszár(1967) 指出的. 基于 KL 散度定义了 $p(x)$ 的拟 ε 邻域,

$$N_\varepsilon = \{q(x) \mid D_{\mathrm{KL}}[p(x) : q(x)] < \varepsilon\}. \tag{2.76}$$

然而, 拟 ε 邻域的集合不满足拓扑子基的公理. 因此, 我们不能用 KL 散度来定义拓扑. 简单地说, 证明了熵泛函

$$\varphi[p(x)] = \int p(x) \log p(x)\, dx \tag{2.77}$$

在 F 中不是连续的, 而在 S_n 中是连续的和可微的 (Ho and Yeung, 2009).

G. Pistone 和他的同事基于 Orlicz 空间理论研究了 F 的几何性质, 其中 F 不是 Hilbert 空间, 而是 Banach 空间, 参见 (Pistone and Sempi, 1995; Gibilisco and Pistone, 1998; Pistone and Rogathin, 1999; Cena and Pistone, 2007). Grasselli (2010) 进一步研究了这一点, 参见 (Pistone, 2013; Newton, 2012), 在这些文献中, 利用奇思妙想进行数学论证的试验已经得到了发展.

2.6 核指数族

Fukumizu (2009) 提出了核指数族, 它是一个函数自由度概率分布模型. 对于任何不等于 0 的 $f(x)$, 设 $k(x,y)$ 为满足正定性的核函数,

$$\int k(x,y) f(x) f(y)\, dx dy > 0. \tag{2.78}$$

一个典型的例子是高斯核

$$k_\sigma(x,y) = \frac{1}{\sqrt{2\pi}\sigma} \exp\left\{-\frac{1}{2\sigma^2}(x-y)^2\right\}, \tag{2.79}$$

其中 σ 是自由参数.

对测度 $d\mu(x)$, 下式定义的核指数族

$$p(x,\theta) = \exp\left\{\int \theta(y) k(x,y) dx - \psi[\theta]\right\}, \tag{2.80}$$

$$d\mu(x) = \exp\left\{-\frac{x^2}{2\tau^2}\right\} dx. \tag{2.81}$$

自然参数或规范参数是由 y 作为索引的函数 $\theta(y)$, 而不是 θ^i. 对偶参数是

$$\eta(y) = E[k(x,y)], \tag{2.82}$$

其中期望通过使用 $p(x,\theta)$ 来获得. $\psi(\theta)$ 是 $\theta(y)$ 的凸函数. 这个指数族并不覆盖概率密度函数的所有 $p(x)$. 所以这样的模型很多, 主要取决于 $k(x,y)$ 和 $d\mu(x)$. 2.5 节中的处理可视为内核 $k(x,y)$ 等于狄拉克函数 $\delta(x-y)$ 的特例.

2.7 布雷格曼散度和指数族

(2.16) 中给出了指数族导出的布雷格曼散度 $D_\psi[\theta:\theta']$. 相反地, 若给定一个布雷格曼散度 $D_\psi[\theta:\theta']$, 能否找到一个对应的指数族 $p(x,\theta)$? Banerjee 等 (2005) 解决了这个问题. 考虑一个随机变量 x, 它在 ψ 给出的对偶平坦流形的 η-坐标中指定一个点 $\eta'=x$. 设 θ' 为其 θ-坐标中对应的点. 从 θ 到 θ' 的 ψ-散度 (后者是 $\eta'=x$ 的 θ-坐标) 写成

$$D_\psi[\theta:\theta'(x)] = \psi(\theta) + \varphi(x) - \theta\cdot x. \tag{2.83}$$

通过上式定义了一个概率密度函数, 根据散度写成

$$p(x,\theta) = \exp\{-D_\psi[\theta:\theta'] + \varphi(x)\} = \exp\{\theta\cdot x - \psi(\theta)\}, \tag{2.84}$$

其中, θ' 作为 $\eta'=x$ 的 θ-坐标, 由 x 决定. 因此, 有一个由 D_ψ 导出的指数族.

问题重述如下: 给定一个凸函数 $\psi(\theta)$, 求一个测度 $d\mu(x)$, 使得 (2.8) 成立, 或满足下式

$$\exp\{\psi(\theta)\} = \int \exp\{\theta\cdot x\}d\mu(x). \tag{2.85}$$

这是拉普拉斯变换的逆变换. Banerjee 等 (2005) 建立了关于 (正则) 指数族和 (正则) 布雷格曼散度之间一一对应的数学理论.

定理 2.2 正则指数族和正则布雷格曼散度之间存在双射.

该定理表明布雷格曼散度具有由概率分布的指数族给出的概率表达式. 布雷格曼散度总是以相应指数族的 KL 散度的形式表达.

注 混合族 $M=\{p(x,\eta)\}$ 具有对偶平坦结构, 其中负熵 $\varphi(\eta)$ 是凸函数. 我们可以定义一个凸函数为 $\varphi(\theta)$ 的指数族. 然而, 这与原始的 M 不同. 因此, 即使它是对偶平坦的, 定理 2.2 并不意味着混合族就是指数族.

2.8　勾股定理的应用

这里给出了广义勾股定理的几个应用来证明它的作用.

2.8.1　最大熵原理

考虑一个离散概率分布 $S_n = \{p(x)\}$, 当 x 是连续向量随机变量时, 下面的参数也成立. 令 $c_1(x), \cdots, c_k(x)$ 是 k 个随机变量, 即 x 的 k 个函数. 它们的期望是

$$E[c_i(x)] = \sum p(x)c_i(x), \quad i = 1, 2, \cdots, k. \tag{2.86}$$

考虑概率分布 $p(x)$, 对于该概率分布, $c_i(x)$ 的期望取预定值 $a = (a_1, \cdots, a_k)$,

$$E[c_i(x)] = a_i, \quad i = 1, 2, \cdots, k. \tag{2.87}$$

有许多这样的分布, 它们形成了由 a 指定的 $(n-k)$ 维子流形 $M_{n-k}(a) \subset S_n$, 因为施加了由 (2.87) 给出的 k 限制. 这个 M_{n-k} 是 m-平坦子流形, 因为 M_{n-k} 中的任何混合分布都属于相同的 M_{n-k}.

若需要从 $M_{n-k}(a)$ 中选择一个分布时, 如果没有其他考虑, 人们会选择最大化熵的分布. 这就是最大熵原理.

设 P_0 是使 S_n 中的熵最大化的均匀分布. $P \in S_n$ 和 P_0 之间的对偶散度记为

$$D_\psi[P_0 : P] = \psi(\theta_0) + \varphi(\eta) - \theta_0 \cdot \eta, \tag{2.88}$$

其中, P_0 的 e-坐标由 θ_0 给出, η 是 P 的 m-坐标, 且 $\varphi(\eta)$ 是负熵. 这是从 P 到 P_0 的 KL 散度 $D_{\mathrm{KL}}[P : P_0]$. 由于 P_0 为均匀分布, 故 $\theta_0 = \theta$. 因此, 最大熵 $\varphi(\eta)$ 就等价于最小化散度. 设 $\hat{P} \in M_{n-k}$ 是最大化熵的点. 那么, 三角形 $P\hat{P}P_0$ 就是正交的, 勾股关系

$$D_{\mathrm{KL}}[P : P_0] = D_{\mathrm{KL}}[P : \hat{P}] + D_{\mathrm{KL}}[\hat{P} : P_0] \tag{2.89}$$

成立(图 2.1). 这意味着 P_0 到 $M_{n-k}(a)$ 的 e-投影给出了熵最大值 $\hat{P}$.

每个 $M_{n-k}(a)$ 包括熵最大值 $\hat{P}(a)$. 通过改变 a, 所有 $\hat{P}(a)$ 都形成 k 维子流形 E_k, 它也是一个指数族, 其中, 自然坐标由 $\theta = a$ (图 2.1) 指定,

$$\hat{p}(x, \theta) = \exp\{\theta \cdot c(x) - \psi(\theta)\}. \tag{2.90}$$

在 (2.87) 的约束下, 使用最大化熵 $\varphi(\eta)$ 的变分法很容易得到这个结果.

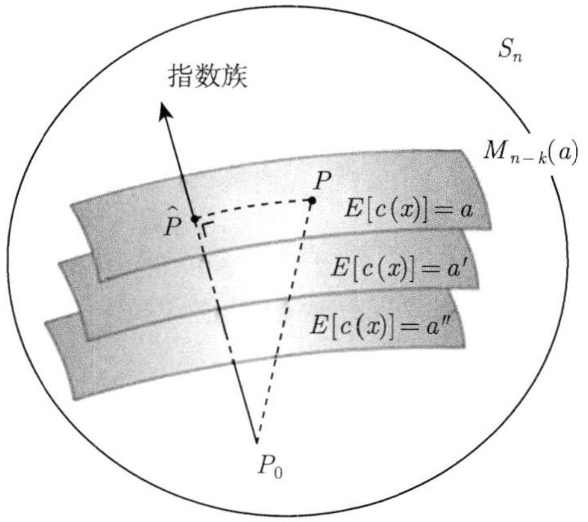

图 2.1 在线性约束下最大化熵的族是指数族

2.8.2 互信息

考虑两个随机变量 x 和 y 以及由所有 $p(x,y)$ 组成的流形 M. 当 x 和 y 独立时, 概率可以写成乘积形式

$$p(x,y) = p_X(x)\, p_Y(y), \tag{2.91}$$

其中 $p_X(x)$ 和 $p_Y(y)$ 是各自的边缘分布.

设所有独立分布的族为 M_I. 由于连接两个独立分布的指数族也是独立的, 因此连接它们的 e-测地线由独立分布组成. 所以, M_I 是一个 e-平坦子流形.

给定一个非独立分布 $p(x,y)$, 我们寻找在 KL 散度意义下最接近 $p(x,y)$ 的独立分布. 这是通过 $p(x,y)$ 到 M_I 的 m-投影 (图 2.2) 给定的. 该投影是唯一的, 并由边缘分布的乘积给出,

$$\hat{p}(x,y) = p_X(x)\, p_Y(y). \tag{2.92}$$

$p(x,y)$ 与其投影之间的散度为

$$D_{\mathrm{KL}}[p(x,y):\hat{p}(x,y)] = \int p(x,y)\log\frac{p(x,y)}{\hat{p}(x,y)}dxdy, \tag{2.93}$$

这是两个随机变量 x 和 y 的互信息. 因此, 互信息是 $p(x,y)$ 与独立性的差异的度量.

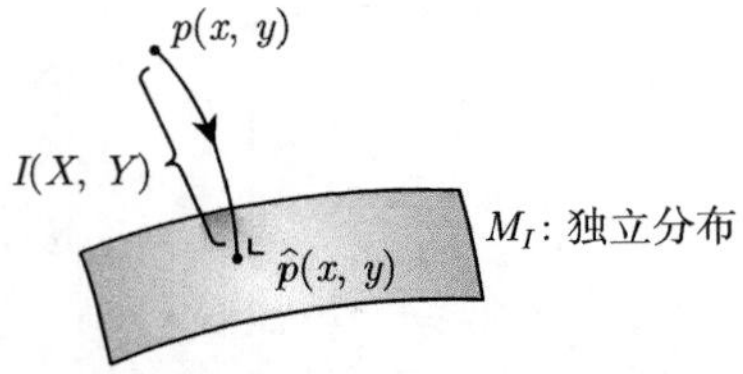

图 2.2 $p(x,y)$ 对独立分布族 M_I 的投影为 m-投影, 互信息 $I(X,Y)$ 是 KL 散度 $D_{\mathrm{KL}}[p(x,y):p_X(x)p_Y(y)]$

逆问题也很有趣. 给定一个独立分布 (2.92), 在与 $\hat{P}$ 具有相同边缘分布的分类中找到使最大化 $D_{\mathrm{KL}}[p:\hat{p}]$ 的分布 $p(x,y)$. 这些分布是 m-投影的逆象. Ay 和 Knauf (2006) 与 Rauh (2011) 研究了这个问题. 有关信息几何在复杂系统中的应用, 请参见 (Ay, 2002; Ay et al., 2011).

2.8.3 重复观测值和最大似然估计值

统计学家使用多个独立观察的数据 $x_1,\cdots,x_N$ 从指数族 M 中的相同概率分布 $p(x,\theta)$ 估计 θ. 由下式给出的 $x_1,\cdots,x_N$ 的联合概率密度

$$p(x_1,\cdots,x_N;\theta)=\prod_{i=1}^{N}p(x_i,\theta) \tag{2.94}$$

具有相同的参数 θ. 通过多次观察, 我们看到了 M 的几何形状是如何变化的.

设 x_i 的算术平均值为

$$\bar{x}=\frac{1}{N}\sum_{i=1}^{N}x_i. \tag{2.95}$$

这样, (2.94) 重写为

$$p_N(\bar{x},\theta)=p(x_1,\cdots,x_N;\theta)=\exp\{N\theta\cdot\bar{x}-N\psi(\theta)\}. \tag{2.96}$$

所以 $\bar{x}$ 的概率密度和 $p(x,y)$ 的形式是一样的, 除了 x 用 $\bar{x}$ 代替, 项 $\theta\cdot x-\psi(\theta)$ 变大 N 倍.

这意味着凸函数变大 N 倍, KL 散度和黎曼度量 (Fisher 信息矩阵) 也变大 N 倍. M 的对偶仿射结构不变. 因此, 即使通过多次观测进行统计推断, 我们也可以使用原始的 M 和相同的坐标 θ. 二项分布和多项分布是通过多次观测从 S_2 和 S_n 导出的指数族.

设 M 为指数族, 考虑一个统计模型 $S=\{p(x,u)\}$ 作为子流形包含在其中, S 由参数 $u=(u_1,\cdots,u_k), k<n$ 确定. 由于它包含在 M 中, $p(x,u)$ 在 M 中的

e-坐标由 $\theta(u)$ 的 u 确定. 给定 N 个独立观测值 $x_1, \cdots, x_N$, 我们基于这些观测值来估计参数 u.

观测数据指定了整个 M 的分布, 因此它的 m-坐标是

$$\bar{\eta} = \frac{1}{N} \sum x_i = \bar{x}. \tag{2.97}$$

$\bar{\eta}$ 叫作观测点. 从观测点 $\bar{\eta}$ 到 S 中的 $p(x, u)$ 的 KL 散度记为 $D_{\mathrm{KL}} = \left[\bar{\theta} : \theta(u)\right]$, 其中 $\bar{\theta}$ 是观测点 $\bar{\eta}$ 的 θ 坐标. 考虑简单的 S_n 的例子, 其中观测点由直方图给出

$$\bar{p}(x) = \frac{1}{N} \sum_{i=1}^{N} \delta(x - x_i). \tag{2.98}$$

那么, 除了一个常数项, 最小化 $D_{\mathrm{KL}}[\bar{p}(x) : p(x, u)]$ 相当于最大化对数似然

$$L = \sum_{i=1}^{N} \log p(x_i, u). \tag{2.99}$$

因此, 最小化散度的最大似然估计值由 $\bar{p}(x)$ 到 S 的 m-投影给出. 见图 2.3. 换句话说, 最大似然估计值由 m-投影刻画.

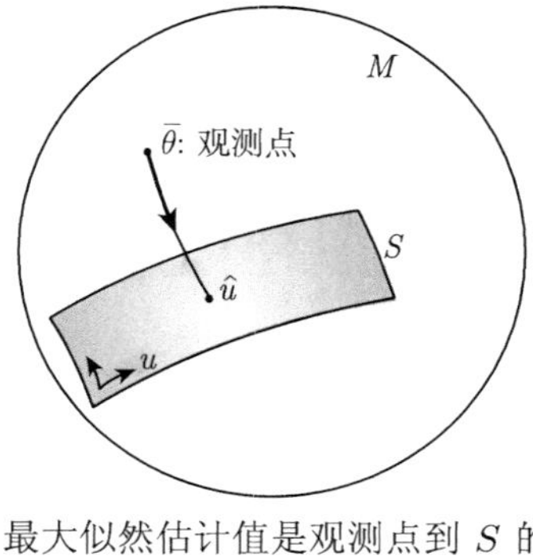

图 2.3 最大似然估计值是观测点到 S 的 m-投影

注 指数族是研究对偶平坦结构和统计推断的理想模型. Barndorff-Nielsen (1978) 指出了自然参数和期望参数之间的勒让德对偶. 离散分布族 S_n 是指数族, 这是个好消息, 因为任何有离散随机变量的统计模型都被看作指数族的子流形. 因此, 明智的做法是先研究指数族的性质, 然后看看它们是如何转移到曲线子族的.

不幸的是, 连续随机变量 x 却不是这样, 有很多统计模型不是指数族的子族, 即使很多是曲线指数族, 也就是指数族的子流形. 同样, 指数族的研究依然有用.

在真正非指数模型的情况下, 我们通过使用更大的指数族来得到它的局部近似. 这为统计模型提供了一个指数纤维束状结构. 这对研究统计推断的渐近理论是有用的, 参见 (Amari, 1985).

应该注意的是, 尽管广义线性模型不是一个指数族, 但它提供了一个对偶平坦结构, 参见 (Vos, 1991). 从几何角度来看, 混合模型也具有显著的特征, 参见 (Marriott, 2002; Critchley et al., 1993).

第 3 章　概率分布流形的不变几何

基于累积生成函数 (自由能) 和负熵的凸性, 分别在指数族和混合族的流形中引入了对偶平坦黎曼结构. KL 散度由这些凸函数导出. 然而, 我们需要对凸函数和散度的选择进行合理论证. 此外, 对于一般的统计模型不存在这样的凸函数. 因此, 需要一个合理的标准将几何结构引入概率分布的流形. 正是不变性证明了上述选择的合理性.

不变性要求: 当随机变量 x 以另一种形式 $y=y(x)$ 表示时, 几何结构应该是不变的 (一个前提是 $y(x)$ 是可逆的). 这是 Chentsov (1972) 提出的一个想法. 根据 Ciszár (1974), 我们从粗粒化的信息单调性的简单概念开始, 这是 Chentsov 不变性的一个简化版本. 存在一类独特的可分解的不变散度, 称为 f-散度.

3.1　不变性标准

我们将一个统计模型

$$M=\{p(x,\xi)\} \tag{3.1}$$

用 ξ 参数化, 形成坐标系为 ξ 的流形. 这里, x 可以取离散值、连续值和向量值. 两个概率分布 $p(x,\xi)$ 和 $p(x,\xi')$ 之间的自然散度 $D[\xi:\xi']$ 是多少? 在回答这个问题时, 考虑不变性准则, 当随机变量 x 变换成 y 而不丢失信息时, 其表明几何是相同的. 考虑从 x 到 y 的映射

$$y=k(x), \tag{3.2}$$

这通常是多对一的, 所以不能从 y 中覆盖 x. 所以信息会因为这个映射而丢失. 设 y 的概率分布为 $\bar{p}(y,\xi)$,

$$\bar{p}(y,\xi)=\sum_{x:k(x)=y}p(x,\xi), \tag{3.3}$$

在离散情况下, 它由映射 $y=k(x)$ 从 $p(x,\xi)$ 导出. 在连续的情况中, 概率密度 $\bar{p}(y,\xi)$ 通过积分得到. $p(x,\xi)$ 和 $p(x,\xi')$ 之间的散度 $D[\xi:\xi']$ 变为 $\bar{p}(y,\xi)$ 到 $\bar{p}(y,\xi')$ 的散度 $\bar{D}[\xi:\xi']$. 由于散度 $D[\xi:\xi']$ 代表 $p(x,\xi)$ 和 $p(x,\xi')$ 的非相似性, 所以假设它通过下面这一映射减少,

$$\bar{D}[\xi:\xi']\leqslant D[\xi:\xi'], \tag{3.4}$$

我们称这种关系为信息单调性.

显然, 当 k 是一对一, 即可逆时, 没有信息损失, 等式才在 (3.4) 中成立. 然而即使 k 不可逆, 也有信息不丢失的情况——这是 x 包含冗余部分的情况, 其分布不依赖于 ξ. 我们可以放弃这一部分, 从而不会丢失关于 ξ 的信息. 其余部分保留全部信息. 统计学家称这样的部分为充分统计量, 其定义如下.

函数

$$s = k(x) \tag{3.5}$$

被称为充分统计量, 当概率密度函数 $p(x, \xi)$ 被分解为

$$p(x, \xi) = \bar{p}(s, \xi) r(x). \tag{3.6}$$

这意味着概率 $p(x, \xi)$ 被写成 s 的函数, 除了不依赖于 ξ 的乘法项 $r(x)$. 当且仅当 y 是充分统计量时, 不等式 (3.4) 才成立.

本书正式陈述了不变性准则, 其基本思想最初是由 Chentsov (1972) 提出的, 并由 Amari 和 Nagaoka (2000) 以这种方式表述.

不变性准则: 当 M 的几何结构满足单调性 (3.4) (当且仅当 $y = k(x)$ 是一个充分统计量时, 等式成立) 时, 它是不变的.

本书研究了不变散度和不变黎曼度量. 除了一个标度常数 (Chentsov, 1972), Fisher 信息矩阵给出了不变度量是唯一的.

3.2 粗粒化下的信息单调性

3.2.1 粗粒化和 S_n 的充分统计量

考虑一族离散概率分布 S_n, 其中随机变量 $X = \{0, 1, \cdots, n\}$, 让我们用一个 $n+1$ 维概率向量 p 来表示一个概率分布. 我们把 X 分成 $m+1$ 个子集 $X_0, X_1, \cdots, X_m$,

$$\bigcup X_a = X, \quad X_a \cap X_b = \varnothing, \quad a \neq b, \tag{3.7}$$

其中 $\varnothing$ 为空集. 这是 X 的一个划分 (图 3.1).

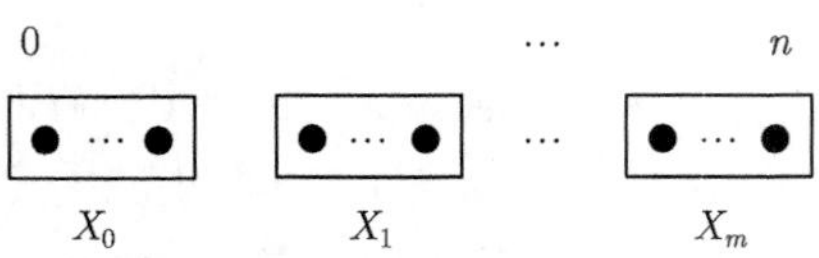

图 3.1　将 X 划分为 $m+1$ 个子集[①]

① 译者注: 原书此图中符号位置与正文表达不对应, 此图进行了重新修正.

假设不能直接观察 x, 但是知道 x 所属的子集. X 粗粒化时就是这种情况. 然后引入一个粗粒化随机变量 y, 取值 $\{0,1,\cdots,m\}$, 其中 $y=a$ 表明 x 属于 X_a. 它的分布用 $(m+1)$ 维概率向量 $\bar{p}=(\bar{p}_0,\cdots,\bar{p}_m)$ 表示. 粗粒化给出 S_m 中一个新分布 $\bar{p}$,

$$\bar{p}_a=\sum_{i\in X_a} p_i. \tag{3.8}$$

设 $D=[p:q]$ 是两个分布 p 和 q 之间的散度, 对于某些函数 $d(p,q)$, 当散度 D 以分量散度的加和形式表示时, 称它为可加性的或可分解的,

$$D[p:q]=\sum_{i=0}^{n} d(p_i,q_i). \tag{3.9}$$

散度 $D=[p:q]$ 通过粗粒化变为 $\bar{D}=[\bar{p}:\bar{q}]$,

$$\bar{D}=[\bar{p}:\bar{q}]=\sum_{a=0}^{m} d(\bar{p}_a,\bar{q}_a). \tag{3.10}$$

信息单调性的准则要求

$$D[p:q]\geqslant \bar{D}[\bar{p}:\bar{q}]. \tag{3.11}$$

(3.11) 中的不等式什么时候成立? 粗粒化不会造成信息丢失的情况下, 不等式成立. 由于 y 是 x 的函数, 我们有以下分解:

$$p(x,\xi)=p(x,y,\xi)=p(y,\xi)p(x|y,\xi), \tag{3.12}$$

其中 ξ 是 S_n 的坐标系. 当 $p(x|y,\xi)$ 不依赖于 ξ 时, 我们看到 y 是一个充分统计量. 在这种情况下, $p(x|y,\xi)$ 和 $q(x|y,\xi')$ 的条件分布对于两个分布 $p(x)=p(x,\xi)$ 和 $q(x)=p(x,\xi')$ 是相等的, 即

$$p(x=j|y=a,\xi)=p(x=j|y=a,\xi). \tag{3.13}$$

3.2.2 不变散度

一个散度记为如下形式

$$D_f[p:q]=\sum p_i f\left(\frac{q_i}{p_i}\right), \tag{3.14}$$

其中 f 是可微凸函数, 满足

$$f(1)=0, \tag{3.15}$$

这叫作 f-散度. f-散度是由 Morimoto (1963)、Ali 和 Silvey (1966) 及 Csiszár(1967) 提出的. 尽管它不是布雷格曼散度, 通过在泰勒级数中展开 $D_f[p:p+dp]$, 很容易证明 f-散度满足散度的标准.

定理 3.1　f-散度是不变的、可分解的. 相反, 除了 $n=1$ 的情况, 不变的、可分解散度是 f-散度.

证明　首先证明 f-散度满足信息单调性的准则. 考虑一个简单的划分, 其中 $X_0=\{1,2\}$, 所有其他 X_a 都是单元素集合. 也就是说, $x=1,2$ 被放入 X_0 的一个子集, 但是所有其他的 x 保持原样. 只证明这种情况, 其他情况同样可以证明. 需要证明:

$$p_1 f\left(\frac{q_1}{p_1}\right)+p_2 f\left(\frac{q_2}{p_2}\right) \geqslant (p_1+p_2) f\left(\frac{q_1+q_2}{p_1+p_2}\right). \tag{3.16}$$

通过引入

$$u_1=\frac{q_1}{p_1}, \quad u_2=\frac{q_2}{p_2}, \tag{3.17}$$

(3.16) 的右式记为

$$(p_1+p_2) f\left(\frac{p_1}{p_1+p_2}u_1+\frac{p_2}{p_1+p_2}u_2\right). \tag{3.18}$$

因为 f 是凸的,

$$(p_1+p_2) f\left(\frac{p_1}{p_1+p_2}u_1+\frac{p_2}{p_1+p_2}u_2\right) \leqslant p_1 f(u_1)+p_2 f(u_2), \tag{3.19}$$

证明了信息的单调性.

相反, 假设信息单调性对可分解散度 (3.9) 成立. 当满足 (3.13) 时, 不等式成立, 即在当前情况下 $u_1=u_2$ 成立. 等式记为

$$d(p_1,q_1)+d(p_2,q_2)=d(p_1+p_2,q_1+q_2). \tag{3.20}$$

令

$$k(p,u)=d(p,up), \tag{3.21}$$

对 $u>0$, 我们有

$$k(p_1,u)+k(p_2,u)=k(p_1+p_2,u). \tag{3.22}$$

因此 $k(p,u)$ 在 p 中是线性的. 所以我们得到

$$k(p,u)=f(u)p, \tag{3.23}$$

表明

$$d(p,q)=pf\left(\frac{q}{p}\right). \tag{3.24}$$

上述推导证明了定理. □

注 1 当 $n=1$ 时, 上述证明无效, 因为粗粒化导致 $m=0$. Jiao 等 (2015) 指出: 存在一类不变散度, 当 $n=1$ 时, 这类散度不一定是 f-散度. 所以 $n=1$ 的情形是特殊的, Jiao 等 (2015) 导出了 $n=1$ 时的一类不变散度.

注 2 当处理不可分解的散度时, 存在不是 f-散度的不变散度. f-散度的函数是不变的, 但一般是不可分解的. 一个简单的例子是

$$D[p:q]=D_f[p:q]+\{D_f[p:q]\}^2. \tag{3.25}$$

此外, 两个 f-散度 D_{f_1} 和 D_{f_2} 的适当非线性函数是不变的, 但不是 f-散度.

我们将在第二部分提出, 任何不变散度有相同的几何形状, 称为 α-结构.

当一个线性项加到凸函数 f 上时,

$$\bar{f}(u)=f(u)+c(u-1), \tag{3.26}$$

其中 c 是常数, $\bar{f}$ 也是凸的. 很容易得到

$$D_{\bar{f}}[p:q]=D_f[p:q], \tag{3.27}$$

所以 (3.26) 不改变散度. 因此, 不失一般性, 我们可以用满足以下条件的凸函数

$$f(1)=0, \quad f'(1)=0. \tag{3.28}$$

此外, 由于另一个常数 $c>0$, 下式

$$D_{cf}[p:q]=cD_f[p:q] \tag{3.29}$$

成立, 常数 c 决定了散度的大小. 为了固定比例, 我们使用满足以下条件的 f,

$$f''(1)=1. \tag{3.30}$$

定义 3.1 满足 (3.28) 和 (3.30) 的凸函数 f 为标准. 从标准 f 导出的 f-散度是标准 f-散度.

当 $D_f[p:q]$ 是标准的 f-散度时, 它的对偶 $D_f^*[p:q]=D_f[q:p]$ 也是标准的 f-散度. 要展示这一点, 定义

$$f^*(u)=uf\left(\frac{1}{u}\right). \tag{3.31}$$

那么, 当 f 是标准凸函数时, f^* 也是标准凸函数, 有

$$D_{f^*}[p:q] = D_f[q:p]. \tag{3.32}$$

3.3　S_n 中 f-散度的例子

3.3.1　KL 散度

对于

$$f(u) = -\log u, \tag{3.33}$$

导出的散度是 KL 散度

$$D_f[p:q] = \sum p_i \log \frac{p_i}{q_i}. \tag{3.34}$$

f 的对偶是

$$f^*(u) = u\log u. \tag{3.35}$$

导出的散度是 KL 散度的对偶

$$D_{f^*}[p:q] = D_{\mathrm{KL}}[q:p], \tag{3.36}$$

这与从累积生成函数 ψ 导出的散度一致.

3.3.2　χ^2-散度

对于

$$f(u) = \frac{1}{2}(u-1)^2, \quad D_f[p:q] = \frac{1}{2}\sum \log \frac{(p_i-q_i)^2}{p_i}. \tag{3.37}$$

这就是所谓的皮尔逊 χ^2-散度.

3.3.3　α-散度

设 α 为实参数. 通过下式定义 α-函数

$$f_\alpha(u) = \frac{4}{1-\alpha^2}\left(1-u^{\frac{1+\alpha}{2}}\right)^2, \quad \alpha \neq \pm 1. \tag{3.38}$$

导出的散度是 α-散度 (Amari 1985; Amari and Nagaoka, 2000), 由下式给出

$$D_\alpha[p:q] = \frac{4}{1-\alpha^2}\left(1-\sum p_i^{\frac{1+\alpha}{2}} q_i^{\frac{1+\alpha}{2}}\right), \quad \alpha \neq \pm 1. \tag{3.39}$$

α-函数的对偶是 $-\alpha$-函数. 因此, α-散度的对偶是 $-\alpha$-散度,

$$D_\alpha[p:q] = D_{-\alpha}[q:p]. \tag{3.40}$$

当 $\alpha = 0$ 时, 有

$$f(u) = 4\left(1 - \sqrt{u}\right), \quad D_f[p:q] = 2\sum\left(\sqrt{p_i} - \sqrt{q_i}\right)^2, \tag{3.41}$$

这也就是 Hellinger 距离的平方.

通过取极限 $\alpha \to \pm 1$, 将 α 函数 (3.38) 推广到 $\alpha = \pm 1$, 则

$$f_\alpha(u) = \begin{cases} u\log u, & \alpha = 1, \\ -\log u, & \alpha = -1. \end{cases} \tag{3.42}$$

导出的散度为

$$D_\alpha[p:q] = \begin{cases} \sum q_i \log \dfrac{q_i}{p_i}, & \alpha = 1, \\ \sum p_i \log \dfrac{p_i}{q_i}, & \alpha = -1. \end{cases} \tag{3.43}$$

因此, KL 散度是 -1-散度, 它的对偶是 1-散度.

由于

$$f(u) = |1 - u| \tag{3.44}$$

是不可微的, 因此, D_f 不是我们定义的散度, D_f 是 p 和 q 的对称函数,

$$D_f[p:q] = \frac{1}{2}\sum |p_i - q_i|, \tag{3.45}$$

称为变分距离.

欧几里得距离的平方,

$$D[p:q] = \sum (p_i - q_i)^2 \tag{3.46}$$

是一个散度, 但它不是 f-散度, 也不是不变的.

3.4 f-散度和 KL 散度的基本性质

3.4.1 f-散度的性质

在 S_n 中以下性质成立:

(1) 一个 f-散度 $D_f[p:q]$ 相对于 p 和 q 都是凸的.

(2) 它的上界是

$$0 \leqslant D_f[p:q] \leqslant \lim_{u\to 0}\left\{f(u) + uf\left(\frac{1}{u}\right)\right\}, \tag{3.47}$$

$$0 \leqslant D_f[p:q] \leqslant \sum (p_i - q_i)\, f'\left(\frac{p_i}{q_i}\right). \tag{3.48}$$

(3) 对于 $\alpha \geqslant 1$,

$$D_\alpha[p:q] = \infty, \tag{3.49}$$

对于某个 x 当 $p(x)=0$ 且 $q(x) \neq 0$ 时成立.

(4) 对于 $\alpha \leqslant -1$,

$$D_\alpha[p:q] = \infty. \tag{3.50}$$

对于某个 x 当 $p(x) \neq 0$ 且 $q(x)=0$ 时成立.

性质 (3) 和性质 (4) 对 KL 散度及其对偶散度也成立, 因为它们是 ± 1-散度. 通过使用 α-散度, 它们导致概率分布近似的结果. 给定 $p \in S_n$, 我们搜索从 p 到光滑子流形 $S \in S_n$ 的散度最小的分布 $\hat{p}_S$,

$$\hat{p}_S = \arg\min_{q \in S} D_\alpha[p:q]. \tag{3.51}$$

那么, 以下成立.

(5) 零趋近: 当 $\alpha \geqslant 1$ 时, S 闭包中的 $\hat{p}_S$ 最佳逼近满足

$$\hat{p}_S(x) = 0 \tag{3.52}$$

对 x 在 $p(x)=0$ 处.

(6) 零避免: 当 $\alpha \leqslant -1$ 时, S 闭包中的 $\hat{p}_S$ 最佳逼近满足

$$\hat{p}_S(x) \neq 0 \tag{3.53}$$

对 x 在 $p(x) \neq 0$ 处.

3.4.2 KL 散度的性质

1. 大偏差定理

设 p 为 S_n 中的分布, 其中 N 个独立数据为 $x(1), \cdots, x(N)$. 观测数据的经验分布由 $\hat{p}$ 给出,

$$\hat{p}_i = \frac{1}{N}\sum_{t=1}^{N} \delta_i\{x(t)\} = \frac{N_i}{N}, \tag{3.54}$$

其中, N_i 是在 N 个数据中观察到的 $x=i$ 的数. 这是最大似然估计值. $\hat{p}$ 离真 p 有多远? 当 N 较大时, 用 KL 散度渐近估计概率分布 $\hat{p}$.

Sanov 引理 概率 $\hat{p}$ 是渐近的, 由下式给出

$$\operatorname{Prob}\{\hat{p};q\}=\exp\{-ND_{\mathrm{KL}}[\hat{p}:p]\}, \tag{3.55}$$

也就是说, 概率随着 N 的增加而指数衰减, 其中衰减指数为 $D_{\mathrm{KL}}[\hat{p}:p]$.

通过估计 $\hat{p}$ 的分布来证明这个引理, $\hat{p}$ 是一个多项式分布, 当 N 较大时, 我们省略了这个证明. 当 p 接近 $\hat{p}$ 时, 通过

$$\varepsilon=\frac{1}{\sqrt{N}}(\hat{p}-p), \tag{3.56}$$

并且展开 $ND_{\mathrm{KL}}[\hat{p}:p]$, 可得中心极限定理.

中心极限定理 $\hat{p}$ 的分布是带有均值 p 和协方差的渐近高斯分布, 协方差如下:

$$E\left[\left(\hat{p}_i-p_i\right)\left(\hat{p}_j-p_j\right)\right]=\frac{1}{N}g_{ij}. \tag{3.57}$$

设 A 为 S_n 中的一个区域. 然后, 我们得到大偏差定理, 这个定理在信息论和统计学中是有用的 (图 3.2).

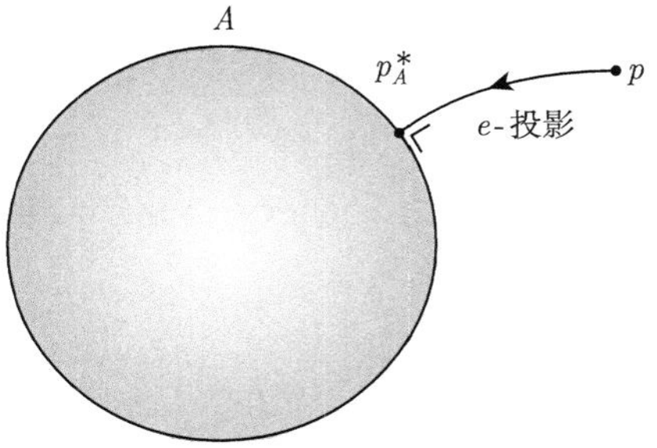

图 3.2 从 p 到 A 的 e-投影

大偏差定理 $\hat{p}$ 包含在 A 中的概率由下式渐近给出

$$\operatorname{Prob}\{\hat{p}\in A\}=\exp\{-ND_{\mathrm{KL}}[p_A^*:p]\}, \tag{3.58}$$

其中

$$p_A^*=\underset{q\in A}{\arg\min}\, D_{\mathrm{KL}}[q:p]. \tag{3.59}$$

当 A 是一个有边界的闭集时, p_A^* 由 p 到 A 边界的 e-投影给出.

2. 对称化 KL 散度和 Fisher 信息

p 和 q 点之间的黎曼距离由沿着连接 p 和 q 的所有曲线 $\xi(t)$ 的距离的最小值给出, 使得 $\xi(0)=p, \xi(1)=q$, 即

$$s=\min \int_0^1 \sqrt{g_{ij}(t)\dot{\xi}^i\dot{\xi}^j}dt. \tag{3.60}$$

因为 KL 散度是

$$D_{\mathrm{KL}}\left[\xi(t):\xi(t+dt)\right]=\frac{1}{2}g_{ij}\dot{\xi}^i\dot{\xi}^j dt^2, \tag{3.61}$$

KL 散度和 Fisher 信息沿一条曲线的积分之间有某种关系. 考虑连接两点 p 和 q 的 e-测地线和 m-测地线,

$$\gamma_e:\xi_e(t)=\exp\{(1-t)\log p+t\log q-\psi(t)\}, \tag{3.62}$$

$$\gamma_m:\xi_m(t)=(1-t)p+tp. \tag{3.63}$$

它们分别是指数族和混合族. 设 $g_e(t)$ 和 $g_m(t)$ 为沿曲线的 Fisher 信息,

$$g_e(t)=g_{ij}\dot{\xi}_e^i(t)\dot{\xi}_e^j(t), \tag{3.64}$$

$$g_m(t)=g_{ij}\dot{\xi}_m^i(t)\dot{\xi}_m^j(t). \tag{3.65}$$

因此, 得到以下定理.

定理 3.2 对称化的 KL 散度由 Fisher 信息沿 e-测地线和 m-测地线的积分给出,

$$\frac{1}{2}\left\{D_{\mathrm{KL}}[p:q]+D_{\mathrm{KL}}[q:p]\right\}=\int_0^1 g_e(t)dt=\int_0^1 g_m(t)dt. \tag{3.66}$$

证明略.

3.5 Fisher 信息: 唯一不变的度量

由于 f-散度是不变的, 由其导出的黎曼度量也是不变的. 可以很容易地通过泰勒展开从 f-散度计算出度量 g_{ij},

$$D_f[p(x,\xi):p(x:\xi+d\xi)]=\int p(x,\xi)f\left\{\frac{p(x,\xi+d\xi)}{p(x,\xi)}\right\}dx=\frac{1}{2}g_{ij}(\xi)\,d\xi^i d\xi^j. \tag{3.67}$$

一个简单的计算给出了以下引理.

引理 3.1 任何标准 f-散度都会给出相同的黎曼度量, 即 Fisher 信息矩阵

$$g_{ij} = E\left[\partial_i \log p(x,\xi)\, \partial_j \log p(x,\xi)\right], \tag{3.68}$$

其中

$$\partial_i = \frac{\partial}{\partial \xi_i}. \tag{3.69}$$

Chentsov (1972) 证明了一个更强的定理, 即 Fisher 信息矩阵是 S_n 的唯一不变度量. 他使用范畴理论的框架来证明. 利用 Campell (1986) 展示了更简单的证明方法.

考虑一系列 S_n, $n = 1, 2, 3, \cdots$, 并重新表述不变性准则.

考虑 S_n 的粗粒化是 $X = \{0, 1, 2, \cdots, n\}$ 到 $Y = \{A_0, A_1, \cdots, A_m\}$ 的划分, 其中 $n \geqslant m$. 当 x 包含在 A_i 中时, 随机变量 x 取值为 $0, 1, \cdots, n$, 被简化为随机变量 y, 取值 $0, 1, \cdots, m$, 使得 $y = i$. 显然, 概率分布 $p \in S_n$ 通过这种粗粒化映射到 $q \in S_m$. 它定义了一个从 S_n 到 S_m 的映射 f,

$$f: p \mapsto q; \quad q_i = \sum_{j \in A_i} p_j. \tag{3.70}$$

相反, 考虑从 S_m 到 S_n 的映射 h, 它由任意条件概率分布决定,

$$r_{ij} = \text{Prob}\left\{x = i | y = j\right\}. \tag{3.71}$$

给定 $y = j$, 它基于 r_{ij} 随机生成 $x = i$. 我们通过以下方式定义映射

$$h: q \mapsto p; \quad p_i = r_{ij} q_j. \tag{3.72}$$

给定 y, 其概率为 q, x 的概率分布 $p = hq$ 由 (3.72) 给出. 依赖于 r_{ij} 的映射 h 将 S_m 嵌入 S_n, 它满足

$$f \circ h = Id, \tag{3.73}$$

其中 Id 是恒等映射 (见图 3.3).

通过观察随机变量 y 来估计 $q \in S_m$ 的问题, 当 S_m 通过 (3.72) 嵌入到一个较大的流形 S_n 中时, 随机变量是 x. 然而 x 包含了一个用于估计 q 的冗余部分, y 是估计 q 的充分统计量.

不变性准则主张 S_m 的几何与在较大流形 S_n 中嵌入的 hS_m 的几何相同. 特别地, S_m 中两个基向量的内积应该与嵌入图像中的相同. 现在我们论述 Chentsov 的定理.

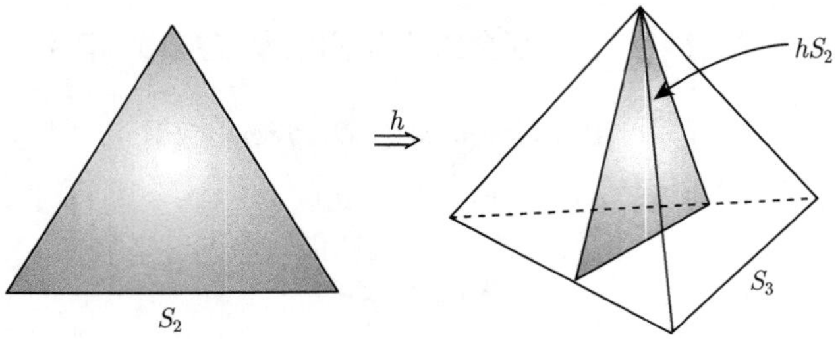

图 3.3　在 S_3 中嵌入 $S_2, m=2, n=3$

定理 3.3　不变度量是唯一的, 由 Fisher 信息在一个常数因子内给出.

证明　我们用 R_+^n 来证明这个定理, 考虑 S_{n-1} 是其受 $\sum p_i = 1$ 约束的子空间. 当 $m=n$ 时, 映射 f 只是指数的置换. 我们考虑 S_{n-1} 的中心,

$$\bar{p} = \left(\frac{1}{n}, \cdots, \frac{1}{n}\right) \in R_+^n. \tag{3.74}$$

它在指数 i 的置换群下是不变的, 所以 R_+^n 中两个基向量 e_i 和 e_j 的内积在指数的置换下是不变的. 因此, 我们得到

$$g_{ij}^n(\bar{p}) = B(n), \quad 对任意的\ i, j; \quad i \neq j, \tag{3.75}$$

$$g_{ii}^n(\bar{p}) = A(n) + B(n), \quad 对任意的\ i \tag{3.76}$$

或

$$g_{ij}^n(\bar{p}) = A(n)\,\delta_{ij} + B(n)\,. \tag{3.77}$$

当 p 在 S_{n-1} 中时, 它在 S_{n-1} 中的小偏差 δp 满足

$$\sum_{i=1}^{n} \delta p_i = 0. \tag{3.78}$$

由于 δp 是 S_{n-1} 的切向量,

$$\sum Z^i = 0, \tag{3.79}$$

对 S_{n-1} 的任何切向量 $Z = Z^i e_i$ 都成立.

因此, 在计算 S_{n-1} 的两个切向量的内积时, 我们可以使 $B(n) = 0$. $B(n)$ 只负责 S_{n-1} 的法线方向. 所以, 我们得到

$$g_{ij}^n(\bar{p}) = A(n)\,\delta_{ij}. \tag{3.80}$$

考虑一点

$$q=\left(\frac{k_1}{n},\frac{k_2}{n},\cdots,\frac{k_m}{n}\right)\in S_{m-1}, \tag{3.81}$$

其中 k_i 是整数, 满足 $\sum k_i=n$. 然后考虑由条件分布给出的 S_{m-1} 嵌入 S_{n-1},

$$r_{ij}=\begin{cases}\dfrac{1}{k_j}, & i\in A_j,\\ 0, & \text{否则},\end{cases} \tag{3.82}$$

其中 $\{A_j\}$ 是 $\{0,1,\cdots,n\}$ 的划分使得 A_j 包括 k_j 个元素. q 是到 S_{n-1} 中心的映射,

$$hq=\bar{p}=\left(\frac{1}{n},\cdots,\frac{1}{n}\right). \tag{3.83}$$

基向量 $e_1^m\in R_+^m$ 通过这个嵌入映射到 R_+^n,

$$\tilde{e}_1^n=\frac{1}{k_1}\left(e_1^n+\cdots+e_{k_1}^n\right). \tag{3.84}$$

类似的等式适用于其他 e_i^n, $i=2,3,\cdots,m$. 内积等于

$$g_{11}^m(q)=\langle e_1^m,e_1^m\rangle=\langle\tilde{e}_1^n,\tilde{e}_1^n\rangle=\left\langle\frac{1}{k_1}\sum_{i=1}^{k_1}e_i^n,\frac{1}{k_1}\sum_{i=1}^{k_1}e_i^n\right\rangle=\frac{1}{k_1}g_{11}^n(\bar{p})=\frac{A(n)}{k_1}. \tag{3.85}$$

因此, 我们有

$$g_{11}^m(q)=\frac{nc}{k_1}=\frac{c}{q_1}. \tag{3.86}$$

由于常数 c 仅用于确定 Fisher 信息的大小, 设定 $c=1$. 同样地,

$$g_{ii}^m(q)=\frac{n}{k_i}=\frac{1}{q_i}. \tag{3.87}$$

这仅在 q_i 是有理数的点时成立, 但由于连续性, 它对于任何 q 都成立. 这证明了定理. □

注 在不变性准则下, 可以证明由下式定义的三次张量 T_{ijk} 的唯一性:

$$T_{ijk}=E\left[\partial_i\log p(x,\xi)\,\partial_j\log p(x,\xi)\,\partial_k\log p(x,\xi)\right]. \tag{3.88}$$

这将用于研究第二部分中 α-联络的独特性.

3.6 正测度流形中的 f-散度

我们利用粗粒化下的信息单调性把不变性的概念从 S_n 推广到了 R_+^n. 我们可以证明唯一不变的、可分解的散度是 f-散度, 因为定理 3.4 的证明也适用于 R_+^n. f-散度为

$$D_f[m:n]=\sum m_i f\left(\frac{n_i}{m_i}\right), \tag{3.89}$$

$m,n\in R_+^n$, 对于正测度 R_+^n 的流形, 其中 f 是一个标准凸函数, 满足 (3.28) 和 (3.30). 这里需要一个标准凸函数来定义 R_+^n 中的散度, 因为 (3.89) 不满足一般凸函数 f 的散度标准. 当使用标准凸函数 f 时, 该准则满足.

我们可以计算在 R_+^n 中通过 f-散度导出的不变黎曼度量.

定理 3.4 从不变散度推导的 R_+^n 中的黎曼度量是欧几里得度量,

$$g_{ij}(m)=\frac{1}{m_i}\delta_{ij}. \tag{3.90}$$

证明 由 (3.89) 的泰勒展开式很容易导出 (3.90),

$$D_f[m:m+dm]=\sum m_i f\left(1+\frac{dm_i}{m_i}\right)=\sum\frac{f''(1)}{2m_i}dm_i^2, \tag{3.91}$$

其中 $f''(1)=1$. 通过利用下式给出的新坐标系

$$\xi^i=2\sqrt{m_i}, \tag{3.92}$$

无穷小距离的平方表示为

$$ds^2=\sum\left(d\xi^i\right)^2, \tag{3.93}$$

表明流形是欧几里得的, 坐标系是正交的. □

需要注意的是, 流形 S_n 是 R_{n+1}^+ 的子流形. 约束 $\sum p_i=1$ 在新坐标系中为

$$\sum\left(\xi^i\right)^2=4. \tag{3.94}$$

因此, S_n 在欧几里得空间是一个球, 所以它是弯曲的.

作为 f-散度的一个重要特例, 在 R_+^n 中引入了 α-散度, 先前在 S_n 中定义过. 它是通过使用标准 α-函数定义的:

$$f_\alpha(u)=\begin{cases}\dfrac{4}{1-\alpha^2}\left(1-u^{\frac{1+\alpha}{2}}\right)-\dfrac{2}{1-\alpha}(u-1), & \alpha\neq\pm1,\\ u\log u-(u-1), & \alpha=1,\\ -\log u+(u-1), & \alpha=-1.\end{cases} \tag{3.95}$$

定义 3.2 α-散度在 R_+^n 中定义为

$$D_\alpha[m:n]=\begin{cases}\dfrac{4}{1-\alpha^2}\sum\left\{\dfrac{1-\alpha}{2}m_i+\dfrac{1+\alpha}{2}n_i-m_i^{\frac{1-\alpha}{2}}n_i^{\frac{1+\alpha}{2}}\right\}, & \alpha\neq\pm1,\\ \sum\left\{m_i-n_i+n_i\log\dfrac{n_i}{m_i}\right\}, & \alpha=1,\\ \sum\left\{n_i-m_i+m_i\log\dfrac{m_i}{n_i}\right\} & \alpha=-1.\end{cases} \tag{3.96}$$

当 m 和 n 都满足归一化条件时,

$$\sum m_i=\sum n_i=1, \tag{3.97}$$

它们是概率分布, α-散度等于概率分布流形中的 α-散度.

注 概率分布流形的几何研究由来已久. 人们认为, C. R. Rao 是第一个利用 Fisher 信息矩阵引入黎曼度量的人 (Rao, 1945), 当时他只有 24 岁, 著名的 Cramer-Rao 定理也发表在同一篇开创性的论文中. 这是一项具有里程碑意义的工作. 从此, 信息几何问世. Jeffreys (1946) 使用了 Fisher 度量行列式的平方根, 即黎曼体积元, 作为贝叶斯统计中的流形上的不变先验分布. 然而, 在他 1939 年出版的著作《概率论》(Jeffreys, 1939) 的第一版中并没有这样的概念, 它出现在第二版 (Jeffreys, 1948, 另见 (Jeffreys, 1946)).

Stigler (2007) 发现了一个隐藏的前历史, 这是一个很大的惊喜 (Frank Nielsen 告诉了我这篇文章). 1929 年, Harold Hotelling 花了将近半年的时间在洛桑研究所与 R. A. Fisher 合作建立了一个数理统计基金会. 他在 1929 年向美国数学会会议提交了一篇题为《统计参数空间》的论文. 这篇论文从未发表过, 所以他的想法不为世人所知. 他在文中指出, 黎曼度量是由统计流形中的 Fisher 信息矩阵给出的. 此外, 他指出, 位置尺度统计模型的集合具有恒定的负曲率. 顺便说一句, 我在 1958 年发现了这个事实, 当时我还是一名硕士研究生, 这就是我研究信息几何的起点.

在 Rao 之后, 出现了许多有关黎曼结构的著作, 例如 James (1973). 正是 Chentsov (1972) 提出了定义统计流形几何的不变性准则, 他证明了 Fisher 信息矩阵是 S_n 中唯一的不变度量. 此外, 他还得到了一类不变仿射联络 (第二部分研究的 α-联络). 不幸的是, 他的作品只以俄文出版, 所以他的贡献直到 1982 年出现英文译本才在西方世界流行起来. 后来, Efron (1975) 调查了 R. A. Fisher 未公开的计算, 并通过定义统计模型的统计曲率. 他证明了统计估计的高阶效率是由统计曲率给出的, 统计曲率是在第二部分中定义的 e-曲率. A. P. Dawid 在讨论 Efron 的论文时对本项工作做了评论, 他在论文中提出了 e-联络和 m-联络.

遵循 Efron 和 Dawid 的工作之后, Amari (1982) 进一步发展了统计模型的微分几何, 并阐明了其二元性. 它被应用于统计推断, 以建立高阶统计理论 (Amari, 1982, 1985; Kumon and Amari, 1983). 对偶平坦流形的形式理论首先由 Nagaoka 和 Amari (1982) 提出, 包括勾股定理和投影定理. 然而, 它没有作为期刊论文发表, 因为它被主流期刊拒绝了.《概率年鉴》的编辑让我撤回这篇论文, 因为他已经联系了七位评论家, 但没有一位认真地审阅过. 因此, 他得出结论, 大多数概率学家不会对这项研究的方向感兴趣.《概率理论及其应用》(*Zeitschrift für Wahrscein-lichkeitstheorie und Verwandte Gebiete*) 杂志的一位评论员给我发了一封信, 说这篇论文没什么用处, 因为统计学和微分几何之间不存在本质联系. 他还指出, 这篇论文的微分几何与教科书中的不同 (我们提出了微分几何中对偶性的新框架), 因此对此表示怀疑的态度, 并且把它拒绝了. 几年过去了, 第三位《IEEE 信息论交易》的评论者写道, 这一理论现在在世界各地广为人知, 提交的论文几乎没有新的想法. 这是因为 D. Cox 爵士于 1984 年在伦敦组织了一次关于这个问题的研讨会, 我的《施普林格讲稿》(Amari, 1985) 也发表了. 从那时起, 信息几何已经广为人知, 许多有能力的研究人员已经从统计、视觉、优化、机器学习等领域加入进来, 许多国际会议已经探讨了这个问题.

然而, 在概率密度函数的函数空间的情况下, 这一基础问题涉及很多困难. 这是因为 $p(x)$ 的空间的拓扑不同于 $\log p(x)$ 的空间的拓扑. Pistone 和他的同事们进行了一系列研究 (Pistone and Sempi, 1995; Pistone and Rogatin, 1999; Cena and Pistone, 2007; Pistone, 2013), 另见 (Grasselli, 2010). Newton(2012) 在 $p(x)$ 具有有限熵的框架下给出了一个基于希尔伯特空间的理论. 这里, $p(x)$ 是一个关于测度 $\mu(x)$ 的概率密度函数, 其通过使用 $p(x)$ 的以下表示被映射到希尔伯特空间上:

$$\phi[p] = p(x) + \log p(x), \tag{3.98}$$

其中

$$E_\mu\left[\{p(x)\}^2\right] < \infty, \quad E_\mu\left[\log^2 p(x)\right] < \infty \tag{3.99}$$

都是假定的. J. Jost 和他的同事们正在德国莱比锡探讨提出一种严谨的理论, 准备出一部专著, 见 (Ay et al., 2013).

信息几何使用 e-测地线和 m-测地线连接两个分布 $p(x)$ 和 $q(x)$, KL 散度 $D_{\mathrm{KL}}[p(x):q(x)]$、勾股定理和投影定理以及两条曲线的正交性. 因此, 我们希望有一个框架, 使得上述的结构都得到保证. 我们需要寻找给出这样一个框架的温和且规律性的条件, 参见 (Pistone, 2013; Newton, 2012). Fukumizu (2009) 提出了一个新思路, 即处理具有函数自由度的统计流形的核指数族.

第 4 章　α-几何、Tsallis q-熵与正定矩阵

由于 f-散度不一定呈布雷格曼型, 因此, 由 f-散度导出的不变几何也不一定是对偶平坦结构. 虽然 KL 散度 (也是 f-散度) 是 $S_n\,(n>0)$ 中唯一不变平坦的可分解散度, 但随着正测度流形 R_+^n 的研究进行, 还发现了其他不变的、平坦的和可分解的散度, 即 α-散度, 是包含 KL 散度的一个特例. 本章将探讨 α-散度中的不变 α-结构, 其中包括 α-测地线、α-均值、α-投影、α-优化和 α-概率分布族.

研究中还注意到来自 Tsallis q-熵的几何 (Tsallis, 1988, 2009; Naudts, 2011) 就是 α-几何, 其中 $\alpha=2q-1$. 我们展示了另一种由 Tsallis q-熵产生的平坦结构, 称为共形平坦, 与伴随概率分布有关. 通过扩展, 我们在 R_+^n 中发现了一类普遍的对偶平坦散度, 并进一步研究了正定矩阵流形的一个一般不变平坦结构, 其本身具有一定重要性.

4.1　不变平坦散度

4.1.1　KL 散度具有唯一性

当散度在下面的流形中推导一个平坦的结构时, 那么这一散度就是平坦的. 布雷格曼散度是平坦的. 我们从 S_n 中的结果开始, 参见 (Csiszár, 1991) 了解 KL 散度的特征.

定理 4.1　KL 散度及其对偶是唯一可分解的平坦不变散度, $n=1$ 的特例除外.

本定理中的其中一个论证将在下一小节中作为定理 4.2 的推论给出. 定理 4.2 将在第二部分展示, 其不假设 KL 散度是概率分布的对偶平坦流形中唯一的正则散度的可分解性.

4.1.2　α-散度在 R_+^n 中具有唯一性

我们从 (Amari, 2009) 的一个定理开始.

定理 4.2　α-散度形成了 R_+^n 的可分解的、平坦的和不变散度的唯一类.

证明　首先, 证明流形 R_+^n 中的 α-散度是布雷格曼散度并不意味着它的仿射坐标系就是度量向量 $m=(m_i)\in R_+^n$ 本身. 因此, 我们定义了一个新的坐标系统 $\theta=\left(\theta^i\right)$, 公式如下:

$$\theta^i=h_\alpha(m_i)=m_i^{\frac{1-\alpha}{2}},\quad \alpha\neq 1, \tag{4.1}$$

称 θ^i 为正测度 m_i 的 α-表示. 那么,

$$m_i = h_\alpha^{-1}\left(\theta^i\right) = \left(\theta^i\right)^{\frac{2}{1-\alpha}}, \tag{4.2}$$

当 $|\alpha| < 1$ 时, 上述函数是 θ^i 的凸函数. 因此,

$$\psi_\alpha(\theta) = \frac{1-\alpha}{2}\sum\left(\theta^i\right)^{\frac{2}{1-\alpha}} = \frac{1-\alpha}{2}\sum m_i, \tag{4.3}$$

当 $\alpha > -1$ 时, 上述函数是 θ 的凸函数, 相应的仿射坐标系是 θ. 对偶仿射坐标系 η 将由 $\eta = \nabla\psi_\alpha(\theta)$ 给出. 这是因为

$$\eta_i = \left(\theta^i\right)^{\frac{1+\alpha}{1-\alpha}} = h_{-\alpha}(m_i). \tag{4.4}$$

因此, 它是 m_i 的 $-\alpha$ 表示. 对偶凸函数是

$$\varphi_\alpha(\eta) = \psi_{-\alpha}(\eta). \tag{4.5}$$

计算表明, 布雷格曼散度

$$D_\alpha[\theta_1 : \theta_2] = \psi_\alpha(\theta_1) + \psi_{-\alpha}(\eta_2) - \theta_1 \cdot \eta_2 \tag{4.6}$$

是 (3.96) 中定义的 α-散度.

相反, 假设一个 f-散度

$$D_f[m : n] = \sum m_i f\left(\frac{n_i}{m_i}\right) \tag{4.7}$$

是一个布雷格曼散度, 而且它的仿射坐标系 $\theta = \left(\theta^i\right)$ 分量相连为

$$\theta^i = k(m_i). \tag{4.8}$$

对某些函数 k^*, 对偶仿射坐标是

$$\eta_i = k^*(m_i). \tag{4.9}$$

由于散度中的 θ 和 η 的交叉项只包含在 (4.6) 的最后一项中, 对每个 i, 下述关系

$$m_i f\left(\frac{n_i}{m_i}\right) = k(m_i)\, k^*(n_i) \tag{4.10}$$

成立. 通过对 n_i 进行微分并省略后缀 i. 为简洁起见, 便有

$$f'\left(\frac{n}{m}\right) = k(m)\, k^{*\prime}(n). \tag{4.11}$$

通过使 $x=n$, $y=1/m$, 则有

$$f'(xy)=k\left(\frac{1}{y}\right)k^*(x). \tag{4.12}$$

接着, 对于某些函数 s 和 t, 通过将

$$h(u)=\log f'(u), \tag{4.13}$$

(4.12) 的对数写成

$$h(xy)=s(x)+t(y). \tag{4.14}$$

通过对 x 的两边进行微分, 有

$$h(u)=-c\cdot\log u, \tag{4.15}$$

其中 c 是常数. 由此, 除了一个比例因子和一个常数, 我们看到 f 的形式为

$$f(u)=-u^{\frac{1+\alpha}{2}}. \tag{4.16}$$

这是当 $|\alpha|<1$ 时的凸函数, 并不是标准的 f 函数. 通过将其变换为标准形式, 有

$$f(u)=\frac{4}{1-\alpha^2}\left(\frac{1-\alpha}{2}+\frac{1+\alpha}{2}u-u^{\frac{1+\alpha}{2}}\right), \tag{4.17}$$

由此, 定理得证. □

文中没有提及 $\alpha=1$ 的情况. 如果我们将 α 表示的定义 (4.1) 修改为

$$h_\alpha(m)=\frac{1}{1-\alpha}\left(m^{\frac{1-\alpha}{2}}-1\right), \tag{4.18}$$

$\log m$ 由极限 $\alpha\to 1$ 给出. 如此便能证明即使在 $\alpha=\pm 1$ 的极限情况下也成立. S_n 是 R_+^n 的子流形, 其中施加约束

$$\sum_{i=0}^{n} m_i=1. \tag{4.19}$$

约束在 θ 坐标系中重写为

$$\sum_{i=0}^{m} h_\alpha^{-1}(\theta^i)=1. \tag{4.20}$$

这是一个 $\alpha\neq -1$ 的非线性约束. 所以 S_n, 除了 $\alpha=-1$ 的线性约束情况, 对于一般 α 不是对偶平坦的, 而是弯曲的. 当 $\alpha=1$ 时, 它在对偶坐标系中是线性的. 因

此, 只有当 $x=\pm 1$ 时, α-散度才能赋予 S_n 扁平结构, 即 KL 散度和它的对偶. 所以, KL 散度是 S_n 中唯一不变的、平坦的、可分解的散度, 定理 4.1 证明完毕.

注 Jiao 等 (2015) 证明了: 在不假设可分解性的情况下, KL 散度是 S_n 中唯一不变的散度. 在几何框架中也证明了 S_n 的正则散度正是第二部分的 KL 散度. Jiao 等 (2015) 充分研究了 $n=1$ 的情况, 刻画了 S_n 中一类不变布雷格曼型散度. 证明如下:

(1) 当 $n>1$ 时, 不变的可分解散度是 f-散度, 但是当 $n=1$ 时, 有一类新的散度不一定是 f-散度.

(2) 对任意的 n 一个不变的布雷格曼散度是 KL 散度.

从几何学的角度来看, 一维流形 S_1 是一条曲线, 所以它的曲率总是为 0. 在此基础上, $n=1$ 的情况在某种意义下属于特例.

4.2 S_n 和 R_+^n 的 α-几何

4.2.1 $\boldsymbol{R}_+^n$ 中的 α-测地线和 α-勾股定理

由 α-散度, R_+^n 的仿射和对偶仿射坐标分别在 (4.1) 和 (4.4) 给出. 通过 θ_0 的 α-测地线在 (4.1) 中 θ 的 α-表示是线性的, 记为

$$\theta(t)=ta+\theta_0, \tag{4.21}$$

其中 t 是测地线的参数, a 是常数向量, 表示测地线的切线方向. 特别地, 连接两个测量量 m_1 和 m_2 的 α-测地线是

$$m_i(t)^{\frac{1-\alpha}{2}}=\left\{(1-t)\,m_{1i}^{\frac{1-\alpha}{2}}+tm_{2i}^{\frac{1-\alpha}{2}}\right\}. \tag{4.22}$$

同理, 一条 $-\alpha$-测地线在 (4.4) 中 η 的 $-\alpha$-表示是线性的,

$$\eta(t)=ta+\eta_0. \tag{4.23}$$

连接 m_1 和 m_2 的 $-\alpha$-测地线是

$$m_i(t)^{\frac{1+\alpha}{2}}=\left\{(1-t)\,m_{1i}^{\frac{1+\alpha}{2}}+tm_{2i}^{\frac{1+\alpha}{2}}\right\}. \tag{4.24}$$

这便有勾股定理和投影定理的 α-版本.

定理 4.3 给定三个正测度 m, n, k, 当连接 m 和 n 的 α-测地线与连接 n 和 k 的 $-\alpha$-测地线正交时,

$$D_\alpha[m:k]=D_\alpha[m:n]+D_\alpha[n:k]. \tag{4.25}$$

定理 4.4 给定 m 和 R_+^n 中的子流形 S, S 中使 α-散度最小的点

$$\hat{k} = \arg\min_{k} D_\alpha [m : k], \quad k \in S \tag{4.26}$$

是 m 到 S 的 α-投影. 当 S 是 $-\alpha$-平坦子流形时, 该投影是唯一的.

注 当 $\alpha = 1$ 时, $D_\alpha [m : n]$ 是 KL 散度, 其定理是第 1 章给出的勾股定理和投影定理.

4.2.2 S_n 中的 α-测地线

虽然 α-散度是 R_+^n 中的布雷格曼散度, 但当 $\alpha \neq \pm 1$ 时, 便不是 S_n 中的平坦散度. 连接 R_+^n 中两个概率向量 p 和 q 的 α-测地线 (由 (4.22) 给出 $m_1 = p$ 和 $m_2 = q$) 不包含在 S_n 中. 但是, 我们可以将 (4.22) 归一化, 得到概率向量 $p(t)$,

$$p_i^{\frac{1-\alpha}{2}}(t) = c(t)\left\{(1-t)\, p_i^{\frac{1-\alpha}{2}} + t q_i^{\frac{1-\alpha}{2}}\right\}, \tag{4.27}$$

其中 $c(t)$ 是由下式确定的

$$\sum_{i=0}^{n} p_i(t) = 1. \tag{4.28}$$

这包含在 S_n 中. 我们称其为 S_n 的 α-测地线. 因此, 使用 α-测地线定义 S_n 中的 α-投影.

4.2.3 S_n 中的 α-勾股定理和 α-投影定理

因为 R_+^{n+1} 是 α-平坦, 它的子流形 S_n 拥有勾股定理的扩展态. Kurose (1994) 提出如下定理, 适用于具有恒定曲率的一般对偶流形.

定理 4.5 设 p, q 和 r 是 S_n 中的三个点, 当连接 p 和 q 的 α-测地线与连接 q 和 r 的 $-\alpha$-测地线正交时, 下式成立

$$D_\alpha [p : r] = D_\alpha [p : q] + D_\alpha [q : r] - \frac{1-\alpha^2}{4} D_\alpha [p : q]\, D_\alpha [q : r]. \tag{4.29}$$

文中省略了证明. 这是球面几何中一个定理的推广, 它具有恒定的曲率. 投影定理由此而来.

定理 4.6 设 M 是 S_n 的子流形. 给定 p, M 中使 p 到 M 的 α-散度最小的点由 p 到 M 的 α-测地线投影给出.

由 (4.29) 可得, α-投影给出了 α-散度的关键点. 参见 (Matsuyama, 2003) 在独立成分分析 (ICA) 中关于 α-散度和 α-投影的最小化.

4.2.4 α-散度的分配

本书展示了 α-散度在社会科学中的一个有趣应用. 有许多方法可以根据各州的人口成比例地确定席位数量, 因为一个州的席位数量一定是整数, 而人口比例是有理数. 设 $p = (p_i)$ 为人口商向量

$$p_i = \frac{N_i}{N}, \tag{4.30}$$

其中, N_i 是州 i 的人口, $N = \sum N_i$. 设 $q = (q_i)$ 为分配商向量, n 为席位总数使得 nq_i 为分配给州 i 的席位数.

这里不能简单地使 $q = p$, 因为 nq_i 应该是一个整数. 所以, 搜索一个最接近 p 的 $q_i = n_i/n$ 形式的有理向量 q, 通过使用 α-散度 $D_\alpha[p:q]$ 来表明 p 和 q 的接近程度, 并搜索使 $D_\alpha[p:q]$ 最小化的有理向量 q. 现已经提出了许多算法来确定 q. Ichimori (2011) 和 Wada (2012) 表明, 大多数现有方法都被解释为一些 α-散度的最小化, 它们的差异仅在于 α 的值.

4.2.5 α-均值

通过 α-表示, 我们定义了 α-均值. 现在思考两个正数 x 和 y. 我们可以如下重新调整它们,

$$\tilde{x} = h(x), \quad \tilde{y} = h(y), \tag{4.31}$$

其中 $h(x)$ 是满足 $h(0) = 0$ 单调递增可微函数.

我们可以称 $h(x)$ 为 x 的 h-表示. α-表示是 $h(x) = h_\alpha(x)$ 的情况. 其量称为 x 和 y 的 h-均值,

$$m_h(x, y) = h^{-1}\left\{\frac{h(x) + h(y)}{2}\right\}, \tag{4.32}$$

利用 x 和 y 的 h-表示获得上式, 取它们的算术平均值, 然后利用 h^{-1} 将其重新调整. x 和 y 的 α-均值是

$$m_\alpha(x, y) = \left\{\frac{1}{2}\left(x^{\frac{1-\alpha}{2}} + y^{\frac{1-\alpha}{2}}\right)\right\}^{\frac{2}{1-\alpha}}. \tag{4.33}$$

进一步要求 h-均值是无标度的, 这意味着, 当 $c > 0$ 时, cx 和 cy 的 h-均值是它们 h-均值的 c 倍,

$$m_h(cx, cy) = cm_h(x, y). \tag{4.34}$$

以下定理描述了 α-均值.

定理 4.7 (Hardy et al., 1952) 利用下式的 α-均值,

$$h(u)=h_\alpha(u)=\begin{cases} u^{\frac{1-\alpha}{2}}, & \alpha\neq 1,\\ \log u, & \alpha=1\end{cases} \tag{4.35}$$

是 h-均值中唯一的无标度均值.

证明 以下为 Amari (2007) 给出的证明. 令 h 是一个单调递增的可微函数, 使得 h-均值是无标度的,

$$h(cm)=\frac{1}{2}\{h(cx)+h(cy)\}. \tag{4.36}$$

通过将方程 (4.36) 关于 x 微分, 我们推导出

$$ch'(cm)\,m'=\frac{1}{2}ch'(cx), \tag{4.37}$$

其中

$$m'=\frac{\partial}{\partial x}m(x,y). \tag{4.38}$$

令 $c=1$, 则

$$h'(m)\,m'=\frac{1}{2}h'(x). \tag{4.39}$$

因此, 可从 (4.37) 和 (4.39) 导出,

$$\frac{h'(cx)}{h'(x)}=\frac{h'(cm)}{h'(m)}. \tag{4.40}$$

由于当 y 变化时 m 取任意值, 对于 c 的函数 $g(c)$, 有

$$\frac{h'(cx)}{h'(x)}=g(c). \tag{4.41}$$

令

$$k(x)=\log h'(x), \tag{4.42}$$

有

$$k(cx)-k(x)=\log g(c), \tag{4.43}$$

因此得出

$$ck'(cx)=k'(x). \tag{4.44}$$

令 $x=1$, 对于常数 $b=k'(1)$,

$$k'(c)=\frac{b}{c}. \tag{4.45}$$

最终得出

$$h(x)=\begin{cases} x^{\frac{1-\alpha}{2}}, & \alpha\neq 1, \\ \log x, & \alpha=1, \end{cases} \tag{4.46}$$

比例常数忽略不计. 在 $\alpha=1$ 的情况下, 有 $\log x$. □

上述可知, α-均值族包括各类已知的均值:

$$\begin{aligned} \alpha=1\,(\text{几何均值}): &\quad m_1(a,b)=\sqrt{ab}, \\ \alpha=-1\,(\text{算术均值}): &\quad m_{-1}(a,b)=\frac{1}{2}(a+b), \\ \alpha=0: &\quad m_0(a,b)=\frac{1}{4}\left(\sqrt{a}+\sqrt{b}\right)^2=\frac{1}{2}\left(\frac{1}{2}(a+b)+\sqrt{ab}\right), \\ \alpha=3\,(\text{调和均值}): &\quad m_3(a,b)=\frac{2}{\dfrac{1}{a}+\dfrac{1}{b}}, \\ \alpha=\infty: &\quad m_\infty(a,b)=\min\{a,b\}, \\ \alpha=-\infty: &\quad m_{-\infty}(a,b)=\max\{a,b\}. \end{aligned}$$

最后两个例子表明模糊逻辑十分自然地包含在 α-均值中.

α-均值相对于 α 是反单调的,

$$m_\alpha(a,b)\geqslant m_{\alpha'}(a,b), \quad \alpha\leqslant\alpha'. \tag{4.47}$$

将不等式一般化,

$$\frac{a+b}{2}\geqslant\sqrt{ab}\geqslant\frac{2}{a^{-1}+b^{-1}}. \tag{4.48}$$

随着 α 的增加, α-均值更多地依赖于 $\{a,b\}$ 中较小的元素, 而随着 α 的减小, 更依赖于较大的元素. 我们可以说 α 较小的 α-均值为悲观, α 较大的 α-均值更加乐观, 参见图 4.1.

进一步用权数 $w_1,\cdots,w_k$ 定义加权 $a_1,\cdots,a_k$ 的 α-均值, 方法如下

$$m_\alpha(a_1,\cdots,a_k;w)=h_\alpha^{-1}\left\{\sum w_i h_\alpha(a_i)\right\}, \tag{4.49}$$

其中 $w=(w_1,\cdots,w_k)$ 和 $w_1+\cdots+w_k=1$. 下一小节将介绍概率分布族.

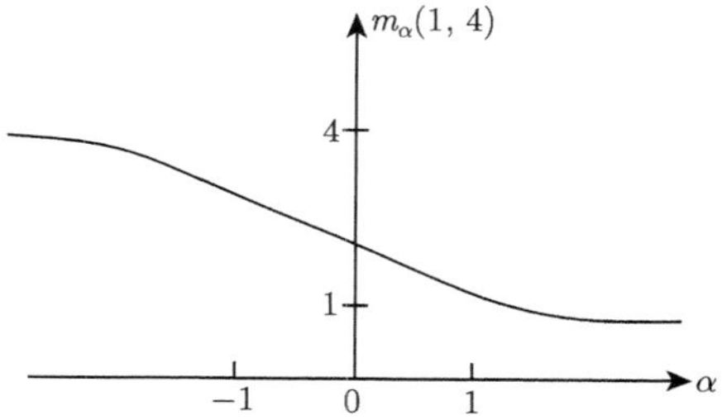

图 4.1 不同 α 的 1 和 4 的 α-均值

4.2.6 α-概率分布族

给定 k 个概率分布 $p_i(x), i=1,\cdots,k$, 通过使用 α-均值来定义它们的 α-混合.

概率密度函数 $p(x)$ 的 α-表示由下列公式 (Amari and Nagaoka, 2000) 给出

$$h_\alpha[p(x)]=\begin{cases} p(x)^{(1-\alpha)/2}, & \alpha\neq 1,\\ \log p(x), & \alpha=1.\end{cases} \tag{4.50}$$

它们的 α-混合定义为

$$\tilde{p}_\alpha(x)=ch_\alpha^{-1}\left\{\frac{1}{k}\sum_{i=1}^{k}h_\alpha\{p_i(x)\}\right\}, \tag{4.51}$$

其中归一化常数 c 为概率分布所需值. 它由下式给出

$$c=\frac{1}{\displaystyle\int h_\alpha^{-1}\left\{\frac{1}{k}\sum h_\alpha[p_i(x)]\right\}dx}. \tag{4.52}$$

$\alpha=-1$ 混合是普通混合, $\alpha=1$ 混合是指数混合. $\alpha=-\infty$ 混合

$$\tilde{p}_{-\infty}(x)=c\max_i\{p_i(x)\} \tag{4.53}$$

是分量分布的最优积分, 因为对于每个 x, 它取分量概率的最大值. 相反, $\alpha=\infty$ 混合是保守的, 取分量概率的最小值,

$$\tilde{p}_{-\infty}(x)=c\min\{p_i(x)\}. \tag{4.54}$$

指数混合比普通混合更保守, 因为在 x 处产生的概率密度接近 0, 其中一些分量接近 0.

下面考虑加权混合. 以权数为 $w_1, \cdots, w_k$ 且满足 $\sum w_i = 1$ 的加权 α-混合由下式给出

$$\tilde{p}_\alpha(x; w) = ch_\alpha^{-1}\left\{\sum w_i h_\alpha\left\{p_i(x)\right\}\right\}. \tag{4.55}$$

这称为 $p_1(x), \cdots, p_k(x)$ 具有权数 $w_1, \cdots, w_k$ 的 α-积分. 它通过使用参数 $w = (w_1, \cdots, w_k)$ 连续连接 k 个分量分布 $p_1(x), \cdots, p_k(x)$. 它被称为概率分布 α-族, 其中 w 在坐标系中发挥了重要作用. 当 $\alpha = -1$ 时, 这是一个普通的混合族,

$$\tilde{p}_{-1}(x; w) = \sum w_i p_i(x), \tag{4.56}$$

其中 $\sum w_i = 1$. 当 $\alpha = 1$ 时, 这是一个指数族,

$$\tilde{p}_1(x; w) = \exp\left\{\sum w_i \log\left\{p_i(x) - \psi(w)\right\}\right\}, \tag{4.57}$$

其中归一化常数 c 由下式给出

$$c = \exp\{-\psi\}. \tag{4.58}$$

概率单形 S_n (概率分布的函数空间 F) 是特殊的, 满足以下定理.

定理 4.8　概率单形 S_n 是任意 α 的 α-族.

证明　S_n 是 $\delta_i(x)$ 的混合

$$p(x) = \sum_{i=0}^{n} p_i \delta_i(x). \tag{4.59}$$

$\delta_i(x)$ 的 α-混合族是

$$\tilde{p}_\alpha(x; w) = c\left[\sum w_i h_\alpha \delta_i(x)\right]^{\frac{2}{1-\alpha}}, \tag{4.60}$$

其中

$$w_i = p_i^{\frac{1-\alpha}{2}}, \quad i = 0, 1, \cdots, n. \tag{4.61}$$

它们覆盖了整个 S_n, 因此 S_n 是一个 α-族. □

我们还证明连接 S_n 中 p 和 q 的 α-测地线是一个一维 α-族.

4.2.7 α-积分的最优性

给定一组 k 分布的一组集 $p_1(x),\cdots,p_k(x)$ 时, 我们搜索与所有 $p_1(x),\cdots,p_k(x)$ 接近的 $q(x)$. 它被视为集群的中心. 设 $w_1,\cdots,w_k$ 是分配给 p_i 的权数 $i=1,\cdots,k$, 我们把从 $p(x)$ 到 $q(x)$ 的散度的加权平均值

$$R_D[q(x)]=\sum w_i D[p_i(x):q(x)] \tag{4.62}$$

作为风险函数. 搜索最小化 $R_D[q(x)]$ 的分布 $q(x)$. R_D 的最小值称为 $p_1(x),\cdots,p_k(x)$ 具有权数 $w_1,\cdots,w_k$ 的 D-最优积分. 以下定理刻画了 α-积分 (Amari, 2007).

定理 4.9(α-积分的最优性) 具有权数 $w_1,\cdots,w_k$ 的概率分布 $p_1(x),\cdots,p_k(x)$ 的 α-积分在 α-风险下是最优的,

$$R_\alpha[q(x)]=\sum w_i D_\alpha[p_i(x):q(x)], \tag{4.63}$$

其中 D_α 是 α-散度.

证明 首先证明一个 $\alpha\neq\pm1$ 的情况. 通过在归一化约束下 $R_\alpha[q(x)]$ 的变化

$$\int q(x)dx=1, \tag{4.64}$$

我们可得

$$\begin{aligned}&\delta R_\alpha[q(x)]-\lambda\int\delta q(x)dx\\&=\frac{2}{1-\alpha}\sum w_i\int p_i(x)^{\frac{1-\alpha}{2}}q(x)^{-\frac{1+\alpha}{2}}\delta q(x)\,dx-\lambda\int\delta q(x)dx\\&=0,\end{aligned} \tag{4.65}$$

其中 λ 是拉格朗日乘数, 得出

$$q(x)^{-\frac{1-\alpha}{2}}\sum w_i p_i(x)^{\frac{1-\alpha}{2}}=\text{const}. \tag{4.66}$$

因此, 最优的 $q(x)$ 是

$$q(x)=ch_\alpha^{-1}\left[\sum w_i h_\alpha\{p_i(x)\}\right]. \tag{4.67}$$

当 $\alpha=\pm1$ 时, 得出

$$\delta R_1[q(x)]=\sum w_i\int\log\frac{q(x)}{p_i(x)}\delta q(x)\,dx, \tag{4.68}$$

$$\delta R_{-1}\left[q\left(x\right)\right]=-\sum w_i\int\left\{\frac{p_i\left(x\right)}{q\left(x\right)}+\text{const}\right\}\delta q\left(x\right)dx. \tag{4.69}$$

因此, 证得最优 q 是任何 α 的 α-积分. □

具有非归一化概率的情况, 即正测度, 具有相似性. $m_1(x),\cdots,m_k(x)$ 的最优积分 $\tilde{m}_\alpha(x)$ 在 α-散度准则下为

$$\tilde{m}_\alpha(x)=h_\alpha^{-1}\left[\sum w_i h_\alpha\{m_i(x)\}\right], \tag{4.70}$$

其中归一化常数不是必需的.

此外, 关于随机证据 α-积分应用的论文, 见 (Wu, 2009; Choi et al., 2013) 以及 (Soriano and Vergara, 2015).

4.2.8 专家 α-积分应用

考虑由 k 个专家 $m_1(x),\cdots,m_k(x)$ 组成的系统, 每个进程处理输入信号 x 并给出自己的答案. M_i 的回答是对应于 x 的响应 y. 一般地, 考虑 M_i 的输出是 $yp_i(y|x)$ 或正测度 $m_i(y|x)$ 的概率分布的情况. 整个系统归拢了这些结果, 并给出了关于给定 x 的 y 分布的整体结果 (图 4.2).

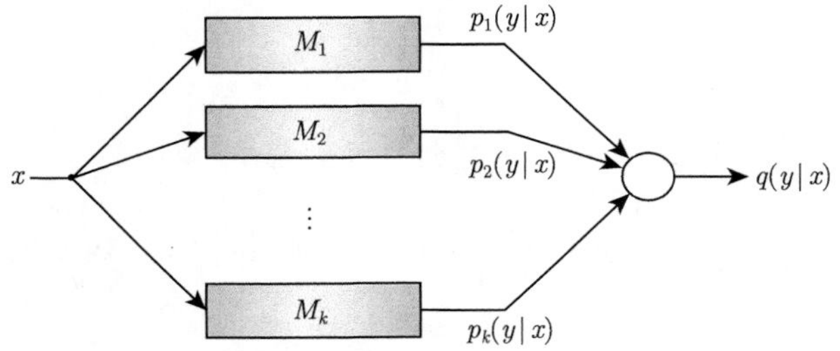

图 4.2　专家机制积分答案

假设 $w_i(x)$ 定义为输入 x 的 M_i 的权重或可靠性. 整体结果 $q(y|x)$ 的 α-风险由下式给出

$$R_\alpha\left[q\left(y|x\right)\right]=\sum w_i\left(x\right)D_\alpha\left[p_i\left(y|x\right):q\left(y|x\right)\right]. \tag{4.71}$$

定理 4.10　α-专家机制

$$q\left(y|x\right)=h_\alpha^{-1}\left[\sum w_i(x)\,h_\alpha\left\{p_i(y|x)\right\}\right] \tag{4.72}$$

在 α-风险 $R_\alpha\left[q\left(y|x\right)\right]$ 下是最优的.

类似的推断在正测度的情况下同样成立.

当 $\alpha = 1$ 时, 该机制为专家混合 (mixture of expert) 模型 (Jacobs et al., 1991); 而当 $\alpha = -1$ 时, 该机制是专家乘积 (product of experts) 模型 (Hinton, 2002).

确定权数或可靠性函数 $w_i(x)$ 非常重要. 当输出 $q^*(y\,|x)$ 可用时, 可以使用 soft-max 函数

$$w_i(x) = c\exp\{-\beta D_\alpha [p_i(y\,|x) : q^*(y\,|x)]\} \tag{4.73}$$

作为 M_i 的权数, 其中 c 是归一化常数, β 是 "逆温度", 表明权数的有效性.

4.3 Tsallis q-熵的几何

在统计物理学中, 玻尔兹曼-吉布斯 (Boltzmann-Gibbs) 分布是一个指数族, 因此该底层流形具有不变的平坦结构. 它的凸函数是自由能, 它的对偶凸函数是 Shannon 熵的负值. C. Tsallis 提出了一种名为 q-熵的广义熵, 用于研究未包含在传统 Boltzmann-Gibbs 框架中的各种现象 (Tsallis, 1988, 2009). 通过推导概率分布不是服从拖尾概率指数衰减的指数族打开了通往物理学及其他新世界的大门, 为此引入了 q-对数和 q-指数. 但是, q-对数本质上与 α-表示相同, 其中 q 和 α 由 $\alpha = 2q - 1$ 连接. 因此, α-几何涵盖了 q-熵物理的几何 (Ohara, 2007). 本书主要讨论 S_n 为离散时的情况, 但结论也同样适用于 S_n 为连续状态下.

通过使用 q-伴随分布 (q-escort distribution) 进一步扩展了 q-框架. 尽管它不是不变的, 但依旧为 S_n 提供了一个新的对偶平坦结构 (Amari and Ohara, 2011). 它与不变几何形状共形相关 (Amari et al., 2012). 该框架进一步扩展到 Naudts (2011) 提出的变形指数族.

4.3.1 q-对数和 q-指数函数

Tsallis 由下式引入了一个广义对数, 称为 q-对数,

$$\log_q(u) = \frac{1}{1-q}\left(u^{1-q} - 1\right), \tag{4.74}$$

当取极限 $q \to 1$ 时给出 $\log u$ 的值. q-对数的逆是 q-指数,

$$\exp_q(u) = \{1 + (1-q)\,u\}^{1-q}, \tag{4.75}$$

这给出了极限 $q \to 1$ 中的普通指数函数. 除了缩放因子和常数之外, 这些函数与 α-表示的 $h_\alpha(u)$ 及其逆函数相同, 其中 $\alpha = 2q - 1$. 然而, 我们在本节中保留原始符号 q, 而不是符号 α, 遵从 C. Tsallis 的原始术语 q.

Tsallis q-熵定义为

$$H_q(p) = \sum p_i \log_q \frac{1}{p_i}, \tag{4.76}$$

通过将 log 替换为 $\log_q$, 当 $0 < q \leqslant 1$ 时, 该函数是凹函数, 且为 $q = 1$ 时的 Shannon 熵. 这与 Rényi 熵 (Rényi, 1961) 密切相关. 类似地, q-散度定义为

$$D_q[p:r] = E\left[\log_q \frac{r(x)}{p(x)}\right] = \frac{1}{1-q}\left(1 - \sum p_i^q r_i^{1-q}\right), \tag{4.77}$$

其中 E 是关于 q 的期望. 这与 $\alpha = 2q-1$ 的 α-散度 (3.39) 相同.

从 q-散度导出的几何满足不变性标准, 因为它属于 f-散度类型. 所以黎曼度量由 Fisher 信息矩阵给出. 除了 $q = 0\,(\alpha = -1)$ 和 $1\,(\alpha = 1)$ 的限制情况外, 它不是对偶平坦的. 然而, 如果我们将其扩展到正测度的流形, 它既是不变的又是对偶平坦的.

4.3.2 概率分布的 q-指数族 (α-族)

令 q-指数族为

$$\log_q p(x,\theta) = \theta \cdot x - \psi_q(\theta) \tag{4.78}$$

或

$$p(x,\theta) = \exp_q\{\theta \cdot x - \psi_q(\theta)\}, \tag{4.79}$$

其中 $\log_q$ 和 $\exp_q$ 用于代替普通指数族的 log 和 exp. 这是 S_n 的一个 α-族 (4.60), 其中使用 h_α 代替 $\log_q$, $\theta = (w_i)$ 和 $x = \{\delta(x)\}$. 这里, $\psi_q(\theta)$ 由归一化约束确定

$$\int \exp_q\{\theta \cdot x - \psi_q(\theta)\}dx = 1. \tag{4.80}$$

另一个例子是 q-高斯分布, 由下式给出

$$\log_q(x,\theta) = -\frac{(x-\mu)^2}{2\sigma^2} = \theta \cdot x - \psi(\theta), \tag{4.81}$$

$$\theta = \left(\frac{\mu}{\sigma^2}, -\frac{1}{2\sigma^2}\right), \quad x = \left(x, x^2\right), \tag{4.82}$$

其中随机变量 x 取连续值. 与高斯分布不同, x 的值被限制在有限范围内. 另一个重要的 q-族是 S_n. 我们将定理 4.8 重写为以下形式.

定理 4.11 所有离散分布的族 S_n 是任意 q 的 q-族, 即任意 α 的 α-族.

证明 通过引入随机变量 $\delta_i(x)$ 并令 $x=(\delta_1(x),\cdots,\delta_n(x))$, 利用参数 θ 得到概率 $p\in S_n$, 形式为

$$\log_q p(x,\theta)=\frac{1}{1-q}\left\{\sum_{i=1}^{n}\left(p_i^{1-q}-p_0^{1-q}\right)\delta_i(x)+p_0^{1-q}-1\right\}, \tag{4.83}$$

其中坐标系 θ 是

$$\theta^i=\frac{1}{1-q}\left(p_i^{1-q}-p_0^{1-q}\right),\quad x_i=\delta_i(x). \tag{4.84}$$

因此, 它是一个 q-族 (α-族). 相对应的自由能函数为

$$\psi_q(\theta)=-\log_q p_0, \tag{4.85}$$

其中 p_0 是 θ 的函数. 我们称其为 q-自由能. □

4.3.3 q-伴随几何

q-几何 (α-几何) 是由 q-散度在 q-指数族中推导而得的. 它由 Fisher 信息度量 (3.68) 和 (3.88) 中定义的三次张量组成. 这个几何是不变的, 但一般是不平坦的. 这是因为 q-散度 (α-散度) 通常不是布雷格曼散度. 然而, 可对其进行共形修改以获得新的对偶平坦结构. 首先, 证明由 (4.80) 定义的 q-自由能 $\psi_q(\theta)$ 是一个 θ 的凸函数.

引理 4.1 q-自由能是凸的.

证明 通过 (4.79) 对 θ 进行微分, 则有

$$\partial_i p(x,\theta)=p(x,\theta)^q\left(x_i-\partial_i\psi_q\right). \tag{4.86}$$

其二阶导数是

$$\partial_i\partial_j p(x,\theta)=qp(x,\theta)^{2q-1}\left(x_i-\partial_i\psi_q\right)\left(x_j-\partial_j\psi_q\right)-p(x,\theta)^q\,\partial_i\partial_j\psi_q. \tag{4.87}$$

引入一个函数式

$$h_q[p(x)]=\int p(x)^q dx, \tag{4.88}$$

除了标度和常数, 这就是 Tsallis q-熵. 接着, 从 (4.86) 和 (4.87) 并使用其性质得出

$$\partial_i\int p(x,\theta)dx=\partial_i\partial_j\int p(x,\theta)dx=0, \tag{4.89}$$

则

$$\partial_i \psi_q(\theta) = \frac{1}{h_q(\theta)} \int x_i p(x,\theta)^q dx, \tag{4.90}$$

$$\partial_i \partial_j \psi_q(\theta) = \frac{q}{h_q(\theta)} \int (x_i - \partial_i \psi_q)(x_j - \partial_j \psi_q) p(x,\theta)^{2q-1} dx, \tag{4.91}$$

后者表明 ψ_q 的 Hessian 矩阵是正定的, 称为 q-度量

$$g_{ij}^q = \partial_i \partial_j \psi_q(\theta), \tag{4.92}$$

这与不变的 Fisher 度量不同. □

通过与自由能不同的 q-自由能, 在 S_n 中引入了一种新的对偶平坦结构. 仿射坐标由 θ^i 即 (4.84) 给出. 对偶仿射坐标系 η 由下式给出

$$\eta_i = \partial_i \psi_q(\theta) = \frac{p_i^q}{h_q(p)}. \tag{4.93}$$

对偶凸函数是 q 熵的逆

$$\varphi_q(\eta) = \frac{1}{1-q}\left\{\frac{1}{h_q(p)} - 1\right\}, \tag{4.94}$$

除了一个比例和常数.

由 ψ_q 导出的布雷格曼散度

$$\tilde{D}_q[p(x):r(x)] = \frac{1}{(1-q)h_q[r(x)]}\left(1 - \int p(x)^{1-q} r(x)^q dx\right) \tag{4.95}$$

与 q-散度 D_q 不同. $\tilde{D}_q$ 为 S_n 给出了另一个对偶平坦黎曼结构.

令

$$\tilde{p}_i = \eta_i, \quad i = 1, \cdots, n, \tag{4.96}$$

$$\tilde{p}_0 = \frac{p_0^q}{h_q(p)}, \tag{4.97}$$

$$\sum_{i=0}^{n} \tilde{p}_i = 1 \tag{4.98}$$

成立. 因此, η 给出了 S_n 的另一个概率分布 $\tilde{p}$. 将其称之为 p 的伴随概率分布 (简称伴随分布). 伴随分布是通过将 p_i 更改为 p_i^q/h_q 获得的, 随着 q 从 $q=1$ 减小, p 向中心移动 (均匀分布 p_0).

在 S_n 中定义 q-伴随测地线和对偶 q-伴随测地线. 通过这些测地线, q-勾股定理在 q-伴随散度方面成立. 重要的结果之一是 q-max 熵定理. 为此, 将 q-伴随期望定义为

$$\tilde{E}_q\left[a\left(x\right)\right]=\int\frac{a\left(x\right)p\left(x\right)^q}{h_q}dx. \tag{4.99}$$

定理 4.12 (q-max 熵定理) 令 $M_k\left(a\right)$ 是 S_n 的子流形, $M_k\left(a\right)$ 由概率分布组成, 其中随机变量 $c_1(x),\cdots,c_k(x)$ 的 q-伴随期望取固定值,

$$\tilde{E}_q\left[c_i\left(x\right)\right]=a_i,\quad i=1,\cdots,k, \tag{4.100}$$

其中 $a=\left(a_1,\cdots,a_k\right)$. $M_k\left(a\right)$ 中最大化 q-熵的概率分布 $\hat{p}\left(a\right)$ 由均匀分布 p_0 到 $M_k\left(a\right)$ 的 q-测地线投影给出. 各种 $a=\theta$ 的这种分布族是 q-指数分布族,

$$\log_q p\left(x,\theta\right)=\theta^i c_i\left(x\right)-\psi\left(\theta\right). \tag{4.101}$$

证明 毫无疑问的是, 在对偶意义上 M_k 是平坦的, (4.101) 在原始意义上是平坦子流形, 见图 4.3. □

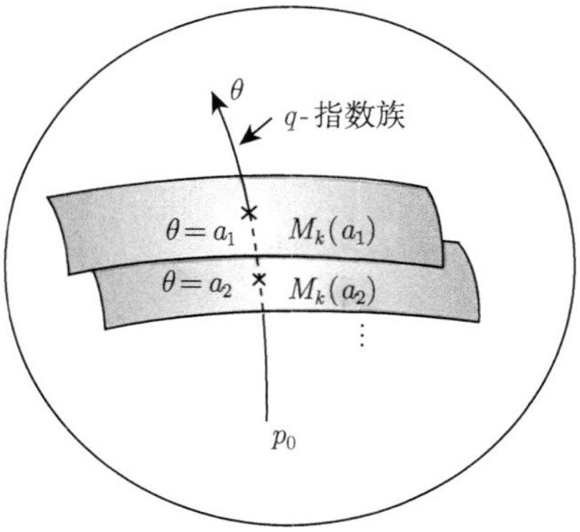

图 4.3 q-max 熵定理

4.3.4 变形指数族: χ-伴随几何

我们使用 q-对数来定义 S_n 中的 q-结构. 然而, 我们可以使用更一般的表达来研究 S_n 的各种对偶平坦结构. 例如, κ-指数族的变形指数族 (Kaniadakis and Scarfone, 2002). 继 Naudts (2011) 之后, 引入 χ-对数, 定义如下

$$\log_\chi(s)=\int_1^s\frac{1}{\chi\left(t\right)}dt, \tag{4.102}$$

其中 χ-是一个正的非递减函数. 令

$$u(s)=\log_\chi(s)\,, \tag{4.103}$$

当 χ-是幂函数时,

$$\chi(s)=s^q,\quad q>0, \tag{4.104}$$

上式给出了 q-对数. 我们使用 u 的倒数作为 v-表示,

$$v(s)=\exp_\chi(s)=u^{-1}(s)\,. \tag{4.105}$$

由 (4.105) 可得, χ-变形指数族定义为

$$p(x,\theta)=\exp_\chi\{\theta\cdot x-\psi_\chi(\theta)\}\,, \tag{4.106}$$

其中 ψ_χ 是对应于归一化因子的自由能.

定理 4.13　S_n 是任何 χ 函数的 χ 指数族.

证明　用与定理 4.11 相同的方式证明定理, 用 $\log_q$ 替换 $\log_x$. 仿射坐标为

$$\theta^i=u(p_i)-\psi_\chi,\quad i=1,\cdots,n, \tag{4.107}$$

自由能为

$$\psi_\chi(\theta)=-u(p_0)\,. \tag{4.108}$$

χ 自由能是 θ 的凸函数, 因此引入新的对偶平坦仿射结构和黎曼度量. 黎曼度量重新记为

$$\partial_i\partial_j\psi_\chi(\theta)=\frac{\displaystyle\int u''(\theta\cdot x-\psi)(x_i-\partial_i\psi)(x_j-\partial_j\psi)\,dx}{h_\chi(\theta)}, \tag{4.109}$$

其中 $h_\chi(\theta)$ 是 χ 伴随熵, 定义如下

$$h_\chi(\theta)\int\chi\{p(x,\theta)\}\,dx=\sum u'\left(\theta^i-\psi_\chi\right)+u'(-\psi_\chi)\,. \tag{4.110}$$

对偶坐标为

$$\eta_i=\frac{\displaystyle\int u'(\theta\cdot x-\psi)\,x_i dx}{h_\chi(\theta)}=\frac{1}{h_\chi(p)}\frac{1}{v'(p_i)}, \tag{4.111}$$

其中

$$u'\{v(p)\} = \frac{1}{v'(p)}. \tag{4.112}$$

式 (4.111) 中的对偶 η 定义了一个概率分布 $\tilde{p}$, 称为 χ-伴随分布. 对偶凸函数是

$$\varphi_\chi(\eta) = \frac{1}{h_\chi} \sum_{i=0}^{n} \frac{v(p_i)}{v'(p_i)}. \tag{4.113}$$

χ-散度为

$$\begin{aligned} D_\chi[p:q] &= \psi_\chi(\theta_p) + \varphi_\chi(\eta_q) - \theta_p \cdot \eta_q \\ &= \frac{1}{h_\chi(p)} \sum_{i=0}^{n} \frac{u(p_i) - u(q_i)}{v'(p_i)}. \end{aligned} \tag{4.114}$$

在广义勾股定理中也成立. □

注 $\exp_\chi(u)$ 是一个凸函数. Vigelis 和 Cavalcante (2013) 通过使用凸函数 $\varphi(u)$ 引入了概率分布的 φ 族, 并给出了概率密度函数 $p(x)$ 新的表达方式

$$f(x) = \varphi\{p(x)\}. \tag{4.115}$$

这与 χ-表示密切相关. 在这个框架中定义了一个 φ 族概率分布和 φ-散度, 给出了一个对偶平坦结构. 它可以扩展到非参数情况.

4.3.5 q-伴随几何的共形特征

q-散度是一个不变的散度, 推导出 Fisher 信息度量. q-伴随散度 (4.95) 不是不变的并且推导出来的度量不是 Fisher 信息度量. 然而, 我们看到 q-度量和 Fisher 度量 $g_{ij}(\theta)$ 之间的关系如下

$$\tilde{g}_{ij}(\theta) = \sigma(\theta)\, g_{ij}(\theta), \quad \sigma(\theta) > 0, \tag{4.116}$$

其中

$$\sigma(p) = \frac{1}{h_p(p)}. \tag{4.117}$$

这意味着度量是逐点各向同性地改变的, 表明向量的模被放大或缩小是由一个因子 $\sigma(p)$ 决定的, 两个向量的角度永远不会改变, 且保持正交性不变. 这种度量的变换称为共形变换. 因此, q-伴随结构是由不变几何结构的共形变换产生的. 然而, 这个性质在一般的 χ-结构中不成立. 我们不加证明地给出以下定理. 详见 Amari 等 (2012) 和 Ohara 等 (2012) 的著作.

定理 4.14　q-伴随几何在 χ-伴随几何中是唯一的, 因为它的黎曼度量是通过不变 Fisher 度量的共形变换导出的.

注　共形变换用于统计推断的渐近理论 (Okamoto et al., 1991; Kumon et al., 2011). 它们还可用于改进向量机中的核函数, 稍后将在第 11 章中介绍.

4.4　(u, v)-散度: 正测度流形中的对偶平坦散度

通过使用 p 和 $\log(p)$ 表示概率, 它们在不变几何中扮演两个对偶坐标系的角色. 我们进一步使用了 α-表示或 q-表示, 从而得出 α-几何. 广义变形指数族使用 χ-表示. 概率的表示定义了几何. Zhang (2004) 强调了表示的重要性. Eguchi 等 (2014) 使用 U-表示来定义对偶平坦的 U-结构.

本节围绕于 R_+^n 并通过使用一对表示引入对偶平坦结构. 我们扩展了 Zhang (2011, 2013) 给出的想法, 并在 R_+^n 建立了一般的对偶平坦结构. 本节主要遵循 (Amari, 2014) 定义了在正测度流形中一般可分解和不可分解的布雷格曼散度. 在下一节中, 它们被扩展到正定矩阵流形的不变布雷格曼散度.

4.4.1　可分解 $(\boldsymbol{u}, \boldsymbol{v})$-散度

利用两个单调递增且可微的函数 $u(m)$ 和 $v(m)$ 并定义

$$\theta = u(m), \quad \eta = v(m), \tag{4.118}$$

它们分别称为正测度 m 的 u-表示和 v-表示.

给定 $m \in R_+^n$, 令 $\theta = \left(\theta^i\right)$ 和 $\eta = (\eta_i)$, 定义为

$$\theta^i = u(m_i), \quad \eta_i = v(m_i), \tag{4.119}$$

它们分别是 m 的 u-表示和 v-表示. θ 和 η 是 R_+^n 中的坐标系. 我们寻找一个对偶平坦结构, 使得 m 的 u-表示和 v-表示成为两个仿射坐标. 为此, 定义了一对凸函数 $\psi_{u,v}(\theta)$ 和 $\varphi_{u,v}(\theta)$, 从中推导出布雷格曼散度 $D_{u,v}[m : m']$.

通过如下公式定义 θ 和 η 的两个标量函数:

$$\tilde{\psi}_{u,v}(\theta) = \int_0^{u^{-1}(\theta)} v(m)\, u'(m)\, dm, \tag{4.120}$$

$$\tilde{\varphi}_{u,v}(\eta) = \int_0^{v^{-1}(\eta)} u(m)\, v'(m)\, dm. \tag{4.121}$$

通过求导, 则有

$$\tilde{\psi}'_{u,v}(\theta) = v(m), \tag{4.122}$$

$$\tilde{\psi}''_{u,v}(\theta) = \frac{v'(m)}{u'(m)}. \tag{4.123}$$

由于 $u'(m) > 0, v'(m) > 0, \tilde{\psi}''_{u,v} > 0$. 因此, $\tilde{\psi}''_{u,v}(\theta)$ 是一个凸函数. $\tilde{\varphi}''_{u,v}(\eta)$ 也是一个凸函数. 此外, 它们为勒让德对偶, 因为

$$\begin{aligned}\tilde{\psi}_{u,v}(\theta) + \tilde{\varphi}_{u,v}(\eta) - \theta\eta = &\int_0^m v(m)\, u'(m)\, dm \\ &+ \int_0^m u(m)\, v'(m)\, dm - u(m)\, v(m) = 0.\end{aligned} \tag{4.124}$$

现在定义 θ 和 η 的可分解凸函数:

$$\psi_{u,v}(\theta) = \sum \tilde{\psi}_{u,v}\left(\theta^i\right), \tag{4.125}$$

$$\varphi_{u,v}(\eta) = \sum \tilde{\varphi}_{u,v}(\eta_i). \tag{4.126}$$

定义 4.1 定义两点 $m, m' \in R_+^n$ 之间的 (u,v)-散度

$$\begin{aligned}D_{u,v}[m:m'] &= \psi_{u,v}(\theta) + \varphi_{u,v}(\eta') - \theta\cdot\eta' \\ &= \sum\left[\int_0^{m_i} v(m)\, u'(m)\, dm\right. \\ &\left.\quad + \int_0^{m_i'} u(m)\, v'(m)\, dm - u(m)\, v(m)\right],\end{aligned} \tag{4.127}$$

其中 θ 和 η' 分别是 m, m' 的 u-表示和 v-表示.

(u,v)-散度给出了一个对偶平坦结构, 其中 θ 和 η 是仿射和对偶仿射坐标系. θ 和 η 之间的变换在 (u,v)-结构中很简单, 因为它可以以分量方式来组成,

$$\theta^i = u\left\{v^{-1}(\eta_i)\right\}, \tag{4.128}$$

$$\eta_i = v\left\{u^{-1}\left(\theta^i\right)\right\}. \tag{4.129}$$

这是 (u,v)-散度的优点. 黎曼度量由下式给出

$$g_{ij}(m) = \frac{v'(m_i)}{u'(m_i)}\delta_{ij}. \tag{4.130}$$

显而易见, 这是一个欧几里得度量. 得到一个新的坐标系 $r(m)$ 为

$$r(m_i) = \int^{m_i}\sqrt{\frac{v'(m)}{u'(m)}}dm, \tag{4.131}$$

其中黎曼度量是 $g_{ij} = \delta_{ij}$, 定理如下.

定理 4.15 R_+^n 当中的一个可分解的对偶平坦散度在指数排列下不变时, 它便是 (u,v)-散度.

许多散度以 (u,v)-散度的形式写成.

1. (α,β)-散度

从以下幂函数

$$u(m) = \frac{1}{\alpha}m^{\alpha}, \quad v(m) = \frac{1}{\beta}m^{\beta}, \tag{4.132}$$

$$D_{\alpha,\beta}[p:q] = \frac{1}{\alpha\beta(\alpha+\beta)}\sum\left\{\alpha p_i^{\alpha+\beta} + \beta q_i^{\alpha+\beta} - (\alpha+\beta)p_i^{\alpha}q_i^{\beta}\right\} \tag{4.133}$$

得出. 这是由 Cichocki 和 Amari (2010) 以及 Cichocki (2011) 等发现的. 仿射和对偶仿射坐标分别是

$$\theta^i = \frac{1}{\alpha}(m_i)^{\alpha}, \quad \eta_i = \frac{1}{\beta}(m_i)^{\beta}; \tag{4.134}$$

凸函数是

$$\psi(\theta) = c_{\alpha,\beta}\sum \theta_i^{\frac{\alpha+\beta}{\alpha}}, \quad \varphi(\eta) = c_{\beta,\alpha}\sum \eta_i^{\frac{\alpha+\beta}{\beta}}, \tag{4.135}$$

其中

$$c_{\alpha,\beta} = \frac{1}{\beta(\alpha+\beta)}\alpha^{\frac{\alpha+\beta}{\alpha}}. \tag{4.136}$$

2. α-散度

令

$$u(m) = \frac{2}{1-\alpha}m^{\frac{1-\alpha}{2}}, \quad v(m) = \frac{2}{1+\alpha}m^{\frac{1+\alpha}{2}}, \tag{4.137}$$

有

$$D_{\alpha}[m:m'] = \frac{4}{1-\alpha^2}\sum\left\{\frac{1-\alpha}{2}m_i + \frac{1+\alpha}{2}m_i^{\frac{1-\alpha}{2}} - m_i^{\alpha}(m_i')^{\frac{1+\alpha}{2}}\right\}. \tag{4.138}$$

这是 (α,β)-散度的一个特例.

3. β-散度

由

$$u(m) = m, \quad v(m) = \frac{1}{\beta} m^{1+\beta}, \tag{4.139}$$

有

$$D_\beta [m : m'] = \frac{1}{\beta(\beta+1)} \sum_i \left[m_i^{\beta+1} + (\beta+1) m_i' - (m_i')^{\beta+1} - (\beta+1) m_i (m_i')^\beta \right]. \tag{4.140}$$

这就是 β-散度 (Minami and Eguchi, 2004). 即使在 S_n 中, 它也能提供对偶平坦结构. 这是因为 $u(m)$ 在 m 中是线性的.

4. U-散度

由

$$u(m) = m, \quad v(m) = U'(m), \tag{4.141}$$

其中 $U(m)$ 是一个凸函数, 我们可得 U-散度 (Eguchi et al., 2014).

4.4.2 $\boldsymbol{R}_+^n$ 中的一般 $(\boldsymbol{u},\boldsymbol{v})$ 平坦结构

考虑 R_+^n 中一般对偶平坦结构, 它不一定是可分解的. 因此, 在 R_+^n 中引入一个新的坐标系

$$\theta = u(m), \tag{4.142}$$

其中 u 是任意可微双射向量函数. 我们可以通过使用任意凸函数 $\psi(\theta)$ 在 R_+^n 中定义一个对偶平坦结构, θ 是关联的仿射坐标系, 其对偶仿射坐标为

$$\eta = \nabla\psi(\theta). \tag{4.143}$$

我们使

$$v(m) = \nabla\psi(\theta). \tag{4.144}$$

Nock 等 (2015) 使用了这种结构.

任意一对 (u,v) 坐标系不一定给出一个对偶平坦结构. 当且仅当存在凸函数 $\psi(\theta)$ 使得

$$\eta = v\left\{u^{-1}(\theta)\right\} \tag{4.145}$$

是它的梯度. 在可分解 (u,v) 的情况下, 始终满足条件并且 (u,v) 始终表示对偶平坦结构.

从 (u,v)-结构导出的黎曼度量为 $G(\theta) = \nabla\nabla\psi(\theta)$, 且不是欧几里得度量.

4.5 正定矩阵流形的不变平坦散度

本节主要研究正定矩阵流形的信息几何, 见 (Amari, 2014; Ohara and Eguchi, 2013). Cichocki 等 (2015) 对其进行了广泛的审查. 正定矩阵 A 被分解为

$$A = O^{\mathrm{T}} \Lambda O, \tag{4.146}$$

其中 Λ 是由正项 (A 的特征值) 组成的对角矩阵, O 是正交矩阵. 将正定对角矩阵与正测度分布进行比较. 当其迹为 1 时, 将其与概率分布进行比较. 即正定矩阵是正测度的扩展. 因此, 我们可以借助 (u, v)-结构为正定矩阵的流形引入对偶平坦结构. 正定 Hermite 矩阵的流形, 特别是那些迹等于 1 的矩阵, 在量子信息理论中很重要, 但这里不研究它们, 只处理真实情况.

4.5.1 $Gl(n)$ 下的布雷格曼散度和不变性

令 P 为正定对称矩阵, $\psi(P)$ 为凸函数. 布雷格曼散度在两个正定矩阵 P 和 Q 之间定义为

$$D[P:Q] = \psi(P) - \psi(Q) - \nabla\psi(Q) \cdot (P - Q), \tag{4.147}$$

其中 ∇ 是关于矩阵 $P = (P_{ij})$ 的梯度算子, 因此 $\nabla\psi$ 是一个矩阵, 两个矩阵的内积定义为

$$Q \cdot P = \mathrm{tr}\{QP\}. \tag{4.148}$$

它在正定矩阵的流形中引入了对偶平坦结构, 其中仿射坐标系是 P 本身, 对偶仿射坐标系是

$$P^* = \nabla\psi(P). \tag{4.149}$$

正定矩阵和零均值多元高斯分布之间存在一一对应关系. 实际上, 通过使用正定矩阵 P 给出了零均值多元高斯分布

$$p(x, P) = \exp\left\{\frac{1}{2}x^{\mathrm{T}}P^{-1}x - \log\sqrt{2\pi\det|P|}\right\}, \tag{4.150}$$

这是一个指数族. 它的 e-仿射坐标是 P^{-1}. 因此, 平坦几何由 KL 散度给出

$$D[P:Q] = \mathrm{tr}\left(PQ^{-1}\right) - \log\left(\det\left|PQ^{-1}\right|\right) - n, \tag{4.151}$$

这是从势函数中获得的

$$\psi\left(P^{-1}\right) = -\log\left(\det\left|P^{-1}\right|\right). \tag{4.152}$$

考虑通过 $L \in Gl(n)$ 对 P 进行线性变换, 它是所有非退化 $n \times n$ 矩阵的集合, 由下式给出

$$\tilde{P} = L^{\mathrm{T}} P L. \tag{4.153}$$

这对应到随机变量 x 的变换为

$$\tilde{x} = Lx. \tag{4.154}$$

在 $Gl(n)$ 条件下, 一个散度在满足下式时是不变的

$$D[P:Q] = D\left[L^{\mathrm{T}} P L : L^{\mathrm{T}} Q L\right]. \tag{4.155}$$

由于 KL 散度在 x 的任何变换下都是不变的, 因此它在 $Gl(n)$ 下是不变的.

定理 4.16 KL 散度是一个平坦的散度, 它在正定矩阵流形 $Gl(n)$ 下是不变的.

4.5.2 $O(n)$ 的不变平坦可分解散度

正定矩阵的特征值在正交变换 $O \in O(n)$ 下不会改变, 即正交矩阵组. 自然而然地思考在 $O(n)$ 下不变的对偶平坦结构.

1. 当 P 是 e-仿射的情况

在这种情况下, 这里有一个 P 的凸函数 $\psi(P)$. 当下式成立时, 它在 $O(n)$ 条件下不变,

$$\psi(P) = \psi\left(O^{\mathrm{T}} P O\right). \tag{4.156}$$

上述不变函数是 P 的 n 个特征值 $\lambda_1, \cdots, \lambda_n$ 的对称函数 (Dhillon and Tropp, 2007). 当 P 以 λ_i 的可加形式分解时, 满足 $f(0)=0$ 的一个变量的凸函数 f 来表示 P 的不变凸函数

$$\psi_f(P) = \sum f(\lambda_i) = \mathrm{tr} f(P), \tag{4.157}$$

经上述讨论可证明以下引理.

引理

$$P^* = \nabla \psi_f(P) = f'(P). \tag{4.158}$$

证明概要 假设 f 是一个解析函数. 然后, 将 $f(P)$ 展开为 P 的幂级数. 因此, 我们在 $f(P) = P_n$ 的条件下证明引理并不难. 因而有此引理. □

设 $g(u)$ 是一个函数, 使得 $g'(u)$ 是 $f'(u)$ 的反函数, 满足 $g(0)=0$. 那么, 从 P' 到 P 的逆变换由下式给出

$$P = g'(P'). \tag{4.159}$$

因此, 对偶势函数为

$$\varphi_f(P^*) = \mathrm{tr}\{g(P^*)\}. \tag{4.160}$$

定理 4.17　一个 e-平坦可分解 $O(n)$-不变散度由下式给出

$$D_f[P:Q] = \psi_f(P) + \varphi_f\{f'(Q)\} - \mathrm{tr}\{Pf'(Q)\}, \tag{4.161}$$

其中 φ_f 是 ψ_f 的勒让德对偶.

下面给出著名的不变对称凸函数和对偶平坦散度的例子.

(1) 对于 $f(\lambda) = (1/2)\lambda^2$, 有

$$\psi(P) = \frac{1}{2}\sum \lambda_i^2, \tag{4.162}$$

$$D[P:Q] = \frac{1}{2}\|P-Q\|^2, \tag{4.163}$$

其中 $\|P\|^2$ 是 Frobenius 范数,

$$\|P\|^2 = \sum P_{ij}^2, \tag{4.164}$$

这给出了欧几里得结构.

(2) 当 $f(\lambda) = -\log\lambda$ 时, 我们有 (4.152) 和 (4.151), 它们在 $Gl(n)$ 下是不变的.

(3) 当 $f(\lambda) = \lambda\log\lambda - \lambda$ 时,

$$\psi(P) = \mathrm{tr}(P\log P - P), \tag{4.165}$$

$$D[P:Q] = \mathrm{tr}(P\log P - P\log Q - P + Q). \tag{4.166}$$

这种散度用于量子信息理论. 仿射坐标系是 P, 对偶仿射坐标系是 $\log P$ 和 $\psi(P)$, 其对偶仿射坐标系与冯 • 诺依曼熵有关.

2. 一般对偶平坦可分解情况: (u,v)-散度

通过 (u,v)-结构来引入一般的对偶平坦不变可分解散度. 令

$$\Theta = u(P), \quad H = v(P) \tag{4.167}$$

分别为矩阵的 u-表示和 v-表示. 由 (4.120) 和 (4.121) 定义的两个函数 $\tilde{\psi}_{u,v}(\theta)$ 和 $\tilde{\varphi}_{u,v}(\eta)$ 定义一对对偶耦合不变凸函数,

$$\psi(\Theta) = \mathrm{tr}\tilde{\psi}_{u,v}\{\Theta\}, \tag{4.168}$$

$$\varphi(H) = \mathrm{tr}\tilde{\varphi}_{u,v}\{H\}. \tag{4.169}$$

它们相对于 P 不是凸的, 但分别相对于 Θ 和 H 为凸函数. 布雷格曼散度为

$$D_{u,v}[P:Q] = \psi\{\Theta(P)\} + \varphi\{H(Q)\} - \Theta(P)\cdot H(Q), \tag{4.170}$$

并且它为正定矩阵的流形引入了对偶平坦结构.

定理 4.18 对偶平坦、不变和可分解的散度是正定矩阵流形中的一个 (u,v)-散度.

(4.163), (4.151) 和 (4.166) 中给出的欧几里得、高斯和冯・诺依曼散度是 (u,v)-散度的特殊例子. 它们由下列公式给出

(1) $u(m) = v(m) = m.$ (4.171)

(2) $u(m) = m, v(m) = -\dfrac{1}{m}.$ (4.172)

(3) $u(m) = m, v(m) = \log m.$ (4.173)

当 u 和 v 是幂函数时, 我们在正定矩阵的流形中具有 (α,β)-结构.

(4) (α,β)-散度.

由 (4.132) 中的 (α,β) 结构可得

$$\psi(\Theta) = \frac{\alpha}{\alpha+\beta}\mathrm{tr}\Theta^{\frac{\alpha+\beta}{\alpha}} = \frac{\alpha}{\alpha+\beta}\mathrm{tr}P^{\alpha+\beta}, \tag{4.174}$$

$$\varphi(H) = \frac{\alpha}{\alpha+\beta}\mathrm{tr}H^{\frac{\alpha+\beta}{\alpha}} = \frac{\beta}{\alpha+\beta}\mathrm{tr}P^{\alpha+\beta} \tag{4.175}$$

和 (α,β)-矩阵的散度,

$$D_{\alpha\beta}[P:Q] = \mathrm{tr}\left\{\frac{\alpha}{\alpha+\beta}P^{\alpha+\beta} + \frac{\beta}{\alpha+\beta}Q^{\alpha+\beta} - P^{\alpha}Q^{\beta}\right\}. \tag{4.176}$$

这是一个布雷格曼散度, 其中仿射坐标系是 $\Theta = P^{\alpha}$, 它的对偶是 $H = P^{\beta}$.

(5) α-散度推导为

$$\Theta(P) = \frac{2}{1-\alpha}P^{\frac{1-\alpha}{2}}, \tag{4.177}$$

$$\psi(\Theta) = \frac{2}{1+\alpha}P, \tag{4.178}$$

$$D_{\alpha}[P:Q] = \frac{4}{1-\alpha^2}\mathrm{tr}\left(-P^{\frac{1-\alpha}{2}}Q^{\frac{1+\alpha}{2}} + \frac{1-\alpha}{2}P + \frac{1+\alpha}{2}Q\right), \tag{4.179}$$

仿射坐标系是 $\dfrac{2}{1-\alpha}P^{\frac{1-\alpha}{2}}$, 它的对偶是 $\dfrac{2}{1+\alpha}P^{\frac{1+\alpha}{2}}$.

(6) β 散度由式 (4.139) 推导为

$$D_\beta[P:Q]=\frac{1}{\beta(\beta+1)}\operatorname{tr}\left[P^{\beta+1}+(\beta+1)Q-Q^{\beta+1}-(\beta+1)PQ^\beta\right]. \tag{4.180}$$

4.5.3 非平坦不变散度

前期，我们研究了不变的平坦散度及其他类型的不一定是平坦的不变散度. 我们注意到 PQ^{-1} 的特征值在 $Gl(n)$ 下是不变的，因为对于 $\tilde{P}=L^{\mathrm{T}}PL$ 和 $\tilde{W}=L^{\mathrm{T}}QL$,

$$\tilde{P}\tilde{Q}^{-1}=L^{\mathrm{T}}\left(PQ^{-1}\right)\left(L^{\mathrm{T}}\right)^{-1} \tag{4.181}$$

成立. 所以散度 $D[P:Q]$ 在记为 $\Lambda=\operatorname{diag}(\lambda_1,\cdots,\lambda_n)$ 的函数时是不变的，其中 λ_i 是 PQ^{-1} 的特征值.

Cichocki 等 (2015) 介绍了 (α-β) - log - det 散度:

$$D_{\alpha,\beta}^{\text{log - det}}[P:Q]=\frac{1}{\alpha\beta}\log\det\frac{\alpha\left(PQ^{-1}\right)^\beta+\beta\left(PQ^{-1}\right)^\alpha}{\alpha+\beta}, \tag{4.182}$$

可以用 Λ 写成

$$\begin{aligned}D_{\alpha,\beta}^{\text{log - det}}[P:Q]&=\frac{1}{\alpha\beta}\log\det\frac{\alpha\Lambda^\beta+\beta\Lambda^\alpha}{\alpha+\beta}\\&=\frac{1}{\alpha\beta}\sum\log\frac{\alpha\lambda_i^\beta+\beta\lambda_i^{-\alpha}}{\alpha+\beta}.\end{aligned} \tag{4.183}$$

通过取极限 $\alpha,\beta\to 0$ 将其扩展到 $\alpha=0,\beta=0$ 的情况. 例如,

$$D_{\alpha,0}^{\text{log - det}}[P:Q]=\frac{1}{\alpha^2}\left[\sum\left\{(\lambda_i)^{-\alpha}+\alpha\log\lambda_i\right\}-n\right], \tag{4.184}$$

$$D_{\alpha,0}^{\text{log - det}}[P:Q]=\frac{1}{2}\sum(\log\lambda_i)^2, \tag{4.185}$$

当 $\alpha=\beta$ 时, $D_{\alpha,\beta}^{\text{log - det}}[P:Q]$ 关于 P 和 Q 对称, 因此几何是自对偶和黎曼的.

有趣的是, 尽管对偶仿射联络确实依赖于 α 和 β, 但 $D_{\alpha,\beta}^{\text{log - det}}[P:Q]$ 生成了相同的黎曼度量并不依赖于 α 和 β.

定理 4.19　从 (α-β) - log - det 散度导出的黎曼度量是

$$\langle dP,dP\rangle_P=\frac{1}{2}\operatorname{tr}\left(dPP^{-1}dPP^{-1}\right). \tag{4.186}$$

文中证明省略.

4.6 其他各项散度

文献中已经有了许多散度的定义. 本书只是展示了其中的一些. 散度并不是不变的, 通常来说也不是平坦的, 但都有自己的特点. Basseville (2013) 对散度进行了广泛的调查, 见 (Cichocki et al., 2009, 2011). 其中只有布雷格曼散度会产生对偶平坦结构. 然而, 任何散度都会与黎曼度量一起生成一对仿射联络, 如第二部分所示.

4.6.1 γ-散度

γ-散度是由 Fujisawa 和 Eguchi (2008) 提出的, 见 (Cichocki and Amari, 2010). 设 γ 是一个实参数. 两个概率分布 p 和 q 之间的 γ-散度定义为

$$D_\gamma [p:q] = \frac{1}{\gamma(\gamma-1)} \log \frac{\sum p_i^\gamma \left(\sum q_i^\gamma\right)^{\gamma-1}}{\left(\sum p_i q_i^{\gamma-1}\right)^\gamma}. \tag{4.187}$$

从某种意义上说, 对于任何正常数 c_1 和 c_2, 它的投影是不变的, 满足

$$D_\gamma [c_1 p : c_2 q] = D_\gamma [p:q]. \tag{4.188}$$

当在统计估计中使用 γ-散度时, 它具有超鲁棒性. 即使在观测数据中混合了异常值, γ-散度也极其具有鲁棒性. 将正定矩阵 P 和 Q 之间的 γ-散度定义为

$$D_\gamma [P:Q] = \frac{1}{\gamma(\gamma-1)} \log \frac{\mathrm{tr} P^\gamma \{(\mathrm{tr} Q)^\gamma\}^{\gamma-1}}{\{\mathrm{tr} P Q^{\gamma-1}\}^\gamma}. \tag{4.189}$$

4.6.2 其他类型的 (α,β)-散度

Zhang (2004) 引入了以下 (α,β)-散度,

$$\begin{aligned} D_{\mathrm{Zhang}}^{\alpha,\beta} [p:q] = \frac{4}{1-\alpha^2} \frac{2}{1+\beta} \times \sum \Bigg\{ & \frac{1-\alpha}{2} p_i + \frac{1+\alpha}{2} q_i \\ & - \left(\frac{1-\alpha}{2} p^{\frac{1-\beta}{2}} + \frac{1+\alpha}{2} q_i^{\frac{1-\beta}{2}} \right)^{\frac{2}{1-\beta}} \Bigg\}, \end{aligned} \tag{4.190}$$

与上一小节不同. (4.190) 中导出的几何恰好与 α-几何相同.

Zhang (2011) 提出, 当凸函数 $\psi(p)$ 存在时, 其另一个 α-散度为

$$D_{\varphi}^{\alpha}\left[p(x):q(x)\right]=\frac{4}{1-\alpha^{2}}\int\left[\frac{1-\alpha}{2}\varphi\left(p\right)+\frac{1-\alpha}{2}\varphi\left(q\right)\right.$$
$$\left.-\varphi\left\{\frac{1-\alpha}{2}p+\frac{1+\alpha}{2}q\right\}\right]dx. \tag{4.191}$$

Furuichi (2010) 还引入了另一个 (α,β)-散度,

$$D_{\text{Furuichi}}^{\alpha,\beta}\left[p:q\right]=\frac{1}{\alpha-\beta}\sum\left(p_{i}^{\alpha}q_{i}^{1-\alpha}-p_{i}^{\beta}q_{i}^{1-\beta}\right). \tag{4.192}$$

4.6.3 Burbea-Rao 散度和 Jensen-Shannon 散度

对于凸函数 $F(p)$, 我们可以通过以下方式构造对称散度

$$D_{F}\left[p:q\right]=\frac{1}{2}\left\{F(p)+F(q)-F\left(\frac{p+q}{2}\right)\right\}. \tag{4.193}$$

以上称为 Burbea-Rao 散度 (Burbea and Rao, 1982). 当使用负熵作为凸函数时, 则有

$$D_{\text{JS}}\left[p:q\right]=H\left(\frac{p+q}{2}\right)-\frac{1}{2}\left\{H(p)+H(q)\right\}. \tag{4.194}$$

以上称为 Jensen-Shannon 散度. 它可以使用 KL 散度重写为

$$D_{\text{JS}}\left[p:q\right]=\frac{1}{2}\left\{D_{\text{KL}}\left(p:\frac{p+q}{2}\right)+D_{\text{KL}}\left(q:\frac{p+q}{2}\right)\right\}. \tag{4.195}$$

一般情况下, 上面的式子都不是平坦的.

Burbea-Rao 散度的 α-版本为

$$D_{F}^{\alpha}\left[p:q\right]=\alpha F\left(p\right)+\left(1-\alpha\right)F\left(q\right)-F\left\{\alpha p+\left(1-\alpha\right)q\right\}. \tag{4.196}$$

这是非对称散度.

4.6.4 (ρ,τ)-结构和 (F,G,H)-结构

通过归纳 $\pm\alpha$-表示, Zhang (2004) 得到 S_n 中的概率 p_i 的两种表示. 设 ρ 是一个正递增函数, 并称

$$\rho_{i}=\rho\left(p_{i}\right) \tag{4.197}$$

为概率 p_i 的 ρ-表示. 在连续情况下, $\rho\left(x\right)=\rho\left\{p\left(x\right)\right\}$ 是 ρ-表示. 对于可微凸函数 $f\left(\rho\right)$, 定义一个正递增函数

$$\tau\left(p\right)=f'\left\{\rho\left(p\right)\right\}, \tag{4.198}$$

这是另一种表示, τ-表示的概率形式为

$$\tau_i = \tau\left(p_i\right). \tag{4.199}$$

这是较早提出的, 与 R_+^n 中 4.4.1 节定义的 (u, v)-结构相同.

Harsha 和 Moosath (2014) 将一种名为 (F, G, H)-结构的非不变对偶结构引入到概率分布的流形中. 然而, Zhang (2015) 证明其等价于 (ρ, τ)-结构. 令 $G(u)$ 是一个平滑的正函数. G-度量定义为

$$g_{ij}^G(\xi) = \int \partial_i l(x, \xi) \partial_j l(x, \xi) G\{p(x, \xi)\} dx, \tag{4.200}$$

当 $G(u) = 1$ 时, 它简化为不变的 Fisher 度量. 设 F 和 H 是两个可微的单调递增正函数. 分别称 $F\{p(x, \xi)\}$ 和 $H\{p(x, \xi)\}$ 为概率的 F-表示和 H-表示.

我们通过以下方式定义 (F, G)-联络为

$$\nabla_{\partial_i}^{F,G} \partial_j = \langle \partial_i \partial_j F, \partial_k F \rangle_G \, g^{km} \partial_m, \tag{4.201}$$

其中 $\langle \cdot, \cdot \rangle_G$ 表示使用 G-度量的内积. 它以分量形式表示为

$$\Gamma_{ijk}^{F,G} = \int \left[\partial_i \partial_j l + \left\{1 + \frac{F''(p)}{F'(p)}\right\} \partial_i l \partial_j l\right] \partial_k l G(p) p dx. \tag{4.202}$$

类似地, 可以定义 (H, G)-联络.

定理 4.20 当以下关系成立时, (F, G)-联络和 (H, G)-联络对 G 度量是对偶的:

$$F'(u) H'(u) = \frac{G(u)}{u}. \tag{4.203}$$

证明略.

α-(ρ, τ) 定义为

$$\begin{aligned} D_{\rho,\tau}^{\alpha}[p:q] =& \frac{1}{1-\alpha^2} \times \sum \left[\frac{1-\alpha}{2} \int \{\rho(p_i)\} + \frac{1+\alpha}{2} f\{\rho(q_i)\}\right. \\ & \left. - f\left\{\frac{1-\alpha}{2}\rho(p_i) + \frac{1+\alpha}{2}\rho(q_i)\right\}\right]. \end{aligned} \tag{4.204}$$

这既不是布雷格曼散度也不是一般的不变散度, 而是涵盖了 S_n 的广泛散度.

注 我们已经看到对偶平坦结构源自布雷格曼散度. 许多布雷格曼类型散度推导出不同的对偶平坦黎曼结构. 不变性是一个标准, 它规定了概率分布中的合理散度. 我们在概率分布流形 S_n 中讨论不变对偶平坦的散度. KL 散度是布雷格曼类型中唯一不变的散度.

如果我们考虑 R_+^n 的扩展流形, α-散度被导出为布雷格曼类型的唯一不变散度类. 这将 α-几何引入概率分布的流形. 它是不变几何, 但不一定是对偶平坦的 ($\alpha = \pm 1$ 除外), 这就引出了 KL 散度. α-几何很有趣. 尽管流形不是对偶平坦的, 但我们已经在 α-族中展示了 α-勾股定理和 α-投影定理. 通常来说, 给定一般散度和子流形 $S \subset M$ 中的点 P, 使在 $P \in M$ 的最小 $D[Q:M]$ 中点 Q 的集合不会在 P 处形成与 M 正交的测地线子流形. 也就是说, 极小值 P 不是 Q 到 M 的测地线投影. 但是, 在 α-族中, α-勾股定理和 α-投影定理是由 α-散度的 α-测地线投影给出的. α-投影在应用中很有用, 见 (Matsuyama, 2003).

q-熵的 Tsallis q-几何与 $\alpha = 2q - 1$ 的几何完全相同, 且 q-几何引入了伴随分布, 这导致我们对非平坦 q-几何进行共形平坦. 这给出了一个新的布雷格曼类型的 q-散度, 从中可以导出平面 (但非不变) 几何. 这个想法已经推广到一般变形指数族.

除了不变性的框架, 我们在 R_+^n 中引入了布雷格曼类型的可分解和不可分解散度的一般类. 它们是 (u, v)-结构和 (u, v)-散度, 扩展后可为正定矩阵的流形提供不变对偶平坦几何. 量子信息几何处理正定 Hermite 矩阵的流形 (为正定实矩阵的复杂形式). 因此, 尽管我们无法在目前的专著中对其进行探讨, 不变 (u, v)-结构将有助于研究量子信息几何.

散度适用于各种应用. 散度函数的选择取决于应用的目的. 虽然不变散度可以提供 Fisher 有效估计量, 但其不具有鲁棒性. γ-散度为鲁棒性散度. 在许多应用中都使用了可分解的散度, 因为它们简单且 θ 和 η 之间的坐标更容易变换.

第二部分

对偶微分几何导论

第 5 章 微分几何元素

本章是关于黎曼几何 (Riemannian geometry) 的介绍. 读者无须了解方程的详细推导. 了解微分几何的思想和概念更重要. 读者们可以不费劲、“直观地”理解该概念.

5.1 流形和切空间

一起来看一个具有 (局部) 坐标系 $\xi = (\xi^1, \cdots, \xi^n)$ 的 n 维流形 M. 一般来说, 它是弯曲的. 在点 ξ 处的切空间 T_ξ 是一个由沿 ξ^i 的坐标曲线的 n 个切向量张成的向量空间. 我们把它们表示为 $\{e_1, \cdots, e_n\}$, 这是切空间的基 (图 5.1). 切空间 T_ξ 被视为 M 在 ξ 邻域的线性化, 因为 M 上的一个连接两个附近的点 $P = \xi$ 和 $P' = (\xi + d\xi)$ 的线性微元 $d\xi$ 可以近似为一个 (无穷小的) 切向量, 见图 5.2.

$$\overrightarrow{PP'} = d\xi = d\xi^i e_i. \tag{5.1}$$

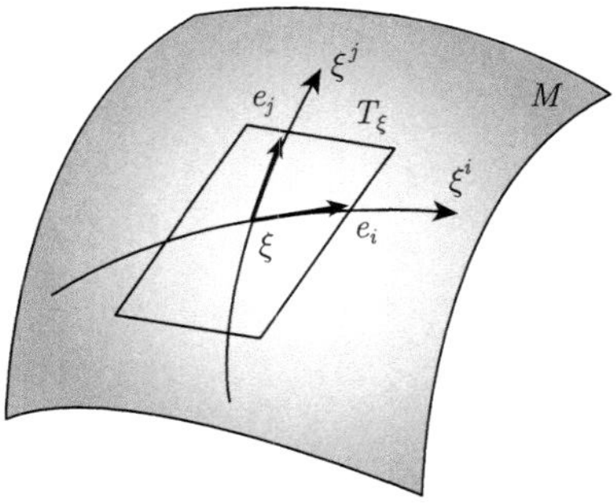

图 5.1 切空间 T_ξ 和基向量 e_i

数学家们并不满足于这一直观的定义, 他们问沿坐标曲线 ξ^i 的切向量是什么. 他们用函数 $f(\xi)$ 在该方向上的微分算子来定义切向量. 也就是说, 他们将切向量 e_i 视作完备的偏导算子

$$e_i \approx \partial_i = \frac{\partial}{\partial \xi^i}. \tag{5.2}$$

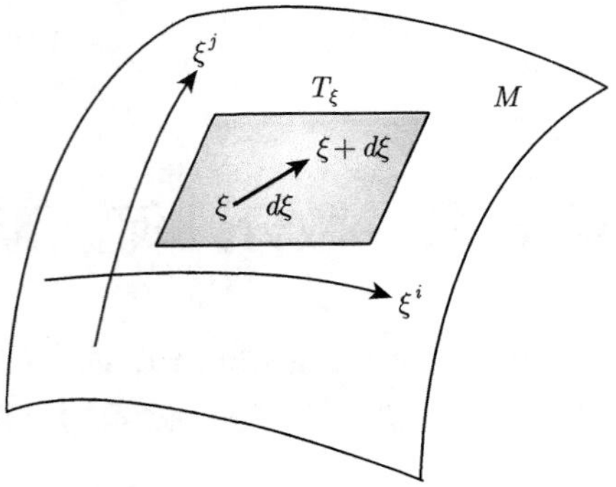

图 5.2　T_ξ 中的无穷小向量 $d\xi$

它对可微函数 $f(\xi)$ 作用, 并给出其在坐标曲线 ξ^i 方向上的导数, 即偏导数. 因此, 可以写

$$e_i f = \partial_i f(\xi). \tag{5.3}$$

向量

$$A = A^i e_i = A^i \partial_i \tag{5.4}$$

是方向导数算子, 对 f 的作用为

$$Af = A^i \partial_i f(\xi). \tag{5.5}$$

当坐标系从 $\xi = \left(\xi^i\right)$ 变为 $\zeta = (\zeta^\kappa)$ 时, 偏导数变化如下:

$$\partial_i = J_i^\kappa \partial_\kappa, \quad \partial_\kappa = J_\kappa^i \partial_i, \tag{5.6}$$

其中

$$J_i^\kappa = \frac{\partial \zeta^\kappa}{\partial \xi^i}, \quad J_\kappa^i = \frac{\partial \xi^i}{\partial \zeta^\kappa}. \tag{5.7}$$

因此, 可以得出切向量的变换定律,

$$e_\kappa = J_\kappa^i e_i, \quad e_i = J_i^\kappa e_\kappa; \tag{5.8}$$

$$\partial_\kappa = J_\kappa^i \partial_i, \quad \partial_i = J_i^\kappa \partial_\kappa. \tag{5.9}$$

对于概率分布的流形, 有另一个切向量的表达式. 用得分函数来表示 e_i,

$$e_i \approx \partial_i \log p\,(x, \xi)\,, \tag{5.10}$$

因为它是 x 的函数, e_i 是一个随机变量. 那么, 切空间 T_ξ 是由 n 个随机变量 $\partial_i \log p\,(x, \xi)\,, i = 1, \cdots, n$ 张成的线性空间.

切向量是一个几何量, 但它有很多表示方法, 如微分算子和随机变量.

5.2 黎曼度量

在切空间 T_ξ 中定义内积时可以得到一个由基向量的内积组成的矩阵 $G=(g_{ij})$,

$$g_{ij}(\xi)=\langle e_i,e_j\rangle. \tag{5.11}$$

它是依赖于 ξ 的正定矩阵, 称为度量张量, 通过坐标变换其分量变成

$$g_{\kappa\lambda}=J_\kappa^i J_\lambda^i g_{ij}. \tag{5.12}$$

(见 5.4 节张量的定义) 当定义流形的度量张量时, 该流形就是黎曼流形.

对于概率分布流形, 利用随机表达式定义内积

$$\langle e_i,e_j\rangle=E\left[\partial_i\log p(x,\xi)\,\partial_j\log p(x,\xi)\right]. \tag{5.13}$$

这是 Fisher 信息矩阵, 它是不变的.

两个向量 $A=A^ie_i$ 和 $B=B^ie_j$ 的内积由下式给出

$$\langle A,B\rangle=\left\langle A^ie_i,B^ie_j\right\rangle=A^{ij}g_{ij}. \tag{5.14}$$

当存在度量张量为下式的坐标系时, 黎曼流形是欧氏的

$$g_{ij}(\xi)=\delta_{ij}. \tag{5.15}$$

当一个黎曼流形没有满足 (5.15) 的坐标系时, 从度量的角度看它是弯曲的. 我们将在后面看到, 当且仅当黎曼-克里斯托费尔曲率 (Riemann-Christoffel curvature) 张量为零时, 流形才是 (局部) 平坦的. 这里需要一个仿射联络来定义曲率张量.

5.3 仿射联络

切空间 T_ξ 是 M 在 ξ 处的局部近似. 然而, 如果没有指定 T_ξ 和 $T_{\xi'}$ $(\xi\neq\xi')$ 是如何相关的, 则所有 ξ 的 T_ξ 的集合都无法复原 M 的整个图形. 仿射联络的作用是在 T_ξ 和 $T_{\xi'}$ 之间建立一个一一映射, 特别是当 ξ 和 ξ' 无限接近时. 通过使用仿射联络, M 的整个图形将从 T_ξ 的集合中复现.

让我们来看两个邻近的切空间 T_ξ 和 $T_{\xi+d\xi}$. 设

$$X=X^ie_i(\xi)\in T_\xi, \tag{5.16}$$

$$\tilde{X}=\tilde{X}^ie_i(\xi+d\xi)\in T_{\xi+d\xi} \tag{5.17}$$

是分别属于 T_ξ 和 $T_{\xi+d\xi}$ 的两个切向量. 它们有什么区别? 我们不能直接比较它们, 因为它们属于不同的切空间. 基向量 $e_i = e_i(\xi) \in T_\xi$ 和 $\tilde{e}_i = e_i(\xi + d\xi) \in T_{\xi+d\xi}$ 是不同的, 所以即使 X^i 和 $\tilde{X}^i$ 的分量相同, 我们也不能说它们相等.

流形是一个连续体, 所以 T_ξ 和 $T_{\xi+d\xi}$ 非常相似, 从直观上讲几乎是相同的, 因为当 $d\xi$ 趋于 0 时, 这两个切空间变得相同. 我们定义了两个邻近的切空间之间的一一仿射对应, 当 $d\xi$ 趋于 0 时, 它变得相同. 例如, 考虑嵌入在三维欧氏空间中的曲面. 在三维空间中, ξ 处的切空间和 $\xi + d\xi$ 处的切空间略有不同. 平移 $T_{\xi+d\xi}$, 使得 T_ξ 和 $T_{\xi+d\xi}$ 的原点在三维空间中重合. 但在曲面上 e_i 和 $\tilde{e}_i$ 的方向略有不同. 我们把平移后的 $\tilde{e}_i$ 投影到 T_ξ (图 5.3), 使 $e'_i \in T_\xi$. 投射后的 e'_i 在 T_ξ 中是 $\tilde{e}_i \in T_{\xi+d\xi}$ 的对应物, 所以 T_ξ 和 $T_{\xi+d\xi}$ 之间的对应关系是由这个投影建立的. 这是一个仿射联络的例子.

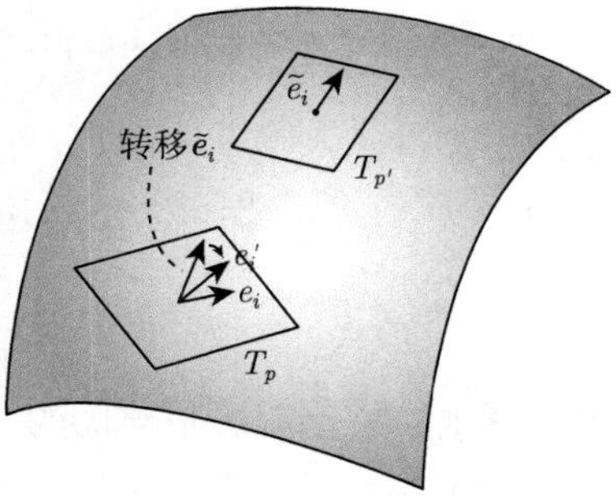

图 5.3 将 $\tilde{e}_i \in T_{\xi+d\xi}$ 移动到 p. 移动后的 $\tilde{e}_i$ 不属于 T_p. 将其投影到 T_p, 得到与 $e_i \in T_p$ 略有不同的 $e'_i \in T_p$

我们从仿射联络的专业术语开始. 将 $T_{\xi+d\xi}$ 的基向量 $\tilde{e}_i$ 映射到 T_ξ, 由此建立仿射对应. 它是前面例子欧氏空间环境中的投影, 但我们考虑更一般的情况. $\tilde{e}_i \in T_{\xi+d\xi}$ 的映射 $e'_i \in T_\xi$ 接近于 $e_i(\xi)$, 所以表示为

$$e'_i = e_i + de_i. \tag{5.18}$$

差 de_i 是 T_ξ 的一个向量, 以分量形式写作

$$de_i = \left(de_i^j\right) e_j. \tag{5.19}$$

当 $d\xi \to 0$ 时, 分量 de_i^j 变为 0. 所以它们在 $d\xi$ 中是线性的, 我们把

$$de_i^j = \Gamma_{ki}^j(\xi) d\xi^k \tag{5.20}$$

作为一阶近似值, 其中系数 Γ_{ki}^j 是一个有三个指数的系数.

通过给出具有三个指数的量 $\Gamma=\left(\Gamma_{ki}^{j}\right)$ 来建立 T_{ξ} 和 $T_{\xi+d\xi}$ 之间的线性对应关系. 它们被称为要建立的仿射联络的系数. 系数由 de_i 和 e_m 的内积给出

$$\langle de_i, e_m\rangle=\Gamma_{ki}^{j}g_{jm}d\xi^{k}=\Gamma_{kim}d\xi^{k}, \tag{5.21}$$

其中

$$\Gamma_{kim}=\Gamma_{ki}^{j}g_{mj} \tag{5.22}$$

是 Γ 的协变表达式 (低指数表达式).

仍存在确定 Γ_{kji} 的问题. 传统的方法是使用黎曼度量 g_{ij}. 它是 5.9 节中介绍的 Levi-Civita 联络 (黎曼联络). 另一种方法是使用 M 中定义的散度 $D[\xi:\xi']$. 这使我们得到对偶耦合仿射联络, 我们将在下一章中看到.

5.4 张　量

张量是具有多个分量的量, 如 $A=\left(A^{i}\right)$, $G=(g_{ij})$, $T=(T_{ijk})$. 向量是只有一个指数的张量. 更准确地说, 张量是与 n 个切向量 $\{e_i\}$ 张成的切空间 T_{ξ} 相关的量. 向量 A 在其基底上的分量形式表示为

$$A=A^{i}e_{i}, \tag{5.23}$$

其中爱因斯坦求和约定有效.

设 $\{e_i\}$ 为对偶基, 利用度量张量 $G=(g_{ij})$ 及其逆 $G^{-1}=\left(g^{ij}\right)$, 它由下式给出

$$e^{i}=g^{ij}e_{j},\quad e_{j}=g_{ji}e^{i}. \tag{5.24}$$

需要注意的是, 对偶基先前表示为 e^{*i}, 但我们在下文中省略了 $*$, 因为 e^{i} 的上标 i 表明它是一个对偶基向量. 向量 A 在对偶基中表示为

$$A=A_{i}e^{i}. \tag{5.25}$$

因此我们得出

$$A_{i}=g_{ij}A^{j}. \tag{5.26}$$

例如, 张量 $K=\left(K_{ij}^{klm}\right)$ 是一个量, 在基向量的积 $e^{i}e^{j}e_{k}e_{l}e_{m}$ 的线性形式中, 表示为

$$K=K_{ij}^{klm}e^{i}e^{j}e_{k}e_{l}e_{m}. \tag{5.27}$$

该乘积是形式化的, 只是基向量的串联. 当一个指数位于上标时, 如在 A^{i} 中, 称为逆变; 当它在下标时, 如在 A_{i} 中, 称为协变. 张量可能同时具有逆变和协变分量, 如 K_{ij}^{klm}.

当采用另一个坐标系 $\zeta=(\zeta^\kappa)$ 时, 基向量因坐标变换而改变, 如 (5.8). 因此, 对于一个逆变 (上指标) 向量

$$A^\kappa = J_i^\kappa A^i \tag{5.28}$$

和对于协变向量

$$A_\kappa = J_\kappa^i A_i, \tag{5.29}$$

向量的分量会发生变化. 类似地, 对于像 K_{ij}^{klm} 这样的张量, 分量变化如下

$$K_{\kappa\lambda}^{\mu\upsilon\tau} = J_\kappa^i J_\lambda^j J_\kappa^\mu J_l^\upsilon J_m^\tau K_{ij}^{klm}. \tag{5.30}$$

对于标量函数 $f(\xi)$, 其梯度

$$\nabla f(\xi) = (\partial_i f(\xi)), \quad \partial_i = \frac{\partial}{\partial \xi^i} \tag{5.31}$$

是协变向量, 因为

$$\partial_\kappa f = J_\kappa^i \partial_i f, \quad \partial_\kappa = \frac{\partial}{\partial \zeta^\kappa}. \tag{5.32}$$

Fisher 信息矩阵 (5.13) 是一个张量. 我们定义一个量

$$T_{ijk} = \mathrm{E}\left[\partial_i l(x,\xi)\, \partial_j l(x,\xi)\, \partial_k l(x,\xi)\right]. \tag{5.33}$$

它是具有三个指数的协变张量并且是对称的. 我们简称之为 (统计) 三次张量. 两个张量 G 和 T 将在概率分布的流形中发挥重要作用.

不是所有的有指数的量都是张量. 例如, 标量函数 f 的二阶导数

$$f_{ij} = \partial_i \partial_j f(\xi) \tag{5.34}$$

给出一个有两个指数的量, 但它不是一个张量. 通过将坐标系从 ξ 改为 ζ, 我们有

$$f_{\kappa\lambda} = \partial_\kappa \partial_\lambda f = \partial_\kappa\left(J_\lambda^j \partial_j f\right) = J_\kappa^i J_\lambda^j f_{ij} + \left(\partial_\kappa J_\lambda^j\right)\partial_j f. \tag{5.35}$$

这表明它不是张量. (它是在 $\partial_j f = 0$ 成立的临界点处的张量.)

应该注意的是 Γ 不是一个张量. 通过把坐标系从 ξ 变换到 ζ, 在新的坐标系中, de_i 变换如下

$$de_\kappa = d\left(J_\kappa^i e_i\right) = \left(\partial_\lambda J_\kappa^i\right) d\zeta^\lambda e_i + J_\kappa^i de_i. \tag{5.36}$$

使用这个关系, 经过计算, 我们得出

$$\Gamma_{\kappa\lambda\mu} = J_\kappa^i J_\lambda^j J_\mu^k \Gamma_{ijk} + \left(\partial_\kappa J_\lambda^j\right) J_\mu^k g_{jk}. \tag{5.37}$$

它不是张量. 请注意, 即使

$$\Gamma_{\kappa\lambda\mu}(\zeta)=0, \tag{5.38}$$

在一个坐标系中成立, 并不意味着

$$\Gamma_{ijk}(\xi)=0 \tag{5.39}$$

在另一个坐标系中成立. 虽然它不是张量, 但它有它自己的意义, 代表了坐标系的本质. 在欧氏空间中, 在正交坐标系 ξ 下,

$$\Gamma_{ijk}=0, \tag{5.40}$$

但如果使用极坐标系 ζ,

$$\Gamma_{\kappa\lambda\mu}\neq 0, \tag{5.41}$$

因为径向的切向量 e_r 根据极坐标系中的位置而变化.

当方程写成张量形式时, 如

$$K_{ij}^{kl}(u,v,\cdots)=0, \tag{5.42}$$

依赖物理量 $u,v,\cdots$, 它在其他坐标系中有相同的形式

$$K_{\kappa\lambda}^{\mu v}(u,v,\cdots)=0. \tag{5.43}$$

在这个意义上, 一个张量方程是不变的. 阿尔伯特 • 爱因斯坦 (A. Einstein) 用张量获得了万有引力方程, 因为他认为, 无论使用哪种坐标系, 自然规律都应该有相同的形式, 因此它应该被写成张量形式.

5.5 协变导数

向量场 X 是 M 上的向量值函数, 其在 ξ 处的值由向量给出

$$X(\xi)=X^i(\xi)e_i(\xi)\in T_\xi. \tag{5.44}$$

当给定一个向量场时, 可以利用仿射联络计算出向量在位置 ξ 变化时的内在变化.

由于 $X(\xi)$ 和 $X(\xi+d\xi)$ 属于不同的切空间, 为了看到它们之间的内在变化, 需要 $X(\xi+d\xi)\in T_{\xi+d\xi}$ 映射到 T_ξ 进行比较. 由于基向量 $\tilde{e}_i=e_i(\xi+d\xi)$ 映射到 T_ξ 为

$$e_i'=e_i(\xi)+\Gamma_{ji}^k e_k d\xi^j, \tag{5.45}$$

向量 $X(\xi + d\xi)$ 映射到 T_ξ 为

$$\tilde{X} = X^k(\xi + d\xi)\tilde{e}_k = \left(X^k e_k + \partial_j X^k e_k d\xi^j + \Gamma^m_{jk} X^k e_m d\xi^j\right), \tag{5.46}$$

其中使用 $X^k(\xi + d\xi)$ 的泰勒展开式. 因此, 它们的差值为

$$\tilde{X} - X(\xi) = \left(\partial_i X^k + \Gamma^k_{ij} X^j\right) d\xi^i e_k. \tag{5.47}$$

这表明, 当 ξ 随 $d\xi$ 变化时 $X(\xi)$ 的内在变化. 沿坐标曲线 ξ^i 的内在变化率记为

$$\nabla_i X^k = \partial_i X^k + \Gamma^k_{ij} X^j. \tag{5.48}$$

这称为 $X(\xi)$ 协变导数, $\nabla_i X^k$ 是张量.

设 $Y(\xi)$ 为另一个向量场. 那么, X 沿 Y 的方向协变导数表示为

$$\nabla_Y X = Y^i \nabla_i X^k = Y^i \left(\partial_i X^k + \Gamma^k_{ij} X^j\right) e_k. \tag{5.49}$$

这就是 X 沿 Y 的协变导数, 也是一个向量场.

定义一个张量的协变导数, 令

$$K = K^{ij}_k e_i e_j e^k, \tag{5.50}$$

以类似的方式, 因为它是由基向量 e_i, e_j, e^k 的多线性向量积所扩展的.

对于标量函数 $f(\xi)$, 它的变化是通过常微分来衡量的. 因此, 向量场 $Y(\xi)$ 给出了它的方向导数

$$Yf = Y^i \partial_i f. \tag{5.51}$$

注意, 对于矢量场 X, 其分量 $\partial_i X^j(\xi)$ 的偏导数不是张量. 我们应该用协变导数来对它的内在变化取值.

5.6 测　地　线

当曲线 $\xi(t)$ 的方向不变时, 它被称为测地线. 所以它是直线的一般化. 这里, 方向的变化是通过从仿射联络导出的协变导数来测量的. 请注意, 这并不一定意味着它是连接两点的最小距离曲线, 尽管其字面定义如此. 在一般流形中, 最小性和直线性可以是不同的. 可以用度量来定义仿射联络, 使直线 (测地线) 具有距离的最小值, 如定理 5.2 所示. 但散度函数给出了更一般的仿射联络.

曲线 $\xi(t)$ 在 t 处的切向量由下式给出

$$\dot{\xi}(t) = \dot{\xi}^i(t) e_i(t), \tag{5.52}$$

其中 $e_i(t) = e_i\{\xi(t)\}$, $\cdot$ 表示导数 d/dt. 当 $\xi(t)$ 为测地线时, 切向量 $\dot{\xi}(t+dt) \in T_{\xi(t+dt)}$ 通过仿射联络对应 $\dot{\xi}(t) \in T_{\xi(t)}$. 参见图 5.4. 由于曲线切线方向的变化是由 $\dot{\xi}$ 沿其自身的协变导数来衡量的, 测地线的方程为

$$\nabla_{\dot{\xi}}\dot{\xi} = 0, \tag{5.53}$$

它的分量形式是

$$\ddot{\xi}^i(t) + \Gamma^i_{jk}\dot{\xi}^j(t)\dot{\xi}^k(t) = 0. \tag{5.54}$$

考虑方程式

$$\nabla_{\dot{\xi}}\dot{\xi} = c(t)\dot{\xi}, \tag{5.55}$$

$\xi(t)$ 也不会改变曲线的方向 $\dot{\xi}(t)$, 但其绝对值可能会发生变化. 然而, 通过适当地选择参数 t, 可以将 (5.55) 化简为 (5.54). 因此只考虑 (5.54) 的情况.

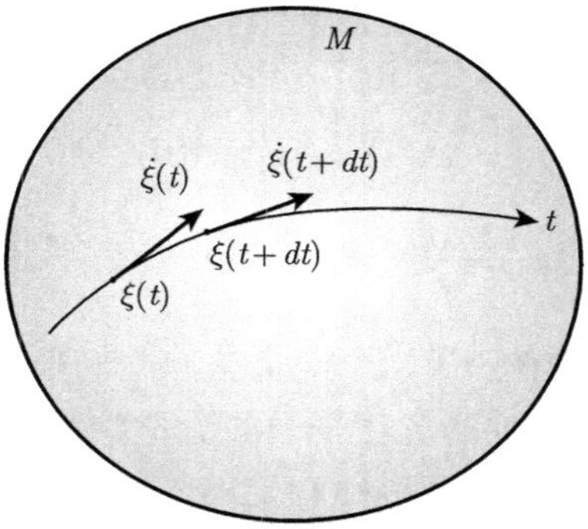

图 5.4 测地线: $\dot{\xi}(t+dt)$ 对应 $\dot{\xi}(t)$

5.7 向量平移

我们可以在 $\xi + d\xi$ 处将一个向量 $A \in T_{\xi+d\xi}$ 移动到 ξ 处的 T_ξ, 而不是"内在地"改变它. 仿射联络决定了这种平移. 对于两个遥远的点 ξ 和 ξ', 我们继续沿着连接 ξ 和 ξ' 的曲线 $\xi(t)$ 进行向量平移.

定义向量场

$$A(t) = A^i e_i(t) \tag{5.56}$$

沿着连接 P 和 Q 的曲线 $\xi(t)$ (见图 5.5). 当其沿曲线的协变导数消失时,

$$\nabla_{\dot{\xi}}A(t) = 0, \tag{5.57}$$

$A(t)$ 在任何 $\xi(t)$ 下都是本质上相同的. 这可以用分量形式记为

$$\dot{A}^i(t) + \Gamma^i_{jk}(t)A^k(t)\dot{\xi}^j(t) = 0. \tag{5.58}$$

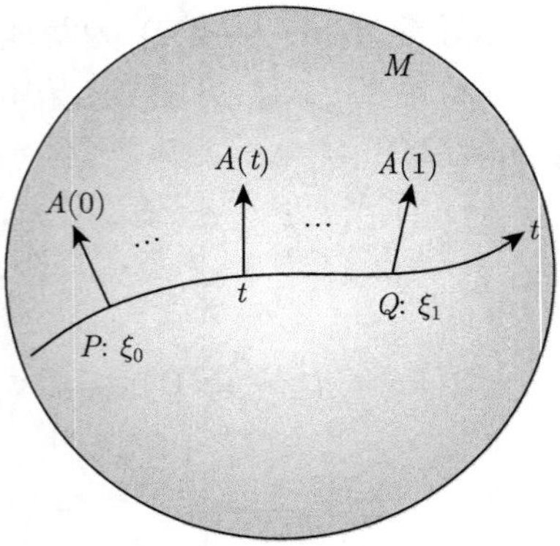

图 5.5 沿曲线 $\xi(t)$ 从 ξ_0 处的 $A(0)$ 平移到 ξ_1 处的 $A(1)$

当 $A(t)$ 满足 (5.57) 或 (5.58) 时, 我们说 $T_{\xi(0)}$ 处的 $A(0)$ 平移到 $T_{\xi(1)}$ 处的 $A(1)$. 平移一般取决于它沿其移动的路径. 所以我们如下表示向量 A 沿曲线 $c = \xi(t)$ 从 $\xi_0 = \xi(0)$ 到 $\xi_1 = \xi(1)$ 的平移

$$A(1) = \Pi_{c\xi_0}^{\xi_1} A(0). \tag{5.59}$$

5.8 黎曼-克里斯托费尔曲率

一般来说, 流形是弯曲的. 当一个向量从一个点平移到另一个点时, 其生成向量取决于其移动的路径. 这种情况在平坦的流形中绝不会发生. 为了显示一个流形的弯曲程度, 我们定义了由仿射联络决定的黎曼-克里斯托费尔 (RC) 曲率张量. 人们可以跳过这一节, 因为我们在本节的应用中不使用 RC 曲率. 当 RC 曲率张量消失时, 也就是说, 当它完全等于 0 时, 流形是 (局部) 平坦的. 当它是平坦的时候, 存在一个仿射坐标系, 使得每条坐标曲线都是测地线, 其切向量在任何一点都通过平移而重合.

5.8.1 向量的环球移动

设两条曲线 $c_1 : \xi_1(t)$ 和 $c_2 : \xi_2(t), 0 \leqslant t \leqslant 1$, 都连接着相同的两个点 $\xi_0 = \xi_0(0)$ 和 $\xi_1 = \xi_1(1)$. 当在 ξ_0 处的向量 A 沿着曲线 c_1 平移到 ξ_1 时, 它就变成 $\Pi_{c_1} A$. 如果我们沿着同一曲线 c_1 反向传送 $\Pi_{c_1} A$ 回到 ξ_0, 它就是 A. 现在沿着两条曲线 c_1 和 c_2 平移 A. 得到的生成向量 $\Pi_{c_1} A$ 和 $\Pi_{c_2} A$ 通常是不同的 (图 5.6). 这意味着当我们沿路径 c_1 将向量从 ξ_0 移动到 ξ_1, 然后将其沿另一条路径 c_2 反向移动回 ξ_0 时, 生成向量与 A 不同. 因此, 向量在沿环 (由路径 c_1 和反向路径 c_2 组成) 移动时会发生变化. 换句话说, 向量被环状移动改变了.

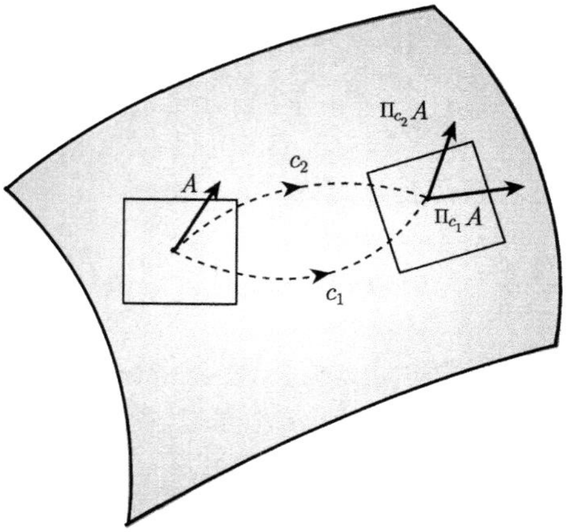

图 5.6 A 经 c_1 与经 c_2 的平移不同

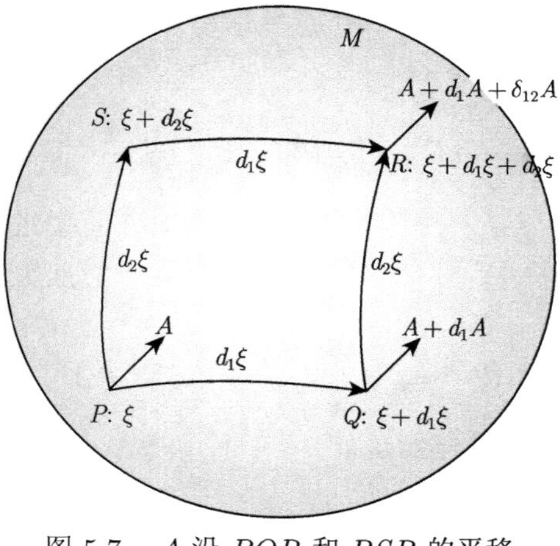

图 5.7 A 沿 PQR 和 PSR 的平移

这个变化可以用来衡量 M 的弯曲程度. 为了评估这个变化, 我们考虑一个无限小的四角形, 连接四个点 P,Q,R,S, 它们的坐标是

$$P:\xi,\quad Q:\xi+d_1\xi,\quad R:\xi+d_1\xi+d_2\xi,\quad S:\xi+d_2\xi. \tag{5.60}$$

(见图 5.7) 将 A 从 P 平移到 Q, 其路径为 $d_1\xi$. 而后, A 变成 $A_1=A+d_1A$, 其分量为

$$d_1A^i=-\Gamma^i_{jk}A^kd_1\xi^j. \tag{5.61}$$

进一步将 A_1 沿 $\overrightarrow{QR}=d_2\xi$ 的路径从 Q 移动到 R. 而后, 在 R 处传输的向量是

$A_{12} = A + d_1 A + \delta_{12} A$, 其中额外变化 $\delta_{12} A$ 的分量是

$$\delta_{12} A^i = -\Gamma^i_{jk} (\xi + d_1 \xi) \left(A^k + d_1 A^k \right) d_2 \xi^j. \tag{5.62}$$

由于在 $\xi + d_1 \xi$ 处计算 Γ, 泰勒展开式为

$$\delta_{12} A^i = -\Gamma^i_{jk} d_2 \xi^j A^k - \partial_l \Gamma^i_{jk} d_1 \xi^l d_2 \xi^j A^k + \Gamma^i_{jk} \Gamma^k_{lm} d_2 \xi^j d_1 \xi^l A^m. \tag{5.63}$$

现在, 沿着不同的路线移动 A, 首先沿着路径 $\overrightarrow{PS} = d_2 \xi$ 到 S, 然后沿着 $\overrightarrow{SR} = d_1 \xi$ 到 R. 通过交换 (5.63) 中的 $d_1 \xi$ 和 $d_2 \xi$ 给出结果变化. 结果是

$$\delta_{21} A^i = -\Gamma^i_{jk} d_1 \xi^j A^k - \partial_l \Gamma^i_{jk} d_2 \xi^l d_1 \xi^j A^k + \Gamma^i_{jk} \Gamma^k_{lm} d_1 \xi^j d_2 \xi^l A^m. \tag{5.64}$$

生成向量有何不同? 用 (5.63), (5.64) 式中 A_{21} 减去 A_{12}, 结果为

$$A_{21} - A_{12} = \delta A^i = R^i_{jkl} A^l \left(d_1 \xi^j d_2 \xi^k - d_1 \xi^k d_2 \xi^j \right), \tag{5.65}$$

其中

$$R^l_{ijk} = \partial_i \Gamma^l_{jk} - \partial_j \Gamma^l_{ik} + \Gamma^l_{im} \Gamma^m_{jk} - \Gamma^l_{jm} \Gamma^m_{ik}. \tag{5.66}$$

我们可以证明, R^l_{ijk} 是一个张量. 它被称为 RC 曲率张量. 这表明向量是如何沿着一个无限小的环路进行环球移动的. 我们用一个张量来表示环绕 P, Q, R, S 和 P 的无限小环路

$$df^{jk} = \left(d_1 \xi^i d_2 \xi^k - d_1 \xi^k d_2 \xi^j \right), \tag{5.67}$$

其相对于两个指数 i 和 j 是反对称的,

$$df^{ij} = -df^{ji}. \tag{5.68}$$

这是一个小的曲面元, 表示由 $d_1 \xi$ 和 $d_2 \xi$ 张成的曲面 (图 5.8). 方程式 (5.65) 为

$$\delta A^i = R^i_{jkl} A^l df^{jk}. \tag{5.69}$$

当向量 A 沿一般环路 $\xi(t), 0 \leqslant t \leqslant 1, \xi(0) = \xi(1)$ 平移时, 我们扩展了由环路包围的膜 (见图 5.8). 然后, 由于环球平移引起的变化 ΔA 由曲面积分给出

$$\Delta A^i = \int R^i_{jkl} A^l df^{jk}. \tag{5.70}$$

这并不取决于扩展膜的方式, 从斯托克斯 (Stokes) 定理中可以看出这一点.

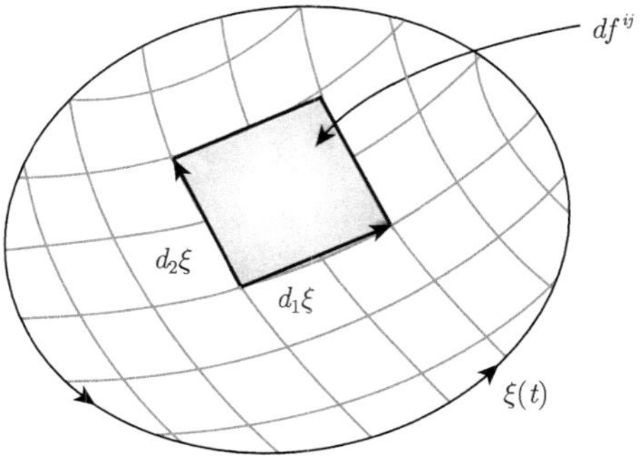

图 5.8 小面元、环和膜

5.8.2 协变导数与 RC 曲率

偏导数总是可交换的,

$$\partial_i\partial_j = \partial_j\partial_i. \tag{5.71}$$

然而, 这通常不适用于协变导数,

$$\nabla_i\nabla_j - \nabla_j\nabla_i \neq 0. \tag{5.72}$$

e_j 在基向量 e_i 方向的协变导数是

$$\nabla_{e_i}e_j = \Gamma^k_{ij}e_k. \tag{5.73}$$

利用这一点, 我们有

$$\left(\nabla_{e_i}\nabla_{e_j} - \nabla_{e_j}\nabla_{e_i}\right)X(\xi) = R^l_{ijk}X^k e_l. \tag{5.74}$$

我们省略证明, 但我们看到, RC 曲率显示了协变导数的非可交换性程度.

一般来说, 通过下式定义 RC 曲率

$$R(X,Y)Z = \nabla_X(\nabla_Y Z) - \nabla_Y(\nabla_X Z) - \nabla_{[X,Y]}Z, \tag{5.75}$$

其中

$$[X,Y] = XY - YX = \left(X^j\partial_j Y^i - Y^j\partial_j X^i\right)e_i. \tag{5.76}$$

这是 RC 曲率张量的复杂定义, 可以在现代微分几何教科书中看到. 但是, 很难从中理解 RC 曲率的含义.

5.8.3　平坦流形

当 RC 曲率为零时, 称 M 是平坦的. 在这种情况下, 向量的平移不依赖于路径. 考虑切空间中某一点的一组基向量 $\{e_i\}$. 通过构造 n 个沿 e_i 方向穿过该点的测地线可得 n 条坐标曲线 θ^i, 其中的切向量 e_i 在任何地方都是一样的. 这就产生了一个平面坐标系 $\theta = (\theta^i)$. 事实上, 将切向量 e_i 平移到任何一点, 并组成测地线其方向为 e_i. 向量 e_i 在任何一点都是平行的, 可得到一个坐标曲线网 θ.

由于坐标曲线 θ^i 的切向量都是平行的, 我们有

$$\nabla_{e_j} e_i = 0. \tag{5.77}$$

因此, 从 (5.73) 得到

$$\Gamma_{jik} = 0. \tag{5.78}$$

故, 当 M 是平坦的时候, 得到一个由测地线组成的仿射坐标系, 其中 (5.78) 在任何 ξ 下都成立.

5.9　Levi-Civita 联络

到目前为止, 我们已经分别探讨了度量和仿射联络. 然而, 我们可以定义一个仿射联络, 使其本质上与度量相关, 并给出一个统一的图像. 这就是黎曼几何. 它要求向量的大小不因平移而改变. 这就建立了度量和仿射联络之间的关系 (见图 5.9).

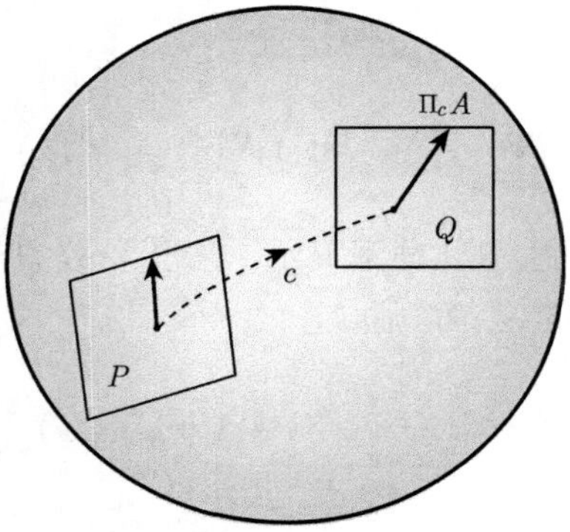

图 5.9　A 的长度等于 $\Pi_c A$ 的长度

很容易看到以下两个平移的命题的等价性.

(1) 向量的大小不会因为平移而改变,

$$\langle A, A\rangle_{\xi_0} = \langle \Pi A, \Pi A\rangle_{\xi_1}, \quad 对任意\ A. \tag{5.79}$$

(2) 两个向量的内积不因平移而改变,

$$\langle A, B\rangle_{\xi_0} = \langle \Pi A, \Pi B\rangle_{\xi_1}, \quad 对任意\ A, B. \tag{5.80}$$

考虑两个基向量沿坐标曲线 ξ^i 的无穷小平移. 那么, 当向量的长度不变时, 有

$$g_{ij}(\xi + d\xi) = \langle e_i(\xi + d\xi), e_j(\xi + d\xi)\rangle_{\xi+d\xi} = \langle e_i(\xi) + de_i, e_j(\xi) + de_j\rangle_{\xi}. \tag{5.81}$$

因为 $g_{ij}(\xi + d\xi) = g_{ij}(\xi) + \partial_k g_{ij} d\xi^k$, 该条件记为

$$\partial_k g_{ij} = \Gamma_{kij} + \Gamma_{kji}. \tag{5.82}$$

更具体地说, 对于三个向量场 X, Y, Z, 这个条件等价于

$$Z\langle X, Y\rangle = \langle \nabla_Z X, Y\rangle + \langle X, \nabla_Z Y\rangle. \tag{5.83}$$

当一个仿射联络满足此条件时, 它被称为度量. 度量仿射联络由度量 g_{ij} 唯一确定, 前提是对称条件

$$\Gamma_{ijk} = \Gamma_{jik} \tag{5.84}$$

成立.

定理 5.1 当平移不改变向量的大小时, 存在唯一的对称仿射联络如下

$$\Gamma_{ijk}(\xi) = \frac{1}{2}\left(\partial_i g_{jk} + \partial_j g_{ik} - \partial_k g_{ij}\right). \tag{5.85}$$

从 (5.82) 中证明这一点很有趣. 它被称为 Levi-Civita 联络或黎曼联络. 许多传统的微分几何教科书只研究 Levi-Civita 联络. 通过使用 Levi-Civita 联络, 我们有以下方便的性质.

定理 5.2 在 Levi-Civita 联络下连接两点的最小距离的曲线是一个测地线, 其中连接 $\xi(0)$ 和 $\xi(1)$ 的曲线 $c = \xi(t)$ 的长度如下

$$s = \int_0^1 \sqrt{g_{ij}(t)\dot{\xi}^i(t)\dot{\xi}^j(t)}dt. \tag{5.86}$$

可以通过关于曲线 $\xi(t)$ 最小化 (5.86) 的变分方法 $\delta s = 0$ 获得 (5.54) 和 (5.85). 这也是一个很好的练习, 参见图 5.10.

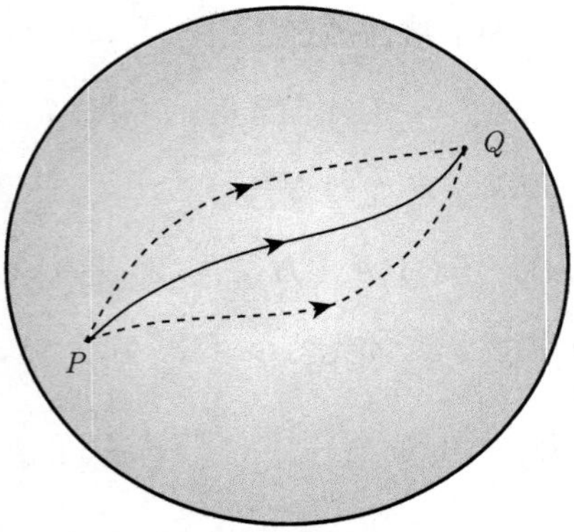

图 5.10　黎曼测地线 $\xi(t)$ 是一条不改变 $\dot{\xi}(t)$ 方向的曲线, 且沿该曲线的距离 s 最小

5.10　子流形和嵌入曲率

我们考虑嵌入在更大流形中的子流形. 当它在流形环境中弯曲时, 它具有嵌入曲率. 这与 RC 曲率不同. 将流形嵌入到简单的 (例如平坦的) 高维流形环境中并在环境流形中研究其性质是很有用的. 几何量通过嵌入从简单的流形环境转移到子流形.

5.10.1　子流形

设 S 是嵌入在 M 中的子流形 (图 5.11). 设 $\xi=\left(\xi^i\right)$ 是 M 的坐标系, $i=1,\cdots,n$ 和 $u=(u^a)$ 是 S 的坐标系 $a=1,\cdots,m$, 我们假设 $n>m$. 由于 S 中的点 u 也是 M 环境中的点, 因此它在 M 中的坐标由 u 表示为

$$\xi=\xi(u). \tag{5.87}$$

我们考虑 $\xi(u)$ 对 u 是可微的情况.

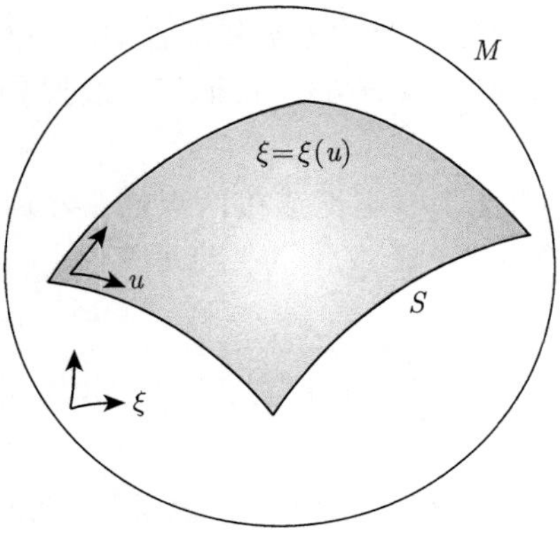

图 5.11　嵌入 M 的子流形 S

沿着 S 的坐标曲线 u^a 的切向量 e_a 是

$$e_a = \partial_a, \tag{5.88}$$

S 的切空间 T_u^S 是由它们张成的 (图 5.12). 然而, 它们通过嵌入被视为 M 的点 $\xi(u)$ 的切向量. 根据 M 的基向量 $e_i \in T_\xi$, 它们在 M 中被表示为

$$e_a = \frac{\partial \xi^i}{\partial u^a} e_i, \quad \partial_a = \frac{\partial \xi^i}{\partial u^a} \partial_i. \tag{5.89}$$

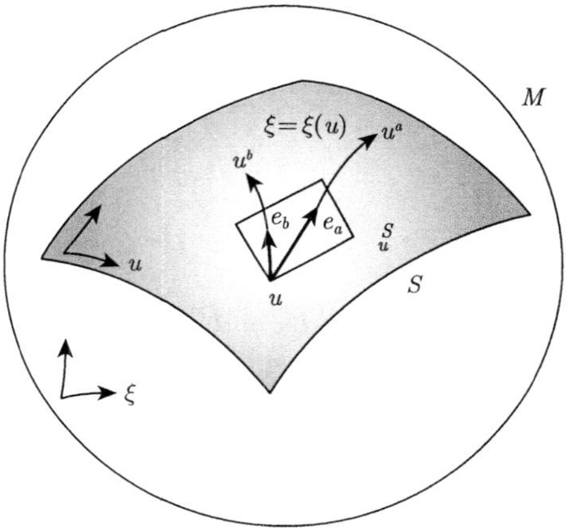

图 5.12 子流形的切向量 e_a

定义

$$B_a^i = \frac{\partial \xi^i}{\partial u^a}, \tag{5.90}$$

可得

$$e_a = B_a^i e_i. \tag{5.91}$$

向量 $X = X^a e_a \in T_u^S$ 是向量 $X = X^i e_i \in T_\xi$, 且

$$X^i = B_a^i X^a. \tag{5.92}$$

子流形 S 继承了 M 的几何结构. T_u^S 中切向量 A 的大小是由它在 M 中的大小决定的. 因此, 度量

$$g_{ab} = \langle e_a, e_b \rangle. \tag{5.93}$$

在 S 中由下式给出

$$g_{ab} = B_a^i B_b^j g_{ij}. \tag{5.94}$$

5.10.2 嵌入曲率

仿射联络自然地从 M 移动到 S. 设 $\tilde{e}_a = e_a(u+du) \in T^S_{u+du}$ 是 S 在 $u+du$ 处的基向量, 我们把它平行地映射到 T^S_u. 我们首先在 M 中把它从 $\xi(u)$ 平行地移动到 $\xi(u+\mathrm{d}u)$. 生成向量表示为 $e'_a = e_a + de_a \in T_{\xi(u)}$, 其中 de_a 由 e_a 在 M 中的 $e_b = B^i_b e_i$ 方向的协变导数给出,

$$de_a = \nabla_{e_b} e_a du^b. \tag{5.95}$$

我们在 M 中计算 $\nabla_{e_b} e_a$,

$$\begin{aligned}\nabla_{e_b} e_a &= B^i_a \nabla_{e_i}\left(B^j_b e_j\right) = B^i_a \partial_i B^k_b e_k + B^i_a B^j_b \nabla_{e_i} e_j \\ &= \left(B^i_a \partial_i B^k_b + B^i_a B^j_b \Gamma^k_{ij}\right) e_k \\ &= \Gamma^k_{ab} e_k,\end{aligned} \tag{5.96}$$

其中

$$\Gamma^k_{ab} = B^i_a \partial_i B^k_b + B^i_a B^j_b \Gamma^k_{ij}. \tag{5.97}$$

这里, 向量 de_a 不一定包含在 S 的切空间中 (图 5.13). 所以我们按照 S 的切线方向和它的正交方向分解它,

$$de_a = de^{\parallel}_a + de^{\perp}_a, \tag{5.98}$$

其中 $de^{\parallel}_a \in T^S_u$, $de^{\perp}_a$ 是与 S 正交的. 我们通过改变 de_a 来定义 S 内 $\tilde{e}_a$ 的平移, 忽略正交方向的变化:

$$\tilde{e}_a = e_a + de^{\parallel}_a. \tag{5.99}$$

用基向量 $\{e_b\}$ 重写 $de^{\parallel}_a$, S 的诱导仿射联络为

$$\Gamma_{abc}(u) = B^i_a B^j_b B^k_c \Gamma_{ijk} + B^j_c \partial_a B^i_b g_{ij}. \tag{5.100}$$

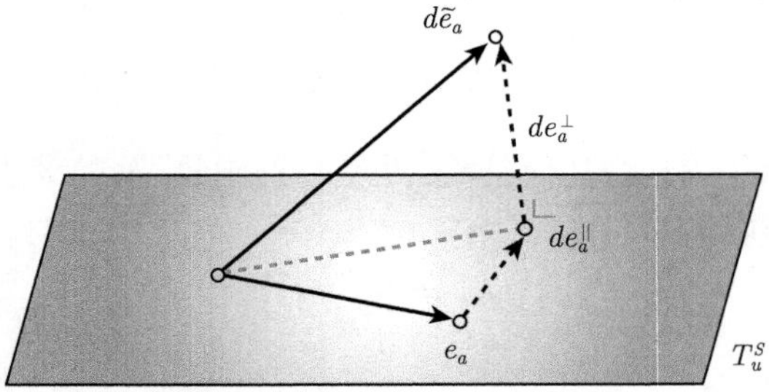

图 5.13 正交部分 $de^{\perp}_a$ 和平行部分 $de^{\parallel}_a$ 中 $d\tilde{e}_a \in T_{\xi(u)}$ 相对于 T^S_u 的分解

$de_a^{\perp}$ 的正交方向表示 S 在 M 中是如何弯曲的. 为了表示正交分量, 我们用 $n-m$ 个正交向量 e_κ, $\kappa=n-m+1,\cdots,n$ 补充 T_u^S, 这样, 整个向量 $\{e_a, e_\kappa\}$ 扩展 M 的切空间. 然后, 正交部分由以下公式给出

$$\delta e_a^{\perp} = H_{ab}^{\kappa} e_k du^b, \tag{5.101}$$

我们用 M 中的协变导数来定义

$$H_{ba\kappa} = \langle \nabla_{e_b} e_a, e_\kappa \rangle . \tag{5.102}$$

这是 S 的嵌入曲率, 有时称为 Euler-Schouten 曲率张量.

嵌入曲率不同于 RC 曲率, RC 曲率来源于仿射联络 Γ_{abc}. RC 曲率是仅考虑 S 内部的内蕴曲率. 举一个简单的例子, 让我们考虑嵌入在三维欧氏流形 M 中的圆柱 S. 它在 M 中弯曲, 因此它具有非零嵌入曲率. 但是它的 RC 曲率为零, 而欧氏几何在 S 内部成立. 如果我们在 S 中并且不知道外部的三维世界, 我们会喜欢 S 中的欧氏几何, 其中 RC 曲率为 0. 但是 S 具有非零嵌入曲率.

注 微分几何通过局部结构研究流形的特性. 黎曼流形是一个典型的例子, 其中流形配备了度量张量 $G=(g_{ij})$, 通过它可以测量两个附近点的距离. 它局部近似于欧氏空间, 但总体上是弯曲的. 现代微分几何进一步研究了流形的全局拓扑结构. 观察全局结构如何受到曲率等局部结构的限制是有趣的. 这是一个重要的观点. 但是, 我们没有提到全局性质, 因为大多数 (尽管不是全部) 应用仅使用局部结构.

由于微分几何学是作为纯数学发展起来的, 数学家们构建了一个严格的、复杂的理论, 摒弃了几何学概念的直观定义. 然而, 一旦建立了这样一个严格的理论, 我们就可以用直观的理解来进行应用. 第二部分试图向初学者介绍微分几何的现代概念, 而不用让初学者为此感到头痛.

19 世纪非欧几何发展起来后, 人们才知道存在非欧空间. 黎曼 (B. Riemann) 在就职讲座中, 提出了黎曼几何的概念, 即黎曼几何是非欧的和弯曲的. 他推测, 现实世界在宇宙尺度或原子尺度上可能是黎曼的. 他的观点在 20 世纪的相对论和基本粒子理论中被证明是正确的.

微分几何的应用很多. 相对论就是其中之一. 爱因斯坦在相对论中引入了挠率张量的概念来建立一个统一的理论 (引力和电磁的统一). 不幸的是, 这个有趣的想法失败了. 但挠率张量在数学中幸存下来. 挠率张量是一个三阶张量, 其中前两个指数是反对称的. 这是一个补充 $\{M, G\}$ 的黎曼结构的新量, 尽管我们在这里没有提到它.

具有挠率的黎曼流形在包括位错在内的连续体力学中起着基本作用. 将连续体中的位错场与挠率场相统一, 并建立了丰富的理论. 例如, 见 (Amari, 1962,

1968). 另一个应用是 Gabriel Kron 的电动机械系统的动力学, 如电机和发电机. 在这里, 非完整约束起了作用, 并被变换为挠率. 最近的机器人学科也使用了非完整约束. 微分几何学在各个领域发挥着重要作用.

信息几何还使用微分几何, 其中不变性准则在定义概率分布流形的几何结构方面起着基本作用. 然而, 教科书上传统的微分几何大厦不足以探究其结构. 我们需要一个关于黎曼度量的仿射联络对偶性的新概念. 在下一章中, 我们将研究具备对偶耦合仿射联络的黎曼流形.

第 6 章　对偶仿射联络与对偶平坦流形

前面我们已经考虑了一个仿射联络, 即黎曼流形 M 中的 Levi-Civita 联络. 然而, 我们还可以通过处理一对关于黎曼度量的对偶仿射联络来建立微分几何新体系. 这种结构在传统的教科书中没有描述过, 但却是信息几何的核心. 从数学上讲, 除了黎曼结构 $\{M, G\}$ 之外, 我们还研究 $\{M, G, T\}$ 的结构, 它除了 G 之外还有一个三阶对称张量 T. 作为一个重要的特例, 我们研究了对偶平坦黎曼流形. 它可以被看作欧几里得空间的二元论延伸. 广义勾股定理和投影定理适用于这种流形. 它们在应用中特别有用.

6.1　对偶联络

Levi-Civita 联络是唯一的通过平移保持度量的仿射联络 (没有扭转). 然而, 还有另一种用两个仿射联络保留度量的方法. 我们在这里考虑两个对称仿射联络 Γ 和 Γ^*, 并分别将相关的平移表示为 Π 和 Π^*. 当向量 A 和 B 一个平移到 Π 和另一个平移到 Π^*, 不改变它们的内积时, 这些仿射连接是对偶耦合的,

$$\langle A, B\rangle = \langle \Pi A, \Pi^* B\rangle . \tag{6.1}$$

见图 6.1, 这样的一对仿射联络被认为是相对于黎曼度量的对偶耦合, 黎曼度量定义了内积. 一对连接通过向量的平移来协作保持内积. 当两个连接相同时, (6.1) 简化为度量条件 (5.80), 因此这是度量连接的扩展.

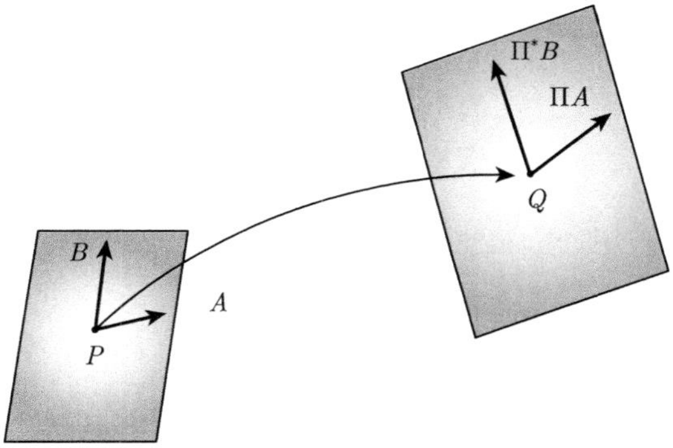

图 6.1　对偶平移的内积守恒

我们寻找对偶联络的解析表达式. 考虑在 $\xi + d\xi$ 点上的两个基向量 $\tilde{e}_i$ 和 $\tilde{e}_j$. 一个通过使用仿射联络 Γ, 另一个通过对偶联络 Γ^*, 我们将它们移动到 ξ. 然后它们的平移分别是

$$e_i + de_i = e_i + \Gamma_{ki}^{j} e_j d\xi^k, \tag{6.2}$$

$$e_j + d^* e_j = e_i + \Gamma_{kj}^{*i} e_i d\xi^k, \tag{6.3}$$

其中 d 和 d^* 分别表示由 Γ 和 Γ^* 的平行变换而引起的变化. 从内积守恒的角度看

$$\langle \tilde{e}_i, \tilde{e}_j \rangle_{\xi + d\xi} = \langle e_i + de_i, e_j + d^* e_j \rangle_{\xi}, \tag{6.4}$$

可得

$$g_{ij}(\xi + d\xi) = g_{ij}(\xi) + \langle de_i, e_j \rangle_{\xi} + \langle e_i, d^* e_j \rangle_{\xi}, \tag{6.5}$$

其中忽略高阶项.

通过泰勒展开, 我们得到了分量表达式

$$\partial_i g_{jk} = \Gamma_{ijk} + \Gamma_{ikj}^*. \tag{6.6}$$

将式 (6.6) 与自对偶情况 (5.82) 进行比较.

根据协变导数的形式重写为

$$Z \langle X, Y \rangle = \langle \nabla_Z X, Y \rangle + \langle X, \nabla_Z^* Y \rangle, \tag{6.7}$$

其中 X, Y 和 Z 是三个向量场. 通过下式使用三个向量场 $Z = e_i, X = e_j$ 和 $Y = e_k$ 来证明与 (6.6) 一样,

$$e_i \langle e_j, e_k \rangle = \langle \nabla_{ei} e_j, e_k \rangle + \langle e_j, \nabla_{ei}^* e_k \rangle. \tag{6.8}$$

两个对偶联络的平均值由下式给出

$$\Gamma_{ijk}^0 = \frac{1}{2}(\Gamma_{ijk} + \Gamma_{ijk}^*). \tag{6.9}$$

相关的协变导数是

$$\nabla^{(0)} = \frac{1}{2}(\nabla + \nabla^*). \tag{6.10}$$

从 (6.7) 可以看到 ∇^0 满足 (5.83), 而且 Γ_{ijk}^0 是 Levi-Civita 联络. 令

$$T_{ijk} = \Gamma_{ijk}^* - \Gamma_{ijk}. \tag{6.11}$$

对偶联络记为

$$\Gamma_{ijk} = \Gamma_{ijk}^0 - \frac{1}{2} T_{ijk}, \quad \Gamma_{ijk}^* = \Gamma_{ijk}^0 + \frac{1}{2} T_{ijk}. \tag{6.12}$$

定理 6.1 当 Γ 和 Γ^* 是对偶仿射联络时, T 是一个对称张量, 由下式给出

$$\nabla_i g_{jk} = T_{ijk}, \tag{6.13}$$

$$\nabla^{*i} g^{jk} = -T^{ijk}. \tag{6.14}$$

证明 计算张量 $G=(g_{ij})$ 的协变导数, 由下式给出

$$\nabla_i g_{jk} = \partial_i g_{jk} - \Gamma_{ik}^m g_{mj} - \Gamma_{ij}^m g_{mk}. \tag{6.15}$$

由于 ∇^0 是度量联络,

$$\nabla_i^0 g_{jk} = \partial_i g_{jk} - \Gamma_{ikj}^0 - \Gamma_{ijk}^0 = 0. \tag{6.16}$$

因此, 我们得出

$$\nabla_i g_{jk} = \frac{1}{2}(T_{ijk} + T_{ikj}). \tag{6.17}$$

由于 g_{jk} 关于 j 和 k 是对称的, 可得

$$\nabla_i g_{jk} = T_{ijk}. \tag{6.18}$$

此外, Γ_{ikj} 是一个对称联络, 因此 T_{ijk} 对 i 和 j 是对称的. 所以 T_{ijk} 对三个指数 i, j 和 k 是对称的. T_{ijk} 是一个张量, 因为它是张量 g_{jk} 的协变导数. 式 (6.14) 的推导也是类似的. □

注 S. Lauritzen 将 T_{ijk} 称为偏度张量. 然而, 它是对称的, 所以我们对使用术语“偏度”犹豫不决, 它通常意味着不对称. 所以我们使用术语三阶张量. 这被一些研究人员称为 Amari-Chentsov 张量 (如 (Ay et al., 2013)), 因为 Chentsov 定义了它并且 Amari 发展了它的理论. 三元组 $\{M, G, T\}$ 也称为 Amari-Chentsov 结构.

对偶仿射联络由式 (6.12) $\{G, T\}$ 确定, 其中 g_{ij} 是正定对称矩阵, T_{ijk} 是三阶张量. 当 $T_{ijk}=0$ 时, 两个仿射联络是相同的. 因此, 联络是自对偶的, M 简化为具有 Levi-Civita 联络的普通黎曼流形.

6.2 由散度导出的度量和三阶张量

当在 M 中定义散度 $D[\xi:\xi']$ 时, 我们证明了两个张量 g_{ij}^D 和 T_{ijk}^D 是自动从其推导出的. 我们考虑 D 的对角位置 $\xi=\xi'$ 的邻域. 由于 D 有两个参数, 引入以下在对角线上的微分符号:

$$D_i = \frac{\partial}{\partial \xi^i} D[\xi:\xi']_{\xi'=\xi}, \tag{6.19}$$

$$D_{;i} = \frac{\partial}{\partial \xi'^i} D[\xi : \xi']_{\xi'=\xi}. \tag{6.20}$$

同样地, 对于多重微分, 我们使用的符号为

$$D_{ij;k} = \frac{\partial^2}{\partial \xi^i \partial \xi^j} \frac{\partial}{\partial \xi'^k} D[\xi : \xi']_{\xi'=\xi}, \tag{6.21}$$

等等.

使用上述符号定义以下量:

$$g_{ij}^D = -D_{i;j}, \tag{6.22}$$

$$\Gamma_{ijk}^D = -D_{ij;k}, \tag{6.23}$$

$$\Gamma_{ijk}^{D^*} = -D_{k;ij}. \tag{6.24}$$

通过对照它们在坐标变换下的变换方式来证明 Γ^D 和 Γ^{D^*} 定义了仿射连接. 因为证明过程是技术性且相对简单的, 所以我们省略了具体的计算过程. Γ^D 与 Γ^{D^*} 的差为

$$T_{ijk}^D = \Gamma_{ijk}^{D^*} - \Gamma_{ijk}^D \tag{6.25}$$

是三阶对称张量. 因此, 我们有两个特征张量 g_{ij}^D 和 T_{ijk}^D 来自散度 D. 下面是连接散度和对偶几何的一个关键结果, 由 Eguchi (1983) 得出.

定理 6.2 两个仿射联络 Γ^D 和 Γ^{D^*} 关于黎曼度量 g^D 是对偶的.

证明 通过对 ξ 微分

$$g_{ij}^D(\xi) = -\frac{\partial^2}{\partial \xi^i \partial \xi'^j} D[\xi : \xi'] \tag{6.26}$$

得

$$\partial_k g_{ij}^D(\xi) = -D_{ki;j} - D_{i;jk} = \Gamma_{kij}^D + \Gamma_{kji}^{D^*}. \tag{6.27}$$

这满足式 (6.6), 因此 Γ^D 和 Γ^{D^*} 是对偶仿射联络. □

当给定一对勒让德凸函数 $\psi(\theta)$ 和 $\varphi(\eta)$ 时, 其中 θ 和 η 通过勒让德变换连接, 可以得到一个布雷格曼散度

$$D_\psi[\theta : \theta'] = \psi(\theta) + \varphi(\eta') - \theta \cdot \eta', \tag{6.28}$$

其中 η' 为 θ' 的勒让德对偶. 由此得到在 θ 坐标的度量张量是

$$g_{ij}(\theta) = \partial_i \partial_j \psi(\theta) \tag{6.29}$$

和在 η-坐标上

$$g^{ij}(\eta) = \partial^i \partial^j \varphi(\eta). \tag{6.30}$$

此外, 在两个坐标系中通过微分, 我们可以从式 (6.23) 和式 (6.24) 得到

$$\Gamma_{ijk}(\theta) = \Gamma^{*ijk}(\eta) = 0. \tag{6.31}$$

这意味着从凸函数或相关的布雷格曼散度导出的几何图形是对偶平坦的, 仿射坐标系是 θ 和 η. 三阶张量在两个坐标系中记为

$$T_{ijk} = \partial_i \partial_j \partial_k \psi(\theta), \quad T^{ijk} = \partial^i \partial^j \partial^k \varphi(\eta). \tag{6.32}$$

这证明了我们在没有微分几何的前提下, 第一部分中引入的对偶平坦结构的先前定义是正确的.

6.3 不变度量和三阶张量

f-散度是概率分布流形中的不变散度. 我们计算由 f-散度导出的两个张量 G^f 和 T^f, 因此它们是不变的.

定理 6.3 从概率分布流形中的标准 f-散度导出的不变张量为

$$g_{ij}^f = g_{ij}, \tag{6.33}$$

$$T_{ijk}^f = \alpha T_{ijk}, \tag{6.34}$$

其中 g_{ij} 是 Fisher 信息矩阵, 且

$$T_{ijk} = E[\partial_i l(x,\xi) \partial_j l(x,\xi) \partial_k l(x,\xi)], \tag{6.35}$$

$$\alpha = 2f'''(1) + 3. \tag{6.36}$$

证明 对任意 f-散度关于 ξ 和 ξ' 微分

$$D_f[\xi : \xi'] = \int p(x,\xi) f\left\{\frac{p(x,\xi')}{p(x,\xi)}\right\} dx, \tag{6.37}$$

并让 $\xi' = \xi$, 我们有式 (6.33) 和式 (6.34). □

注 不变性准则下的 f-散度的唯一性是由信息单调性和可分解性导出的. 更为有力的是, Chentsov 定理证明 g_{ij} 和 αT_{ijk} 是 S_n 中唯一不变的二阶和三阶对称张量.

6.4 α-几何

当 T_{ijk} 是对称张量时, 对于实数 α 的 αT_{ijk} 也是对称张量. 我们称从 $\{G, \alpha T\}$ 导出的两个仿射联络,

$$\Gamma_{ijk}^{\alpha} = \Gamma_{ijk}^0 - \frac{\alpha}{2} T_{ijk}, \quad \Gamma_{ijk}^{-\alpha} = \Gamma_{ijk}^0 + \frac{\alpha}{2} T_{ijk}, \tag{6.38}$$

分别为 α-联络和 $-\alpha$-联络.

定理 6.4 Γ^α 和 $\Gamma^{-\alpha}$ 是对偶耦合的, $\alpha = 0$ 连接 Γ^0 是 Levi-Civita 联络, 它是自对偶的.

从式 (6.12) 可以很容易地证明.

当 T^f 由 f-散度导出时, 对于满足式 (6.36) 的 α 来说, 它是 αT, 此外, $-\alpha T$ 由 f-散度的对偶导出. 在概率分布流形的情况下, 导出的对偶结构是唯一不变的几何结构. 我们称它为 α-几何. α-几何是由式 (3.39) 中定义的 α-散度导出的. 一般来说, 它不是对偶平坦的. 当 $\alpha = \pm 1$ 时, 它还原为 KL 散度, 给出一个对偶平坦的结构.

对于任何凸函数 ψ, 我们可以构造一个相关的 α-散度. 在这种情况下, α-几何由下式定义的 α-散度导出

$$D_\psi^{(\alpha)}[\theta : \theta'] = \frac{4}{1-\alpha^2}\left\{\frac{1-\alpha}{2}\psi(\theta) + \frac{1+\alpha}{2}\psi(\theta') - \psi\left(\frac{1-\alpha}{2}\theta + \frac{1+\alpha}{2}\theta'\right)\right\}. \tag{6.39}$$

这是 Zhang (2004) 提出的詹森 (Jensen) 型散度.

6.5 对偶平坦流形

关于对偶曲率, 我们有以下定理.

定理 6.5 当 RC 曲率 R 相对于一个仿射联络消失时, RC 曲率 R^* 相对于对偶联络消失, 反之亦然.

证明 当 RC 曲率消失时, $R = 0$, 环球平移不改变任何 A:

$$A \Pi A. \tag{6.40}$$

对于向量转移, 我们总是有

$$\langle A, B\rangle = \langle \Pi A, \Pi^* B\rangle. \tag{6.41}$$

因此, 当式 (6.40) 成立时, 对任何 A 和 B 我们有

$$\langle A, B\rangle = \langle A, \Pi^* B\rangle. \tag{6.42}$$

这意味着

$$B = \Pi^* B \tag{6.43}$$

表示对偶 RC 曲率消失, $R^* = 0$. □

当流形相对于一个联络是平坦的时，它总是对偶平坦的. 当 M 是对偶平坦时, 存在一个仿射坐标系 θ,

$$\Gamma_{ijk}(\theta) = 0. \tag{6.44}$$

每条坐标曲线 θ^i 都是一个测地线. 基向量 $\{e^i\}$ 平行于任何位置移动, 不依赖于移动路径.

类似地, 存在一个对偶仿射坐标系 η , 其中式 (6.45) 成立.

$$\Gamma^{*ijk}(\eta) = 0. \tag{6.45}$$

每条坐标曲线 η_i 是一条对偶测地线. 让它的方向为 e^i. 在这里, 我们用一个下指数表示 $\eta = (\eta_i)$ 的分量, 用上指数如 e^i 表示相关基向量. 这种表示法符合我们使用度量张量 g_{ij} 及其逆 g^{ij} 来提高和降低指标的指标表示法. 坐标变换的雅可比矩阵满足

$$g_{ij} = \frac{\partial \eta_i}{\partial \theta_i}, \quad g^{ij} = \frac{\partial \theta^i}{\partial \eta_j}. \tag{6.46}$$

因此, 两个基 $\{e_i\}$ 和 $\{e^i\}$ 满足

$$e_i = g_{ij} e^j, \quad e^j = g^{ij} e_i. \tag{6.47}$$

定理 6.6 对偶平坦流形中存在仿射坐标系 θ 和对偶仿射坐标系 η, 使它们的切向量相互正交,

$$\left\langle e_i, e^j \right\rangle = \left\langle \partial_i, \partial^j \right\rangle = \delta_i^j. \tag{6.48}$$

证明 从式 (6.47), 我们得出

$$\left\langle e_i, e^j \right\rangle = \left\langle e_i, g^{jk} e_k \right\rangle = g_{ik} g^{jk} = \delta_i^j. \tag{6.49}$$

我们还得出

$$\left\langle \Pi e_i, \Pi^* e^j \right\rangle = \left\langle e_i, e^j \right\rangle = \delta_i^j \tag{6.50}$$

在任何点都满足上式. 注意, g_{ij} 和 g^{ij} 取决于位置, 但式 (6.47) 在任何一点都成立. □

6.6 对偶平坦流形中的正则散度

我们证明了一个对偶结构是由一个散度函数构造的. 特别是由布雷格曼散度导出了一个对偶平坦结构. 然而, 许多散度导致了相同的对偶结构. 这是因为度量和联络的微分几何是由散度 $D[\xi : \xi']$ 的导数 $\xi = \xi'$ 定义的, 见式 (6.22)—(6.24).

也就是说, 它只取决于无限接近的 ξ 和 ξ' 的 $D[\xi:\xi']$ 的值. 没有独特的方法可以将一个无限定义的散度扩展到整个 M. 也就是说, 当一个非负函数 $d(\xi,\xi')$ 满足以下公式 (6.51)—(6.54) 时, $D[\xi:\xi]+d(\xi,\xi')$ 给出了与 $D[\xi:\xi']$ 相同的几何.

$$d(\xi,\xi)=0, \tag{6.51}$$

$$\partial_i d(\xi,\xi')|_\xi=\partial_i' d(\xi,\xi')|_{\xi=\xi'}=0, \tag{6.52}$$

$$\partial_i\partial_j d(\xi,\xi')|_\xi=\partial_i'\partial_j' d(\xi,\xi')|_{\xi=\xi'}=0, \tag{6.53}$$

$$\partial_i\partial_j\partial_k d(\xi,\xi')|_\xi=\partial_i'\partial_j'\partial_k' d(\xi,\xi')|_{\xi=\xi'}=0, \tag{6.54}$$

其中 $\partial_i=\partial/\partial\xi^i$, $\partial_i'=\partial/\partial\xi'^i$. $d(\xi,\xi')=\{D[\xi:\xi']\}^2$ 在式 (3.25) 中给出的就是这样一个例子. 然而, 有趣的是, 当流形是对偶平坦的时候, 我们可以得到一个唯一的正则散度, 尽管有许多局部等价的散度. 为了说明这一点, 我们从下面这个引理开始讨论.

引理 6.1　当 M 是对偶平坦时, 存在一组对偶仿射坐标系 θ 和 η 以及一组勒让德对偶凸函数 $\psi(\theta)$ 和 $\varphi(\eta)$ 满足

$$\psi(\theta)+\varphi(\eta)-\theta^i\eta_i=0, \tag{6.55}$$

由下式给出度量

$$g_{ij}(\theta)=\partial_i\partial_j\psi(\theta),\quad g^{ij}(\eta)=\partial^i\partial^j\varphi(\eta). \tag{6.56}$$

三次张量由下式给出

$$T_{ijk}(\theta)=\partial_i\partial_j\partial_k\psi(\theta), \tag{6.57}$$

$$T^{ijk}(\eta)=\partial^i\partial^j\partial^k\varphi(\eta). \tag{6.58}$$

证明　利用 $\Gamma_{ijk}(\theta)=0$ 的仿射坐标系 θ, 式 (6.6) 可简化为

$$\partial_i g_{jk}=\Gamma^*_{ikj}. \tag{6.59}$$

因为联络是对称的, 我们得出

$$\partial_i g_{jk}=\partial_k g_{ji}. \tag{6.60}$$

我们固定指数 j, 用 $\cdot$ 表示它. 所以得出

$$\partial_i g_{k\cdot}=\partial_k g_{j\cdot}. \tag{6.61}$$

然后, 对任意 j, 存在函数 ψ 满足

$$g_{i\cdot} = \partial_i \psi_{\cdot}, \tag{6.62}$$

或

$$g_{ij} = \partial_i \psi_j. \tag{6.63}$$

因为 g_{ij} 是对称的, 所以

$$\partial_i \psi_j - \partial_j \psi_i = 0. \tag{6.64}$$

这保证了标量函数 ψ 的存在, 使得

$$\psi_j = \partial_j \psi. \tag{6.65}$$

因为 g_{ij} 是正定的, 因此

$$g_{ij} = \partial_i \partial_j \psi, \tag{6.66}$$

其中 $\psi(\theta)$ 是凸的. 由于 θ-坐标 $\nabla_i = \partial_i$, T_{ijk} 由式 (6.18) 给出, 即

$$T_{ijk} = \partial_i \partial_j \partial_k \psi(\theta). \tag{6.67}$$

通过使用对偶仿射坐标系, 得到一个满足式 (6.56) 和式 (6.58) 的凸函数 $\varphi(\eta)$. 不难看出, 两个坐标系是通过一个勒让德变换连接起来的, 所以这两个函数就是勒让德对偶. □

定理 6.7 当 M 为对偶平坦时, 存在一对勒让德凸函数 $\psi(\theta)$, $\varphi(\eta)$ 和由布雷格曼散度给出的正则散度

$$D[\theta : \theta'] = \psi(\theta) + \varphi(\eta') - \theta \cdot \eta'. \tag{6.68}$$

除了仿射变换外, 它们是唯一确定的. 相反, 正则散度给出了原始的对偶平坦黎曼结构.

定理 6.8 KL 散度是一个指数族概率分布的典型散度, 它是不变且对偶平坦的.

注 1 许多研究都是在没有任何理由的情况下先验地给出 KL 散度. 然而, 我们的理论表明 KL 散度是不变几何中对偶平坦度的结果.

注 2 KL 散度被推导出为唯一的正则散度, 而无须假设上述定理中的可分解性. 另见 Jiao 等 (2015) 的另一个推导.

对于一个对偶平坦的 M, 它的仿射坐标 θ 和 η 不是唯一的. 任何一个仿射变换

$$\tilde{\theta} = A\theta + b, \quad \tilde{\eta} = A^{-1}\eta + c, \tag{6.69}$$

其中 A 是可逆矩阵, b, c 是常数, 给出一组对偶耦合坐标系. 凸函数 $\psi(\theta)$ 也不是唯一的, 因为我们可以添加一个线性项, 如

$$\tilde{\psi}(\theta) = \psi(\theta) + a\theta + d, \tag{6.70}$$

其中 a 是向量, d 是标量. 然而, 正则散度

$$D[\theta : \theta'] = \psi(\theta) + \varphi(\eta') - \theta \cdot \eta' \tag{6.71}$$

是唯一确定的, 不依赖于仿射坐标系的特定选择.

6.7　对偶联络一般流形上的正则散度

众所周知, 在具有对偶联络的流形中总是存在散度, 因此有很多的散度给出了相同的对偶结构 (Matumoto, 1993). 所以, 如果可能, 在具有非平坦对偶联络的流形 M 中定义正则散度是一个有趣的问题. 当 M 是对偶平坦的时, 我们有一个正则散度. Kurose (1994) 表明, 当 M 是 1-共形平坦时, 存在一种称为几何散度的正则散度. 在这种情况下, M 嵌入在 R^{n+1} 中. 此外, 当它具有恒定曲率时, 广义勾股定理 (定理 4.5) 成立. 在这个意义上, α-散度是 S_n 的正则散度. 考虑到这些事实, 我们展示了 N. Ay 和 S. Amari 的试验, 以在没有证据的前提下定义一般情况下的正则散度 (Ay and Amari, 2015; Henmi and Kobayashi, 2000).

考虑具有对偶仿射联络的黎曼流形的 $\{M, g, \nabla, \nabla^*\}$. 设 ξ 为坐标系. 给定点 ξ_p 和属于 ξ_p 切空间的切向量 X, 我们有测地曲线 $\xi(t)$,

$$\nabla_{\dot{\xi}}\dot{\xi}(t) = 0, \tag{6.72}$$

经过 ξ_p, 其切线方向为 X,

$$\xi(0) = \xi_p, \quad \dot{\xi}(0) = X. \tag{6.73}$$

当测地线到达点 ξ_q 时, t 从 0 增加到 1,

$$\xi_q = \xi(1), \tag{6.74}$$

ξ_q 称为 X 的指数映射,

$$\xi_q = \exp_{\xi_p}(X). \tag{6.75}$$

给定 ξ_p 和 ξ_q, 我们在 ξ_p 的邻域内得到指数映射的逆.

$$X(\xi_p, \xi_q) = \exp_{\xi_p}^{-1}(\xi_q). \tag{6.76}$$

我们现在定义对偶联络的一般流形中的正则散度. 首先定义 ξ_p 和 ξ_q 之间的散度

$$\tilde{D}\left[\xi_p:\xi_q\right]=\int_0^1 t g_{ij}\left\{\xi(t)\right\}\dot{\xi}^i(t)\dot{\xi}^j(t)dt, \tag{6.77}$$

其中 $\xi(t)$ 是连接 ξ_p 和 ξ_q 的原始测地线. (6.77) 式可以改写为

$$\begin{aligned}\tilde{D}\left[\xi_p:\xi_q\right]&=\int_0^1 t\left\langle\dot{\xi}(t),\dot{\xi}(t)\right\rangle dt\\&=\int_0^1-\left\langle\exp_{\xi(t)}^{-1}\left(\xi_p\right),\dot{\xi}(t)\right\rangle dt.\end{aligned} \tag{6.78}$$

然后利用连接 ξ_p 和 ξ_q 的对偶测地线 $\xi^*(t)$ 定义另一个散度:

$$\tilde{D}^*\left[\xi_p:\xi_q\right]=\int_0^1(1-t)\,g_{ij}\left\{\xi^*(t)\right\}\dot{\xi}^{*i}(t)\dot{\xi}^{*j}(t)dt, \tag{6.79}$$

正则散度由上述两者的算术平均值定义.

定义 一个正则散度由下式给出

$$D\left[\xi_p:\xi_q\right]=\frac{1}{2}\left(\tilde{D}\left[\xi_p:\xi_q\right]+\tilde{D}^*\left[\xi_p:\xi_q\right]\right). \tag{6.80}$$

定理 6.9 由正则散度 (6.80) 导出的几何结构与原几何一致. 当 M 是对偶平坦的时, 它给出了布雷格曼型的正则散度. 当 M 是黎曼 $(T=0)$ 时, 是黎曼距离平方的一半.

在对偶平坦流形中, 投影定理成立: 给定 ξ_p 和子流形 $S\subset M$, 使得 $D\left[\xi_p:\xi_q\right]$, $\xi_q\in S$ 最小化的点 $\hat{\xi}_p$, 是 ξ_p 到 S 的测地线投影, 使得连接 ξ_p 和 $\hat{\xi}_p$ 的测地线在 ξ_p 处与 S 正交. 投影定理通常不成立, 但我们有以下定理.

定理 6.10 正则散度满足投影定理, 当

$$X^i(\xi_q,\xi_p)\propto-g^{ij}(\xi_q)\partial_j' D[\xi_p:\xi_q] \tag{6.81}$$

时, 其中 X^i 是 $X=\exp_{\xi_q}^{-1}(\xi_p)$ 的逆变分量和

$$\partial_j'=\frac{\partial}{\partial\xi_q^j}. \tag{6.82}$$

证明 考虑一个以 ξ_p 为中心的散度球, 半径 $c\geqslant 0$,

$$B_c=\left\{\xi|D[\xi_p:\xi]=c\right\}. \tag{6.83}$$

设 S 是 M 的光滑子流形. 设 $\hat{\xi}_p$ 使 $D[\xi_p:\xi_q], \xi\in S$ 最小化. 当 c 从 0 增加时, 球 B_c 在 $\hat{\xi}_p$ 处接触 S. 此时 S 和 B_c 的切线超曲面相同, 其法向量由下式给出

$$n^i = g^{ij}(\hat{\xi}_p)\partial_j' D[\xi_p:\hat{\xi}_p]. \tag{6.84}$$

ξ_p 和 $\hat{\xi}_p$ 的测地线的切线方向为

$$\dot{\xi}(\hat{\xi}_p) = X(\hat{\xi}_p, \xi_p). \tag{6.85}$$

因此, 投影定理适用于这两个方向相同的情况. □

当测地线投影定理 (6.81) 成立时, 研究它是很有趣的. 它在对偶平坦的情况下是成立的. 它适用于 α-散度, 因此它是 α-几何的正则散度.

6.8　平坦流形与混合坐标的对偶叶理

对偶平坦流形允许两种类型的叶理, e-叶理和 m-叶理, 它们彼此正交. 这种结构对于分离两个量很有用, 一个用 e-坐标表示, 另一个用 m-坐标表示. 这特别适合分析分层系统 (Amari, 2001).

6.8.1　对偶坐标系统的 k-划分: 混合坐标与叶理

设 M 是一个具有对偶耦合仿射坐标系 θ 和 η 的对偶平坦流形. 我们将坐标分成两部分, 一部分包含 k 个分量, 另一部分包含 $n-k$ 个分量. 我们重新排列后缀, 使前 k 个分量包括 $\theta^1,\cdots,\theta^k$ 和最后 $n-k$ 个组成为 $\theta^{k+1},\cdots,\theta^n$. 对 η-坐标进行了相同的重排. 我们称这种划分为 k-划分.

让我们建成一个新的坐标系 ξ, 其中前 k 个分量是相应的 η-坐标, 后 $n-k$ 个分量是 θ-坐标, 如

$$\xi = \left(\eta_1,\cdots,\eta_k;\theta^{k+1},\cdots,\theta^n\right). \tag{6.86}$$

这是一个新的坐标系, 称为混合坐标系, 因为其中混合了 m-仿射坐标和 e-仿射坐标. 它本身不是仿射坐标系. 混合坐标系中切空间的基向量由两部分组成, 第一部分由下式组成

$$e^i = \frac{\partial}{\partial\eta_i},\quad i=1,\cdots,k; \tag{6.87}$$

第二部分由下式组成

$$e_j = \frac{\partial}{\partial\theta_j},\quad j=k+1,\cdots,n. \tag{6.88}$$

由于 e^i, e_j 正交

$$\langle e^i, e_j \rangle = 0, \quad i \neq j. \tag{6.89}$$

所以该坐标系中的黎曼度量具有块对角线形式,

$$\mathbf{G} = \left[\begin{array}{c|c} g^{ij} & 0 \\ \hline 0 & g_{lm} \end{array}\right] \tag{6.90}$$

让我们考虑一个 $(n-k)$ 维子流形, 它是通过固定前 k 个坐标 (η-坐标) 等于 $c=(c_1,\cdots,c_k)$,

$$\eta_i = c_i, \quad i = 1,\cdots,k. \tag{6.91}$$

用 $M^*(c)$ 表示 $(n-k)$ 维子流形, 其中 $\theta^{k+1},\cdots,\theta^n$ 不做固定. 它是一个 m-平坦子流形, 因为它由 η-坐标的线性约束所定义. 对于 $c \neq c'$, $M^*(c)$ 和 $M^*(c')$ 不相交,

$$M^*(c) \cap M^*(c') = \varnothing. \tag{6.92}$$

此外, 整个 M 被所有 $M^*(c)$ 的集合覆盖,

$$\bigcup_c M^*(c) = M. \tag{6.93}$$

因此, $M^*(c)$ 给出了 M 的一个划分, 这样的划分称为叶理.

将上述公式对偶, 我们固定混合坐标 (θ-坐标) 的第二部分,

$$\theta^j = d_j, \quad j = k+1,\cdots,n, \tag{6.94}$$

其中 $d=(d_{k+1},\cdots,d_n)$ 和 $\eta_1,\cdots,\eta_k$ 不做固定. 然后得到了由 $M(d)$ 表示的 k 维 e-平坦子流形. 此外, $M(d)$ 形成了 M 的另一个叶理. 因此我们有两个叶理. 此外, 对于任何 c 和 d, $M(d)$ 和 $M^*(c)$ 相互正交, 见图 6.2.

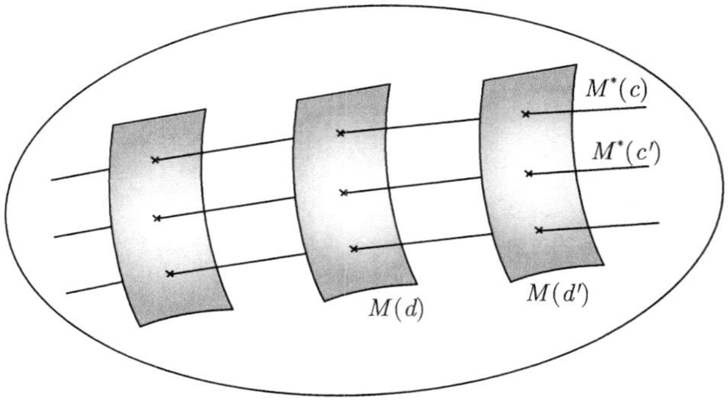

图 6.2　流形的对偶正交叶理

定理 6.11　一个对偶平坦的 M 在任何 k 下都有一对正交的 k-划分叶理, 其中一个是 m-平坦的, 另一个是 e-平坦的.

6.8.2　正则散度的分解

利用混合坐标, 将两点 P 和 Q 之间的正则散度分解为两个散度的和, 一个表示第一部分的差, 另一个表示第二部分的差. 设

$$\xi_P = (\eta_P; \theta_P), \quad \xi_Q = (\eta_Q; \theta_Q) \tag{6.95}$$

为 P 和 Q 两点的混合坐标. P 位于 $M^*(\eta_P)$ 和 $M^*(\theta_P)$ 的交点处, Q 位于 $M^*(\eta_Q)$ 和 $M^*(\theta_Q)$ 的交点处. 首先将 m-投影 P 到 $M(\theta_Q)$ 并令投影点为 R_{PQ}. 再将 e-投影 P 到 $M^*(\eta_Q)$ 并令投影点为 R_{QP}, 详见图 6.3. 由于连接 P 和 R_{PQ} 的 m-测地线与连接 R_{PQ} 和 Q 的 e-测地线正交, 因此 $PR_{PQ}Q$ 形成一个直角三角形, 所以勾股定理适用. 通过对三角形 $PR_{QP}Q$ 做同样的操作, 可得出分解定理.

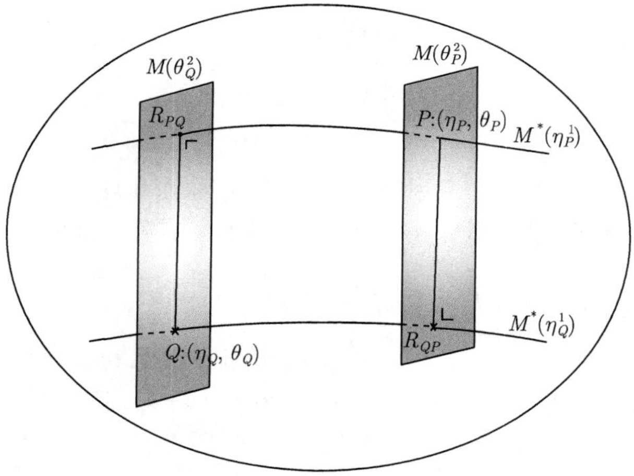

图 6.3　KL 散度的对开和分解

定理 6.12　正则散度 $D[P:Q]$ 分解为

$$D[P:Q] = D[P:R_{PQ}] + D[R_{PQ}:Q], \tag{6.96}$$

$D[P:R_{PQ}]$ 代表第一部分的差, $D[R_{PQ}:Q]$ 代表第二部分的差.

6.8.3　一个简单的说明性例子: 神经放电

我们通过一个简单的例子展示了正交叶理的实用性. 考虑一个由两个随机发出尖峰信号的神经元组成的网络. 设 x_1 和 x_2 是两个二元随机变量, 当神经元 i

被激发 (发出尖峰信号) 时取值 $x_i = 1, i = 1, 2$, 否则取值 0. 联合概率 $p(x_1, x_2)$ 规定了该网络的随机行为. 所有联合概率分布的流形 $M = p\{p(x_1, x_2)\}$ 形成一个三维指数族.

$$p(1,1) + p(1,0) + p(0,1) + p(0,0) = 1. \tag{6.97}$$

(6.97) 式是一个由四个元素组成的离散分布集合, 将其记为指数形式,

$$p(x_1, x_2) = \exp\left\{\sum_{i=1}^{2} \theta^i x_i + \theta^{12} x_1 x_2 - \psi(\theta)\right\}. \tag{6.98}$$

仿射坐标由下式给出

$$\theta = \left(\theta^1, \theta^2, \theta^{12}\right). \tag{6.99}$$

对偶坐标 η 是

$$\eta_i = E[x_i] = \text{Prob}\{x_i = 1\}, \quad i = 1, 2, \tag{6.100}$$

显示神经元 i 的放电率 ($x_i = 1$ 的概率) 和

$$\eta_{12} = E[x_i x_j] = \text{Prob}\{x_1 = x_2 = 1\}, \tag{6.101}$$

显示联合放电率 (两个神经元同时放电的概率).

构造混合坐标, 令其第一部分由 η_1 和 η_2 组成, 第二部分由 θ^{12} 组成. 使用混合坐标系

$$\xi = \left(\eta_1, \eta_2; \theta^{12}\right). \tag{6.102}$$

我们得到一个对偶正交叶理. 一维子流形 $M^*(\eta_1, \eta_2)$ 由两个神经元的放电率固定为 (η_1, η_2) 的所有分布组成. $M^*(\eta_1, \eta_2)$ 中的坐标 θ^{12} 表示两个神经元的放电是如何相关的. 当 $\theta^{12} = 0$ 时, x_1 和 x_2 是独立的, 如式 (6.98) 所示. 给定 θ^{12}, e-平坦子流形 $M\left(\theta^{12}\right)$ 表示 x_1 和 x_2 的相互作用固定等于 θ^{12}, 但神经元的放电率是任意的分布. 因此划分通过以下方式完成, 即第一部分代表神经元的放电率, 第二部分代表两个神经元的相互作用的放电率 (图 6.4).

可以通过 x_1 和 x_1 的协方差来衡量相互作用的程度,

$$v = \text{Cov}[x_1, x_2] = \eta_{12} - \eta_1 \eta_2. \tag{6.103}$$

当两个神经元独立放电时 v 为 0. 如果我们用 v 作为 $M^*(\eta_1, \eta_2)$ 中的坐标, 那么 M 中就有另一个坐标系 (η_1, η_2, v). 然而, v-轴与边缘放电率 η_1, η_2 不正交, 与 θ^{12} 正交. 因此, 混合坐标可以成功地正交分解放电率并相互作用, 但 v 不是.

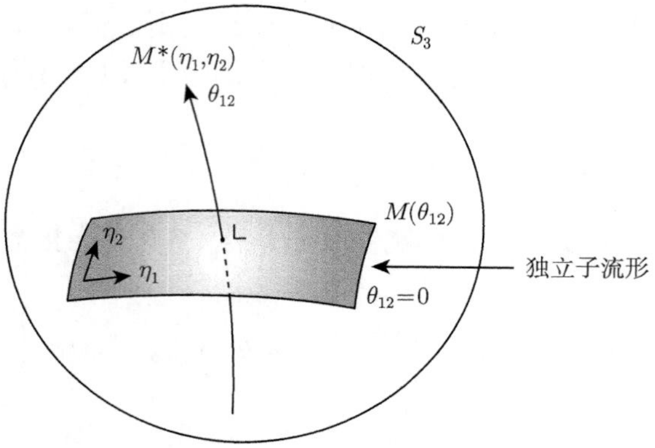

图 6.4 $S_3 = \{p(x_1, x_2)\}$ 的对偶叶理图

给定两个分布 $p(x_1, x_2)$ 和 $q(x_1, x_2)$, 我们将它们的 KL 散度分解为

$$\mathrm{KL}[p:q] = \mathrm{KL}[p:r] + \mathrm{KL}[r:q], \tag{6.104}$$

其中 $r(x_1, x_2)$ 是具有与 p 相同的边缘分布和与 q 相同的相互作用的分布. $\mathrm{KL}[p:r]$ 表示由相互作用的不同而产生的散度, $\mathrm{KL}[r:q]$ 表示由边缘放电率而产生的散度.

6.8.4 神经元尖峰的高阶相互作用

我们可以将这个想法推广到一个由 n 个神经元组成的网络 (Amari, 2001; Nakahara and Amari, 2002; Nakahara et al., 2006; Amari et al., 2003). 考虑一个由 n 个神经元组成的网络, 这些神经元随机发出尖峰信号. 让 x_i 是一个二进制随机变量, 代表尖峰的发射. 网络的状态由 $x = (x_1, \cdots, x_n)$ 表示. 所有概率分布 $p(x)$ 的集合形成 S_{N-1}, 其中 $N = 2^n$, 因为 x 为有 N 个状态的指数族. 通过将 $p(x)$ 展开为

$$\log p(x) = \sum \theta^i x_i + \sum \theta^{ij} x_i x_j + \theta^{1\cdots n} x_1 \cdots x_n - \psi, \tag{6.105}$$

可得

$$p(x,\theta) = \exp\left\{\sum \theta^i x_i + \sum \theta^{ij} x_i x_j + \cdots + \theta^{1\cdots n} x_1 \cdots x_n - \psi\right\}. \tag{6.106}$$

这称为对数线性模型. 根据变量在 x_i 中的阶数, 我们将整个 θ 以层次形式划分为

$$\theta = (\theta_1, \theta_2, \cdots, \theta_n), \tag{6.107}$$

$$\theta_1 = \left(\theta^1, \cdots, \theta^n\right), \quad \theta_2 = \left(\theta^{12}, \theta^{13}, \cdots, \theta^{n-1,n}\right), \tag{6.108}$$

使得每个子向量 θ_k 由阶数为 k 的单项式 $x_{j_1}\cdots x_{j_k}$ 的系数组成.

对偶仿射坐标为

$$\eta_{i_1\cdots i_k}=E\left[x_{i_1}\cdots x_{i_k}\right]=\operatorname{Prob}\left\{x_{i_1}=1,\cdots,x_{i_k}=1\right\}, \tag{6.109}$$

这是 k 个神经元的联合放电率, $k=1,\cdots,n$, 它们按层次划分为

$$\eta=(\eta_1,\eta_2,\cdots,\eta_n), \tag{6.110}$$

其中

$$\eta_k=(\eta_{i_1\cdots i_k}),\quad k=1,2,\cdots,n. \tag{6.111}$$

第 k 个混合坐标系由下式组成

$$\xi=\left(H_k;\Theta^k\right)=\left(\eta_1,\cdots,\eta_k;\theta^{k+1},\cdots,\theta^n\right). \tag{6.112}$$

因为 H_k 由高达 k 个神经元的联合放电率组成,

$$H_k=(\eta_1,\cdots,\eta_k), \tag{6.113}$$

其他坐标 Θ_k 代表与最多可达 k 个神经元联合放电率的正交方向.

$$\Theta^k=\left(\theta^{k+1},\cdots,\theta^n\right), \tag{6.114}$$

$\theta^{k+1},\theta^{k+2},\cdots$ 的变化不影响 $\eta_1,\cdots,\eta_k$, 但改变了 k 个以上神经元的联合放电率. 因此, Θ_k 代表超过 k 个神经元的相互作用, 正交于多达 k 个神经元的放电率.

在 n 项中, $\theta^1,\cdots,\theta^n$, 我们可以说 θ^k 代表 k 个神经元之间相互作用的程度. θ^k $(k\geqslant 3)$ 被称为神经元的高阶相关性或相互作用. 尽管 $\theta^1,\cdots,\theta^n$ 不相互正交, 但 θ^i 与 η_j $(j\neq i)$ 正交.

我们展示了一个简单的 $n=3$ 的情况, 由三个神经元组成, 得

$$\theta^{123}=\log\frac{p_{111}p_{100}p_{010}p_{001}}{p_{110}p_{101}p_{011}p_{000}}, \tag{6.115}$$

θ^{123} 代表了三个神经元的三阶相互作用. θ^{123} 与神经元的放电率和任何一对神经元的联合放电率正交. 同样地,

$$\theta^{12}=\log\frac{p_{110}p_{000}}{p_{100}p_{010}} \tag{6.116}$$

表示神经元 1 和 2 的相互作用, 它们与单个神经元的放电率正交.

注 还有许多其他的分层随机系统. 一种是由不同阶数组成的马尔可夫 (Markov) 链. 一个低阶系统包含在一个高阶系统中. 因此, 我们可以用对偶正交的方式分解它们. 时间序列的自回归 (AR) 和移动平均 (MA) 模型也构成了分层随机系统, 其阶构成了层次, 见 Amari (1987, 2001).

6.9　系统复杂性和信息集成

我们考虑一个随机系统, 它接收输入信号 x, 处理它并输出 y, 并通过使用混合坐标系研究其复杂性. 我们将其视为具有 n 个输入端和 n 个输出端的多端随机信道, 见图 6.5, 输入 $x=(x_1,\cdots,x_n)$ 和输出 $y=(y_1,\cdots,y_n)$ 是向量. 当一个系统非常简单时, 不同终端之间没有交互. 因此, 输出 y_i 仅取决于 x_i 而输入 $x_j(j\neq i)$ 不影响 y_i. 一个复杂的系统有不同终端之间的交互作用, 信息被整合成一个整合的输出 y. 交互程度用于定义系统复杂性的度量 (Ay, 2002, 2015; Ay et al., 2011). Tononi (2008) 提出了综合信息论 (IIT) 的新思想来阐明意识. 信息整合的程度区分了大脑中的意识状态和无意识状态 (Balduzzi and Tononi, 2008; Oizumi et al., 2014; 等).

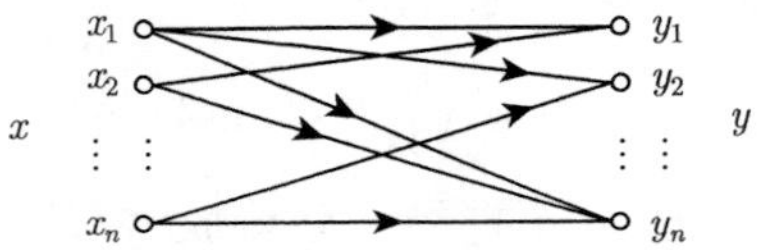

图 6.5　随机信息传输通道

我们基于与 M. Oizumi 和 N. Tsuchiya 正在进行的部分工作, 从信息几何的角度, 通过使用系统内一定程度的随机交互, 提出了一种复杂性或信息集成的度量. 这是 Ay (2002, 2015) 工作的扩展, 与 Tononi 信息集成有关 (Barrett and Seth, 2011).

为了简单起见, 我们考虑 2×2 系统, 其中输入为 $x=(x_1,x_2)$, 输出为 $y=(y_1,y_2)$, 只有两个终端 (图 6.6). 我们研究了 x_i 和 y_i 取值为 0 和 1 的二进制情况, 以及 x 和 y 是均值为 0 的高斯随机变量的高斯情况. 系统的行为用联合概率分布 $p(x,y)$ 来描述. 当 x 和 y 的分量是二进制时, 它属于一个指数族 M_F, 称为完整模型.

$$p(x,y)=\exp\Big\{\sum\theta_i^X x_i+\sum\theta_i^Y y_i+\theta_{12}^X x_1x_2+\theta_{12}^Y y_1y_2 \\ +\sum\theta_{ij}^{XY}x_iy_j+x_i\text{ 和 }y_j\text{ 的高阶项}-\psi\Big\}, \tag{6.117}$$

用 e-坐标 θ 描述, 高阶项有 $\theta^{12,1}x_1x_2y_1$ 等. 我们有相应的 η-坐标. 完整的模型是图 6.6(a) 所示的图模型, 这是一个完整的图, 因为 x_1 和 x_2 以及 y_1 和 y_2 之间可能存在内在的相关性, 如图 6.6(a) 中的虚线分支所示. 参考第 11 章中所研究的图模型的信息几何.

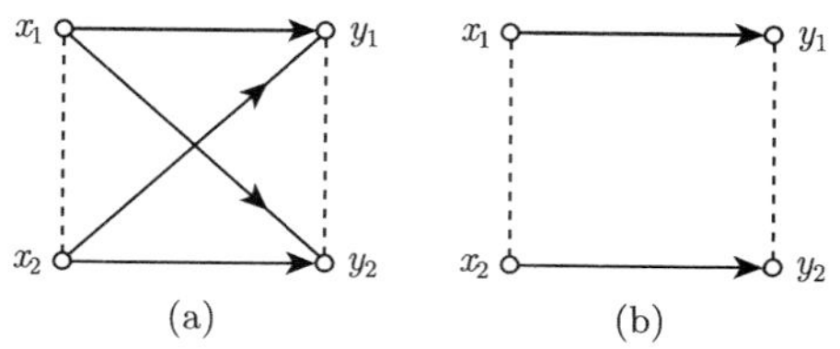

图 6.6 (a) 带有两个终端的通道和 (b) 其分裂版本

系统的复杂性是通过它与 x_i 和 y_j $(i \neq j)$ 之间不存在交互的分割系统的不同程度来衡量的 (Ay, 2002, 2015). 所以我们考虑一个不存在相互交互的分割系统 S, 如图 6.6(b) 所示. 在这里, 通过删除连接 x_i 和 y_j $(i \neq j)$ 的分支导出分割模型. 设分割模型的概率分布为 $q(x, y)$, 其 e-坐标为 $\tilde{\theta}$. 由于没有连接 (x_1, y_2) 和 (x_2, y_1) 的分支, 令 $\tilde{\theta}_{12}^{XY} = \tilde{\theta}_{21}^{XY} = 0$ (这是因为 x_i 和 y_j $(i \neq j)$ 在其他变量固定的情况下条件独立), 高阶项也是 0 (这是因为在分割模型中不存在连接三个或四个节点的团). 因此, 分割模型具有以下形式的概率分布,

$$q(x, y) = \exp\left\{\sum \tilde{\theta}_i^X x_i + \sum \tilde{\theta}_i^Y y_i + \tilde{\theta}_{12}^X x_1 x_2 + \tilde{\theta}_{12}^Y y_1 y_2 + \sum \tilde{\theta}_{ii}^{XY} x_i y_i - \tilde{\psi}\right\}. \tag{6.118}$$

分割模型形成一个指数族 M_S, 它有十个自由度, 是 M_F 的子流形.

上面定义的分割模型族 M_S 与上面 N. Ay 定义的 M_S' 的略有不同. 在属于 M_S' 的分割模型中, y_1 和 y_2 之间没有直接的相关性, 所以 $\tilde{\theta}_{12}^{XY} = \tilde{\theta}_{21}^{XY} = 0$, $\tilde{\theta}_{12}^Y = 0$. 也就是说, M_S' 是通过删除连接 y_1 和 y_2 的分支从 M_S 派生出来的. M_S' 是 M_S 的 e-平坦子流形. 我们不假设 M_S 中的 $\tilde{\theta}_{12}^Y = 0$, 因为 y_1 和 y_2 可能会受到环境相关噪声的影响. 由于这种相关性是由环境引起的, 即使 x_1 和 x_2 是独立的, 并且 x_i 不影响 y_j $(j \neq i)$, y_1 和 y_2 在 M_S 中可以相关, 但在 M_S' 中不相关.

为了解释这种情况, 考虑一个高斯模型,

$$y = Ax + \varepsilon, \tag{6.119}$$

其中 A 是一个 2×2 矩阵, ε 是服从 $N(0, V)$ 的噪声项, 其中 V 是 ε 的协方差矩阵. 分量 ε_1 和 ε_2 可以相关.

$p(x, y)$ 的系统复杂度或集成信息的程度通过从 $p(x, y)$ 到分割分布 $\hat{q}(x, y)$ 或 $\hat{q}'(x, y)$ 的 KL 散度来衡量, 该分布在 M_S 或 M_S' 中最接近 $p(x, y)$ (图 6.7),

$$\hat{q}(x, y) = D_{\mathrm{KL}}\left[p(x, y) : M_S\right] = \underset{q \in M_S}{\arg\min}\, D_{\mathrm{KL}}[p(x, y) : q(x, y)], \tag{6.120}$$

$$\hat{q}'(x, y) = D_{\mathrm{KL}}\left[p(x, y) : M_S'\right] = \underset{q \in M_S'}{\arg\min}\, D_{\mathrm{KL}}[p(x, y) : q(x, y)]. \tag{6.121}$$

它们由 $p(x,y)$ 到 M_S 和 M_S' 的 m-投影给出. 由于我们有两个分割模型 M_S 和 M_S', 我们得到两个信息集成或随机交互的几何度量的定义.

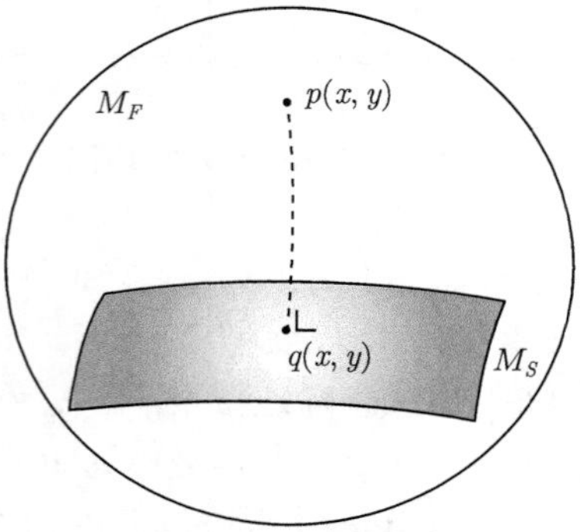

图 6.7 分割模型与正交投影

定义 信息集成或系统复杂性的几何度量定义为

$$\mathrm{GI}[p(x,y)] = D_{\mathrm{KL}}\left[p(x,y) : M_S\right], \tag{6.122}$$

$$\mathrm{GI}'[p(x,y)] = D_{\mathrm{KL}}\left[p(x,y) : M_S'\right]. \tag{6.123}$$

GI′ 与 Ay (2002, 2015) 以及 Barrett 和 Seth (2011) 的衡量标准相同. GI 是一种新办法.

在比较这两者之前, 我们展示了一个满足度量的衡量标准. Oizumi 等 (2015) 假设, 信息整合程度 ϕ 应该满足

$$0 \leqslant \phi \leqslant I[X:Y], \tag{6.124}$$

其中 $I\left[X:Y\right]$ 是 x 和 y 之间的互信息. 当 $I\left[X:Y\right]=0$ 时, 即没有信息从 X 传输到 Y 时 ϕ 应为 0. 他们认为迄今为止提出的各种 ϕ 度量不一定满足假设, 并基于不匹配解码的概念定义了一个新的度量 ϕ^*, 它满足假设 (Oizumi et al., 2015).

我们研究 GI 和 GI′ 的性质, 看看它们是否满足假设. 由于 M_S 是一个 e-平坦子流形

$$\theta_{12}^{XY} = \theta_{21}^{XY} = 0, \tag{6.125}$$

其中利用 θ 而不是 $\tilde{\theta}$ 时, 定义混合坐标

$$\xi = \left(\eta_1^X, \eta_2^X, \eta_{12}^X, \eta_1^Y, \eta_2^Y, \eta_{12}^Y, \eta_{11}^{XY}, \eta_{22}^{XY}; \theta_{12}^{XY}, \theta_{21}^{XY}\right). \tag{6.126}$$

然后, $p(x,y)$ 到 M_S 的 m-投影

$$\hat{q}(x,y) = \prod_{M_S} p(x,y), \tag{6.127}$$

保持混合坐标的 η-部分不变. 因此, $\hat{q}(x,y)$ 的混合坐标 $\hat{\xi}$ 由下式给出

$$\hat{\eta}_i^X=\eta_i^X,\quad \hat{\eta}_{12}^X=\eta_{12}^X,\quad \hat{\eta}_i^Y=\eta_i^Y,\quad \hat{\eta}_{12}^Y=\eta_{12}^Y, \tag{6.128}$$

$$\hat{\eta}_{ii}^{XY}=\eta_{ii}^{XY},\quad \hat{\theta}_{12}^{XY}=\hat{\theta}_{21}^{XY}=0, \tag{6.129}$$

其中 η_i^X 等属于 $p(x,y)$. 这些结果也是通过最小化 $D_{\mathrm{KL}}[p:q],q\in M_S$ 直接获得的. 在 m-投影到 M_S' 的情况下, 我们有类似的结果, 其中 $\hat{\eta}_{12}^Y=\eta_{12}^Y$ 被 $\hat{\theta}_{12}^Y=0$ 代替.

我们从 (6.128) 中看到, m-投影 $\hat{q}(x,y)$ 的特征为

$$\hat{q}_X(x)=p_X(x),\quad \hat{q}_Y(y)=p_Y(y), \tag{6.130}$$

其中 $p_X(x)$ 是 $p(x,y)$ 的边缘分布. 这意味着, $\hat{q}(x,y)$ 关于 x 和 y 的边缘分布分别等于 $p(x,y)$ 的边缘分布. 此外, 条件分布也是相等的.

$$\hat{q}\left(y_i|x_i\right)=p\left(y_i|x_i\right),\quad i=1,2. \tag{6.131}$$

对 M_S' 的 m-投影 $\hat{q}'(x,y)$ 满足

$$\hat{q}_X'(x)=p_Y(x), \tag{6.132}$$

$$\hat{q}'\left(y_i\right)=p\left(y_i\right),\quad i=1,2, \tag{6.133}$$

$$\hat{q}'\left(y_i|x_i\right)=p\left(y_i|x_i\right),\quad i=1,2. \tag{6.134}$$

注意 $\hat{q}_Y'(y)=p_Y(y)$ 通常在 M_S' 中不成立.

尽管 $\hat{\theta}_{12}^{\prime Y}=0$ 在 $\hat{q}'(x,y)$ 中成立, 但这并不意味着 $\hat{y}_1'$ 和 $\hat{y}_2'$ 不相关. 当 x_1 和 x_2 相关时, 即使在分割模型 M_S' 中, $\hat{y}_1'$ 和 $\hat{y}_2'$ 也是相关的.

在二进制情况下, 基于勾股定理, 测度 GI 和 GI$'$ 用熵和互信息表示如下,

$$D_{\mathrm{KL}}\left[p:p_0\right]=-H[p]+c, \tag{6.135}$$

$$D_{\mathrm{KL}}[p:\hat{q}]=D[p:\hat{q}]+D\left[\hat{q}:p_0\right], \tag{6.136}$$

其中 $H[p]$ 是 $p(x,y)$ 的熵, 而 $p_0(x,y)$ 是熵等于 c 的均匀分布. 因此, 我们有

$$\mathrm{GI}[p(x,y)]=D_{\mathrm{KL}}[p:\hat{q}]=H[\hat{q}]-H[p], \tag{6.137}$$

这在一般情况下是成立的, 包括高斯情况, 其中使用独立分布 $p_0(x,y)$ 代替均匀分布 p_0. 同样地,

$$\mathrm{GI}'[p(x,y)]=H[\hat{q}']-H[p]. \tag{6.138}$$

由于熵被分解为

$$H[p]=H[X]+H[Y|X], \tag{6.139}$$

我们有以下定理, 这对计算 GI 和 GI′ 很有用.

定理 6.13　根据条件熵, 给出两个几何测度 GI 和 GI′ 为

$$\mathrm{GI}[p(x,y)]=H[\hat{Y}|X]-H[Y|X], \tag{6.140}$$

$$\mathrm{GI}'[p(x,y)]=H[\hat{Y}'|X]-H[Y|X], \tag{6.141}$$

其中, X,Y 表示服从 $p(x,y)$ 的随机变量 x 和 y; $\hat{Y}$,$\hat{Y}'$ 表示服从 $\hat{q}(x,y)$ 和 $\hat{q}'(x,y)$ 的随机变量 y.

不过, 我们有更简单的表示.

定理 6.14

$$\mathrm{GI}[p]=\sum H\left[Y_i|X_i\right]-H[Y|X]-I\left(\hat{Y}_1:\hat{Y}_2|X\right), \tag{6.142}$$

$$\mathrm{GI}'[p]=\sum H\left[Y_i|X_i\right]-H[Y|X], \tag{6.143}$$

其中 $I\ [\hat{Y}_1:\hat{Y}_2|X]$ 是条件互信息. 这说明了 GI 和 GI′ 之间的关系如下:

$$\mathrm{GI}[p]=\mathrm{GI}'[p]+D_{\mathrm{KL}}\left[\hat{q}:\hat{q}'\right], \tag{6.144}$$

$$D_{\mathrm{KL}}\left[\hat{q}:\hat{q}'\right]=H[\hat{Y}'|X]-H[\hat{Y}|X], \tag{6.145}$$

$$\mathrm{GI}[p]\geqslant\mathrm{GI}'[p]. \tag{6.146}$$

定理 6.15　GI 满足假设 (6.124) 但 GI′ 不满足.

证明　由于 GI 和 GI′ 均由 KL 散度给出, 因此它们满足

$$\mathrm{GI}\geqslant\mathrm{GI}'\geqslant 0. \tag{6.147}$$

接下来让我们考虑由 $p(x,y)$ 推导出来的独立分布

$$p_{\mathrm{ind}}(x,y)=p_X(x)p_Y(y). \tag{6.148}$$

互信息是

$$I(X:Y)=D_{\mathrm{KL}}\left[p(x,y):p_{\mathrm{ind}}(x,y)\right]. \tag{6.149}$$

由于 $p_{\mathrm{ind}}(x,y)$ 满足 $\theta_{12}^{XY}=\theta_{21}^{XY}=0$, 因此包含在 M_S 中. 所以

$$\mathrm{GI}\leqslant I\left(X:Y\right). \tag{6.150}$$

由于 $\hat{q}$ 是 M_S 中散度的最小值. 然而 $p_{\text{ind}}(x,y)$ 不一定满足 $\theta_{12}^Y = 0$, 所以一般不包括 M_S' 中. 因此,

$$\text{GI}' \leqslant I(X:Y) \tag{6.151}$$

是不能保证的. 事实上, 对于 $p(x,y)$, 如果 X 和 Y 是独立的, $I(X:Y)=0$. 但如果 Y_1 和 Y_2 是相关的

$$\text{GI}' > 0. \tag{6.152}$$

□

我们通过分析式 (6.119) 中给出的高斯系统来加以说明.

例 1 (高斯信道) 当 x 服从 $N(0,\text{I})$ 时, 式 (6.119) 中 (x,y) 的联合概率分布

$$p(x,y) = \exp\left\{-\frac{1}{2}\left(x^{\text{T}}x + (y-Ax)^{\text{T}}V^{-1}(y-Ax) - \psi\right)\right\}, \tag{6.153}$$

通过下式

$$z = \begin{pmatrix} x \\ y \end{pmatrix}, \tag{6.154}$$

则 (6.153) 改写为

$$p(x,y) = \exp\left\{-\frac{1}{2}z^{\text{T}}Rz - \psi\right\}, \tag{6.155}$$

其中 R 是协方差矩阵的逆

$$\Sigma = E\left[zz^{\text{T}}\right], \tag{6.156}$$

并且它们明确地作为系统参数 A 和 V 的函数给出.

完整模型 $p(x,y)$ 属于指数族, 其中 θ-坐标为 R, η-坐标为 Σ. 分割模型由下式给出

$$q(x,y) = \exp\left\{\Sigma\left(\theta_i^X x_i + \theta_i^Y y_i\right) + \theta_{12}^X x_1 x_2 + \theta_{12}^Y y_1 y_2 + \Sigma\theta_{ii}^{XY} x_i y_i - \psi\right\}, \tag{6.157}$$

其中不包括项 $\theta_{ij}^{XY} x_i y_i\,(i \neq j)$. 通过使用这个表达式, 我们从 $p(x,y)$ 得到 $\hat{q}(x,y)$.

然而, 关于最优解存在严重的问题. 解可以写成

$$\hat{y} = \hat{A}x + \hat{\varepsilon}, \tag{6.158}$$

但 $\hat{A}$ 不是对角型. 解在满足 $\theta_{ij}^{XY} = 0\,(i \neq j)$ 且其图不具有对角线分支的情况下分裂, 但在 $\hat{A}$ 不是对角线的情况下不分裂. 因此, $E[y_i|x]$ 同时依赖于 x_1 和 x_2. 这在 M_S' 中不会发生, 因为 $E[y_i|x] = E[y_i|x_i]$ 成立.

为了克服这一缺陷, 我们引入了分割系统的第三种模型,

$$M_S''=\{q(x,y)|q(x_i,y_j|x_j)=q(x_i|x_j)\,q(y_j|x_j)\,,i=1,2,j\neq i\}\,. \tag{6.159}$$

这个条件可以写成 Markov 条件

$$X_1\to X_2\to Y_2,\quad X_2\to X_1\to Y_1, \tag{6.160}$$

也就是说, 当 X_j 固定时, X_i 和 $Y_j\ (i\neq j)$ 是条件独立的,

$$I\left(X_1:Y_2|X_2\right)=I\left(X_2:Y_1|X_1\right)=0. \tag{6.161}$$

由于 M_s'' 包含 $p_X(x)p_Y(y)$, GI$''$ 满足该假设

$$0\leqslant \mathrm{GI}''\leqslant I\left(X:Y\right). \tag{6.162}$$

然而, $M_S''\subset M_F$ 既不是 e-平坦也不是 m-平坦. 它是弯曲的, 所以我们需要仔细研究它的特性. 这仍然是我们未来研究的一个问题 (Oizumi et al., 2016).

在学完本小节之前, 我们会展示一个二进制情况的示例.

例 2 (二进制信道)　我们考虑两个二进制传输信道. 一个是 $C_1(\varepsilon)$, 其中 y_i 选择 x_i 的概率是 $1-\varepsilon$, 选择 $x_j\ (i\neq j)$ 的概率是 ε. 一旦 x_1 或 x_2 被 y_1 选择, $x_1\,(x_2)$ 就通过一个错误概率为 v 的二进制对称信道传输到 y_1. 这意味着, 当 $x_1=1$ 时, $y_1=1$ 的概率是 $1-v$, 而 $y_1=0$ 的概率是 v. 其他情况也有类似的定义. 我们进一步考虑另一个通道 C_2, 产生 $z=(0,0)$, $(1,1)$ 的概率各为 $\dfrac{1}{2}$, 输出 $y=z$, 与 x 无关, 因此 C_2 中没有信息传输. 我们研究了选择 C_1 概率为 $1-\delta$ 和选择 C_2 概率为 δ 的组合二进制信道 C. 分割模型 M_S 定义为 $\varepsilon=0$, v 不一定为 0. 在高斯情况下, v 扮演相关 ε 的角色. 分割模型 M_S' 由 $\varepsilon=0$ 和 $\delta=0$ 定义.

注 1　我们可以在一个有 n 个输入终端和 n 个输出终端的通用通道中引入一个分层模型. 我们划分 k 个输入 $x_1,\cdots,x_n$ 到 k 个子集 $X_1,\cdots,X_k$,

$$\bigcup X_i=\{x_1,\cdots,x_n\}\,,\quad X_i\cap X_j=\varnothing. \tag{6.163}$$

类似地, 我们将 y 划分为 $Y_1,\cdots,Y_k$. 通过删除 X_i 和 $Y_i\ (i\neq j)$ 中所有连接终端的分支, 得到关于该划分的分割模型 M_S. 由于划分的细化会产生更精细的划分, 我们得到关于划分的层次结构. 因此, GI 形成了关于划分的层次结构.

注 2　我们可以将上述结果推广到 Markov 链的动态系统, 使在时间 $t+1$ 的状态 x_{t+1} 由随机信道的条件概率分布 $P\left(x_{t+1}|x_t\right)$ 随机确定. 初始状态分布 $p\left(x_0\right)$ 被设置为等于 Markov 链的平稳分布.

6.10 经济学中的投入产出分析

由于 Morioka 和 Tsuda (2011), 我们给出了经济学领域中对偶叶理的另一个例子. 投入产出分析使用了一个表 A, 它是一个 $n \times n$ 矩阵, 显示了 n 个行业的产品数量和消费量, 以及产品如何从一个行业转移到另一个行业进行消费. 即矩阵 $A=(A_{ij})$ 的每一行和每一列代表一个行业, A_{ij} 是行业 i 销售给行业 j 的产品数量. A_{ij} 以货币基础表示.

令

$$A_{i\cdot} = \sum_{j=1}^{n} A_{ij} \tag{6.164}$$

为表的行和, 代表行业 i 的生产总值数量. 同样, 列和

$$A_{\cdot j} = \sum_{i=1}^{n} A_{ij} \tag{6.165}$$

表示工业 j 的总消费量, 满足

$$A_{\cdot\cdot} = \sum_{i} A_{i\cdot} = \sum A_{\cdot j}. \tag{6.166}$$

我们关心的不仅是每个行业的生产总值和消费, 还关心它们之间的相互作用, 反映了行业之间的结构性关系.

为此, 我们考虑由所有投入产出表组成的流形 M,

$$M = \{A\}, \tag{6.167}$$

其中 A_{ij} 构成 M 的一个坐标系, 我们通过以下方式定义另一个坐标系

$$L_{ij} = \log A_{ij}, \quad L = (L_{ij}), \tag{6.168}$$

并将其视为 M 的 e-平坦坐标系. 相关的凸函数为

$$\psi(L) = \sum_{ij} \exp\{L_{ij}\}. \tag{6.169}$$

那么, 对偶 m-坐标系由 $\nabla\psi(L)$ 给出

$$A = (A_{ij}), \tag{6.170}$$

对偶凸函数为

$$\varphi(A) = \sum_{i,j} (A_{ij} \log A_{ij} - A_{ij}). \tag{6.171}$$

两个输入-输出表 A 和 B 之间的正则散度为

$$D[A : B] = \sum \left\{ B_{ij} \log \frac{B_{ij}}{A_{ij}} - \sum B_{ij} + \sum A_{ij} \right\}. \tag{6.172}$$

为了将总产品和消费的分布与其相互关系分开, 我们将 $A_{i\cdot}$ 和 $A_{\cdot j}$ 视为新 m-仿射坐标的一部分, 它们是 m-坐标 A_{ij} 的线性组合. 我们分别用 $A_{i\cdot}$ 和 $A_{\cdot j}$ 替换最后一行 A_{ni} 和最后一列 A_{jn}. 然后我们得到一个修改过的表, 其中的最后一行和最后一列被替换. 我们用 $\tilde{A}_{ij}$ 表示新坐标. 这是由 A 的仿射坐标变换给出的. 由 $\tilde{L}_{ij}$ 表示的相应 e-仿射坐标是根据不变关系式 (6.173) 计算的

$$\sum A_{ij} L_{ij} = \sum \tilde{A}_{ij} \tilde{L}_{ij}, \tag{6.173}$$

其中

$$\tilde{L}_{ij} = L_{ij} - L_{in} - L_{nj} + L_{nn} = \log \frac{A_{ij} A_{nn}}{A_{in} A_{nj}}, \quad i, j = 1, \cdots, n-1, \tag{6.174}$$

$$\tilde{L}_{in} = L_{in} - L_{nn}, \quad \tilde{L}_{nj} = L_{nj} - L_{nn}, \quad \tilde{L}_{nn} = L_{nn}. \tag{6.175}$$

我们划分坐标并构造混合坐标. 第一部分由 $(A_{i\cdot}, A_{\cdot j}, A_{\cdot\cdot}), i, j = 1, \cdots, n-1$ 组成. 第二部分由 $\tilde{L}_{ij}, i, j = 1, \cdots, n-1$ 组成. 第一个 m-坐标代表行业的生产总值和消费, 而第二部分与第一部分正交, 代表行业之间的相互关系. 两个表之间的散度可以分解为一个总和, 一个是由于生产总值和消费的差, 另一个是由于相互关系的差.

$\tilde{L}_{ij}$ 是通过从表中删除行业 n 得到的. 因此, 对于所有行业来说, 它不是对称的. 为了克服该困难, 令 $\tilde{L}_{ij}^{(k)}$ 成为 e-坐标, 其中行业 k 被替换, 而行业 n 由总和代替. 然后, 它们的平均数定义 $\tilde{L}_{ij}^{*}$ 将是对产业间相互作用的一个很好的衡量.

$$\tilde{L}_{ij}^{*} = \frac{1}{n} \sum_{k=1}^{n} \tilde{L}_{ij}^{(k)} \tag{6.176}$$

我们可以在投入产出表中加入 $(A_{i\cdot}, A_{\cdot j}, A_{\cdot\cdot})$, 作为其第 $(n+1)$ 行和第 $(n+1)$ 列, 而不是用总分布代替一个行业 k, 那么, 基于第 $(n+1)$ 行和第 $(n+1)$ 列的交互部分为

$$S_{ij} = \log \frac{A_{ij}}{A_{i\cdot} \cdot A_{\cdot j}}. \tag{6.177}$$

Morioka 和 Tsuda (2011) 将其用于分析.

观察 $(A_{i.}, A_{.j})$ 第一部分的逐年变化趋势, 可以了解工业生产总值的发展情况. 第二部分 $\tilde{L}_{ij}$ 的逐年变化代表了产业相互关系的变化. 这反映了产业间相互关系的结构性变化.

通过使用任意系数 $\mu_1, \cdots, \mu_n$, 可以尝试将工业产品的总量从 $A_{i\cdot}$ 改为

$$\bar{A}_{i\cdot} = \mu_i A_{i\cdot}. \tag{6.178}$$

利用另一组系数 $\lambda_1, \cdots, \lambda_n$, 则总消耗量为

$$\bar{A}_{\cdot j} = \lambda_i A_{\cdot j}. \tag{6.179}$$

这种变化可以通过将 A_{ij} 转化为

$$\bar{A}_{ij} = \mu_i \lambda_j A_{ij}. \tag{6.180}$$

这被称为 RAS 变换, 通过这种变换, 相互关系 $\tilde{L}_{ij}$ 不发生变化, 但产品和消费的总数量可能任意变化.

总金额 $A_{i\cdot}$ 和 $A_{\cdot j}$ 的年度统计数据每年都会公布, 但 A_{ij} 本身并不公布, 因为构建整个 A_{ij} 表很费劲. 所以, 以日本为例, 整个表格每五年才会公布一次. 在这种情况下, 我们可以通过使用已知 S 部分的交互部分的 e 测地线来插入未知年份的 $\tilde{L}_{ij}$ 部分 (或 S_{ij} 部分). Morioka 和 Tsuda (2011) 研究了战后日本产业结构的变化, 发现随着日本经济的发展, 产业结构发生了显著变化.

有关几何在经济学中的其他应用, 请参见 Marriott 和 Salmon (2011).

注 Amari (1982) 与 Nagaoka 和 Amari (1982) 在黎曼流形中引入了对偶仿射联络的概念 (另见 Amari 和 Nagaoka (2000)). 这个想法来自 Chentsov (1972) 的概率分布流形的不变几何. 已故的 K. Nomizu 教授表示, 在仿射微分几何中存在这样的概念 (Nomizu and Sasaki, 1994).

仿射微分几何学研究嵌入在 $(n+1)$ 维仿射空间中的 n 维超曲面的属性. 这最初由 W. Blaschke 提出, J. K. Koszul 也曾提出 (Nomizu and Sasaki, 1994) 这个思路. Shima (2007) 的 Hessian 流形也处理了一个对偶平坦流形.

在仿射微分几何中引入了对偶 (共轭) 仿射联络的概念, 但它并没有起到核心作用. 信息几何中对偶联络的概念更为一般, 因为它处理的是一个可能不嵌入 $(n+1)$ 维仿射空间中的流形. 然而, 这两个领域之间有很多重叠, 是在相互作用中发展起来的. 本专著没有涉及仿射微分几何, 虽然有许多共同的有趣的问题. Kurose (1990, 1994, 2002) 的工作非常出色. 另见 Matsuzoe (1998, 1999), Matsuzoe 等 (2006), Uohashi (2002) 等.

不变几何源于 Chentsov (1972), 其中提出了两个张量 G 和 T 的唯一性. 不变几何 (α-几何) 由这些张量构成. 一般对偶流形与统计流形有什么关系? 根据 Banerjee 等 (2005) 的定理, 我们知道任何对偶平坦流形都被实现为一个指数族. Lê (2005) 证明了一个更强的定理, 即对于足够大的 N, 任何对偶流形都可以实现为 N 维概率单形 S_N 的子流形. 还有一个有趣的问题: 给定一个黎曼流形 $\{M, G\}$, 在什么条件下它会因为补充了一个足够的 T 而成为对偶平坦? 这样的黎曼流形被称为是可展平的. 了解可展平的黎曼流形的特征很有意思. 当 $n = 2$ 时, 黎曼流形可展平, 但当 $n > 2$ 时, 不可展平. Amari 和 Armstrong (2014) 研究了这个问题.

Chentsov 不变性定理是在 S_N 的离散情况下证明的. Amari 和 Nagaoka (2000) 在一般的连续情况下以充分统计学的方式提出了该不变量. 然而, 由于处理函数空间的困难, 没有严格的证明. Leipzig 小组, 包括 J. Jost 和 H. V. Lê, 正在解决这个问题 (Ay et al., 2013).

统计流形的全局拓扑是微分几何的另一个有趣问题. 有趣的是, 一对局部曲率是如何与流形的全局拓扑有关的.

最后, 我们给出了一份关于信息几何的专著清单. 它们都有自己的特点: Amari (1985), Amari 和 Nagaoka (2000), Arwini 和 Dodson (2008), Calin 和 Udriste (2013), Chentsov (1972), Kass 和 Vos (1997), Murray 和 Rice (1993).

第三部分

统计推断的信息几何学

第 7 章　统计推断的渐近理论

7.1　估　　计

设 $M=\{p(x,\xi)\}$ 是由参数 ξ 确定的统计有待估计的模型. 当我们观察到从 $p(x,\xi)$ 生成的 N 个独立数据 $D=\{x_1,\cdots,x_N\}$ 时, 我们想知道基本参数 ξ 的值. 这是估计问题, 估计量

$$\hat{\xi}=f(x_1,\cdots,x_N) \tag{7.1}$$

为数据 D 的函数. 当 ξ 为实际值时, 估计误差为

$$e=\hat{\xi}-\xi. \tag{7.2}$$

估计量偏差定义为

$$b(\xi)=E[\hat{\xi}]-\xi, \tag{7.3}$$

其中对 $p(x,\xi)$ 取期望值, 当 $b(\xi)=0$ 时, 该估计量为无偏估计量.

渐近理论研究了 N 较大时估计量的行为. 当偏差满足

$$\lim_{N\to\infty} b(\xi)=0 \tag{7.4}$$

时, 它是渐近无偏的.

预计当 N 趋于无穷大时, 好的估计量会收敛于实际值, 可写为

$$\lim_{N\to\infty}\hat{\xi}=\xi. \tag{7.5}$$

若满足上式, 则估计量保持一致. 估计量的准确度是通过误差协方差矩阵 $V=(V_{ij})$ 来测量的,

$$V_{ij}=E[(\hat{\xi}_i-\xi_i)(\hat{\xi}_j-\xi_j)]. \tag{7.6}$$

一般来说, 它以 $1/N$ 的比例递减, 因此, 随着 N 越大, 估计量 $\hat{\xi}$ 越准确. 著名的克拉默-拉奥 (Cramér-Rao) 定理给出了一个准确度的界.

定理 7.1　对于渐近无偏估计量 $\hat{\xi}$, 以下不等式成立:

$$V\geqslant\frac{1}{N}G^{-1}, \tag{7.7}$$

$$E[(\hat{\xi}_i - \xi_i)(\hat{\xi}_j - \xi_j)] \geqslant \frac{1}{N} g^{ij}, \tag{7.8}$$

其中 $G = (g_{ij})$ 是 Fisher 信息矩阵, $G^{-1} = \left(g^{ij}\right)$ 是其逆矩阵, 由矩阵不等式可知 $V - G^{-1}/N$ 是半正定矩阵.

最大似然估计 (以下简称 MLE) 是似然的最大值,

$$\hat{\xi}_{\mathrm{MLE}} = \arg\max_{\xi} \prod_{i=1}^{N} p\left(x_i, \xi\right). \tag{7.9}$$

已知最大似然估计是渐近无偏的, 其误差协方差满足

$$V_{\mathrm{MLE}} = \frac{1}{N} G^{-1} + O\left(\frac{1}{N^2}\right). \tag{7.10}$$

渐近达到克拉默-拉奥界 (Cramer-Rao bound) (7.7). 这种估计量称为 Fisher 有效 (一阶有效).

注 我们没有提到使用了参数先验分布的贝叶斯估计 (Bayes estimate). 然而, 当先验分布为均匀时, 最大似然估计是最大后验贝叶斯估计. 此外, 对于任何常规贝叶斯先验, 它们具有相同的渐近性质. 本书将在后面的章节中介绍基于贝叶斯统计的信息几何.

7.2 指数族的估计

指数族是一个具有良好性质的模型, 如对偶平坦性. 我们从设一个指数族

$$p\left(x, \theta\right) = \exp\left\{\theta \cdot x - \psi\left(\theta\right)\right\} \tag{7.11}$$

开始研究估计的统计理论, 因为它既简单又透明.

给定数据 D, 它们的联合概率分布写为

$$p\left(D, \theta\right) = \exp\left[N\{(\theta \cdot \bar{x}) - \psi\left(\theta\right)\}\right], \tag{7.12}$$

其中, $\bar{x}$ 是实际值的算术平均值,

$$\bar{x} = \frac{1}{N} \sum_{i=1}^{N} x_i. \tag{7.13}$$

它是一个充分统计量. 通过对式 (7.12) 微分可得到最大似然估计 $\hat{\theta}_{\mathrm{MLE}}$, 它是下列公式的解

$$\eta = \nabla\psi\left(\theta\right) = \bar{x}. \tag{7.14}$$

使用 η-坐标表示为

$$\hat{\eta}_{\text{MLE}} = \bar{x}. \tag{7.15}$$

观察到的数据在 M 中定义了一个点 $\bar{\eta}$, 其坐标为

$$\bar{\eta} = \bar{x}. \tag{7.16}$$

我们称它为由数据 D 确定的观测点, 它就是 η-坐标中的最大似然估计. 下面的定理很容易证明.

定理 7.2 最大似然估计是无偏且有效的:

$$E\left[\hat{\eta}_{\text{MLE}}\right] = \eta, \tag{7.17}$$

$$V = \frac{1}{N}G^{-1}. \tag{7.18}$$

证明 由中心极限定理可知, $\bar{\eta}$ 渐近服从于均值为 η 和协方差矩阵为 G^{-1}/N 的高斯分布. 由于最大似然估计满足克拉默-拉奥界, 所以它是指数族中的最佳估计值. □

注 在 θ-坐标系中表示的最大似然估计 $\hat{\theta}_{\text{MLE}}$ 是渐近无偏且渐近有效的, 但是它并不是完全无偏的, 也不能精确地满足克拉默-拉奥界. 这是因为偏差矩阵和协方差矩阵不是张量, 因此在 θ-坐标系下的结果不同.

7.3 曲线指数族的估计

指数族中的估计太简单了. 我们研究曲线指数族中嵌在指数族中的子流形的估计. 许多统计模型都属于这一类. 一个参数为 u 的曲线指数概率分布族为如下形式:

$$p(x,u) = \exp\left[\theta(u)\cdot x - \psi\left\{\theta(u)\right\}\right]. \tag{7.19}$$

$S = \{p\{x,u\}\}$ 为指数族 $M = \{p(x,\theta)\}$ 的子流形, 其中 u 是 S 的一个坐标系.

观测数据 D 指定环境指数族 M 中的观测点 $\bar{\eta} = \bar{x}$, 一般不包含在 S 中. 将观测点 $\bar{\eta}$ 映射到 S 上, 得到 u 的估计值 (图 7.1). 也就是说, 从 M 到 S 的映射导出了一个估计值 $\hat{u}$. 设

$$f: M \to S \tag{7.20}$$

使得

$$\hat{u} = f(\bar{\eta}). \tag{7.21}$$

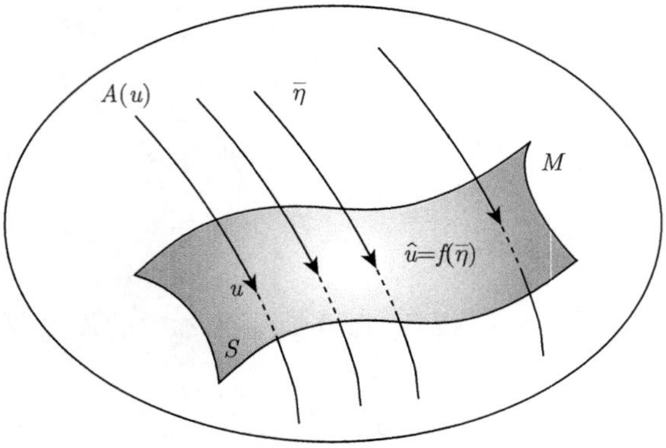

图 7.1　估计量 $f:\eta\to\eta=f(\eta)$ 定义辅助子流形 $A(u)=f^{-1}(u)$

由大数定律可得, 当 N 趋于无穷大时, 观测点 $\bar{\eta}$ 向真实点收敛. 因此, 一致估计量满足

$$\lim_{N\to\infty}\hat{u}=f\{\eta(u)\}. \tag{7.22}$$

让我们考虑 M 中由估计量 $f(\eta)$ 映射到 u 的 η 点集, 这是一个估计量 f 的逆像, 可表示为

$$A(u)=f^{-1}(u)=\{\eta\in M\,|\,f(\eta)=u\}. \tag{7.23}$$

它形成一个通过 $\eta(u)\in M$ 的 $(n-m)$-维的子流形 (图 7.1). 我们称其为与估计 f 相关的辅助子流形. 在每个 $u\in S$ 处定义 $A(u)$, 并且它们在 S 的邻域给出了 M 的叶理,

$$A(u)\cap A(u')=\varnothing,\quad u\neq u', \tag{7.24}$$

$$\bigcup_u A(u)\supset U, \tag{7.25}$$

其中 U 是 S 的一个邻域. 当 $\eta(u)\in A(u)$ 时, 即当 $A(u)$ 经过 $\eta(u)$ 时, $A(u)$ 给出了一个一致估计量.

一个估计量定义了一个与之相关的辅助族 $A=\{A(u)\}$, 反之, 当 f 满足 (7.22) 时, 辅助族 A 定义了一个一致估计量. 可以从辅助族的几何学角度来研究一个估计量的性能. 让我们在每个 $A(u)$ 内定义一个坐标系 v, 使原点 $v=0$ 位于 $\eta(u)$, 即 $A(u)$ 与 S 的交点. 我们将 S 的坐标表示为

$$u=(u^a),\quad a=1,\cdots,m, \tag{7.26}$$

$A(u)$ 的坐标表示为

$$v=(v^\kappa),\quad \kappa=m+1,\cdots,n. \tag{7.27}$$

然后将两个坐标系联合, 就得到了一个新的坐标系 M,

$$w=(u,v)=(w^{\alpha}),\quad \alpha=1,2,\cdots,n, \tag{7.28}$$

定义在邻域 $U\subset S$ (图 7.2).

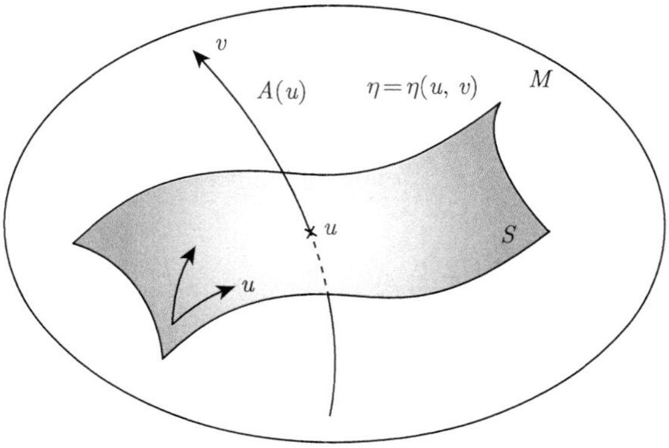

图 7.2 新坐标系 M 中的 $w=(u,v)$

M 中的 θ-坐标和 η-坐标用新坐标 w 分别表示为

$$\theta=\theta(w)=\theta(u,v), \tag{7.29}$$

$$\eta=\eta(w)=\eta(u,v), \tag{7.30}$$

S 中的任意一点都满足 $v=0$, 因此 S 表示为

$$S=\{\eta(u,v)\,|v=0\}. \tag{7.31}$$

将 w 与 θ 之间的坐标变换和 w 与 η 之间的坐标变换的雅可比矩阵分别表示为

$$B_{\alpha}^{i}=\frac{\partial\theta^{i}}{\partial w^{\alpha}}, \tag{7.32}$$

$$B_{\alpha i}=\frac{\partial\eta_{i}}{\partial w^{\alpha}}, \tag{7.33}$$

可以根据 u 和 v 坐标分解为

$$B_{\alpha}^{i}=\frac{\partial\theta^{i}}{\partial u^{\alpha}},\quad B_{\kappa}^{i}=\frac{\partial\theta^{i}}{\partial v^{\kappa}}; \tag{7.34}$$

$$B_{\alpha i}=\frac{\partial\eta_{i}}{\partial u^{\alpha}},\quad B_{\kappa i}=\frac{\partial\eta_{i}}{\partial v^{\kappa}}. \tag{7.35}$$

Fisher 信息在 w-坐标系表示为

$$g_{\alpha\beta} = B_{\alpha}^{i} g_{ij} B_{\beta}^{j}, \tag{7.36}$$

可以分解为

$$G = \begin{bmatrix} g_{ab} & g_{a\lambda} \\ g_{\kappa b} & g_{\kappa\lambda} \end{bmatrix}. \tag{7.37}$$

给定数据 D, 实际值 $\bar{\eta}$ 的 u-坐标和 v-坐标 $(\bar{u}, \bar{v})$ 由以下数据确定

$$\bar{\eta} = \eta(\bar{u}, \bar{v}). \tag{7.38}$$

与辅助族 A 相关的估计值由以下公式给出

$$\hat{u} = \bar{u}. \tag{7.39}$$

7.4 估计的一阶渐近理论

在 S 中的真实分布为 u 时, 根据大数定律, 当 N 趋向于无穷大时, 实际值 $\bar{\eta}$ 收敛于

$$\eta = \eta(u, 0). \tag{7.40}$$

我们定义一个误差, 即

$$e = \bar{\eta} - \eta. \tag{7.41}$$

由于它很小, 我们把它归一化为

$$\tilde{e} = \sqrt{N} e. \tag{7.42}$$

这样就容易计算出误差的矩. 它们可归纳为以下定理.

定理 7.3 η-坐标上的误差 (偏差) $\tilde{e}$ 的矩由以下公式给出

$$E[\tilde{e}_i] = 0, \tag{7.43}$$

$$E[\tilde{e}_i \tilde{e}_j] = g_{ij}, \tag{7.44}$$

$$E[\tilde{e}_i \tilde{e}_j \tilde{e}_k] = \frac{1}{\sqrt{N}} T_{ijk}, \tag{7.45}$$

其中

$$g_{ij} = \partial_i \partial_j \psi(\theta), \tag{7.46}$$

$$T_{ijk} = \partial_i \partial_j \partial_k \psi(\theta). \tag{7.47}$$

我们把 w 坐标中的误差归一化为

$$\tilde{w} = \sqrt{N}(\bar{w} - w), \tag{7.48}$$

其中, $\bar{w}$ 是 $\bar{\eta}$ 的 w-坐标. 通过展开

$$\bar{x} = \eta\left(w + \frac{\tilde{w}}{\sqrt{N}}\right), \tag{7.49}$$

得到

$$\bar{x}_i = \eta_i + \frac{1}{\sqrt{N}} B_{\alpha i} \tilde{w}^\alpha + \frac{1}{2N} B_{\alpha\beta i} \tilde{w}^\alpha \tilde{w}^\beta + O\left(\frac{1}{N\sqrt{N}}\right), \tag{7.50}$$

其中

$$B_{\alpha\beta i} = \frac{\partial^2 \eta_i}{\partial w^\alpha \partial w^\beta}. \tag{7.51}$$

代入到 (7.50) 中可得

$$\tilde{w}^\alpha = g^{\alpha\beta} B^i_\beta \tilde{e}_i - \frac{1}{2\sqrt{N}} C^\alpha_{\beta\gamma} \tilde{w}^\beta \tilde{w}^\gamma, \tag{7.52}$$

其中

$$C^\alpha_{\beta\gamma} = B^{\alpha i} B_{\beta\gamma i}. \tag{7.53}$$

因此, w-坐标的误差有一个渐近的估计, 即

$$E[\tilde{w}^\alpha] = -\frac{1}{2\sqrt{N}} C^\alpha_{\beta\gamma} g^{\beta\gamma}, \tag{7.54}$$

$$E\left[\tilde{w}^\alpha \tilde{w}^\beta\right] = g^{\alpha\beta}. \tag{7.55}$$

由于 $\tilde{e} = \sqrt{N}(\bar{x} - \eta)$ 是高斯渐近的, 因此式 (7.48) 中以 w-坐标表示的误差 $\tilde{w} = (\tilde{u}, \tilde{v})$ 也是渐近的

$$p(\tilde{u}, \tilde{v}) = c \exp\left\{\frac{1}{2} g_{\alpha\beta} \tilde{w}^\alpha \tilde{w}^\beta\right\}. \tag{7.56}$$

通过将 $p(\tilde{u}, \tilde{v})$ 相对于 $\tilde{v}$ 进行积分, 我们得到了估计误差的渐近分布

$$p(\tilde{u}) = c \exp\left\{-\frac{1}{2} \bar{g}_{ab} \tilde{u}^a \tilde{u}^b\right\}, \tag{7.57}$$

其中

$$\bar{g}_{ab} = g_{ab} - g_{a\kappa} g_{b\lambda} g^{\kappa\lambda}. \tag{7.58}$$

当 $A(u)$ 正交于 M 时,

$$g_{a\kappa} = B_a^i g_{ij} B_\kappa^j = 0, \tag{7.59}$$

因此得到

$$p(\tilde{u}) = c \exp\left\{-\frac{1}{2} g_{ab} \tilde{u}^a \tilde{u}^b\right\}. \tag{7.60}$$

通常

$$(\bar{g}_{ab}) \leqslant (g_{ab}), \tag{7.61}$$

且 $(\bar{g}_{ab})$ 在正交情况下是最大的, 在这种情况下, 克拉默-拉奥界是渐近满足的. 在这种情况下, 一个估计量是有效的.

我们将结果总结如下.

定理 7.4　(1) 在 M 中, 当估计值 $\hat{u}$ 的辅助族 $A(u)$ 经过 $w = (u, 0) \in S$ 时, 估计值 $\hat{u}$ 是一致的. (2) 当 $A(u)$ 正交于 S 时, 一致估计量是有效的.

最大似然估计由 $\bar{\eta}$ 到 S 的 m-投影给出. 因此, 它的 $A(u)$ 正交于 S, 是有效的.

注　一阶渐近理论是真实分布的小邻域内的线性理论. 因此, 只考虑切空间 T_η 而不考虑整个 M 就足以评价一个估计量的性能. 因此, 渐近理论对所有正则统计模型都是通用的. 我们可以考虑辅助族 $A(u)$ 依赖于 N 的情况, 记为 $A_N(u)$. 那么, 当 $A_N(u)$ 通过 $(u, 0)$ 并与 S 正交, N 趋于无穷时, 理论成立. 该辅助族对于研究假设检验的性能很重要.

7.5　估计的高阶渐近理论

当我们忽略 $1/N^2$ 阶项时, 有效估计量的协方差矩阵渐近地达到克拉默-拉奥界 G^{-1}/N. 高阶渐近理论评估这个高阶项, 使我们可以更准确地比较各种有效估计量的性能.

为了比较高阶误差, 我们引入了估计量的渐近偏校正. 估计量的渐近偏差 b 在 (7.54) 中给出, 其阶为 $1/N$. 如果我们将估计量修改为

$$\hat{u}^* = \hat{u} - b(\hat{u}), \tag{7.62}$$

新的估计量偏差变成

$$E[\hat{u}^*] - u = O\left(\frac{1}{N^2}\right). \tag{7.63}$$

我们称其为偏差校正估计量. 为了比较各种有效估计量的协方差, 我们使用它们的偏差校正形式. 偏差校正的想法是由 Rao (1962) 提出的, 它是必要的, 因为可以排除只在某些特定点上好的估计值. 比如平凡估计量

$$\hat{u} = u_0, \tag{7.64}$$

它不依赖于数据 D, 当真实分布为 u_0 时, $\hat{u}$ 为最佳估计量, 但对其他 u 来说则非常不利.

我们使用泰勒展开式的高阶项来评估式 (7.52) 中的误差项, 其中 (7.43)—(7.45) 给出了误差的高阶矩. 然后, 我们得到以下定理. 计算过程十分专业且复杂, 因此我们只给出了结果. 详见 Amari (1985).

定理 7.5 偏差校正有效估计量的协方差矩阵由下式给出

$$E\left[\tilde{u}^{*a}\tilde{u}^{*b}\right] = g^{ab} + \frac{1}{2N}\left\{\left(\Gamma_S^{m2}\right)^{ab} + 2\left(H_S^{e2}\right)^{ab} + \left(H_A^{m2}\right)^{ab}\right\} + O\left(\frac{1}{N^2}\right), \tag{7.65}$$

其中

$$\left(H_S^{e2}\right)^{ab} = H_{ec}^{(e)\kappa} H_{fd}^{(e)\lambda} g_{\kappa\lambda} g^{ae} g^{fb} \tag{7.66}$$

是 S 的 e-嵌入曲率的平方,

$$\left(H_A^{m2}\right)^{ab} = H_{\kappa\lambda}^{(m)^a} H_{\mu v}^{(m)^b} g^{\kappa\mu} g^{\lambda v} \tag{7.67}$$

是辅助族 $A(u)$ 的 m-嵌入曲率的平方, 以及

$$\left(\Gamma_S^{m2}\right)^{ab} = \Gamma_{cd}^{(m)^a} \Gamma_{ef}^{(m)^b} g^{ce} g^{df} \tag{7.68}$$

是坐标系 u 在 S 中的 m-联络的平方.

因此, 误差协方差的二阶项分解为三个非负项之和. e-曲率项 $\left(H_S^{e2}\right)^{ab}$ 取决于统计模型 S, 用于表示与指数族偏差的阶. 当 S 本身是指数族时, 这种情况就不存在了. 这个项是由 Efron (1975) 提出的, 他将其命名为统计曲率. 项 $\left(\Gamma_S^{m2}\right)^{ab}$ 依赖于 S 中的参数化 u 的方法, 这对所有估计量都是通用的. m-曲率项 $\left(H_A^{m2}\right)^{ab}$ 依赖于 $A(u)$ 的 m-嵌入曲率. 当 $A(u)$ 的 m-曲率消失时, $\left(H_A^{m2}\right)^{ab}$ 也会消失. 注意, 对于最大似然估计, $A(u)$ 的 m-曲率消失是由于最大似然估计是通过观测点到 S 的 m-投影给出的. 这是唯一依赖于估计量的量.

定理 7.6 当关联的 $A(u)$ 的 m-嵌入曲率在 S 处消失时, 偏差校正的有效估计量是二阶有效的. 偏差校正的最大似然估计是二阶有效的.

注 探讨高阶偏差校正的最大似然估计是否是三阶有效的十分有意思. 但很可惜不是. 卡诺 (Kano, 1997, 1998) 推翻了这个猜想, 表明最大似然估计不是三阶有效的. Fisher 认为最大似然估计是最佳估计, 但是 Fisher 的猜想在三阶渐近理论中破灭了.

7.6　假设检验的渐近理论

当观测样本数目较大时, 我们有一个假设检验的渐近理论. 典型的情况是检验一个原假设

$$H_0 : u = u_0, \tag{7.69}$$

备择假设

$$H : u > u_0 \tag{7.70}$$

在一维曲线指数族 $S = \{p(x, \theta(u))\}$ 中. 这是一个单侧检验, 但我们可以用类似的方法来处理双侧检验.

S 为 M 中的一条曲线, 通过在 M 中定义一个拒绝域 R 设计一个检验, 当观测点 $\bar{\eta}$ 在 R 中时, 假设 H_0 被拒绝, 否则假设 H_0 不被拒绝 (接受). 当假设 H_0 为真时, 随着 N 的增加, 观测点 $\bar{\eta}$ 收敛到 u_0. 因此, 拒绝域不应包括 u_0, 但其边界 $B = \partial R$ 接近 u_0, 当 N 趋于无穷大时, 接近于 u_0, 见图 7.3. R 的边界面 $B(u_0)$ 取决于原假设 u_0. 它是在点 u_0' 处的 $(n-1)$-维超曲面与 S 相交, 随着 N 的增加而收敛到 u_0. 我们用 $A_N(u_0)$ 来表示, 见图 7.3.

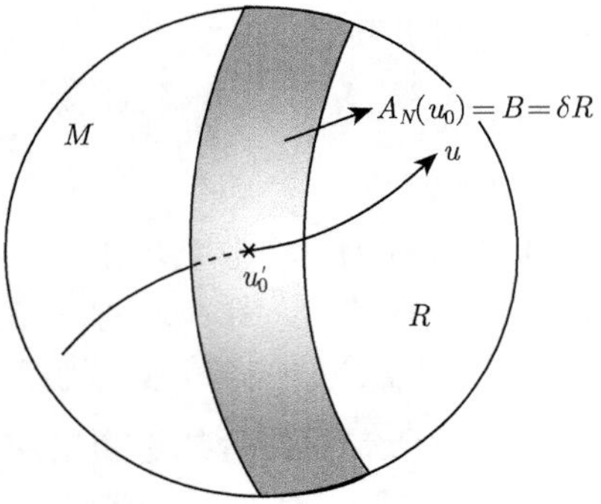

图 7.3　拒绝区域 R 和相关的辅助子流形 $A_N(u_0)$

我们将 $u = u_0$ 视为自由标量参数, 并依赖 N 形成 $A = \{A_N(u)\}$ 的辅助族. 这是 M 的叶理, 由拒绝域 $u = u_0$ 的边界组成. 这对于分析假设检验的性能很有用. 一阶渐近理论很简单, 因为 $\bar{\eta}$ 在假设 H_0 下, 收敛到 $\bar{\eta} = \eta(u_0)$.

定理 7.7　当通过 u_N 的相关辅助面 $A_N(u)$ 与 S 正交, u_N 收敛于 u_0 时, 随着 N 趋于无穷大时, 检验是 (一阶) 有效的.

有许多一阶有效检验, 包括 Rao 检验、Wald 检验、似然比检验、局部最大功效检验. 这些检验的性能有何不同? 通过研究 T 检验的幂函数, 当真实分布为 u

直至最高阶时拒绝 H_0 的概率 $P_T(u)$, 可以回答这个问题. 除了 S 是指数族的情况外, 二阶没有统一的最有效的检验. 因此, 一个检验在特定点上是强有力的, 而另一个检验在其他不同点上表现得好. 信息几何学通过相关辅助表面的几何形状来表征各种检验的性能, 特别是通过 $A_N(u)$ 的 m-嵌入曲率以及 $A_N(u)$ 和 S 之间的渐近角来对其进行表征. 在 Kumon 和 Amari (1983)、Amari (1985) 中分析了各种检验的二阶幂函数, 另见 Amari 和 Nagaoka (2000).

注 信息几何是为了阐明统计推断的高阶特征, 特别是估计和假设检验而发展起来的. 一阶理论是由克拉默-拉奥理论和奈曼-皮尔逊 (Neyman-Pearson) 基本引理建立的. 20 世纪 70 年代末, 研究人员对二阶理论进行了研究, 许多成果分别在日本、德国、印度、俄罗斯和美国获得, 见 Akahira 和 Takeuchi (1981). 布拉德利 · 埃弗龙 (B. Efron) 首次指出了统计曲率在二阶渐近理论中的作用 (Efron, 1975).

Amari (1982) 通过使用微分几何建立了估计的二阶理论. Kumon 和 Amari (1983) 将其扩展到假设检验的高阶理论. 为此进一步发展了信息几何学, 而对偶理论则由 Nagaoka 和 Amari (1982) 建立, 另见 (Amari and Nagaoka, 2000).

戴维 · 考克斯爵士 (Sir David Cox) 是最有影响力的统计学家之一, 他在访问日本时注意到微分几何理论, 并于 1984 年在伦敦组织了一次统计学微分几何研讨会. C. R. Rao, B. Efron, A. P. Dawid, R. Kass, N. Read, O. E. Barndorff-Nielsen, S. Lauritzen, D. V. Hinkley, S. Eguchi 等都参加了该研讨会. 非常幸运的是, 对于信息几何学来说, 在研讨会的初期就对该主题进行了公开讨论.

在本章中, 我们给出了曲线指数族框架下的渐近统计理论. 我们没有描述细节, 只是展示了直观的想法和结果. 详见 (Amari, 1985; Amari and Nagaoka, 2000) 或相关期刊论文. 由于并非所有的正则统计模型都是曲线指数族, 人们可能会想, 这个理论在更一般的常规统计模型中是否有效. 我们可以证明高阶统计理论的大多数结果在一般的正则统计模型中是成立的, 方法是形成一个附着在 S 上的纤维束状结构, 由得分函数的高阶导数组成. 这被称为局部指数族. 关于高阶渐近理论的细节, 见 (Amari, 1985).

那非正则统计模型呢? Fisher 信息矩阵未研究或者没有定义 (发散到无穷大). 在前一种情况下, 统计模型包括奇点. 这样的模型有很多, 如多层感知器. 我们将在第四部分研究这些模型.

后一种类型的一个简单例子是位置模型, 其中 x 在 $[u-0.5, u+0.5]$ 的区间内均匀分布, u 是未知参数. Fisher 信息矩阵发散到无穷大. 在该统计模型中, 切空间中没有内积. 度量是由切空间中的闵可夫斯基 (Minkowski) 度量给出的, 这与黎曼流形 (Riemannian manifold) 不同. 在这种情况下, M 是一个芬斯勒 (Finsler) 空间. 在这样的模型中, 估计量不是高斯渐近的, 而是服从于一个稳定分布. 看到芬斯勒度量、稳定分布和相关的分形结构之间的关系, 将它们与黎曼公制、中心极限定理导致的高斯分布和常规情况下的光滑结构进行比较, 是很有意思的. 然而, 这样的理论还没有被探索出来. 见 Amari (1984, 日本) 的初步研究.

第 8 章　隐变量存在时的估计

8.1　EM 算法

8.1.1　具有隐变量的统计模型

设一个统计模型 $M = \{p(x,\xi)\}$, 其中向量随机变量 x 被分为两部分 $x = (y,h)$, 使 $p(x,\xi) = p(y,h;\xi)$. 当 x 没有被完全观测到但 y 被观测到时, h 被称为隐变量. 在这种情况下, 我们从观测 y 来估计 ξ. 这些情况在许多应用中都有出现. 我们可以通过边缘化来消除隐变量 h

$$p_Y(y,\xi) = \int p(y,h;\xi)dh. \tag{8.1}$$

然后, 我们得到一个统计模型 $M' = \{p_Y(y,\xi)\}$, 它不包括隐变量. 然而, 在许多情况下, $p(x,\xi)$ 的形式简单, 在 M 中的估计是可操作的, 但 M' 很复杂, 因为在 h 上进行积分或求和, 这样的模型中的估计在计算上是难以实现的. 通常情况下, M 是一个指数族. EM 算法是一个通过使用一个大的模型 M 来估计 ξ 的程序, 模型 M' 是由该模型推导出来的.

考虑一个更大的统计模型

$$S = \{q(y,h)\} \tag{8.2}$$

由 (y,h) 的所有概率密度函数组成. 当 y 和 h 都是二进制变量时, S 是一个概率单形, 因此它是一个指数族. 我们用类似的方法研究连续变量的情况, 而不考虑微妙的数学问题. 模型 M 作为子流形包含在 S 中. 在 S 中观测数据给出一个观测点

$$\bar{q}(x) = \frac{1}{N}\sum \delta(x - x_i), \tag{8.3}$$

当实例 $x_1, \cdots, x_N$ 被完全观察到时. 这就是经验分布. 当 S 是一个指数族时, 它是由 η-坐标中的充分统计量给出的

$$\bar{\eta} = \bar{x} = \frac{1}{N}\sum x_i. \tag{8.4}$$

MLE 由 $\bar{q}(x)$ 到 M 的 m-投影给出.

在隐变量的情况下, 我们没有一个完整的观测点 $\bar{q}(x)$. 我们仅观察 y, 因此我们只有 y 的经验分布 $\bar{q}_Y(y)$. 为了具有联合分布的候选 $\bar{q}(y,h)$, 我们使用任意条件分布 $q(h|y)$ 并令

$$\bar{q}(y,h)=\bar{q}_Y(y)q(h|y). \tag{8.5}$$

由于 $q(h|y)$ 是任意的, 我们把它们都作为观测点的可能候选点, 并考虑一个子流形

$$D=\{\bar{q}(y,h)|\bar{q}(y,h)=\bar{q}_Y(y)q(h|y),q(h|y)\text{ 是任意的}\}. \tag{8.6}$$

这是 S 中由部分观测数据 $y_1,\cdots,y_N$ 指定的观测子流形, 用经验分布表示为

$$q(y,h)=\frac{1}{N}\sum\delta(y-y_i)q(h|y_i). \tag{8.7}$$

数据子流形 D 是 m-平坦的, 因为它对 $q(h|y)$ 是线性的.

在分析估计过程之前, 我们给出隐变量模型的两个简单示例.

1. 高斯混合模型

设 $N(\mu)$ 是 y 的高斯分布, 均值为 μ, 方差为 1. 我们可以用类似的方法处理具有未知协方差矩阵的更一般的多元高斯模型, 但这个简单的模型足以说明问题. 高斯混合模型由 k 个不同均值 $\mu_1,\cdots,\mu_N$ 的高斯分布组成,

$$p(y,\xi)=\frac{1}{\sqrt{2\pi}}\sum\omega_i\exp\left\{-\frac{(y-\mu_j)^2}{2}\right\}, \tag{8.8}$$

其中 $\xi=(\omega_i,\cdots,\omega_k;\mu_i,\cdots,\mu_k),\sum\omega_i=1$, 是待估计的未知参数. 如果对于每个 $y_1,\cdots,y_N$, 我们知道产生这个 y_i 的高斯分布, 估计就很容易了. 所以我们引入一个隐变量 h, 当 y 从第 i 个分布 $N(\mu_i)$ 产生时, 它的值为 i. h 是一个随机变量, 其分布是多项式分布, ω_i 是取值 i 的概率. 因此, 整个联合分布是

$$p(y,h;\xi)=\frac{\omega_h}{\sqrt{2\pi}}\exp\left\{-\frac{1}{2}(y-\mu_h)^2\right\},\quad h=1,\cdots,k \tag{8.9}$$

(8.8) 是 (8.9) 的边缘分布, 通过从 1 到 k 的 h 相加得到.

2. 具有隐藏层单元的玻尔兹曼机

玻尔兹曼 (Boltzmann) 机是具有二元向量随机变量 $x=(x_1,\cdots,x_n)$ 的随机模型. 它起源于物理学中的自旋系统模型和机器学习中的联想记忆模型. 考虑马

尔可夫链 $\{x_1, x_2, \cdots\}$, 其中在时刻 $t+1$ 的状态 x_{t+1} 是根据 x_t 随机确定的. 在此我们不描述状态转移的随机动态, 而仅研究由下式给出的状态稳定分布

$$p(x, a; W) = \exp\left\{a \cdot x - \frac{1}{2}x^{\mathrm{T}}Wx - \psi(a, W)\right\}. \tag{8.10}$$

它就是玻尔兹曼机, 由参数 $\xi = (W, a)$ 指定, 其中矩阵 W 的一个元素 ω_{ij} 被视为单元 i 和 j 之间的连接强度, 它们被假定为对称的 $\omega_{ij} = \omega_{ji}$, 且 $\omega_{ii} = 0$. 指数中的线性项 $a \cdot x$ 称为偏项, 它指定了 x_i 的倾向是 1 而不是 0.

我们考虑 x 被分成两部分的情况 $x = (y, h)$ 和 y 是可观察的, 而 h 是隐藏的. 为了简单起见, 我们考虑受限玻尔兹曼机 (RBM), 它由两层组成, 一个可观测层和一个隐藏层 (图 8.1). 连接只存在于可观测层和隐藏层的单元之间. 可见层的单元之间不存在连接, 隐藏层的单元之间也不存在连接. 则稳定分布为

$$p(y, h; W) = \exp\left\{-\frac{1}{2}y^{\mathrm{T}}Wh - \psi(W)\right\}, \tag{8.11}$$

其中, 为简单起见, 我们忽略了偏项 a, 让其为 0.

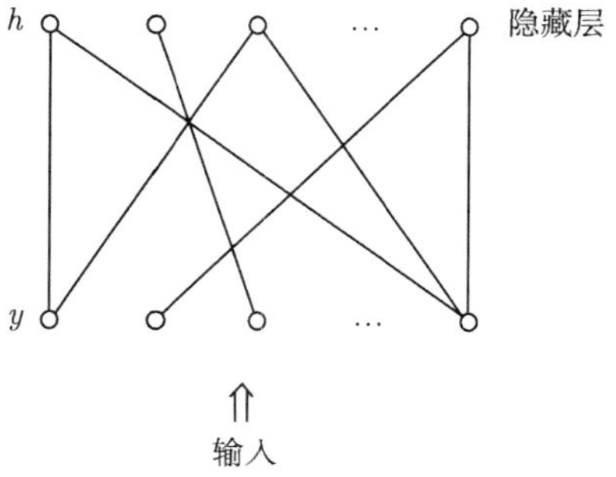

图 8.1　受限玻尔兹曼机

y 的边缘分布为

$$p_Y(y, W) = \sum_h \exp\left\{-\frac{1}{2}y^{\mathrm{T}}Wh - \psi(W)\right\}, \tag{8.12}$$

它是指数族分布的混合. h 在给定 y 的条件分布是

$$p(h|y, W) = \frac{p(y, h; W)}{p_Y(y, W)}, \tag{8.13}$$

当参数 W 已知时. 该模型用于深度学习, 我们将在后面的章节中从贝叶斯信息几何的角度对其进行讨论.

8.1.2 模型流形和数据流形之间的最小化散度

在完全观察的情况下, MLE 是从观察点 $\bar{q}$ 到模型流形的 KL 散度的最小值. 我们在隐藏情况下有一个观测数据子流形 D, 而不是 $\bar{q}$. 我们考虑了从数据流形到模型流形的 KL 散度的最小值. 问题是最小化两个子流形 D 和 M 之间的散度,

$$D_{\mathrm{KL}}[D:M] = \min \int \bar{q}_Y(y)q(h|y)\log\frac{\bar{q}_Y(y)q(h|y)}{p(y,h;\xi)}dydh, \tag{8.14}$$

其中关于 $\bar{q} \in D, p \in M$ 取两组 D 和 M 之间的最小值. 在第 1 章中研究的交替最小化算法 (EM 算法) 可用于此目的.

定理 8.1 MLE 是从 D 到 M 的 KL 散度的最小值.

证明 从分布 $\bar{q}_Y(y)q(h|y) \in D$ 到分布 $p(y,h;\xi) \in M$ 的 KL 散度写为

$$\begin{aligned} & D[\bar{q}_Y(y)q(h|y):p(y,h;\xi)] \\ = & \int\left[\bar{q}_Y(y)\int \log q(h|y)dh - \bar{q}_Y(y)\int q(h|y)\log p(y,h;\xi)dh\right]dy + c, \end{aligned} \tag{8.15}$$

其中 c 是一个不取决于 ξ 和 $q(h|y)$ 的项. 我们通过 EM 算法, 即交替使用 e-投影和 m-投影, 使 (8.15) 相对于 ξ 和 $q(h|y)$ 都最小化. 首先, 假设 $q(h|y)$ 是给定的, 并且我们对 ξ 进行最小化 (8.15). 为了简单起见, 我们考虑一个观察到的 y, 尽管我们需要考虑相对于 $\bar{q}_Y(y)$ 的期望, 这是对所有观察到的 y_i 的求和.

我们的任务是使 (8.15) 的第二项相对于 ξ 值最大化

$$L(\xi|q) = \int q(h|y)\log p(y,h;\xi)dh. \tag{8.16}$$

通过微分, 方程的解为

$$\int \frac{q(h|y)}{p(h|y,\xi)}\frac{\partial}{\partial\xi}p(y,h;\xi)dh = 0. \tag{8.17}$$

为了使 (8.15) 相对于 $q(h|y)$ 最小化, 我们使用下面的引理.

引理 8.1 从 M 的一个点到 D 的 e-投影并不改变条件分布 $q(h|y)$, 因此也不改变 h 的条件期望值.

证明 给定 ξ 和观察到的数据 y, 我们寻找 $q(h|y)$ 使得 (8.15) 最小化. 这就是要最小化

$$\mathrm{KL}[\bar{q}_Y(y)q(h|y):p(y,h;\xi)], \tag{8.18}$$

在以下约束条件下

$$\int q(h|y)dh = 1. \tag{8.19}$$

最小值由 $p(y,h;\xi)$ 对 D 的 e-投影以及通过解下式给出

$$\int\left[\log\frac{q(h|y)}{p(h|y,\xi)}-\lambda\right]\delta q(h|y)dh=0, \tag{8.20}$$

其中 λ 是对应于 (8.19) 的拉格朗日乘子. 这就证明了

$$q(h|y)=p(y,h;\xi), \tag{8.21}$$

这与 h 在 ξ 时的条件概率完全相同. □

通过将 (8.21) 代入 (8.17), KL 散度的最小值满足

$$\frac{\partial}{\partial\xi}\int p(y,h;\xi)dh=\frac{\partial}{\partial\xi}p_Y(y,\xi)=0, \tag{8.22}$$

证明这是 MLE. □

8.1.3 期望最大化算法

EM 算法 (期望最大化算法) 是一种迭代算法, 用于在包括隐变量的模型中获得 MLE. 它是由 Dempster 等 (1977) 提出的. 我们展示的是 Csiszár 和 Tusnady (1984) 提出的几何图形, Amari 等 (1992)、Byrne (1992) 和 Amari (1995) 也提出了这种图形. 它是从几何学的角度对 EM 算法的应用. 我们从 ξ_0 作为初始参数开始, 并将其到 D 的 e-投影获得条件分布 $q(h|y)=p(h|y;\xi_0)$. 这决定了 D 中观测分布的一个候选. 我们计算对数似然的条件期望, 以评估新的候选者 ξ 的似然, 对于观察数据 $y_1,\cdots,y_N$ 给出的是

$$L(\xi,\xi_0)=\frac{1}{N}\sum_i\int p(h|y_i,\xi_0)\log p(y_i,h;\xi)dh. \tag{8.23}$$

这被称为 E-步, 因为它计算条件期望. 这是 $p(y,R;\xi_0)$ 到 D 的 e-投影.

然后我们将 D 中的新候选元素 m-投影到 M 中, 以获得 M 中的新候选项 ξ_1. 这是通过最大化 (8.23) 获得的. 它被称为 M-步, 因为它是最大的对数似然 (8.23). 这是 m-投影. 我们重复这些步骤, 见图 8.2.

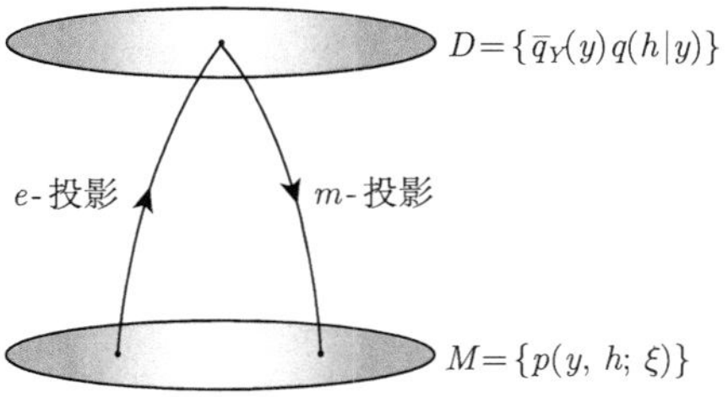

图 8.2 EM 算法

下面的定理很容易证明.

定理 8.2　通过重复 E-步和 M-步, KL 散度单调递减. 因此, 该算法收敛到一个平衡点.

应当注意, 除非 M 是 e-平坦的, 否则 m-投影不一定是唯一的. 因此, 可能存在局部最小值.

8.1.4　示例: 混合高斯

要估计的参数是高斯分布分量的权重 $\omega_1, \cdots, \omega_k$ 和均值 $\mu_1, \cdots, \mu_k$, $\xi = (\omega_i, \mu_i; i = 1, \cdots, k)$. 我们从初始 ξ_0 开始, 并设 $\xi^t = (\omega_i^t, \mu_i^t)$ 在 t 的候选. E-步是利用 $p(y, h; \omega^t)$ 到 D 的 e-投影来获得 $q_t(h|y)$. 与在 ξ^t 处相同,

$$q_t(h|y, \xi^t) = \frac{\omega_h^t}{\sqrt{2\pi} p(y, \xi^t)} \exp\left\{-\frac{1}{2}\left(y - \mu_h^t\right)^2\right\}. \tag{8.24}$$

条件期望为

$$L(\xi, \xi^t) = \sum_h p(h|y, \xi^t)\left\{\log \omega_h - \frac{1}{2}\left(y - y_h\right)^2\right\}, \tag{8.25}$$

取决于不依赖于参数的常数.

M-步是最大化 (m-投影), 寻找一个新的 ξ^{t+1}, 使 (8.25) 最大化. 通过微分 (8.25) 并使其等于 0, 我们很容易得到

$$\omega_h^{t+1} = \frac{1}{N}\sum p(h|y_i, \xi^t), \quad \mu_h^{t+1} = \frac{\sum_i y_i p(h|y_i, \xi^t)}{\sum_i p(h|y_i, \xi^t)}. \tag{8.26}$$

8.2　数据缩减造成的信息损失

给定原始数据 $D_X = \{x_1, \cdots, x_N\}$, 假设我们将其总结为一个统计量

$$T = T(x_1, \cdots, x_N), \tag{8.27}$$

并将其用于估计. 然后, 我们设定一个估计量 $\hat{\xi} = \hat{\xi}(T)$, 它是 T 的一个函数. 当 T 是一个充分统计量时, 没有信息损失. 其他情况下, 对 T 中的数据进行总结会造成信息损失, 这可以用 Fisher 信息来衡量. 当有一个隐变量 h, 并且我们使用 $T = \{y_1, \cdots, y_N\}$ 进行估计时, 一般来说 T 是不充分的.

我们定义以 T 为条件的原始数据 D_X 的条件 Fisher 信息. 当 $T = t$ 时, D_X 的概率分布由条件概率 $p(D_X|t; \xi)$ 给出. 因此, Fisher 信息为

$$g_{ij}(\cdot|t; \xi) = E_X\left[\partial_i \log p(D_X|t; \xi) \partial_j \log p(D_X|t; \xi)\right], \tag{8.28}$$

其中 E_X 是 D_X 的条件期望, 在 t 上取平均值, 我们有条件 Fisher 信息

$$g_{ij}^{X|T}(\xi) = E_t g_{ij}(\cdot|t;\xi). \tag{8.29}$$

从等式

$$g_{ij}^{X}(\xi) = g_{ij}^{T}(\xi) + g_{ij}^{X|T}(\xi), \tag{8.30}$$

其中, $g_{ij}^X, g_{ij}^T, g_{ij}^{X|T}$ 是基于 D_X, T 和 T 条件下的 D_X 的 Fisher 信息. 通过将数据汇总到统计量 T, Fisher 信息的损失由下式给出

$$\Delta g_{ij}^{T}(\xi) = g_{ij}^{X|T}(\xi). \tag{8.31}$$

Oizumi 等 (2011) 研究了神经元尖峰情况下信息的丢失. 设观察到神经元的 t 放电模式 $x_1, \cdots, x_t$. 这些包括神经元的放电率, 两个神经元的尖峰的协方差以及许多神经元的高阶相关性. 由于大脑在决策过程中会减少信息, 因此会丢失一些信息. 考虑一个曲线指数族

$$p(X,\xi) = \exp\left\{\theta(\xi)\cdot X - \psi\right\}, \tag{8.32}$$

其中, $X = (x_i, x_i x_j, \cdots, x_1 \cdots x_n)$, ξ 是一个参数, 用于指定基于 x 生成的概率分布. 当有可能进行多次观察时, 我们有充分统计量 (观测点)

$$\bar{\eta} = \frac{1}{N}\sum X_i. \tag{8.33}$$

它包括有关放电率、成对和更高阶交互作用的所有信息. 通过将它 m-投影到坐标为 ξ 的模型 M 中, 可以获得有效的估计量.

当 $\bar{\eta}$ 的一部分丢失时, 例如尖峰的高阶关联性丢失, 我们就不能确定观测点. 取而代之的是观测数据子流形 D. 最佳估计量是 $D_{\mathrm{KL}}[D:M]$ 的最小值. 当相关信息丢失时, 将计算出信息的损失量 (Oizumi et al., 2011).

8.3 基于错误统计模型的估计

当真实统计模型 $M = \{p(x,\xi)\}$ 非常复杂时, 我们倾向于使用简化模型 $M_q = \{q(x,\xi)\}$ 来估计参数 ξ. 这是一个错误指定模型. 使用错误指定模型会造成什么信息损失? 我们以一个简单的例子来说明这个问题. 假设 n 个神经元排列在一维的神经场中. 当刺激作用于位置 u, $0 < u < 1$ 时, 该位置对应的神经元和邻近的神经元被激活. 当第 i 个神经元对应位置

$$u = \frac{i}{n}, \tag{8.34}$$

它被强烈激发, 而邻近的神经元也被激发. 我们假设, 对于任意 j, 当在 u 处施加刺激时, 神经元 j 的响应为 $r_j(u)$.

曲线 $r_j(u)$ 称为神经元 j 的调谐曲线, 参见图 8.3. 我们假设 x_i 是服从高斯分布的神经元 i 的放电速率, 其均值 $r_i(u)$ 和协方差矩阵为 $V=(V_{ij})$. 然后, 激励的统计模型是

$$p(x,u)=c\exp\left\{-\frac{1}{2}\{x-r(u)\}^{\mathrm{T}}V^{-1}\{x-r(u)\}\right\}. \tag{8.35}$$

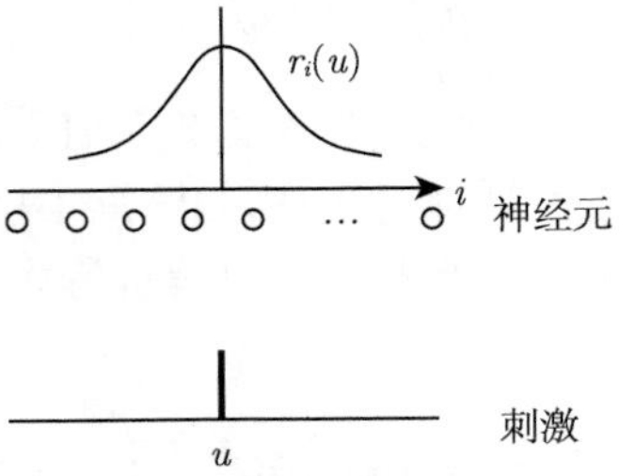

图 8.3　神经场的调谐曲线

考虑一个更简单的模型, 具有相同的调谐曲线, 但没有相关关系.

$$q(x,u)=c\exp\left\{-\frac{1}{2}\{x-r(u)\}^{\mathrm{T}}\{x-r(u)\}\right\}. \tag{8.36}$$

Wu 等 (2002) 表明, 即使我们使用 (8.36) 简单的错误指定模型 M_q, 存在渐近无信息损失. 这对大脑来说是个好消息.

我们研究了一个错误指定模型的一般情况, 以观察其信息丢失. 我们考虑 $p(x,u)$ 和 $q(x,u)$ 都是位于较大指数族 S 中的曲线指数族的情况. 当真实分布为 $p(x,u)$ 时, 观测点 $\bar{\eta}$ 渐近服从于真实模型 M 中的均值 $\eta(u)$ 和协方差矩阵 $G\{\eta(u)\}/N$ 的高斯分布. 使用模型 $M_q=\{q(x,u)\}$ 的最大似然估计称为 q 的最大似然估计. q 的最大似然估计是通过使用 q-辅助族 $A_q(u)$ 将观测点 m-投影到 M_q 得到的, $A_q(u)$ 是 S 的 m 平坦子域, 通过 $q(x,u)$, 并且在 u 处与 M_q 的切空间正交. 由于观测点随着 N 趋于无穷大而收敛于 $\eta(u)$, 当通过 $q(x,u)$ 的 q-辅助族经过 $p(x,u)\in M$ 时, q-MLE 是一致的, 见图 8.4.

定理 8.3　q-MLE 是一致的当且仅当

$$E_{p(x,u)}\left[\partial_a\log q(x,u)\right]=0,\quad \partial_a=\frac{\partial}{\partial u^a}, \tag{8.37}$$

当 q-辅助族 $A_q(u)$ 经过 $p(x,u)\in M$ 时成立.

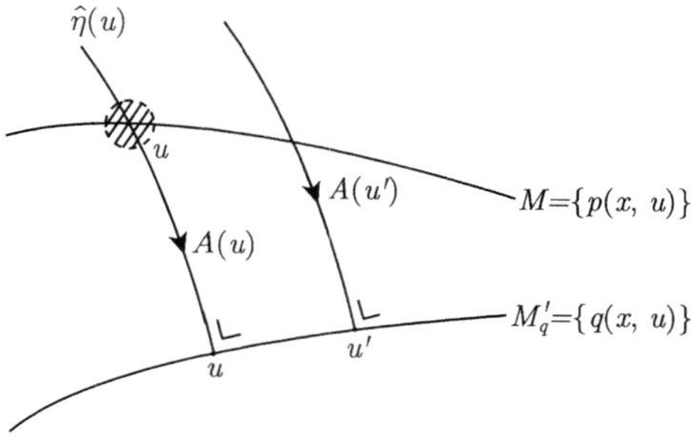

图 8.4 q-的辅助族和 q-MLE

证明 设

$$r(x,u;t)=(1-t)q(x,u)+tp(x,u) \tag{8.38}$$

是连接 $q(x,u)$ 和 $p(x,u)$ 的 m-测地线, 它在 M_q 处的切向量为

$$\dot{r}=\frac{d}{dt}\log r(x,u,t)\bigg|_{t=0}=\frac{1}{q(x,u)}\left\{q(x,u)-p(x,u)\right\}. \tag{8.39}$$

它正交于 M_q 的切向量

$$\dot{l}_q=\frac{\partial}{\partial u}\log q(x,u), \tag{8.40}$$

当 $\langle\dot{r},\dot{l}_q\rangle_q=0$ 时, 其计算公式为

$$\begin{aligned}\langle\dot{r},\dot{l}_q\rangle_q&=\int\{q(x,u)-p(x,u)\}\partial_u\log q(x,u)dx\\&=-\int p(x,u)\partial_u\log q(x,u)dx.\end{aligned} \tag{8.41}$$

这意味着 (8.37) 成立, 反之亦然. □

当连接 $q(x,u)$ 和 $p(x,u)$ 的 M 测地线与 M 和 M_q 都正交时, q-MLE 估计是 Fisher 有效的, 因为真正 MLE 的辅助子流形 $A_q(u)$ 和真辅助子流形 $A(u)$ 重合. 因此, 观测到的 $\bar{\eta}$ 通过 M 投影映射到 M 和 M_q 中相同的 $\hat{u}$. 当 $A_q(u)$ 与 M 不正交时, 存在信息损失. 这很容易从 q-辅助子流形 $A_q(u)$ 和 M 的角度计算.

定理 8.4 当 q-辅助族正交于 M 时, q-MLE 估计量是 Fisher 有效的. 当不正交时, Fisher 信息的损失由下式给出:

$$\Delta g_{ab}(u)=g_{ak}(u)g_{b\lambda}(u)g^{\kappa\lambda}(u), \tag{8.42}$$

其中 v^κ 是 $A_q(u)$ 中的横向坐标系.

证明　通过使用 q-辅助族, 我们可以将观测点 $\bar{\eta}$ 映射到 M_q. 当且仅当 $A_q(u)$ 正交于 M 的切空间时, 此方法有效. 否则, 将丢失信息. 通过使用 (u, v) 坐标, 其中 $u = (u^a)$ 和 $v = (v^\kappa)$ 是沿辅助族 $A_q(u)$ 的坐标, q-MLE 通过它映射, 但这是非正交映射到 M. 因此, 会发生信息丢失, 如 (7.58) 或 (8.42) 中所述. □

注　当 q 的辅助族 $A_q(u)$ 不通过 $p(x, u)$ 时, q-估计量不一致. 然而, 当这种情况不成立时, 令 $f(u)$ 是 M 的坐标, $f(u)$ 与 $A_q(u)$ 相交于 M. 如果我们重新参数化 M_q, 使 M_q 的新参数为 $f^{-1}(u)$, 那么一致性始终成立.

注　本章简短地介绍了不同于正则模型的统计模型. 一种是带有隐变量的模型, 其中一些随机变量没有被观察到. EM 算法在这种模型中是已知的. 从几何的角度看, EM 算法最大限度地减小了模型流形 M 与观测数据流形 D 之间的散度. 这是现在机器学习的标准方法. 当这篇论文由 Csiszár 和 Tusnady (1984) 提出时, 因为审稿人不承认计算量大的迭代过程 (I. Csiszár, 个人交流) 而被某期刊拒绝. 所以这仍然是一篇会议论文.

另一个模型是一个错误指定模型. 它的性能很容易从几何学上理解, 因此它是一个显示信息几何学的力量很好的例子. 大脑可能使用一个错误指定或不准确的统计模型来解码信息, 因为真正的模型往往是未知的或过于复杂的. 因此, 我们需要知道错误指定模型的性能. Oizumi 等 (2015) 使用一个错误指定模型来评估综合信息量, 以衡量意识的程度.

第 9 章　Neyman-Scott 问题: 估计函数和半参数统计模型

本章研究了著名的 Neyman-Scott 问题, 在这个问题上, 未知参数的数量与观测值的数量成比例增加. 这个问题给统计学界带来了冲击, 因为在这个问题上, MLE 不一定是渐近一致的或有效的. 我们通过构建估计函数的信息几何来解决这个问题. 该问题在半参数统计模型的框架内重新提出, 该模型包括有限数量的参数和函数自由度的冗余参数. 该问题使用函数空间, 但是我们采用了直观的描述, 从而牺牲了数学上的合理性. 结果可用于解决半参数问题和 Neyman-Scott 问题.

9.1　包含冗余参数的统计模型

考虑一个统计模型

$$M = \{p(x, u, v)\}, \tag{9.1}$$

其中包括两类参数. 一个是我们想要估计的参数, 用 u 表示, 称为感兴趣的参数. 另一个, 用 v 表示, 是一个与我们无关的参数. 称为冗余参数. 我们举两个例子.

(1) 高斯噪声下的测量. 标量问题: 用一个天平反复测量一个样本的重量. 真实重量为 μ, 但测量值 $x_1, \cdots, x_N$ 是独立的随机高斯变量, 平均值为 μ, 方差为 σ^2, 其中 σ^2 代表天平的精确度. 当我们对估计 μ 感兴趣而不关心 σ^2 时, μ 是感兴趣的参数, σ^2 是冗余参数. 当我们有兴趣了解标量的准确性 σ^2 而不关心 μ 时, σ^2 是感兴趣的参数, μ 是冗余参数.

(2) 比例系数. 我们考虑一对高斯随机变量 (x, y), 其中 x 和 y 分别代表样本的体积和重量. 这里, x 是样本体积 v 的噪声观测值, y 是其重量 uv 的噪声观测值, 其中 u 是样本的比重. 假设噪声是独立的且满足均值为 0、方差为 1 的高斯分布. 那么, 它们的联合分布由下式指定

$$x \sim N(v, 1), \quad y \sim N(uv, 1). \tag{9.2}$$

当我们只对比重 u 即比例系数感兴趣, 而不关心 v 时, u 是感兴趣的参数, v 是冗

余参数. 联合概率写为

$$p(x,y;u,v)=\frac{1}{2\pi}\exp\left[-\frac{1}{2}\left\{(x-v)^2+(y-uv)^2\right\}\right]. \tag{9.3}$$

这个问题很简单, 因为给定观测数据 $D=\{(x_1,y_1),\cdots,(x_N,y_N)\}$, 我们可以用 MLE 来估计 u 和 v, 并简单地抛弃冗余参数的估计量 $\hat{v}$. 由于 $\mathrm{MLE}(\hat{u},\hat{v})$ 是有效的, 所以估计量 $\hat{u}$ 是有效的.

设模型 (9.1) 中所有参数的 Fisher 信息矩阵 $\xi=(u,v)$ 为 $g_{\alpha\beta}$, 其中我们用后缀 α,β 表示整个 $\xi=(\xi^\alpha),a,b,c,\cdots$ 表示感兴趣的参数 $u=(u^a),\kappa,\lambda,\mu,\cdots$ 表示冗余参数 $v=(v^\kappa)$. Fisher 信息矩阵被划分为

$$g_{\alpha\beta}=\begin{bmatrix} g_{ab} & g_{a\kappa} \\ g_{\lambda b} & g_{\kappa\lambda}\end{bmatrix}, \tag{9.4}$$

其中, 令 $l=\log p$,

$$g_{ab}=E\left[\partial_a l(x,u,v)\,\partial_b l(x,u,v)\right], \tag{9.5}$$

$$g_{a\kappa}=E\left[\partial_a l(x,u,v)\,\partial_\kappa l(x,u,v)\right], \tag{9.6}$$

$$g_{\kappa\lambda}=E\left[\partial_\kappa l(x,u,v)\,\partial_\lambda l(x,u,v)\right]. \tag{9.7}$$

整个估计量的渐近误差协方差 $\hat{\xi}=(\hat{u},\hat{v})$ 通过其逆给定为

$$E[(\hat{\xi}^\alpha-\xi^\alpha)(\hat{\xi}^\beta-\xi^\beta)]=\frac{1}{N}g^{\alpha\beta}. \tag{9.8}$$

Fisher 信息矩阵的逆可划分为

$$g^{\alpha\beta}=\begin{bmatrix} g^{ab} & g^{\alpha\kappa} \\ g^{\lambda b} & g^{\lambda\kappa}\end{bmatrix}, \tag{9.9}$$

其中它的 (a,b) 部分 $\left(g^{ab}\right)$ 不是 $(g_{\alpha\beta})$ 的 (a,b) 部分 (g_{ab}) 的逆. 它是 $(g_{\alpha\beta})$ 的逆 $\left(g^{\alpha\beta}\right)$ 的 (a,b) 部分. 两者是不同的, $\left(g^{ab}\right)$ 由以下的逆给出

$$\bar{g}_{ab}=g_{ab}-g_{a\kappa}g^{\kappa\lambda}g_{\lambda b}. \tag{9.10}$$

从分块矩阵的逆可以清楚地看出 (9.10) 成立. 在正定矩阵的意义上,

$$(\bar{g}_{ab})\leqslant(g_{ab}) \tag{9.11}$$

成立. 这意味着在存在未知干扰参数 v 的情况下会丢失信息. 这是因为, 当 v 已知时, Fisher 信息为 (g_{ab}). 因为当 v 未知时, 估计误差的协方差渐近于

$$E\left[\left(\hat{u}^a-u^a\right)\left(\hat{u}^b-u^b\right)\right]=\frac{1}{N}\bar{g}^{ab}, \tag{9.12}$$

$(\bar{g}_{ab})$ 被称为有效的 Fisher 信息矩阵. 沿 u 和 v 坐标轴的切向量 e_a 和 e_κ 由得分函数表示

$$e_a=\partial_a \log p\left(x,\xi\right), \quad e_\kappa=\partial_\kappa \log p\left(x,\xi\right). \tag{9.13}$$

将 e_a 投影到与 e_κ 张成的子空间正交的空间上 (图 9.1). 则投影向量为

$$\bar{e}_a=e_a-g_{a\lambda}g^{\lambda\kappa}e_\kappa, \tag{9.14}$$

或者, 就得分函数而言,

$$\bar{\partial}_a l\left(x,\xi\right)=\partial_a l\left(x,\xi\right)-g_{a\lambda}g^{\lambda\kappa}\partial_\kappa l\left(x,\xi\right). \tag{9.15}$$

这叫作有效得分, 因为有效的 Fisher 信息矩阵是

$$\bar{g}_{ab}=\left\langle\bar{e}_a,\bar{e}_b\right\rangle=E\left[\bar{\partial}_a l\bar{\partial}_b l\right]. \tag{9.16}$$

这表明, 只有与冗余方向正交的部分是有效的, 保留了估计 u 的信息, 而冗余方向的部分是无用的, 因为 v 是未知的.

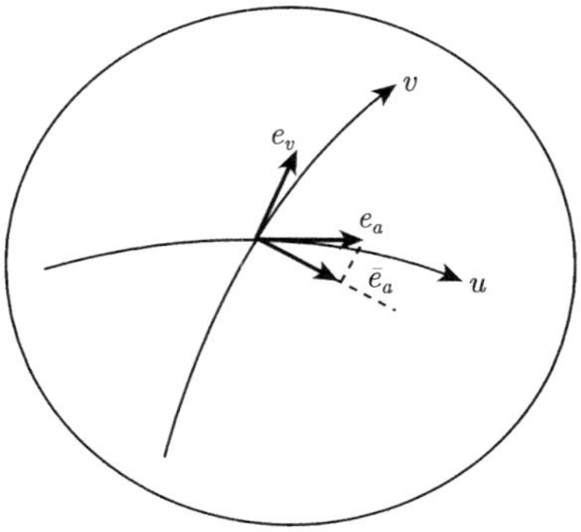

图 9.1 存在冗余参数时的有效得分 $\bar{e}_a$

当感兴趣参数的得分所张成的子空间与冗余参数正交时, 我们有 $g_{a\kappa}=0$. 在这种情况下,

$$g_{ab}=\bar{g}_{ab} \tag{9.17}$$

成立, 所以存在渐近无信息损失. 因此, 希望选择冗余参数以使正交性成立. 给定统计模型 $M = \{p(x, u, v)\}$, 考虑 v 依赖于 u 重参数化的问题为

$$v' = v'(u, v), \tag{9.18}$$

使得

$$g_{a\lambda} = E\left[\partial_a l(x, u, v') \partial_\lambda l(x, u, v')\right] = 0. \tag{9.19}$$

这一般是不可能的 (见 1985 年 Amari 的第 254 页). 然而, 当 u 是一个标量参数时, 它总是可能的.

9.2 Neyman-Scott 问题和半参数

Neyman 和 Scott (1948) 提出了一类统计问题, 并对 MLE 的有效性提出了质疑, 他们证明了 MLE 的渐近一致性和有效性在他们的一些模型中是不能保证的. 设 $M = \{p(x, u, v)\}$ 是一个统计模型, 设 $x_1, \cdots, x_N$ 是 N 个独立观测. u (感兴趣的参数) 的值在整个观察过程中保持不变 (未知), 但 v 每次都在变化. 因此, x_i 服从 $p(x, u, v_i)$. 这就是 Neyman-Scott 问题, 这种类型的例子很多.

英国巨石阵石圈半径的估计, 是一个著名的浪漫问题. 这些石头一开始应该是呈圆形排列的, 但在漫长的历史中, 它们的位置被打乱了, 见图 9.2. 石头圈的半径 u 是感兴趣的参数, 第 i 块石头的偏角 v_i 是冗余参数. 我们稍后展示了另一个问题, 即在变化的放电率下估计神经尖峰的形状参数.

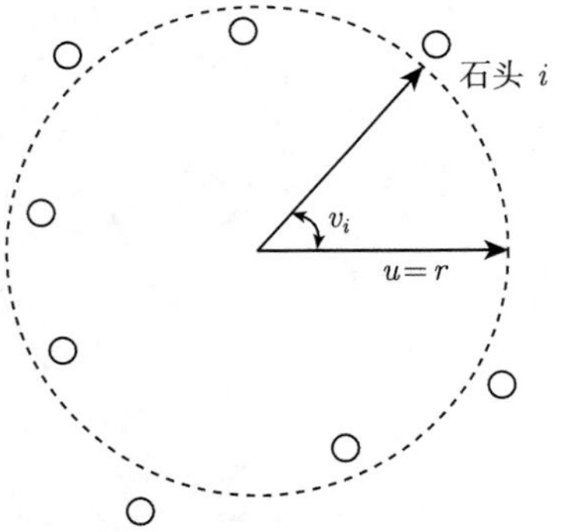

图 9.2 第 i 块石头的位置

在第 13 章中讨论的独立成分分析也是这种类型. 在计算机视觉中也有类似的问题 (Kanatani, 1998; Okatani and Deguchi, 2009).

我们用比例系数的问题作为一个例子. 它由 N 个独立的观测值 (x_i, y_i) 组成, $i=1,\cdots,N$, 服从于

$$x_i = v_i + \varepsilon_i, \quad y_i = uv_i + \varepsilon_i', \tag{9.20}$$

其中 ε_i 和 ε_i' 是独立的噪声, 服从高斯分布, 均值为 0, 公共方差为 σ^2. 假设 σ^2 是已知的. (x_i, y_i) 的联合概率分布为

$$p(x_i, y_i, u, v_i) = \frac{1}{2\pi\sigma^2}\exp\left\{-\frac{(x_i - v_i)^2 + (y_i - uv_i)^2}{2\sigma^2}\right\}. \tag{9.21}$$

这里 u 和 v_i 是标量参数. 图 9.3(a) 是一个观察数据的例子, 问题是要绘制一条回归线来拟合数据. 这个问题看起来非常简单, 但其实不然. 我们展示了这个问题的一些直观的解决方案.

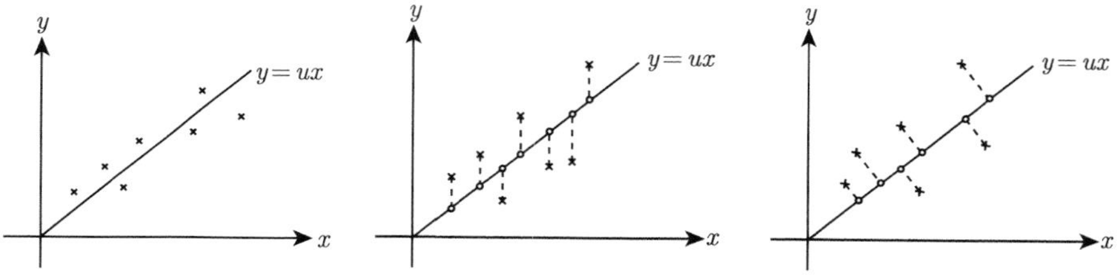

(a) 观测数据 (b) 最小二乘法 (c) 总体最小二乘法

图 9.3 比例系数

1. 最小二乘解

最小二乘解是下式的最小值

$$L = \frac{1}{2}\sum (y_i - ux_i)^2, \tag{9.22}$$

即回归线垂直误差平方和 (图 9.3(b)). 解是

$$\hat{u} = \frac{\sum y_i x_i}{\sum x_i^2}. \tag{9.23}$$

然而, 这是一个糟糕的解. 它甚至是渐近不一致的, 即使 N 增加到无限大, 它也不会收敛到正确的 u.

2. 平均值法

设 $\hat{u}_i = y_i / x_{i_u}$ 为从一个样本中得到的比值. 它们的平均值

$$\hat{u} = \frac{1}{N} \sum \hat{u}_i \tag{9.24}$$

给出一个一致的估计量. 这比最小二乘解好, 但一般来说不是很好.

3. 总平均法

把所有的 x_i 和所有的 y_i 分别加起来. 然后计算它们的比率

$$\hat{u} = \frac{\sum y_i}{\sum x_i}, \tag{9.25}$$

这是一个很好的一致性估计. 知道它有多好是很有意思的.

4. 总体最小二乘解

我们没有最小化最小二乘解中的垂直误差, 而是最小化回归线的正交投影长度的平方 (图 9.3(c)). 这称为总体最小二乘解 (以下简称 TLS). 由求解公式 (9.26) 得到

$$\sum (y_i - u x_i)(u y_i + x_i) = 0. \tag{9.26}$$

5. MLE

我们通过最大似然来联合估计所有参数 $u, v_1, \cdots, v_N$, 忽略所有 $\hat{v}_i$, 只保留 $\hat{u}$. 这是 MLE. 我们可以证明这与 TLS 相同.

我们使用 Neyman-Scott 问题的半参数表述. 由于序列 $u, v_1, \cdots, v_N$ 是任意的和未知的, 假设它是由一个未知的概率分布 $k(v)$ 产生的. 为了生成第 i 个例子, 从分布 $k(v)$ 中选择 v_i. 然后, 从 $p(x, u, v_i)$ 中选择 x_i. (上例中的 $x_i\,(x_i, y_i)$) 因此, 每个 x_i 服从同一个概率分布

$$p(x, u, k) = \int p(x, u, v)\, k(v) dv. \tag{9.27}$$

我们探讨一个扩展的统计模型

$$\tilde{M} = \{p_K(x, u, k)\}, \tag{9.28}$$

其中包括两个参数. 一个是 u, 感兴趣的参数, 另一个是函数 $k(v)$. 在这种情况下, 每个观测值都是独立同分布的 (iid), 但基础模型包括函数自由度的冗余参数 k. 这样的模型被称为半参数统计模型 (Begun et al., 1983). 我们在这种表述下研究这个问题.

9.3 估计函数

估计函数是得分函数的泛化, 它是对数似然的导数, 用于获得 ML 估计量. 这对于具有冗余参数的模型特别方便. 对于统计模型 $M=\{p(x,u,v)\}$, 我们考虑一个不依赖于 v 的可微函数 $f(x,u)$. 这里, 为了简单起见, 我们处理 u 和 v 是标量参数的情况, 但很容易将其推广到向量 u 和向量 v 的情况.

函数 $f(x,u)$ 被称为估计函数, 或者更准确地说是无偏估计函数, 当

$$E_{u,v}[f(x,u)]=0, \tag{9.29}$$

$$E[f(x,u')]\neq 0, \quad u'\neq u \tag{9.30}$$

对任何 v 都成立, 其中 $E_{u,v}$ 是关于 $p(x,u,v)$ 的期望. 见 Godambe (1991). 我们进一步假设

$$E_{u,v}[f'(x,u)]\neq 0, \tag{9.31}$$

其中 f' 是关于 u 的导数. M 的估计函数满足

$$E_{p_K(x,u,k)}[f(x,u')]=0, \quad \text{当且仅当 } u'=u, \tag{9.32}$$

对于任意函数 $k(v)$, 当统计模型 M 扩展到 (9.28) 中的半参数模型 $\tilde{M}$ 时. 这是因为 $p_K(x,u,k)$ 是 $p(x,u,v)$ 与混合分布 $k(v)$ 的线性混合.

大数定律保证 $f(x_i,u)$ 在观测数据上的算术平均值收敛于其期望值. 因此, 由于 (9.29), (9.33) 的解

$$\frac{1}{N}\sum f(x_i,u)=0 \tag{9.33}$$

会给出一个好的估计值; (9.33) 称为估计方程. 在没有冗余参数的统计模型的情况下, 得分函数

$$i(x,u)=\frac{d}{du}\log p(x,u) \tag{9.34}$$

满足 (9.29), 所以它是一个估计函数. 在这种情况下, (9.33) 是似然方程, 导出的估计值是 MLE.

我们分析由估计函数导出的估计量的渐近行为.

定理 9.1 由估计函数 $f(x,u)$ 导出的估计量 $\hat{u}$ 是渐近无偏的, 其误差协方差是渐近给出的

$$E\left[(\hat{u}-u_0)^2\right]=\frac{1}{N}\frac{E\left[\{f(x,u_0)\}^2\right]}{\{E[f'(x,u_0)]\}^2}, \tag{9.35}$$

当 u_0 是真参数时.

证明 用类似于 MLE 渐近分析的方法给出了证明. 把 (9.33) 的左边 u_0 展开,

$$\frac{1}{\sqrt{N}}\sum f\left(x_i,\hat{u}\right)=\frac{1}{\sqrt{N}}\sum f\left(x_i,u_0\right)+\frac{1}{\sqrt{N}}f'\left(x_i,u_0\right)\left(\hat{u}-u_0\right). \tag{9.36}$$

根据中心极限定理, 右侧的第一项收敛于高斯随机变量 ε, 其均值为 0, 方差为 1,

$$\sigma^2=E\left[\left\{f\left(x,u_0\right)\right\}^2\right]. \tag{9.37}$$

由大数定律, (9.36) 的最后一项收敛于 $\sqrt{N}A$, 其中

$$A=E\left[f'\left(x,u_0\right)\right]\neq 0. \tag{9.38}$$

因此, 我们有

$$\hat{u}-u_0=\frac{1}{\sqrt{N}}\frac{\varepsilon}{A}, \tag{9.39}$$

得到 (9.35). □

估计函数给出了误差协方差在 $1/N$ 阶上收敛于 0 的无偏估计量. 然而, 并不能保证估计函数确实存在. 它何时存在? 如果有许多估计函数, 我们应该如何选择一个好的函数? 这些都是我们应该解决的问题. 我们在回答这些问题时使用了信息几何学.

尽管我们解释了标量参数的情况, 但我们的方法适用于向量情况. 当感兴趣的参数 u 是向量值时, 估计函数 $f(x,u)$ 是向量值的, 与 u 具有相同的维度. $f(x,u)$ 是一个 (无偏的) 估计函数, 当它满足

$$E_{u,v}\left[f\left(x,u'\right)\right]\begin{cases}=0, & u'=u,\\ \neq 0, & u'\neq u\end{cases} \tag{9.40}$$

以及矩阵

$$A=E_{u,v}\left[\frac{\partial}{\partial u}f\left(x,u\right)\right] \tag{9.41}$$

是非退化的条件. 估计方程是一个向量方程

$$\sum f\left(x_i,u\right)=0. \tag{9.42}$$

得到的估计值是渐近无偏的高斯估计量, 具有渐近的误差协方差矩阵

$$E\left[\left(\hat{u}-u\right)\left(\hat{u}-u\right)^{\mathrm{T}}\right]=\frac{1}{N}A^{-1}E\left[f\left(x,u\right)f^{\mathrm{T}}\left(x,u\right)\right]\left(A^{-1}\right)^{\mathrm{T}}. \tag{9.43}$$

9.4 估计函数的信息几何

统计模型 $\tilde{M}$ 由 u 和 $k(v)$ 参数化, $k(v)$ 具有函数自由度. 所以我们必须使用直观的处理, 没有严格的数学证明, 但结果是有用的. 在函数空间 $F=\{p(x)\}$ 中, 我们考虑由固定混合函数 $k(v)$ 得到的子流形 $M_U(k)$. 它是一维的, 也就是说, 它是一条有一个标量参数 u 的曲线, 表示为

$$M_U(k)=\left\{p_K(x,u,k)|\, k\ \text{固定}\right\}. \tag{9.44}$$

然后我们考虑一个无限维子流形

$$M_K(u)=\left\{p_K(x,u,k)|\, u\ \text{固定}\right\}, \tag{9.45}$$

其中 u 是固定的, 但是混合 $k(v)$ 是自由的. 人们可能会认为, 对于每一个 u, 一个无限维的 $M_K(u)$ 是作为一根纤维附着的, 见图 9.4. 属于 $\tilde{M}$ 的点 (u,k) 的切空间由概率密度 $p_K(x,u,k)$ 的无限小偏差 $\delta_{p_K}(x,u,k)$ 张成. 通过使用对数表达式 $l_K(x,u,k)=\log p_K(x,u,k)$, 我们得到

$$\delta l_K(x,u,k)=\frac{\delta p_K(x,u,k)}{p_K(x,u,k)}, \tag{9.46}$$

其中

$$E_{u,k}\left[\delta l_K(x,u,k)\right]=0, \tag{9.47}$$

$E_{u,k}$ 是相对于 $p_K(x,u,k)$ 的期望. 这表明在 $(u,k)\in\tilde{M}$ 的切空间 $T_{u,k}$ 是由满足以下条件的随机变量 $r(x)$ 组成的

$$E_{u,k}\left[r(x)\right]=0. \tag{9.48}$$

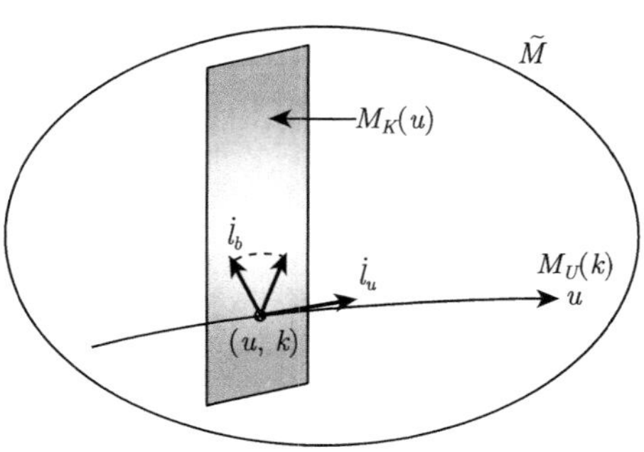

图 9.4 两个子流形 $M_U(k)$ 和 $M_K(u)$ 及其切向量

假设

$$E_{u,k}\left[r(x)^2\right] < \infty, \tag{9.49}$$

两个切向量 $r(x)$ 和 $s(x)$ 的内积为

$$\langle r, s\rangle = E_{u,k}\left[r(x)s(x)\right], \tag{9.50}$$

所以切空间 $T_{u,k}$ 是一个希尔伯特空间. 估计函数 $f(x,u)$ 在任意 (u,k) 处满足 (9.48), 因此对于任意 k, 它都是属于 $T_{u,k}$ 的向量.

沿 u-坐标轴的切向量

$$\frac{d}{du}l_K(x,u,k) = \dot{l}_k(x,u,k) \tag{9.51}$$

满足 (9.48). 一维子空间

$$T_U(u,k) = \left\{\dot{l}_u(x,u,k)\right\} \tag{9.52}$$

由 u 的得分向量 $\dot{l}_u(x,u,k)$ 组成的被称为 (u,k) 处的感兴趣的切子空间. 为了定义沿多余的参数 $k(v)$ 的切向量, 考虑函数空间 $k(v)$ 中的一条曲线, 写成

$$k(v,t) = k(v) + tb(v), \tag{9.53}$$

其中

$$\int b(v)dv = 0, \tag{9.54}$$

因为

$$\int k(v,t)\,dv = 1. \tag{9.55}$$

有无限多条曲线, 每条曲线都由 $b(v)$ 指定. 沿着曲线 (9.53) 的切向量定义为

$$\dot{l}_b(x,u,k) = \frac{d}{dt}\log p_K\left\{x,u,k(v,t)\right\}\bigg|_{t=0} = \frac{1}{p_K(x,u,k)}\int p(x,u,v)\,b(v)dv. \tag{9.56}$$

用 $T_K(u,k)$ 表示所有这些曲线的切向量所张成的空间, 称为在 (u,k) 处的冗余切子空间.

请注意, 有不属于 T_U 和 T_K 的切向量, 它们不包含在 u 或 k 的变化方向中. 用 T_A 表示与 T_U 和 T_K 都正交的子空间, 称之为辅助切子空间 (图 9.5). 然后, 切空间被分解为

$$T = T_U \oplus T_K \oplus T_A, \tag{9.57}$$

在每一个点 (u,k), 其中 $\oplus$ 意味着直和. T_A 与 $T_U \oplus T_K$ 是正交的, 但 T_U 和 T_K 一般不是正交的.

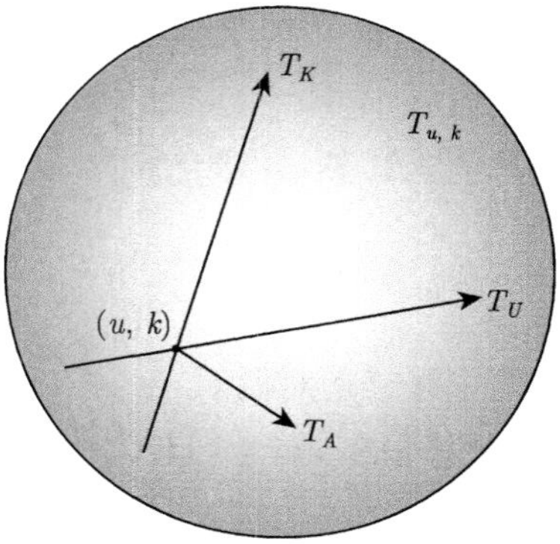

图 9.5　切空间 $T_{u,k'}$ 的分解

我们定义了一个切向量 $r(x)$ 沿着多余的子流形 $M_K(u)$ 的 e-平移和 m-平移. 考虑在 $r(x)$ 方向上 $\log p_K(x,u,k)$ 的微小变化,

$$\delta l_K(x,u,k) = \varepsilon r(x), \tag{9.58}$$

其中 ε 是小的. 由于 $\log p_K(x,u,k)$ 的 e-表示是 $l_K(x,u,k)$, 所以很自然地认为 $r(x)$ 是 e-平行地从 k 传送到 k' 而没有任何变化. 但是当 $r(x) \in T_{u,k}$ 时, 它不属于 $T_{u,k'}$, 因为一般来说,

$$E_{u,k'}\left[r(x)\right] \neq 0. \tag{9.59}$$

减去平均值并定义 $r(x)$ 从 $\log p_K(x,u,k)$ 到 $\log p_K\left(x,u,k'\right)$ 的 e-平移,

$$\overset{e}{\Pi}{}_k^{k'} r(x) = r(x) - E_{u,k'}\left[r(x)\right], \tag{9.60}$$

其中 $\overset{e}{\Pi}{}_k^{k'}$ 是 $M_K(u)$ 中从 $k(v)$ 到 $k'(v)$ 的 e-平移的算子. 显然

$$E_{u,k'}\left[\overset{e}{\Pi}{}_k^{k'} r(x)\right] = 0. \tag{9.61}$$

我们接下来定义 m-平移. 由于 $p(x)$ 的偏差的 m-表示是 $\delta p(x)$, 所以很自然地认为 $\delta p(x)$ 在从 k 到 k' 的平移中不会改变. 然而, 其 e-表示是

$$\delta l(x) = \frac{\delta p(x)}{p_K(x,u,k)}, \tag{9.62}$$

所以它的 e-表示在 k' 处变化为 $\delta p(x)/p_{K}(x,u,k')$. 为了补偿这种变化, 我们定义了 $r(x)$ 从 k 到 k' 的 m-平移

$$\overset{m}{\Pi}{}_k^{k'} r(x)=\frac{p_K(x,u,k)}{p_K(x,u,k')}r(x), \tag{9.63}$$

其中 $\overset{m}{\Pi}{}_k^{k'}$ 是从 k 到 k' 的 m-平移算子. 它满足

$$E_{u,k'}\left[\overset{m}{\Pi}{}_k^{k'} r(x)\right]=0. \tag{9.64}$$

如下面的定理所示, 这两个平移是对偶的.

定理 9.2 e-平移和 m-平移是对偶的, 保持内积不变.

$$\langle a(x),b(x)\rangle_k=\left\langle \overset{e}{\Pi}{}_k^{k'} a(x),\overset{m}{\Pi}{}_k^{k'} b(x)\right\rangle_{k'}, \tag{9.65}$$

由定义 (9.60) 和 (9.64) 可以很容易地证明.

引理 冗余切平面 $T_K(u,k)$ 在从 k 到 k' 的 m-平移下是不变的, 其中 u 是固定的.

证明 由于 k 处的任何切向量使用 $b(v)$ 写成 (9.56) 的形式, 因此它被 m-平移到 k' 并使用相同的 $b(v)$ 写成相同的形式, 其中 k 是由 k' 代替的. □

我们现在可以用几何术语描述估计函数.

定理 9.3 估计函数是正交于冗余切平面的切向量, 在沿 $M_K(u)$ 的 e-平移下是不变的. 它包括感兴趣参数的切线方向 T_U 上的非零分量.

证明 因为 (9.32),

$$\overset{e}{\Pi}{}_k^{k'} f(x,u)=f(x,u) \tag{9.66}$$

成立, 因此它在冗余方向的 e-平移下是不变的. 让我们取一条曲线 $k(v,t)$ 并关于 t 微分 (9.32). 然后我们有

$$\int \dot{p}_{K}(x,u,k(t))f(x,u)\,dx=E\left[\dot{l}_b(x,u,k)f(x,u)\right]=0. \tag{9.67}$$

由于冗余切平面 T_K 由 $\dot{l}_b$ 张成, 因此 f 与所有冗余切向量正交. 我们接下来关于 u 微分 (9.32). 然后我们有

$$E\left[f'(x,u)\right]+\left\langle \dot{l}_u(x,u,k),f(x,u)\right\rangle=0 \tag{9.68}$$

因为

$$E\left[f'(x,u)\right]\neq 0, \tag{9.69}$$

f 应该包括一个在方向 T_U 感兴趣的分量. □

考虑将得分向量 $\dot{l}_u(x,u,k)$ 投影到与冗余参数的切空间 T_K 正交的子空间, 并将其表示为 $\dot{l}_E(x,u,k)$. 我们称其为 $\tilde{M}$ 中的有效分数. 尽管它取决于 $k(v)$, 但它是任何 $k(v)$ 固定时的估计函数.

我们根据冗余分数构造 M 的冗余切平面 $T_K(x,u,k)$,

$$\dot{l}_v\left(x,u,v\right)=\frac{d}{dv}\log p\left(x,u,v\right). \tag{9.70}$$

$\tilde{M}$ 的冗余切平面 T_k 由 $b(v)$ 方向上的切向量沿着 (9.53) 给出的曲线生成. 设

$$\delta'_w(v)=\frac{d}{dv}\delta\left(v-w\right) \tag{9.71}$$

是狄拉克函数的导数. 由于 $b(v)$ 满足 (9.54), 任何 $b(v)$ 都写成 $\delta'_w(v)$ 的加权积分,

$$b(v)=\int\delta'_w(v)B\left(w\right)dw, \tag{9.72}$$

其中的权重是

$$B\left(w\right)=-\int_0^w b(v)dv. \tag{9.73}$$

因此, $b(v)=\delta'_w(v)$ 方向的切向量由 (9.56) 记为

$$\begin{aligned}\dot{l}_{\delta'_w}(x,u,k)&=\frac{-1}{p_K(x,u,k)}\int p\left(x,u,v\right)\delta'_w(v)dv\\&=\frac{p\left(x,u,w\right)}{p_K(x,u,k)}\dot{l}_v\left(x,u,w\right),\end{aligned} \tag{9.74}$$

通过使用 M 的冗余得分 $l_v\left(x,v,w\right)$. 因此, k 处的 T_K 由所有 w 的基本切得分 $l_v\left(x,u,w\right)$ 的 m-平移张成

$$\dot{l}_{\delta'_w}(x,u,k)=\overset{m}{\Pi}{}^{k}_{\delta_w}\dot{l}_v\left(x,u,w\right). \tag{9.75}$$

下面的定理是直接的.

定理 9.4 冗余切平面是 m-平行不变的

$$\overset{m}{\Pi}{}^{k'}_{k}T_{K,u,k}=T_{K,u,k'}, \tag{9.76}$$

并由所有 w 基本冗余得分 $\dot{l}_v\left(x,u,w\right)$ 的 m-平移所张成.

设 $f(x,u)$ 是一个估计函数. 它与 T_K 是 e-平行不变的和正交的. 因此, 因为

$$0=\left\langle f,\overset{m}{\Pi}{}^{k}_{\delta_w}\dot{l}_v(x,u,w)\right\rangle=\left\langle f,\dot{l}_v(x,u,w)\right\rangle, \tag{9.77}$$

它与 M 的基本冗余 v 得分 $\dot{l}_v(x,u,w)$ 正交, 适用于任何 $v=w$. 为了获得 $\tilde{M}$ 中的有效分数, 我们考虑在特定点 $(u,\delta_w)\,u$ 方向的切向量, 令 $k=\delta_w$. 那么, 它就与 M 中的 u-得分相同,

$$\dot{l}_u(x,u,\delta_m)=\dot{l}_u(x,u,w). \tag{9.78}$$

通过使其与 T_K 正交, 我们从中构建了一个有效的分数. 由于 T_K 由所有基本的冗余得分扩展, 因此我们需要将 $\dot{l}_u$ 投影于从 $\delta_{w'}$ 到 δ_w 的 $l_v(x,u,w')$ 所有 m 传输的正交空间, 对于所有的 w', 投影的分数是 e 不变的, 所以它是一个估计函数. 在 k 处的有效分数 $\dot{l}_E(x,u,k)$ 是由关于 $k(v)$ 基本有效分数的线性组合构建的.

由此我们得出以下定理.

定理 9.5 当且仅当有效分数不为零时, 估计函数才存在. 使用任意冗余函数 $k_0(v)$ 编写任何估计函数, 形式为

$$f(x,u)=\dot{l}_E(x,u,k_0)+a(x), \tag{9.79}$$

其中辅助切向量 $a(x)\in T_{A,u,k_0}$ 取决于 k_0.

证明 很容易看出 $a(x)$ 与 T_K 和 T_U 都正交. □

定理 9.6 设 $p_K(x,u,k_0)$ 为真实概率分布. 那么, 最佳估计函数为 $\dot{l}_E(x, u, k_0)$, 渐近误差协方差为

$$E(\hat{u}-u)^2=\frac{1}{N}\frac{E[\dot{l}_E^2]}{\left\{E[\dot{l}_E]\right\}^2}. \tag{9.80}$$

该定理给出了误差渐近协方差的界. 然而, 由于真正的 $k_0=k(v)$ 是未知的, 我们不能使用它. 但是 $\dot{l}_E(x,u,k_1)$ 即使对于 k_0 的近似值 k_1 也能很好地起作用. 即使当 k_1 与真实的相差很大时, $\dot{l}_E(x,u,k_1)$ 仍然给出了一致的估计量.

注 Neyman-Scott 问题中的统计模型在 $k(v)$ 中是线性的, 因为它是一个混合模型. 在这种线性模型中, 在 m-平移下, 冗余切平面是不变的. 然而, 如果我们研究概率密度关于冗余函数不是线性的广义半参数模型, 则由 m-平移的冗余切平面不是不变的. 因此, 要求估计函数在所有 k 处与所有切向冗余分数正交. 所以, 它是 u-得分向量在所有 k' 处对冗余子空间的 m-传输的正交子空间的投影, 这被称为 k 处的信息分数, 见 (Amari and Kawanabe, 1997).

9.5 Neyman-Scott 问题的解法

9.5.1 指数情况下的估计函数

考虑一种典型的情况, 即 $p(x,u,v)$ 相对于 v 来说是指数型的, 也就是说,

$$p(x,u,v) = \exp\{vs(x,u) + r(x,u) - \psi(u,v)\}, \tag{9.81}$$

其中 $s(x,u)$ 和 $r(x,u)$ 是 x 和 u 的函数.

引理 k 点的 u-得分由下式给出

$$\dot{l}_u(x,u,k) = s'(x,u)E[v|s] + r'(x,u) - E[\psi'|s], \tag{9.82}$$

其中 $E[\cdot|s]$ 是以 s 为条件的条件期望值.

证明 我们通过对 (9.27) 的对数对 u 进行微分来计算 u-得分. 通过考虑 (9.81),

$$\dot{l}_u(x,u,k) = \frac{1}{p_K(x,u,k)}\int\{vs'(x,u) + r'(x,u) - \psi'\}$$
$$\times \exp\{v|s + r - \psi\}k(v)dv, \tag{9.83}$$

其中 s', r' 和 ψ' 是 s, r 和 ψ 对 u 的导数. 由于 v 是受 $k(v)$ 影响的随机变量, 我们考虑 v 和 $s(x,u)$ 的联合概率. 然后, 我们有以 $s(x,u)$ 为条件的 v 的条件分布,

$$p(v|s) = \frac{k(v)\exp\{vs + r - \psi\}}{\displaystyle\int k(v)\exp\{vs + r - \psi\}dv} = \frac{k(v)\exp\{vs + r - \psi\}}{p_K(x,u,k)}. \tag{9.84}$$

因此, 我们从 (9.83) 可以看出

$$\dot{l}_u = s'E[v|s] + r' - E[\psi'|s]. \tag{9.85}$$

□

对应于 k 变化 δk 的切线方向记为

$$\delta l_K(x,u,k) = \frac{\displaystyle\int p(x,u,v)\,\delta k(v)}{p_K(x,u,k)}dv. \tag{9.86}$$

因此, 通过 $b(v) = \delta'_w(v)$ 和使用 (9.74), 冗余切平面通过下式扩展

$$\delta_w l(x,u,k) = \varepsilon\frac{p(x,u,w)}{p_K(x,u,k)}\dot{l}_v(x,u,w), \tag{9.87}$$

对于所有的 w, (9.87) 式对应于 $k(v)$ 在 w 处的变化. 在冗余函数 $k(v)$ 中改变 $\delta k(v)$ 相对应的分数同样可以通过使用 (9.84) 以条件期望的形式写出来,

$$\dot{l}_K(x,u,k) = E\left[\left.\frac{\delta k(v)}{k(v)}\right| s\right]. \tag{9.88}$$

这是 $s(x,u)$ 的函数, 因此, 这个冗余子空间由 $s(x,u)$ 生成, 记为

$$T_K = [h\{s(x,u)\}], \tag{9.89}$$

通过使用 s 的任意函数 h, 我们最终得到以下定理.

定理 9.7 k 处的有效得分由下式给出

$$\dot{l}_E = E[v|s]\{s'(x,u) - E[s'|s]\} + \{r'(x,u) - E[r'|s]\}. \tag{9.90}$$

证明 有效得分是将感兴趣的分数投影到与冗余切平面正交的子空间. 因为对于两个随机变量 s 和 t, $t - E[t|s]$ 是 t 到与 s 生成的空间正交的子空间的投影, 所以我们有定理. □

推论 当 s 对 u 的导数是 s 的函数时, 我们有

$$\dot{l}_E(x,u,k) = r'(x,u) - E[r'|s]. \tag{9.91}$$

证明 在这种情况下,

$$s' - E[s'|s] = 0, \tag{9.92}$$

从而得到 (9.91). 由于 (9.91) 不依赖于 k, 这就给出了渐近的最优估计函数. □

9.5.2 线性相关系数

经过长期探索, 我们现在可以解决具体的 Neyman-Scott 问题. 第一个是线性依赖的问题. (9.20) 中所述的问题是指数型的, 所以它被写成 (9.81) 的形式, 其中

$$s(x,u) = x + uy, \tag{9.93}$$

$$r(x,u) = -\frac{1}{2}\left(x^2 + y^2\right). \tag{9.94}$$

由于 r 不依赖于 u, 所以有效得分为

$$\dot{l}_E = \frac{1}{1+u^2}(y - ux)E[v|s]. \tag{9.95}$$

我们令

$$E[v|s] = h(s) = h(uy + x). \tag{9.96}$$

然后, 我们有一类估计函数记为

$$f(x,u) = (y-ux)\,h(uy+x)\,, \tag{9.97}$$

其中 h 是任意函数.

当真正的冗余函数为 k 时, 最佳的 $h(s)$ 由以下公式给出

$$h(s) = E_{u,k}\left[v\,|s\right], \tag{9.98}$$

这取决于未知的 k. 关键是, 即使我们不知道 k, (9.97) 中的估计函数也会给出一致估计量, 其误差协方差与 $1/N$ 成比例地减小.

最小二乘估计量的获取是通过令

$$h(s) = s. \tag{9.99}$$

总平均估计量的获取是通过令

$$h(s) = c, \tag{9.100}$$

其中 c 是常数. 考虑一个简单的线性函数

$$h(x) = s + c, \tag{9.101}$$

适当地选择 c, 就能得到比上面两个更好的估计值. 估计方程为

$$\sum (y_i - ux_i)(uy_i + x_i + c) = 0. \tag{9.102}$$

设 $\hat{u}_c$ 是 (9.102) 的解. 然后有

$$E\left[(\hat{u}_c - u)^2\right] = \frac{(1+u^2)\left\{c + (1+u^2)\,\bar{v}\right\}^2 + (1+u^2)^2\left\{\bar{v}^2 - (\bar{v})^2\right\} + (1+u^2)}{c\bar{v} + (1+u^2)\,\bar{v}^2}, \tag{9.103}$$

其中

$$\bar{v} = \frac{1}{N}\sum v_i, \quad \bar{v}^2 = \frac{1}{N}\sum v_i^2. \tag{9.104}$$

因此, 通过选择以下方法可以使误差最小化

$$\hat{c} = \frac{\bar{v}}{\bar{v}^2 - (\bar{v})^2}. \tag{9.105}$$

这表明, 当 $k(v)$ 的分布很广时, TLS 是一个好的估计量, 而当 $k(v)$ 的分布很紧密时, 总平均估计量更好.

9.5.3 标量问题

标量问题有两个版本. 一个是使用 N 个样本来估计一个标量的准确度. 另一个是用 N 个不同精度的标量来估计一个样本的权重.

1. 标量的准确性

准备 N 个样本, 其权重是 $v_1, \cdots, v_N$ 且是不同的和未知的. 我们的目的是估计一个标量的误差方差 σ^2. 当权值为 v, 误差方差为 σ^2 时, 测量 x 是服从 $N\left(v, \sigma^2\right)$ 的随机变量. 对每个样本重复测量 m 次. 令 $x=(x_1, \cdots, x_m)$ 是一个样本的 m 次测量. x 的概率密度为

$$p\left(x, \mu, \sigma^2\right)=\exp\left\{-\frac{\sum\left(x_i-\mu\right)^2}{2\sigma^2}-\psi\right\}, \tag{9.106}$$

可以写成

$$p\left(x, u, v\right)=\exp\left\{vs\left(x, u\right)-\frac{u}{2}r\left(x, u\right)-\psi\right\}, \tag{9.107}$$

其中令

$$u=\frac{1}{\sigma^2}, \quad v=\mu, \tag{9.108}$$

$$s\left(x, u\right)=u\bar{x}, \quad r\left(x, u\right)=-\frac{u}{2}\bar{x}^2, \tag{9.109}$$

$$\bar{x}=\sum_{i=1}^{m}x_i, \quad \bar{x}^2=\sum_{i=1}^{m}x_i^2. \tag{9.110}$$

因为

$$s'\left(x, u\right)=\frac{1}{u}s\left(x, u\right) \tag{9.111}$$

是 s 的函数, 有效得分为

$$l_E(x, u)=r'-E\left[r' \mid s\right]. \tag{9.112}$$

这是 $\bar{x}^2$ 向与 $\bar{x}$ 正交的子空间的正交投影. 估计函数为

$$l_E\left(x, u\right)=\frac{1}{u}-\frac{1}{m-1}\left(\bar{x}^2-\frac{1}{m}\bar{x}^2\right), \tag{9.113}$$

其中不包括 k. 因此, 这给出了一个有效的估计量,

$$\hat{\sigma}^2=\frac{1}{N}\sum\hat{\sigma}_i^2, \tag{9.114}$$

$$\hat{\sigma}_i^2 = \frac{1}{m-1}\left[\left(\bar{x}^2\right)_i - \frac{1}{m}\left(\bar{x}\right)_i^2\right]. \tag{9.115}$$

这是不同于 MLE 的最佳估计量. 当测量的数量 m_i 不同时, 我们可以用类似的方式解决问题.

2. 使用 N 个标量的样本权重

接下来考虑有 N 个具有不同未知误差协方差的标量的情况. 在这种情况下, 我们只有一个样本, 想知道它的权重. 用每一个标量测量它的权重 m 次. 在这种情况下, 令

$$u = \mu, \quad v_i = \frac{1}{\sigma_i^2}, \tag{9.116}$$

所以, 对于一个标量, 概率密度是

$$p\left(x, u, v\right) = \exp\left\{-\frac{v}{2}\sum\left(x_i - u\right)^2 - \psi\right\}. \tag{9.117}$$

在这种情况下, 有

$$s = -\frac{1}{2}\sum_{i=1}^{k}\left(x_i - u\right)^2 = -\frac{1}{2}\left(\bar{x}^2 - 2u\bar{x} + u^2\right), \tag{9.118}$$

$$r = 0. \tag{9.119}$$

我们可以检验 s' 是否正交于 s, 因此有效得分为

$$\dot{l}_E(x, u) = (\bar{x} - u)h(s), \tag{9.120}$$

其中 h 是一个任意函数. 如果固定 $h(s)$, 那么估计量是

$$\hat{u} = \frac{\sum h\left(s_i\right)\bar{x}_i}{\sum h\left(s_i\right)}. \tag{9.121}$$

最佳 h 取决于未知 $k(v)$,

$$h(s) = E\left[v\left|s\right.\right], \tag{9.122}$$

但任何 h 都会给出一个渐近一致的估计值. 这个简单的问题竟然有如此复杂的结构, 实在令人惊讶.

9.5.4 单个神经元的时间放电模式

考虑一个随机放电信号的单个神经元. 假设它在 $t_1, t_2, \cdots, t_{n+1}$ 放电, 它们都是随机变量. 峰值的间隔是

$$T_i = t_{i+1} - t_i, \quad i = 1, 2, \cdots. \tag{9.123}$$

显然, 当放电率高时, 间隔很短. 时间放电模式的最简单模型是所有 T_i 都是独立的, 服从指数分布

$$q(T, v) = v \exp\{-vT\}, \tag{9.124}$$

其中 v 是放电率. 尖峰的数量服从泊松分布 (Poisson distribution). 然而, 由于不应性的影响, T_i 在现实中并不是独立的. 众所周知, 伽马分布 (Gamma distribution) 很吻合,

$$p(T, v, \kappa) = \frac{(v\kappa)^{\kappa}}{\Gamma(\kappa)} T^{\kappa-1} \exp\{-v\kappa T\}, \tag{9.125}$$

其中包括另一个参数 κ, 称为形状参数. 这是我们感兴趣的参数, 所以我们让 $u = \kappa$, 而 v 是一个冗余的参数. T_i 的平均值和方差为

$$E[T] = \frac{1}{v}, \quad \mathrm{Var}[T] = \frac{1}{\kappa v^2}. \tag{9.126}$$

参数 κ 代表尖峰间隔的不规则性. 当 κ 较大时, 尖峰有规律地发射, 间隔几乎相同; 当 $\kappa = 1$ 时, T_i 是独立的; 当 κ 较小时, 不规则性增大.

给定观测数据 $\{T_1, \cdots, T_n\}$, 参数 k 和 v 很容易估计, 这是一个简单的估计问题. 而在实际实验中, 放电率 v 随时间变化, 但形状参数 κ 是固定的, 这取决于神经元的类型. 因此, 我们把 v 看作一个随时间变化的冗余参数, 而 κ 是感兴趣的参数. 这是一个典型的 Neyman-Scott 问题.

假设 v 连续两次取相同的值. (对于 $m \geqslant 2$ 可以连续 m 次, 但我们考虑最简单的情况) 所以我们收集两个观测值 T_{2k-1} 和 T_{2k}, 并将它们放入一个盒子中. 因此, 第 k 个观测值是 $T_k = (T_{2k-1}, T_{2k})$. 一个盒子中的两个区间边界 T_{2k-1}, T_{2k} 服从相同的分布

$$p(T_k, v_k, \kappa) = \prod_{i=1}^{m} p(T_i, v_k, \kappa), \tag{9.127}$$

其中 v_k 可以在每个盒子中任意改变.

我们计算 u-得分和 v-得分为

$$u(T) = \frac{\partial \log p(T, v, \kappa)}{\partial \kappa}, \quad v(T) = \frac{\partial \log q(T, v, \kappa)}{\partial v}. \tag{9.128}$$

在这种情况下, 经过计算 (Miura et al., 2006), 可以得到有效得分为

$$u_E(T,\kappa)=\sum\log T_i-m\log\left(\sum T_i\right)+m_\phi(mk)-m_\phi(\kappa),\tag{9.129}$$

其中

$$\phi(\kappa)=\frac{d}{d\kappa}\Gamma(\kappa)\tag{9.130}$$

是双伽马函数. 因为这不包括 v, 所以它是最佳估计函数, 估计方程是

$$\sum u_E(T_i,\kappa)=0.\tag{9.131}$$

估计函数中使用的统计数据总结如下

$$S=-\frac{1}{n-1}\sum_i\frac{1}{2}\log\frac{4T_iT_{i+1}}{(T_i+T_{i+1})^2},\tag{9.132}$$

其中包括所有信息.

Shinomoto 等 (2003) 提议使用另一种统计方法,

$$L_V=3-\frac{12}{n-1}\sum\frac{T_iT_{i+1}}{(T_i+T_{i+1})^2}.\tag{9.133}$$

有趣的是, 这两个统计数据来自相同的两个连续时间间隔,

$$\frac{4T_iT_{i+1}}{(T_i+T_{i+1})^2}.\tag{9.134}$$

(9.132) 中的统计量是几何平均数, 而 Shinomoto 的 L_v 是算术平均数. 从估计效率的角度来看, S 在理论上是最好的, 但 L_v 可能更具鲁棒性.

注 Neyman-Scott 问题是一个有趣的估计问题. 看起来很简单, 但很难得到最优解. 统计学家多年来一直在努力解决这个问题, 寻找最优解. 1984 年, 当戴维 • 考克斯爵士访问日本时, 将这个问题作为有趣的未解决问题之一进行了讨论. 我认为这是对信息几何的一个很好的挑战. 如果信息几何能够为其提供一个很好的答案, 那将是很棒的.

它与一个广义半参数问题有关. 由于我们需要一个无限维的函数空间, 所以很难构建一个数学上的严格理论. Bickel 等 (1994) 通过使用函数分析建立了一个严格的半参数估计理论. 在理解 Neyman-Scott 问题的结构方面, 信息几何可以更加明显. 我们成功地获得了一套完整的估计函数.

信息几何理论是有用的, 即使缺乏严谨的数学基础. 它可以解决许多著名的 Neyman-Scott 问题. 当我在东京大学临近正式退休时, 我认为即使这些结果存在数学缺陷, 也应予以公布. 所以我们向伯努利提交了一篇论文. 审稿人指出函数空间的给出缺乏数学论证. 然而, 编辑 Ole Barndorff-Nielsen 认为, 即使没有严格的证明, 这也是一篇有趣且有用的论文. 因此, 他决定本着实验数学的精神, 只要用命题和证明概要的风格取代定理-证明的风格, 就可以接受.

当时我们没有很多好例子, 但是后来我们发现了很多例子, 包括神经突峰分析和独立成分分析, 后者将在第 13 章中展示.

第 10 章　线性系统和时间序列

时间序列是随机变量 $x_t, t = \cdots, -1, 0, 1, 2, \cdots$ 的序列, 它是时间的函数. 本章讨论了当白噪声应用于线性系统的输入时, 线性系统所产生的遍历时间序列. 我们研究了时间序列的流形的几何结构, 可以用线性系统识别时间序列来产生它. 然后, 将时间序列的几何与线性系统的几何进行了识别, 这对研究控制问题具有重要意义. 为了简单起见, 我们只研究具有单输入和单输出的离散时间稳定系统, 在原则上推广并不困难. 所有时间序列的集合具有无限维的自由度, 因此尽管它在有限维系统和相关时间序列的情况下是有充分根据的, 我们的处理是直观的, 而不是数学上的严格.

10.1　固定时间序列和线性系统

考虑一个时间序列 $\{x_t\}$, 其中 t 表示离散时间, $t = 0, \pm1, \pm2, \cdots$. 高斯白噪声 $\{\varepsilon_t\}$ 是最简单的噪声之一, 它由独立的高斯随机变量组成, 均值为 0 且方差为 1, 因此

$$E = [\varepsilon_t, \varepsilon_{t'}] = 0, \quad t \neq t', \quad E = \left[\varepsilon_t^2\right] = 1. \tag{10.1}$$

假设 x_t 的均值等于 0. 对于任何 τ , 当 $\{x_t\}$ 的概率与其时移形式 $\{x_{t+\tau}\}$ 相同时, 时间序列是平稳的. 更重要的是, 我们考虑遍历时间序列.

遍历定理　对于遍历时间序列 $\{x_t\}$, x_t 的函数 $f(x_t)$ 的时间平均值以 1 概率收敛于总体均值.

$$\lim_{T\to\infty} \frac{1}{(2T+1)} \sum_{i=-T}^{T} f(x_i) = E[f(x_t)]. \tag{10.2}$$

考虑一个离散时间线性系统, 它将输入时间序列线性地变换为输出时间序列 (图 10.1). 当输入为高斯白噪声 $\{\varepsilon_t\}$ 时, 输出 $\{x_t\}$ 为输入的线性组合,

$$x_t = \sum_{i=-T}^{T} h_i \varepsilon_{t-i}. \tag{10.3}$$

图 10.1　线性系统和生成的时间序列

系统由参数序列刻画,

$$h = (h_0, h_1, h_2, \cdots), \tag{10.4}$$

称为系统的脉冲响应. 假设

$$\sum h_i^2 < \infty, \tag{10.5}$$

因为

$$E[x_i^2] = \sum h_i^2. \tag{10.6}$$

当输入是上述输入时, 输出序列是平稳的.

我们引入一个时移算子 z, 即

$$z\varepsilon_t = \varepsilon_{t+1}, \quad z^{-1}\varepsilon_t = \varepsilon_{t-1}. \tag{10.7}$$

(10.3) 记为

$$x_t = \sum_{i=0}^{\infty} h_i z^{-i}\varepsilon_t. \tag{10.8}$$

通过定义

$$H(z) = \sum_{i=0}^{\infty} h_i z^{-i}, \tag{10.9}$$

输出为

$$x_t = H(z)\varepsilon_t. \tag{10.10}$$

当 $H(z)$ 被视为复数 z 的函数时, 它被称为系统的传递函数, 而不是时移算子. 假设 $H(z)$ 在 $|z| \geqslant 1$ 区域中是可解析的.

广义上定义遍历时间序列 $\{x_t\}$ 的傅里叶变换为

$$X(\omega) = \lim_{T\to\infty} \frac{1}{2T} \sum_{t=-T}^{T} x_t e^{-i\omega t}. \tag{10.11}$$

那么, $X(\omega)$ 是一个频率为 ω 的复值随机函数, 其绝对值

$$S(\omega) = |X(\omega)|^2 \tag{10.12}$$

称为功率谱, 是 ω 的确定性函数, 但 $X(\omega)$ 的相是随机的, 在 $[-\pi, \pi]$ 上均匀分布. 假设

$$\int_{-\pi}^{\pi} |\log S(\omega)|^2 d\omega < \infty. \tag{10.13}$$

$\{x_t\}$ 的功率谱用传递函数表示为

$$S(\omega) = \left|H(e^{i\omega})\right|^2. \tag{10.14}$$

反之, 给定一个具有功率谱 $S(\omega)$ 的时间序列 $\{x_t\}$, 我们要确定一个系统 $H(z)$. 这样的系统是存在的, 但不是唯一的. 当 $H(z) \neq 0$ 在 z 的单位圆外 (即 $|z| > 1$) 时, 该系统是唯一确定的. 它是一个最小相位的系统. 在此条件下, 遍历时间序列集、功率谱集 $S(\omega)$ 和传递函数集 $H(z)$ 之间存在一一对应关系. 它们形成了一个无限维流形 L, 我们后面会展示它们的坐标.

10.2 典型时间序列的有限维流形

我们举出有限维系统或时间序列的典型例子.

1. 自回归模型 (AR 模型)

自回归 (AR) 模型是由白噪声 $\{\varepsilon_t\}$ 产生的时间序列

$$a_0 x_t = -\sum_{i=1}^{p} a_i x_{t-i} + \varepsilon_t, \quad a_0 \neq 0. \tag{10.15}$$

这是一个阶为 p 的 AR 模型, 用 AR(p) 表示, 其中 x_t 是过去 p 值 $x_{t-1}, \cdots, x_{t-p}$ 的线性组合 (加权和) 加上一个新的高斯噪声 ε_t, 称创新. 一个系统由 $p+1$ 个参数 $a = (a_0, a_1, \cdots, a_p)$ 指定.

传递函数为

$$H(z) = \frac{1}{\sum_{i=0}^{p} a_i z^{-i}}, \tag{10.16}$$

功率谱是

$$S(\omega; a) = \left|\sum_{t=0}^{p} a_t e^{i\omega t}\right|^{-2}. \tag{10.17}$$

2. 移动平均模型 (MA 模型)

阶为 q 的移动平均 (MA) 模型是由白噪声生成的时间序列

$$x_t = \sum_{i=1}^{q} b_i \varepsilon_{t-i}, \tag{10.18}$$

其中 $b=(b_1,\cdots,b_q)$ 是参数. 现在的 x_t 是由过去 q 个噪声值的加权平均数给出的. 其传递函数和功率谱分别为

$$H(z)=\sum_{i=1}^{q}b_iz^{-i}, \tag{10.19}$$

$$S(\omega)=\left|\sum b_te^{i\omega t}\right|^2. \tag{10.20}$$

3. 自回归移动平均模型 (ARMA 模型)

阶为 (p,q) 的 ARMA 模型是 AR 模型和 MA 模型的串联, 由下式给出

$$x_t=-\sum_{i=0}^{p}a_ix_{t-i}+\sum_{i=1}^{q}b_i\varepsilon_{t-i}, \tag{10.21}$$

其传递函数和功率谱分别由下式给出

$$H(z)=\frac{\sum\limits_{i=1}^{q}b_iz^{-i}}{\sum\limits_{i=0}^{p}a_iz^{-i}}, \tag{10.22}$$

$$S(\omega;a,b)=\left|\frac{\sum b_te^{i\omega t}}{\sum a_te^{i\omega t}}\right|^2. \tag{10.23}$$

以上三种方法是时间序列分析中常用的方法. 传递函数为 z^{-1} 的有理函数.

线性系统的连续时间形式用于控制系统理论, 其中时间 t 是连续的, 时移算子 z 被微分算子 $s=d/dt$ 代替. 对于输入 $u(t)$, 系统的输入-输出关系描述为

$$x(t)=H(s)u(t), \tag{10.24}$$

信息几何给出了类似的理论.

10.3　系统流形的对偶几何结构

我们将黎曼度量和对偶平坦仿射联络引入线性系统的流形 L. 由于 L 是无限维的, 我们的理论是直观的. $\{x_t\}$ 的傅里叶变换 $X(\omega)$ 给出了频率 ω 表示的复值高斯随机变量. 我们可以证明当 $\omega\neq\omega'$ 时, $X(\omega)$ 和 $X(\omega')$ 是独立的, 所以有

$$E\left[|X(\omega)X(\omega')|\right]=\begin{cases}S(\omega), & \omega'=\omega,\\ 0, & \omega'\neq\omega.\end{cases} \tag{10.25}$$

对于 (10.11) 的复数随机变量 $X(\omega)$, 相是均匀分布的. 因此, 我们可以将其概率密度记为

$$p(X;S) \approx \exp\left\{-\frac{1}{2}\int_{-\pi}^{\pi}\frac{|X(\omega)|^2}{S(\omega)}d\omega - \psi(S)\right\}. \tag{10.26}$$

这是一个指数族, 其中随机变量是 $X(\omega)$, 由 ω 表示的自然参数是

$$\theta(\omega) = \frac{1}{S(\omega)}. \tag{10.27}$$

这是 e-平坦坐标, 期望参数为

$$\eta(\omega) = -\frac{1}{2}E\left[|X(\omega)|^2\right] = -\frac{1}{2}S(\omega), \tag{10.28}$$

也就是 m-平坦坐标. 我们把概率密度改写成

$$p(X;\theta) = \exp\left\{-\frac{1}{2}\int \theta(\omega)\,|X(\omega)|^2\,d\omega - \psi(\theta)\right\}. \tag{10.29}$$

两个对偶耦合的势函数分别是

$$\psi(\theta) = \frac{1}{2}\int \log\{-\theta(\omega)\}\,d\omega - \frac{\pi}{2} = \frac{1}{2}\int \log S(\omega)d\omega - \frac{\pi}{2}, \tag{10.30}$$

$$\varphi(\eta) = -\frac{1}{2}\int \log\{-2\eta(\omega)\}\,d\omega - \frac{\pi}{2} = -\frac{1}{2}\int \log S(\omega)d\omega - \frac{\pi}{2}, \tag{10.31}$$

它们满足

$$\psi(\theta) + \varphi(\eta) - \int \theta(\omega)\eta(\omega)d\omega = 0. \tag{10.32}$$

黎曼度量通过微分从 (10.30) 开始计算,

$$g(\omega,\omega') = \frac{\partial^2}{\partial\theta(\omega)\partial\theta(\omega')}\psi(\theta), \tag{10.33}$$

因此我们有

$$g(\omega,\omega') = \begin{cases} \dfrac{1}{2}S^2(\omega), & \omega = \omega', \\ 0, & \omega \neq \omega'. \end{cases} \tag{10.34}$$

这是对角形, 因此偏差 $\delta\theta(\omega)$ 长度的平方写成

$$\|\delta\theta(\omega)\|^2 = \frac{1}{2}\int S^2(\omega)\left\{\delta\theta(\omega)\right\}^2 d\omega, \tag{10.35}$$

或者用 $S(\omega)$ 来表示

$$\|\delta S(\omega)\|^2 = \frac{1}{2}\int \frac{\left\{\delta S(\omega)\right\}^2}{S^2(\omega)} d\omega = \frac{1}{2}\int \left\{\delta \log S(\omega)\right\}^2 d\omega. \tag{10.36}$$

因此, 度量是欧几里得的.

利用两个系统的功率谱, 两个系统之间的 KL 散度可以表示为

$$\mathrm{KL}\left[S_1 : S_2\right] = D_{-1}\left[S_1 : S_2\right] = \frac{1}{2\pi}\int_{-\pi}^{\pi}\left(\frac{S_1}{S_2} - 1 - \log\frac{S_1}{S_2}\right)d\omega. \tag{10.37}$$

Shannon 熵由下式给出

$$H_s = \frac{1}{4\pi}\int \log S(\omega)d\omega + \frac{1}{2}\log(2\pi e). \tag{10.38}$$

我们将傅里叶级数的 e-仿射坐标 $S^{-1}(\omega)$ 展开为

$$S^{-1}(\omega) = \sum_{t=0}^{\infty} r_t e_t(\omega) \tag{10.39}$$

和 m-的仿射坐标 $S(\omega)$ 展开为

$$S(\omega) = \sum_{t=0}^{\infty} r_t^* e_t(\omega), \tag{10.40}$$

其中基函数是正弦的

$$e_0(\omega) = 1, \quad e_t(\omega) = 2\cos\omega t, \quad t = 1, 2, \cdots. \tag{10.41}$$

由于生成系数 $\{r_t\}$ 和 $\{r_t^*\}$ 分别是 $\theta(\omega)$ 和 $\eta(\omega)$ 的线性变换, 我们可以把它们作为新的 θ-坐标和 η-坐标.

已知系数 r_t^* 表示为

$$r_t^* = E\left[x_s x_{s-t}\right], \tag{10.42}$$

称为自相关系数. 因此, m-坐标是自相关系数.

$H(z)$ 的逆系统是 $H^{-1}(z)$, 它是通过颠倒输入和输出获得的. 其功率谱为 $S^{-1}(\omega)$. 因此, r_t 是逆系统的自相关系数. 它们被称为逆自相关. 逆自相关形成 e-平坦坐标系.

值得注意的是, r_t 和 r_s^* 是正交的,

$$\langle e_t, e_s^* \rangle = 0, \tag{10.43}$$

其中 e_t 是 r_t 坐标轴的切向量, e_s^* 是 r_s^* 坐标轴的切向量. 这意味着 $r_s, s > k$ 是与自相关系数 $r_1^*, \cdots, r_k^*$ 正交的参数. 因此, 它们代表了与 k 以内自相关正交的方向.

用三次张量很容易把 α 连接引入到 L 中,

$$T(\omega, \omega', \omega'') = \frac{\partial^3}{\partial\theta(\omega)\partial\theta(\omega')\partial(\omega'')}\psi(\theta). \tag{10.44}$$

我们可以证明以下定理.

定理 10.1 对于任何具有欧几里得度量 α, L 都是对偶平坦的. α 散度由下式给出

$$D^{(\alpha)}(S_1||S_2) = \begin{cases} \dfrac{1}{2\pi\alpha^2}\displaystyle\int\left\{\left(\frac{S_2}{S_1}\right)^\alpha - 1 - \log\frac{S_2}{S_1}\right\}d\omega, & \alpha \neq 0, \\ \dfrac{1}{4\pi}\displaystyle\int(\log S_2 - \log S_1)^2 d\omega, & \alpha = 0. \end{cases} \tag{10.45}$$

为了证明该定理, 我们引入了功率谱的 α-表示

$$R^{(\alpha)}(\omega) = \begin{cases} -\dfrac{1}{\alpha}S(\omega)^{-\alpha}, & \alpha \neq 0, \\ \log S(\omega), & \alpha = 0. \end{cases} \tag{10.46}$$

然后, 证明其傅里叶系数为 α-平坦坐标. 定理表明, L 是正测度流形 R_+^n 的似然, 而不是概率分布 S_n 的流形.

我们有两个对偶耦合仿射坐标系

$$r = (r_0, r_1, r_2, \cdots), \tag{10.47}$$

$$r^* = (r_0^*, r_1^*, r_2^*, \cdots). \tag{10.48}$$

阶为 p 的自回归模型 AR(p) 刻画为

$$r = (r_p; 0, \cdots, 0), \tag{10.49}$$

其中 $r_p = (r_0, r_1, \cdots, r_p)$. 它由下式线性约束定义在 e-坐标系上

$$r_{p+1} = r_{p+2} = \cdots = 0. \tag{10.50}$$

因此, 它是一个 e-平坦子流形. 此外, 所有不同阶的 AR 模型的族构成了一个递阶系统.

$$\mathrm{AR}(0) \subset \mathrm{AR}(1) \subset \mathrm{AR}(2) \subset \cdots. \tag{10.51}$$

白噪声 $S(\omega) = 1$ 属于 AR(0), 其坐标为 $r = (1, 0, 0, \cdots)$.

阶为 q 的 MA 模型, MA(q), 刻画为

$$r^* = (r_q^*; 0, \cdots, 0), \tag{10.52}$$

其中 $r_q^* = (r_0^*, r_1^*, \cdots, r_q^*)$. 它在 m-坐标系中的定义是

$$r_{q+1}^* = r_{q+2}^* = \cdots = 0. \tag{10.53}$$

因此, 它是一个 m-平坦子流形, 不同阶的 MA 模型构成了一个递阶系统

$$\mathrm{MA}(0) \subset \mathrm{MA}(1) \subset \mathrm{MA}(2) \subset \cdots. \tag{10.54}$$

10.4　AR, MA, ARMA 模型的几何图形

AR 模型: 阶为 p 的 AR 模型, 即 AR(p), 是一个由 (10.15) 中的 a 决定的有限维模型. 通过扩展其功率谱 $S(\omega; a)$ 的逆, 我们可以得到

$$S^{-1}(\omega; a) = \sum_{t=0}^{p} r_t e_t(\omega). \tag{10.55}$$

AR(p) 的 m-仿射坐标是自相关系数 $r = (r_0, r_1, \cdots, r_p)$. 然而, 高阶系数 r_{p+1}, $r_{p+2}, \cdots$不是 0, 尽管它们不是自由的, 而是由 r 决定的. 给定具有自相关 $r_0, r_1, r_2, \cdots$ 的功率谱 $S(\omega)$ 的系统, 我们考虑 AR(p) 中的系统, 其取决于 $r_1, \cdots, r_p$ 自相关与 $S(\omega)$ 是相同的, 并且其高阶自相关 $r_{p+1}, \cdots$ 是 0. 称为 $S(\omega)$ 的 p 阶随机实现. 我们用 $S_p^{\mathrm{AR}}(\omega)$ 表示它的功率谱. 具有相同自相关且取决于 $r_1, \cdots, r_p$ 的系统集形成一个 m-平坦子流形, 因为它们在 m-坐标中第一个 p 有相同的值, 但其他的是自由的. 我们用 $M_p(r)$ 表示. $S_p^{\mathrm{AR}}(\omega)$ 是 m-平坦子流形 $M_p(r)$ 和子流形 AR(p) 的交点. 这两个子流形是正交的. 因此, $S_p^{\mathrm{AR}}(\omega)$ 由 $S(\omega)$ 到 AR(p) 的 m-投影给出, 见图 10.2.

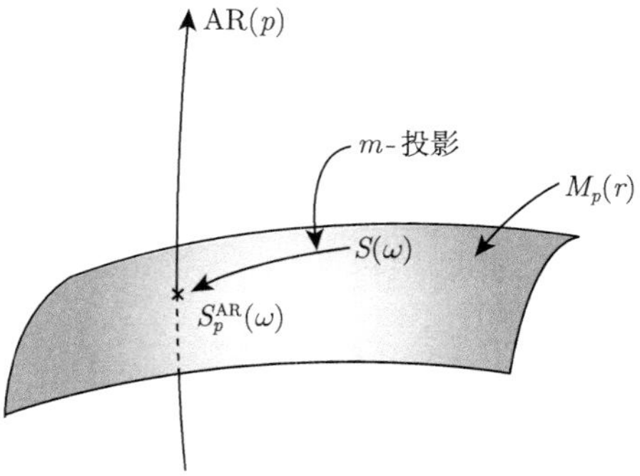

图 10.2 $S(\omega)$ 到 p 阶自相关的随机实现

设 $S_0(\omega)$ 为白噪声, 由下式给出

$$S_0(\omega) = 1. \tag{10.56}$$

对于任何 p 都属于 AR(p). 从勾股定理, 我们有

$$D_{\mathrm{KL}}\left[S : S_0\right] = D_{\mathrm{KL}}\left[S : S_p^{\mathrm{AR}}\right] + D_{\mathrm{KL}}\left[S_p^{\mathrm{AR}} : S_0\right]. \tag{10.57}$$

随机实现通过熵的最大化刻画.

定理 10.2 (最大熵) 随机实现 $S_p^{\mathrm{AR}}(\omega)$ 是所有具有相同 $r = (r_1, \cdots, r_p)$ 的系统中熵最大的一个.

证明 由 (10.38) 可知, 我们有

$$D_{\mathrm{KL}}\left[S(\omega) : S_0(\omega)\right] = -2H(s) + \log(2\pi e) + c_0 - 1. \tag{10.58}$$

从关系式 (10.57), 我们看到对所有 $\tilde{S}(\omega) \in M_p(r)$, S_p^{AR} 是 $D_{\mathrm{KL}}[\tilde{S} : S_0]$ 的极小值. 然而, $D_{\mathrm{KL}}[\tilde{S} : S_0]$ 与负熵 H_s 相关:

$$D_{\mathrm{KL}}\left[S : S_0(\omega)\right] = D_{\mathrm{KL}}\left[S : S_p^*\right] + D_{\mathrm{KL}}[S_p^* : S_0] = -2H(s) + \text{const}. \tag{10.59}$$

因此, S_p^{AR} 是所有具有 $r_1, \cdots, r_p$ 的系统中的熵的最大值. □

MA 模型: 类似的讨论也适用于 MA(q) 族. 它们是 m-平坦的, MA(q) 是由约束条件定义的

$$r_{q+1} = r_{q+2} = \cdots = 0. \tag{10.60}$$

我们可以在 MA(q) 中定义系统 $S(\omega)$ 的对偶随机实现, 也就是 AR(q) 中的系统, 其逆自相关 $r_0^*, r_1^*, \cdots, r_q^*$ 与取决于 q 给定的 $S(\omega)$ 相同. 有趣的是下面的最小熵定理.

定理 10.3 (最小熵)　对偶随机实现 $S_q^{\mathrm{MA}}(\omega)$ 是在具有相同的逆自协方差 $r_1^*, \cdots, r_q^*$ 所有系统中熵最小化的一个.

证明　我们从勾股定理中得出

$$D_{\mathrm{KL}}\left[S_0 : S\right] = D_{\mathrm{KL}}\left[S_0 : S_q^{\mathrm{MA}}\right] + D_{\mathrm{KL}}\left[S_q^{\mathrm{MA}} : S\right]. \tag{10.61}$$

现在我们看到

$$D_{\mathrm{KL}}\left[S_0 : S\right] = H_s + \mathrm{const.} \tag{10.62}$$

因此, 最小化 $D_{\mathrm{KL}}\left[S_0 : S\right]$ 等价于最小化熵, 证明了该定理. □

有人可能会说, 勾股定理或投影定理比最大熵原理更基本.

ARMA 模型: 由 (10.21) 给出的阶为 p, q 的 ARMA 模型. 这是 L 的一个有限维子集, 它们构成了一个对偶递阶系统. 然而, 它们既不是 e-平坦也不是 m-平坦. 此外, 由于它包括奇异点, 这个集合不是数学意义上的子流形. 我们通过一个简单的例子来说明. 可以把 ARMA(1, 1) 描述为

$$x_t = a x_{t-1} + \varepsilon_t + b\varepsilon_{t-1}. \tag{10.63}$$

它的传递函数为

$$H(z) = \frac{1 + bz^{-1}}{1 + az^{-1}}. \tag{10.64}$$

参数 (a, b) 充当坐标, 其中由于系统的稳定性, $|a| < 1, |b| < 1$ 满足. 但是, 在对角线 $a = b$ 上, 所有系统都是等价的, 因为 (10.64) 的分子和分母相互抵消. 因此, 所有满足 $a = b$ 的系统都是相同的, 简单地说, 由 $H(z) = 1$ 给出.

我们把等价系统简化为一点. 然后, 如图 10.3 所示, AR(1, 1) 集由一个奇点连接的两个子集 (子流形) 组成. 在任何 ARMA(p, q) 中, 当 (10.22) 的分子和分母中包含相互抵消的相同因子时, 就会发生这种类型的简化. Brockett(1976) 指出了这个事实. 我们将在讨论多层感知器的第 12 章后面处理这种奇异性.

注　线性系统和时间序列有很长的研究历史, 在其领域中有高度组织的结构. 因此, 我们只从信息几何的角度来讨论它们, 而不解释细节. 由于使用高斯白噪声作为输入, 我们的研究只包括最小相位系统. 我们需要非高斯白噪声来克服这个困难. 有限维时间序列和系统在数学上有很好的基础, 但如果我们想处理无限维的情况, 我们就缺乏严格的数学基础. 其难度与无限维概率分布流形的情况相

同. 本研究将成为研究系统信息几何的一个起点. 参见 Ohara 和 Amari (1994) 的实验.

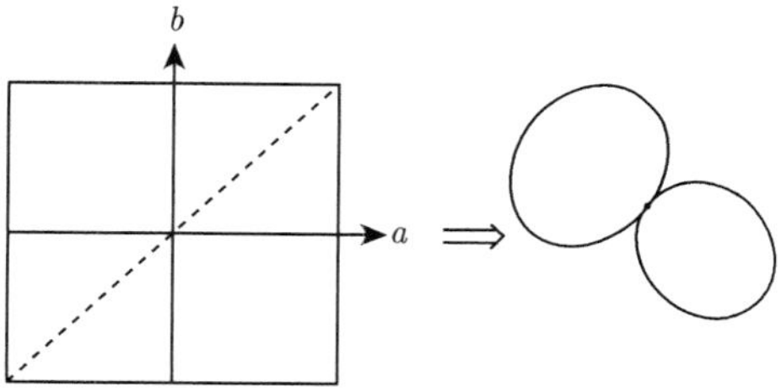

图 10.3 (1, 1)ARMA 模型的奇异性

有一个统计学问题, 即从有限大小的时间序列样本 $x_1, x_2, \cdots, x_T$ 的观测值中进行估计. 我们可以通过使用适当阶的 AR, MA 和 ARMA 或许多其他模型来确定产生样本的模型. 样本不是独立同分布的, 但我们可以构建一个类似的估计理论. 已经构建了一个高阶渐近理论, 详见 (Amari and Nagaoka, 2000; Taniguchi, 1991). AR 模型是一个 e-平坦流形, 只要我们考虑无限长的时间序列 $x_t, t = 0, \pm 1, \pm 2, \cdots$. 然而, 由于 x_t 初始值和最终值的影响, 当只观察到 $x_0, x_1, \cdots, x_T$ 时, 它是一个曲线指数族, 见 Ravishanker 等 (1990) 和 Martin (2000) 的应用, 以及 Choi 和 Mullhaupt (2015) 使用 Khälerian 几何学的最新发展.

有趣的是, ARMA 模型包含奇点. Brockett (1976) 指出, 传递函数是有理函数, 阶为 p 的分母和阶为 q 的分母的线性系统集合被分解为许多不相交的分量. 这是线性系统集合的拓扑结构. 当化简时, 分子和分母的阶次降低. R. Brockett 将这种低阶系统排除在这套系统之外. 然而, 低阶系统是高阶系统的一个特例. 因此, 如果我们考虑有一个小于或等于 p 阶和一个小于或等于 q 阶的有理数系统, 这个集合就会分裂成多个分量, 这些分量由降低阶数的奇点连接.

我们考虑过形成流形的正则统计模型. 然而, 很多重要的统计模型都包含了这种类型的奇点. 当真正的模型位于或接近奇点时, 估计量的行为是有趣的. 参见 (Fukumizu and Kuriki, 2004). 我们在第 12 章研究多层感知器, 考虑奇点如何影响学习的动态.

我们没有研究多输入和多输出系统. 具有 n 个输入和 m 个输出的线性系统的流形是一个 Grassmann 流形. 从几何的角度来看, 这是另一个有趣的研究课题.

一个马尔可夫链产生一个无限的状态序列

$$\{x_t\}, \quad t = 0, \pm 1, \pm 2, \cdots, \tag{10.65}$$

其中 x_t 是一个状态, x_{t+1} 是由状态转移矩阵 $p(x_{t+1}|x_t)$ 随机确定的. 将 AR 模

型视为马尔可夫链. 马尔可夫链是一个指数族, 所以它是对偶平坦的. 我们可以构建一个类似的几何理论 (Amari, 2001). 然而, 如果我们考虑观察值的有限范围 $0 \leqslant t \leqslant T$, 由于初始值和最终值的影响, 马尔可夫链 $\{x_t\}, 0 \leqslant t \leqslant T$ 是一个曲线指数族. 它的 e-曲率以 $1/T$ 阶递减, 当 T 趋于无穷大时收敛为 0. 关于马尔可夫链的信息几何, 见 (Amari, 2001), 以及 (Hayashi and Watanabe, 2014). Takeuchi (2014) 使用 e-曲率来评估估计的渐近误差, 这也与马尔可夫链的最小遗憾有关 (Takeuchi et al., 2013).

第四部分

信息几何学的应用

第 11 章 机器学习

11.1 聚类模式

模式分很多类别. 模式识别即识别给定模式的类别. 当一个散度定义在模式的流形中, 分类是通过使用散度来实现的. 第一个问题是获取聚类模式的代表, 该模式称为聚类中心. 将模式分类成集群, 模式识别会基于散度的接近度, 来确定模式的应属类别.

另外, 将未标记的模式集合划分为一组集群, 这就是聚类问题. 结合散度, 提出一种通用的 k-均值方法. 整个模式空间基于聚类表示划分为各个区域. 这种划分称为基于散度的 Voronoi 图. 当模式根据概率分布随机生成时, 其概率分布取决于每个类别, 这时, 可以得出上述问题的随机形式. 信息几何有助于从散度方面理解这些问题.

11.1.1 模式空间和散度

考虑由向量 x 表示的模型, 它们属于模式流形 X, 讨论散度 $D[x:x']$ 定义在两个模式 x 和 x' 之间的情况. 在欧几里得空间中可得

$$D[x:x'] = \frac{1}{2}(x-x')^2, \tag{11.1}$$

也就是欧几里得距离平方的一半. 我们考虑由布雷格曼散度 (Bregman divergence) 引起的一般对偶平坦流形. 为了表示方便, 假设模式 x 在对偶仿射坐标系中, 由 η 坐标表示为

$$\eta = x, \tag{11.2}$$

且 x 和 x' 之间的对偶散度

$$D_\phi[x:x'] = \phi(x) - \phi(x') - \nabla\phi(x')\cdot(x-x') \tag{11.3}$$

由对偶凸函数 ϕ 构成.

随后, 根据勒让德 (Lengendre) 变换给出的原仿射坐标系 θ 为

$$\theta = \nabla\phi(\eta) = \frac{\partial}{\partial\eta}\phi(\eta). \tag{11.4}$$

由勒让德关系可知, 原凸函数 $\psi(\theta)$ 为

$$\psi(\theta) = -\phi(\eta) + \theta \cdot \eta, \tag{11.5}$$

$$\eta = \nabla \psi(\theta). \tag{11.6}$$

11.1.2 聚类中心

设 C 是由 k 个模式 $x_1, \cdots, x_k$ 组成的聚类. C 的代表应尽可能接近 C 中所有成员 (图 11.1). 为获得该代表, 我们计算了聚类成员到点 η 的对偶散度的平均值, 如下所示

$$D_\phi[C:\eta] = \frac{1}{k}\sum_{x_i \in C} D_\phi[x_i:\eta]. \tag{11.7}$$

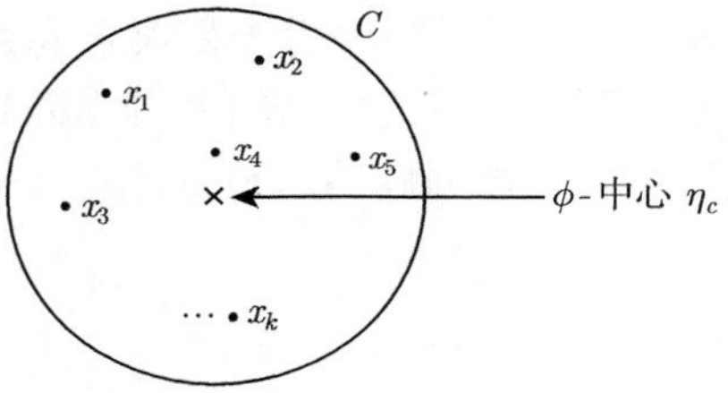

图 11.1 聚类 C 的 ϕ-中心

由于散度 D_ϕ, (11.7) 的极小值称为聚类 C 的 ϕ-中心 (ϕ-center). 如果我们使用 θ-坐标, 则记为

$$D_\psi[\theta:C] = \frac{1}{k}\sum D_\psi[\theta:\theta_i], \tag{11.8}$$

其中, θ_i 为 η_i 的 θ-坐标. 以下定理由 Banerjee 等 (2005) 提出.

定理 11.1 聚类 C 的 ϕ-中心如下

$$\eta_C = \frac{1}{k}\sum x_i \tag{11.9}$$

对任何 ϕ.

证明 关于 η 对 (11.7) 求导并运用式 (11.3), 得出

$$\frac{\partial}{\partial \eta} D[C:\eta] = \frac{1}{k}\sum G^{-1}(\eta)(x_i - \eta), \tag{11.10}$$

这时

$$G^{-1}(\eta) = \nabla\nabla\phi(\eta) \tag{11.11}$$

是一个正定矩阵. 因此, 极小值由式 (11.9) 可得出. □

对该情况进行概括, 即给出 x 的概率分布 $p(x)$ 而不是聚类 C, 那么分布中心为下式的极小值定义

$$D_\phi [p : \eta] = \int D_\phi [x : \eta] \, p(x) \, dx. \tag{11.12}$$

中心只是 x 对任何 ϕ 的期望

$$\eta_p = \int x p(x) dx. \tag{11.13}$$

11.1.3 *k*-均值: 聚类算法

假设 N 个点 $D = \{x_1, \cdots, x_N\}$, 把它们分成 m 个类, 使得每个类包含相近点. 令 η_h, $h=1,\cdots,m$ 为其中心, 令 $C_1,\cdots,C_m$ 为要形成的类, 当散度 $D_\phi[x_i : \eta_h]$ 是 $D_\phi[x : \eta_1], \cdots, D_\phi[x : \eta_m]$ 中的最小值时, 点 x_i 属于聚类 C_h. 也就是说, η_h 是最接近 x_i 的聚类中心,

$$h = \arg\min_j D_\phi [x_i : \eta_j] . \tag{11.14}$$

令

$$D_\phi [C : D] = \sum_h \sum_{x_i \in C_h} D_\phi [x_i : \eta_h] \tag{11.15}$$

为每个点 x_i 对其所属的聚类中心 η_h 的散度总和. 对于 ϕ-散度最好的聚类是最小化 (11.15). 可以应用众所周知的 k-均值算法, 这通常是通过利用欧氏距离实现的. 由于聚类中心由对偶坐标的算术均值给出, 因此很容易将其推广到对偶平面散度的一般情况. 参见 (Banerjee et al., 2005).

聚类算法 (k-均值方法)

(1) 初始步骤: 任意选择 m 个聚类中心 $\eta_1, \cdots, \eta_m$, 使得它们均不相同.

(2) 分类步骤: 对于每个 x_i, 计算 m 个聚类中心的 ϕ-散度. 将 x_i 分配给类 C_h, 使 ϕ-散度最小化,

$$x_i \in C_h : D_\phi [x_i : \eta_h] = \min_j \{D_\phi [x_i : \eta_j]\} . \tag{11.16}$$

因此, 形成了新聚类 $C_1, \cdots, C_m$.

(3) 更新步骤: 计算更新聚类的 ϕ-中心, 得到新的聚类中心 $\eta_1, \cdots, \eta_m$.

(4) 终止步骤: 重复上述步骤直至收敛.

已知该过程会在有限的步骤内终止, 从而给出一个良好的聚类结果, 尽管不能保证是最优结果. Arthur 和 Vassilvitshii (2007) 提出 k-均值 ++ 方法以选择 η_i 的良好初始值.

11.1.4　Voronoi 图

给出定点 x, 需要找到它所属的类别. 这里通过信息检索或模式分类来决定它所属的类别. 当确定模式 $x \in R_h$ 属于 C_h 时, X 的一个子集 R_h 称为 C_h 的区域. 整个 X 被划分为 m 个区域 $R_1, \cdots, R_m$.

为了解释说明, 我们来看一个由两个类别 C_1 和 C_2 组成的简单例子. 整个 X 被分成两个区域 R_1 和 R_2. 对于 $x \in R_1$,

$$D_\phi[x:\eta_1] \leqslant D_\phi[x:\eta_2]. \tag{11.17}$$

因此, 这两个区域被超曲面 B_{12} 分开, 它是这两个区域的边界,

$$B_{12} = \{x \,|D_\phi[x:\eta_1] = D_\phi[x:\eta_2]\}. \tag{11.18}$$

定理 11.2　分离两个决策域的超曲面是与在对偶测地线中点连接类的两个 ϕ-中心的对偶测地线正交的测地线超平面.

证明　用对偶测地线连接两个 ϕ-中心 η_1 和 η_2,

$$\eta(t) = (1-t)\eta_1 + t\eta_2. \tag{11.19}$$

定义 η_{12} 的中点

$$D_\phi[\eta_{12}:\eta_1] = D_\phi[\eta_{12}:\eta_2]. \tag{11.20}$$

设 B_{12} 为通过 η_{12} 的测地线超曲面 (即 θ 坐标中的线性子空间), 并与对偶测地线正交 (图 11.2). 然后, 根据勾股定理, 超平面上的任意点 x 都满足

$$D_\phi[x:\eta_i] = D_\phi[x:\eta_{12}] + D_\phi[\eta_{12}:\eta_i], \quad i=1,2. \tag{11.21}$$

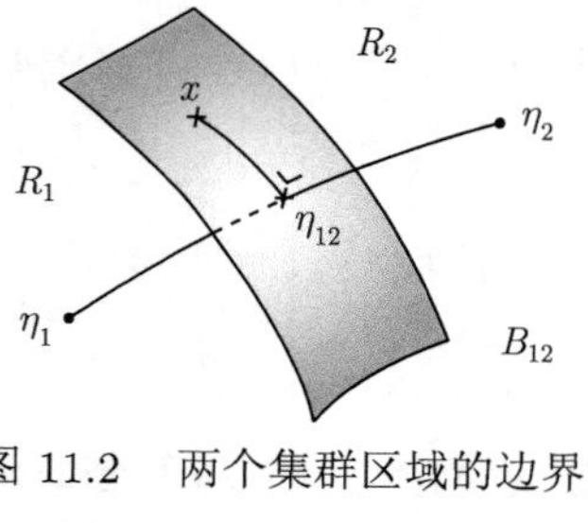

图 11.2　两个集群区域的边界

因此, 我们有

$$D_\phi[x:\eta_1] = D_\phi[x:\eta_2]. \tag{11.22}$$

□

边界表面在 θ-坐标系中是线性的, 而在 η-坐标系中是非线性的. 当散度为欧几里得距离的平方时, η-坐标和 θ-坐标相同, 因此在 η-坐标中边界是线性的. 这是一个特例.

当有 m 个类 $C_1, \cdots, C_m$ 时, X 被分为 m 个区域 $R_1, \cdots, R_m$, 其中, R_i 和 R_j 的边界为测地线超曲面, 满足

$$B_{ij} = \{x | D_\phi[x : \eta_i] = D_\phi[x : \eta_i]\}. \tag{11.23}$$

由 ϕ-散度, 这种划分称为 Voronoi 图 (图 11.3). 详见 (Nielsen and Nock, 2014; Nock and Nielsen, 2009; Boissonnat et al., 2010).

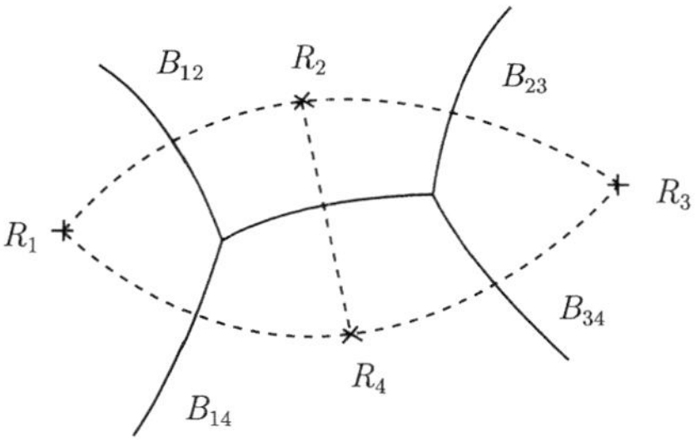

图 11.3 Voronoi 图

11.1.5 分类和聚类的随机版本

1. 与类别相关的概率分布

考虑一个 ϕ-中心为 η_h 的聚类 C_h, 生成概率分布为

$$p_h(x) = \exp\{\phi(x)\}\exp\{-D_\phi[x : \eta_h]\}, \tag{11.24}$$

它以 η_h 为中心, x 的概率密度随着 x 和 η_h 之间的散度的增加而指数级下降.

正如在 2.6 节中所展示的, 它是一个指数族 (Banerjee et al., 2005).

定理 11.3 中心为 η_h 的聚类 C_h 定义了模式 x 的概率分布, 它是一个指数族,

$$p_h(x) = \exp\{\theta_h \cdot x - \psi(\theta_h)\} \tag{11.25}$$

关于基本测度

$$d\mu(x) = \exp\{\phi(x)\}\, dx. \tag{11.26}$$

分布的自然参数 θ_h 是 η_h 的勒让德 (Legendre) 对偶.

2. 软聚类算法

考虑指数族的概率分布的混合,

$$p(x;\xi)=\sum_h \pi_h \exp\{\theta_h\cdot x-\psi(\theta_h)\}, \tag{11.27}$$

其中 π_h 是 x 从类别 C_h 生成的先验概率, 而且是根据许多观测值 $x_1,\cdots,x_N$ 估计出来的未知参数. 这里, 参数向量为

$$\xi=(\pi_1,\cdots,\pi_m;\theta_1\cdots\theta_m). \tag{11.28}$$

最大似然估计值为

$$\hat{\xi}=\arg\max\sum_{i=1}^{N}\log p(x_i,\xi). \tag{11.29}$$

在分析 MLE 之前, 我们考虑给定 x 的类别的条件分布,

$$p(C_h|x)=\frac{\pi_h p(x,\theta_h)}{\sum \pi_h p(x,\theta_h)}. \tag{11.30}$$

对于模式 x, 上述概率表示类别的后验概率. 这是一种随机分类或软分类, 根据后验概率将 x 分类. 当选出概率最大的类别时, 就得到了硬分类.

由于分布 (11.29) 是一个指数族的混合物, 可以使用 EM 算法来估计 ξ. M-步通常计算量很大, 但在本例中, 由于 (11.13), 它很简单.

软聚类算法 (软 k-均值)

(1) 初始步骤: 随意选择先验概率 π_h 和不同聚类中心 $\eta_h, h=1,\cdots,m$.

(2) 分类步骤: 对于每一个 x_i, 使用当前的 π_h 和 η_h 计算条件概率 $p(C_h|x)$.

(3) 更新步骤: 利用条件概率, 计算 C_h 类的新先验 π_h 为

$$\pi_h=\frac{1}{N}\sum_i p(C_h|x_i). \tag{11.31}$$

计算新的聚类中心

$$\eta_h=\frac{1}{N}\sum_i^N x_i p(C_h|x_i). \tag{11.32}$$

(4) 终止步骤: 重复上述步骤直到收敛.

Voronoi 图以类似的方式定义. 当我们使用基于后验概率的硬分类时, 两个类别 C_i 和 C_j 的边界面为

$$p(C_i|x)=p(C_j|x). \tag{11.33}$$

定理 11.4 两个决策域的边界是与连接两个聚类中心的对偶测地线正交的测地线超曲面, 交点满足

$$\pi_i D_\phi [x | \eta_i] = \pi_j D_\phi [x | \eta_j]. \tag{11.34}$$

11.1.6 鲁棒的聚类中心

当给出由 $x_1, \cdots, x_k$ 组成的聚类 C 时, 可以通过 (11.9) 计算聚类的 ϕ-中心. 假设将一个新点 x^* 加到 C 上, 该点可能与其他点相距很远. 通过增加这一点, 聚类中心可能会有很大的偏差. 如果这个新点是异常值, 例如是错误给出的, 那么聚类中心将受到这个点的严重影响, 这是不可取的. 聚类鲁棒性减少了异常值带来的不良影响.

定义一个异常值 x^* 的影响函数. 设 $\bar{\eta}$ 是聚类 C 的中心, 设 $\bar{\eta}^*$ 是新加了 x^* 的 C^* 的中心. 我们假设 k 很大, 所以每个 x_i 的影响仅为 $1/k$ 阶. 我们用 δ_η 表示 $\bar{\eta}$ 到 $\bar{\eta}^*$ 的变化, 并通过如下方式定义 $z(x^*)$,

$$\delta_\eta = \bar{\eta}^* - \bar{\eta} = \frac{1}{k} z(x^*) \tag{11.35}$$

作为 x^* 的函数. 它被称为影响函数. 当

$$|z(x^*)| < c \tag{11.36}$$

对于一个常数 c 成立时, 即 $|z(x^*)|$ 是有界的, 聚类中心是鲁棒的, 因为即使无限大的 x^* 合并到 C 中, 它的影响是有界的, 当 k 很大时, 影响则非常小. 一个鲁棒中心不会受到异常值的严重影响.

1. 布雷格曼全散度

$D_\phi[\eta' : \eta]$ 是由 $\phi(\eta)$ 在 η 处画出的切线超曲面在 η 处的高度 $\phi(\eta')$ 测量的. 这是点 $(\eta', \phi(\eta'))$ 对于切线超曲面的垂直长度 (图 11.4(a)). 可以考虑 $(\eta', \phi(\eta'))$ 在切线超曲面上的正交投影 (图 11.4(b)). 它定义了另一种从 η' 到 η 的散度度量. Vemuri 等 (2011) 在总体最小二乘法中暗示了这一想法, 并将其称为布雷格曼全散度, 记作 tBD.

正交投影的长度很容易计算

$$\mathrm{tBD}_\phi [\eta' : \eta] = \frac{1}{w(\eta')} D_\phi [\eta' : \eta], \tag{11.37}$$

其中

$$w(\eta') = \sqrt{1 + \|\nabla \phi(\eta')\|^2}. \tag{11.38}$$

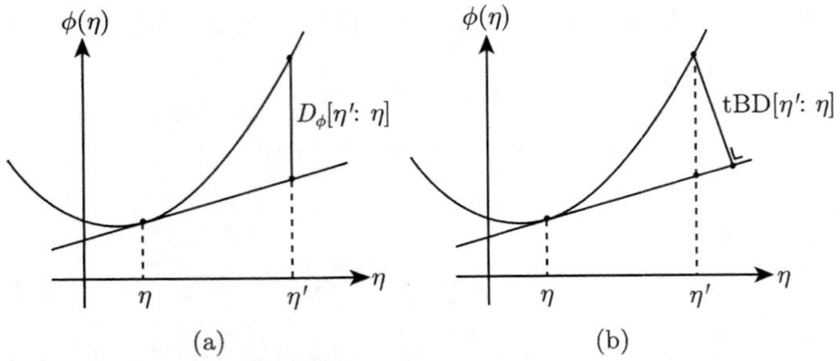

图 11.4　(a) 布雷格曼散度 D; (b) 布雷格曼全散度 tBD

上式在 (η,ϕ)-空间的正交变换下是不变的. 由于 $\phi(\eta)$ 的标度是任意的, 我们引入了一个自由参数 c, 使 $\phi(\eta)$ 变为 $c\phi(\eta)$, 并将 tBD 定义为

$$\mathrm{tBD}_\phi[\eta':\eta]=\frac{D_\phi[\eta':\eta]}{\sqrt{1+c^2\|\nabla\phi(\eta')\|^2}}. \tag{11.39}$$

这是一个布雷格曼散度的保角变换. 自由参数 c 控制保角变换的阶.

2. 布雷格曼全散度鲁棒性

以下是 Liu 等 (2012) 证实的 tBD 的显著特征之一.

定理 11.5　聚类的 tBDϕ-中心是鲁棒的.

证明　当一个异常值 x^* 新加到 C 中, 其中先前的中心是 $\bar{\eta}$, tBD 下的新中心 $\bar{\eta}^*$ 为下式最小值

$$\frac{1}{k+1}\sum\frac{D_\phi[x_i:\bar{\eta}^*]}{w(x_i)}+\frac{1}{k+1}\frac{D_\phi[x^*:\bar{\eta}^*]}{w(x^*)}. \tag{11.40}$$

影响函数 $z(x^*)$ 由 (11.35) 定义. 假设 k 很大, 我们用泰勒级数展开新中心点可得

$$z(x^*)=\frac{1}{w(x^*)}G^{-1}\{\nabla\phi(\bar{\eta})-\nabla\phi(x^*)\}, \tag{11.41}$$

其中

$$G=\frac{1}{N}\sum\frac{1}{w(x_i)}\nabla\nabla\phi(\bar{\eta}). \tag{11.42}$$

因为

$$\frac{1}{w(x_i)}\nabla\phi(x^*)=\frac{\nabla\phi(x^*)}{\sqrt{1+c^2\nabla\phi(x^*)}} \tag{11.43}$$

对于任意大 x^*, $z(x^*)$ 是有界的, 因此 tBDϕ-中心是鲁棒的. □

Vemuri 等 (2011) 使用 tBD 对 MRI 图像进行分析, 获得了较好的结果. Liu 等 (2012) 将 tBD 应用于图像检索问题, 获得了最先进的结果. Nock 等 (2015) 进一步发展了布雷格曼散度的保角变换.

11.1.7 模式识别中错误概率的渐近评估：切尔诺夫信息

在一个指数族中考虑两个概率分布

$$p_i(x) = p_i(x, \theta_i) = \exp\{\theta_i \cdot x - \psi(\theta)\}, \quad i = 1, 2. \tag{11.44}$$

这里, 我们使用与 $\psi(\theta)$ 和 KL 散度 $D_\psi = D_{\mathrm{KL}}$ 有关的 θ-坐标来代替之前与 $\phi(\eta)$ 和对偶散度 D_ϕ 有关的 η-坐标. 当推导出 N 个观测值 $x_1, \cdots, x_N$ 时, 所有观测值都应从 $p_1(x)$ 或 $p_2(x)$ 生成, 我们需要确定哪个才是真实分布. 让我们把流形分成两个区域 R_1 和 R_2, 当观测值

$$\bar{\eta} = \frac{1}{N}\sum x_i \tag{11.45}$$

属于 $R_1\,(R_2)$ 时, 我们确定真实分布是 $p_1(x)\,(p_2(x))$.

当 N 很大时, 根据第 3 章中的大偏差定理, 给出了 $\bar{\eta}$ 由 $p_i(x)$ 生成的概率

$$P_i(\bar{\eta}) = \exp\left\{-nD_{\mathrm{KL}}\left[\bar{\theta} : \theta_i\right]\right\}, \tag{11.46}$$

其中 $\bar{\theta}$ 为 $\bar{\eta}$ 的原始坐标. 为了减少误分类的概率, 应将区域 R_i 确定为

$$R_i = \{\theta |\, D_{\mathrm{KL}}[\theta : \theta_i] \leqslant D_{\mathrm{KL}}[\theta : \theta_j]\}. \tag{11.47}$$

也就是说, R_1 和 R_2 的边界满足超曲面公式,

$$B_{12} = \{\theta |\, D_{\mathrm{KL}}[\theta : \theta_1] = D_{\mathrm{KL}}[\theta : \theta_2]\}. \tag{11.48}$$

考虑连接 $p_1(x)$ 和 $p_2(x)$ 的 e-测地线

$$\log p(x, \lambda) = (1-\lambda)\log p_1(x) + \lambda \log p_2(x) - \psi(\lambda) \tag{11.49}$$

或在 θ-坐标系中,

$$\theta_\lambda = (1-\lambda)\,\theta_1 + \lambda\theta_2, \tag{11.50}$$

其中点由 θ_{λ^*} 定义, 满足

$$D_{\mathrm{KL}}[\theta_{\lambda^*} : \theta_1] = D_{\mathrm{KL}}[\theta_{\lambda^*} : \theta_2]. \tag{11.51}$$

根据勾股定理, B_{12} 是 m-测地线超平面正交于 e-测地线, 在 θ_λ^* 处相交 (图 11.5).

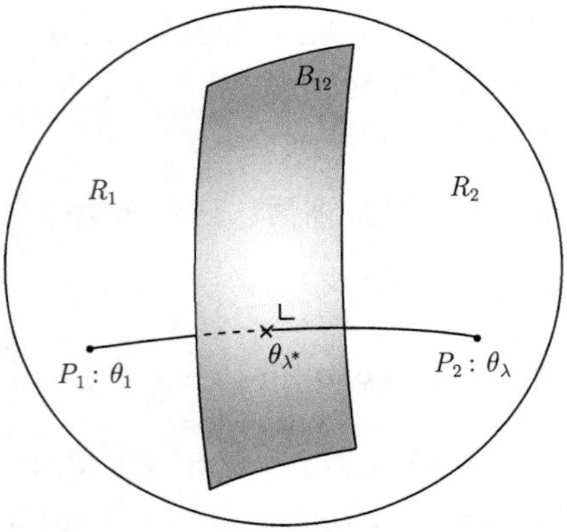

图 11.5　决定边界 B_{12} 和分离中点 θ_{λ^*}

中点 λ^* 由以下公式的极小值给出

$$\psi(\lambda) = \int p_1(x)^{\lambda} p_2(x)^{1-\lambda}\, dx, \tag{11.52}$$

$$\lambda^* = \arg\min_{\lambda} \psi(\lambda). \tag{11.53}$$

渐近误差界如下

$$P_{\text{error}} = \exp\left\{-ND_{\text{KL}}\left[\theta_{\lambda^*} : \theta_i\right]\right\}. \tag{11.54}$$

误差的负指数,

$$D_{\text{KL}}\left[\theta_{\lambda^*} : \theta_i\right] = \psi(\lambda^*) \tag{11.55}$$

称为切尔诺夫信息或切尔诺夫散度 (Chernoff, 1952). 这与 α-散度 $D_\alpha[p_1 : p_2]$ 有关. 其中

$$\min_{\lambda} \int p_1(x)^{\lambda} p_2(x)^{1-\lambda}\, dx = 1 - \max_{\alpha} \frac{1-\alpha^2}{4} D_\alpha[p_1 : p_2]. \tag{11.56}$$

因此, 通过让 α^* 成为 $\left\{\left(1-\alpha^2\right)/4\right\} D_\alpha[p_1 : p_2]$ 的最大值, 有

$$\lambda^* = \frac{1+\alpha^*}{2}. \tag{11.57}$$

注　在贝叶斯观点中, 可以在两个类别 C_1 和 C_2 使用先验分布 (π_1, π_2). 然而, 渐近误差界并不依赖于它.

11.2 支持向量机几何

支持向量机 (SVM) 是在模式识别和回归方面强大的机器学习 (Cortes and Vapnik, 1995; Vapnik, 1998). 它将模式信号嵌入到高维空间, 甚至是无限维的希尔伯特空间, 并使用核函数来计算输出. 虽然希尔伯特空间一般是无限维的, 但核函数使它可以在有限的范围内工作, 避免了无限大自由度的困难. 我们不描述 SVM 的细节, 只关注它的黎曼结构. 它能够修改给定的核, 提高机器的性能.

11.2.1 线性分类器

首先, 一个用于分类模式的线性机是一个简单的感知器. 给定输入模式 $x \in R^n$, 考虑一个具有参数 $\xi(w, b)$ 的线性函数

$$f(x, w) = w \cdot x + b, \tag{11.58}$$

根据输出函数 $f(x, \xi)$ 的符号, 机制将模式分为 C_+ 和 C_- 两类. 也就是说, 当

$$f(x, \xi) > 0 \tag{11.59}$$

时, x 分为 C_+, 否则分为 C_-.

考虑一组训练样本 $D = \{x_1, x_2, \cdots, x_N\}$, 分为 C_+ 和 C_- 两类. 当 $x_i \in C_+$ 时, 相应信号 $y_i = 1$; 当 $x_i \in C_-$ 时, 相应 $y_i = -1$. 当存在 w 和 b 时, 它们是线性可分的, 因为

$$w \cdot x + b > 0, \quad x \in C_+, \quad w \cdot x + b < 0, \quad x \in C_- \tag{11.60}$$

成立. 当 (w, b) 是这样一个解时, 任意 $c > 0$, (cw, cb) 也是解. 我们通过施加限制来消除标度的不确定性

$$|w \cdot x_i + b| \geqslant 1, \quad \min_i |w \cdot x_i + b| = 1. \tag{11.61}$$

因为点 x 到分离超平面的欧氏距离

$$w \cdot x + b = 0 \tag{11.62}$$

是

$$d = \frac{|w \cdot x + b|}{|w|}. \tag{11.63}$$

从 x_i 到分离超平面的距离是

$$d_i = \frac{|w \cdot x_i + b|}{|w|}. \tag{11.64}$$

这些距离的最小值是

$$d_{\min} = \frac{1}{|w|}. \tag{11.65}$$

得到点 x_i 满足

$$y_i\left(w \cdot x_i + b\right) = 1. \tag{11.66}$$

我们称这些点为训练集 D 的支持向量和最小边界距离. 一般有许多支持向量, 见图 11.6. 好的机制有很大边界. 得到最优线性机制的问题是最小化

$$C\left(w\right) = \frac{1}{2}\left|w\right|^2, \tag{11.67}$$

在约束条件下

$$y_i\left(w \cdot x_i + b\right) \geqslant 1. \tag{11.68}$$

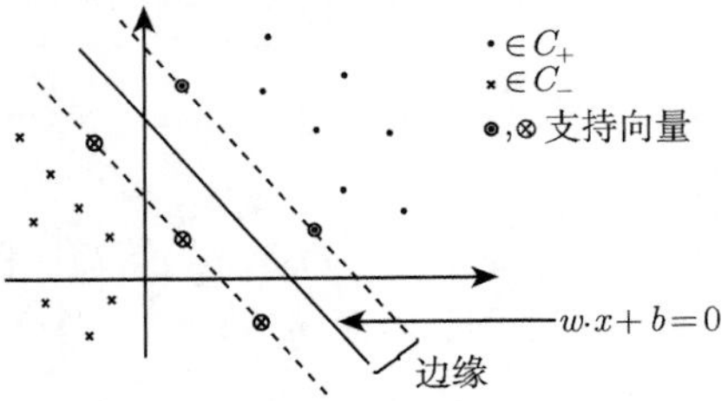

图 11.6　线性分类器和支持向量

我们用拉格朗日乘子 $\alpha = (\alpha_1, \cdots, \alpha_N)$ 来解决问题. 然后将问题归结为无约束极小化问题

$$L\left(w, b, \alpha\right) = \frac{1}{2}\left|w\right|^2 - \sum \alpha_i y_i\left(w \cdot x_i + b\right). \tag{11.69}$$

通过对 w 和 b 求导使其导数为 0, 我们得到

$$\sum_i \alpha_i y_i = 0, \quad w = \sum_i \alpha_i y_i x_i. \tag{11.70}$$

将 (11.70) 代入 (11.69), 利用对偶变量 α_i 将问题以对偶形式重新描述

$$\text{maximize } L^*\left(\alpha\right) = \sum \alpha_i - \frac{1}{2}\sum \alpha_i \alpha_j y_i y_j x_i \cdot x_j, \tag{11.71}$$

在约束条件下关于 α,

$$\alpha_i \geqslant 0, \quad \sum \alpha_i y_i = 0. \tag{11.72}$$

由于目标函数 (11.71) 是 α_i 的二次函数, 有一个著名的算法来解决它. 值得注意的是, 当 x_i 不是一个支持向量时, $\alpha_i = 0$.

依据 α_i 的解, 最优输出函数为

$$f(x, w) = \sum \alpha_i y_i x_i \cdot x + b. \tag{11.73}$$

该函数仅由支持向量给出, 其他非支持向量的例子 x_i 是不相关的.

即使模式 D 不是线性可分的, 线性输出函数依然有用. 在这种情况下, 我们使用松弛变量. 它也可以用作回归函数, 其中输出 y 取模拟值. 参见有关支持向量机的教材.

11.2.2 嵌入高维空间

在许多问题中, 模式不是线性可分的, 线性机在许多情况下不能很好地起作用. 为了克服这一困难, 自 20 世纪 60 年代早期以来, 已知将模式非线性地嵌入到高维空间中会有所帮助. 试考虑 $x \in R^n$ 通过非线性变换进入高维空间 $R^m\,(m > n)$,

$$z_i = \varphi_i(x), \quad i = 1, \cdots, m. \tag{11.74}$$

模式 x 用 R^m 表示为

$$z = \varphi(x), \tag{11.75}$$

其中

$$\varphi(x) = [\varphi_1(x), \cdots, \varphi_m(x)]. \tag{11.76}$$

分类问题在 R^m 中用 $z = \varphi(x)$ 表示, 其中 R^m 中的线性分类函数记为

$$f(x, \xi) = w \cdot \varphi(x) + b, \quad \xi = (w, b), \tag{11.77}$$

这是 Φ-函数方法, 见 (Aizerman et al., 1964). 非线性嵌入改进了模式的线性可分性.

举一个简单的例子, 属于 C_+ 的模式在一个圈内, 属于 C_- 的模式在圈外 (见图 11.7(a)). 这些组合在 R^2 中不是线性可分的. 然而, 如果我们用如下嵌入 R^3,

$$z_1 = x_1, \quad z_2 = x_2, \quad z_3 = x_1^2 + x_2^2. \tag{11.78}$$

它们成为线性可分, 如图 11.7(b) 所示.

当 m 很大时, 模式有望成为线性可分. Rosenblatt (1962) 的多层感知器在隐含层中使用随机阈值逻辑函数来实现这一目的. 当 m 足够大时, 保证了线性可分性. 三层感知器的普适性保证了任何函数 $f(x)$ 在嵌入后都可以近似一个线性函数, 前提是 m 足够大.

然而, 我们需要找到好的嵌入函数来实现良好的模式分离. 这是一个难题. 此外, 当 m 很大, 特别是无限大时, 内嵌的 $z = \varphi(x)$ 在计算上是困难的. 核函数是解决困难的关键.

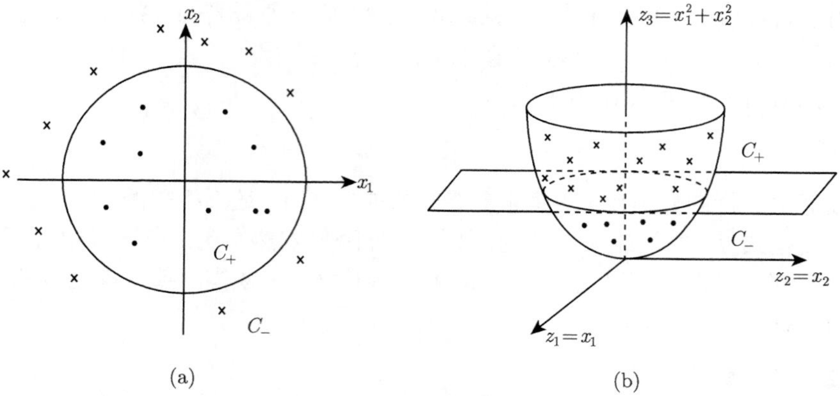

图 11.7　(a) 在 R_2 不可分; (b) 在 R_3 可分

11.2.3　核方法

考虑 $z=\varphi(x)$ 和 $z'=\varphi(x')$ 嵌入后的内积

$$K(x,x')=z(x)\cdot z(x')=\sum z_i(x)z_i(x'), \tag{11.79}$$

这是关于 x 和 x' 的对称函数. 此外, 对于任意系数 $c=(c_1,\cdots,c_m)$, 当 $c\neq 0$ 时保证了下式的正性.

$$\sum c_ic_jK(x_i,x_j)>0, \tag{11.80}$$

前提是 $\varphi_1(x),\cdots,\varphi_m(x)$ 是线性无关的. 考虑 $K(x,x')$ 是 $z(x)$ 的无限维空间中的无限维正定矩阵, 其中 x 和 x' 被视为指定矩阵行和列的指标. 即 $K(x,x')$ 扮演 $K(i,j)$ 的角色, $K(i,j)$ 是一个由 i 行 j 列表示的矩阵.

考虑特征值问题,

$$\int K(x,x')k_i(x')dx'=\lambda_ik_i(x), \tag{11.81}$$

其中 $\lambda_1,\cdots,\lambda_m$ 是特征值, $k_1(x),\cdots,k_m(x)$ 是对应的特征函数. 这里, m 可以是无穷大. 我们称 $K(x,x')$ 为对函数 $K(x)$ 进行运算的核函数, 如积分 (11.81) 所示. 运用特征函数, 将核函数展开为

$$K(x,x')=\sum\lambda_ik_i(x)k_i(x'). \tag{11.82}$$

与 (11.79) 比较, 可以看到嵌入函数是特征函数除以特征值的平方根,

$$z_i(x) = \frac{1}{\sqrt{\lambda_i}} k_i(x). \tag{11.83}$$

因为 (11.69), 最优输出函数 (11.73) 可以用核函数写作

$$f(x, w) = \sum \alpha_i y_i K(x_i, x) + b. \tag{11.84}$$

这是核函数 (11.77) 的另一个表达式, 其中消除了嵌入函数 φ. 因此, 即使 m 为无穷大, 也不需要计算 $z = \varphi(x)$, 而且核足以构成最优输出函数. 这就是核函数, 参见 (Scholkopf, 1997; Shawe-Taylor and Cristianini, 2004).

可以从核函数 $K(x, x')$ 开始, 不指定嵌入函数, 只要 $K(x, x')$ 正定满足 (11.80), 就称为 Mercer 条件.

高斯核

$$K(x, x') = \exp\left\{-\frac{|x - x'|}{\sigma^2}\right\} \tag{11.85}$$

十分常用, 其中 σ^2 是一个可以自由调整的参数. 它的特征函数为

$$k_w(x) = \exp\{-iw \cdot x\}. \tag{11.86}$$

因此, 函数 $f(x)$ 的特征函数展开与傅里叶展开相对应.

另一个常用的核是由如下公式定义的 p 阶多项式核,

$$K(x, x') = (x \cdot x' + 1)^p. \tag{11.87}$$

特征函数是取决于特定阶 x 的多项式, 且 m 是有限的. 通过定义一个适当的正定核, 即使 x 是离散符号, 也可以使用核方法. 因此, 它是符号处理和生物信息学领域的有力工具.

11.2.4 由核导出的黎曼度量

通过现代计算机, 核方法是易于处理的. 然而, 一个好的核选择取决于要解决的问题, 除了试错之外, 没有好的标准. 本节考虑由核导出的几何, 并提出一种改进给定核的方法 (Amari and Wu, 1999; Wu and Amari, 2002; Williams et al., 2005).

模式的原始空间 R^n 作为一个弯曲的 n-维子流形嵌入在 R^m 中, 也可能在 R^∞ 中. 通过嵌入, 可在 R^n 中导出一个黎曼度量. 附近的两个点 x 和 $x + dx$ 分别嵌入 $\varphi(x)$ 和 $\varphi(x + dx)$, 它们在 R^m 中的欧氏距离的平方为

$$ds^2 = |\varphi(x + dx) - \varphi(x)|^2 = \sum \frac{\partial}{\partial x_i}\varphi(x) \cdot \frac{\partial}{\partial x_j}\varphi(x)\, dx_i dx_j. \tag{11.88}$$

因此, 导出的黎曼度量为

$$g_{ij}(x)=\left(\frac{\partial}{\partial x_i}\varphi(x)\right)\cdot\left(\frac{\partial}{\partial x_j}\varphi(x)\right), \tag{11.89}$$

用核表示为

$$g_{ij}(x)=\frac{\partial^2}{\partial x_i x_j'}K(x,x')\,|_{x'=x}\ . \tag{11.90}$$

x 点的体积元为

$$dV(x)=\sqrt{|g_{ij}(x)|}dx_1\cdots dx_n, \tag{11.91}$$

体现体积元在 x 附近放大或缩小. 由于输出函数中只有支持向量起作用, 我们考虑展开 R^m 中支持向量的邻域, 而其他部分保持不变.

为此, 我们将当前的内核 $K(x,x')$ 修改为

$$\tilde{K}(x,x')=\sigma(x)\sigma(x')K(x,x'), \tag{11.92}$$

其中 $\sigma(x)$ 表示在 x 附近体积是如何扩大的. 在支持向量附近, 体积应该较大, 因此

$$\sigma(x)=\sum_i e^{-\kappa_i|x-x_i^*|} \tag{11.93}$$

成为 Amari 和 Wu (1999)、Wu 和 Amari (2002) 的选择, 其中 x_i^* 是支持向量, 而 κ_i 是充分常数. 之后,

$$\sigma(x)=\exp\left[-\kappa\{f(x)\}^2\right] \tag{11.94}$$

被认为是一种更自然的选择 (Williams et al., 2005).

这个变换 (11.92) 叫作核的保角变换. 黎曼度量变为

$$\begin{aligned}\tilde{g}_{ij}(x)=&\,\sigma^2(x)g_{ij}(x)+\sigma_i(x)\sigma_j(x)K(x,x)\\&+\sigma(x)\{\sigma_i(x)K_j(x,x)+\sigma_j(x)K_i(x,x)\},\end{aligned} \tag{11.95}$$

其中

$$\sigma_i=\frac{\partial}{\partial x_i}\sigma(x),\quad K_i(x,x)=\frac{\partial}{\partial x_i}K(x,x')\bigg|_{x'=x}. \tag{11.96}$$

当

$$K_i(x,x)=0 \tag{11.97}$$

成立时满足高斯核, 有一个简化的表达式

$$\tilde{g}_{ij}(x) = \{\sigma(x)\}^2 g_{ij}(x) + \sigma_i(x)\sigma_j(x) K(x,x). \tag{11.98}$$

计算机模拟显示, 采用保角变换后, 识别性能提高了 10%以上. 这可能对选择一个好的核有所启发.

最近, Lin 和 Jiang (2015) 提出了另一种从数据中自适应选择 $\sigma(x)$ 的方法.

11.3 随机推理: 置信传播和凹凸计算过程算法

图模型指定了若干随机变量之间的随机相互作用. 随机推理根据观察变量的图形结构来估计未经观察的随机变量的值的过程. 置信传播 (belief propagation, BP)(Pearl, 1988) 和凹凸计算过程 (CCCP)(Yuille, 2002) 是人工智能和机器学习中获得良好估计的常用方法.

图模型中随机变量的联合概率分布形成指数族. 它具有对偶平坦的黎曼结构, 因此从对偶几何的角度, 可以很好地理解这些算法. 本节基于 Ikeda 等 (2004a, 2004b) 研究基于对偶平坦结构的 BP 和 CCCP 算法. 每个节点对其变量值的置信度通过 e-投影和 m-投影传播, 从而在 BP 中获得协调一致的共识. 对偶几何的一个优点是可以很自然地推导出一个新的简化版本.

11.3.1 图形模型

考虑一组相互作用的随机变量 $x_1, \cdots, x_n$. x_i 是一个随机变量, 其值在其他变量的影响下随机确定,

$$X_i = \{x_{i1}, x_{i2}, \cdots, x_{ik}\}. \tag{11.99}$$

当一个随机变量 x_j 是 X_i 的一个元素时, 它被称为 x_i 的父变量. 我们研究了 $x_1, \cdots, x_n$ 的概率分布. x_i 的概率是由以父变量值为条件的条件概率分布 $p(x_i|X_i)$ 给出的. 用一个图来表示父子关系 (图 11.8). 该图由 n 个节点组成, 对应于随机变量 $x_1, \cdots, x_n$, 当 x_j 是 x_i 的父变量时, 在 x_i 和 x_j 之间有一个分支. 在这种情况下, 分支是有方向的, 但是我们通过忽略分支的方向来考虑一个无向图, 这称为随机变量的图模型. 请看 Wainwright 和 Jordan (2008) 与 Lauritzen (1996) 的例子.

联合概率分布用条件分布的乘积表示为

$$p(x_1, \cdots, x_n) = \prod_{i=1}^{n} p(x_i|X_i). \tag{11.100}$$

图模型也被称为马尔可夫随机场. 它是马尔可夫链的延伸, 代表随机因果关系.

由节点 $C = \{x_{i1}, \cdots, x_{ik}\}$ 组成的子图, 当它是一个完全图时, 称为团. 当图中的任意两个节点被一个分支连接时, 这个图就是完整的. 如图 11.8 所示, 其中 $\{x_1, x_2, x_3, x_4\}$, $\{x_4, x_7\}$ 和 $\{x_3, x_5, x_6\}$ 是团, 而 $\{x_1, x_2, x_3, x_5\}$ 和 $\{x_3, x_7\}$ 则不是. 假设一个图模型有 L 个团 $C_1, \cdots, C_L$. 那么, 可知联合概率分布 (11.100) 分解为

$$p(x_1, \cdots, x_n) = c \prod_{i,r} \tilde{\phi}_i(x_i)\, \phi_r(C_r), \tag{11.101}$$

其中, c 为归一化常数, $\tilde{\phi}_i$, $i = 1, \cdots, n$ 是 x_i 的函数和 $\phi_r(C_r), r = 1, \cdots, L$ 是团 C_r 中变量的函数. 分解一般不是唯一的, 但在只使用最大团时是唯一的. 当一个团不包含在任何完全子图中时, 它是最大的.

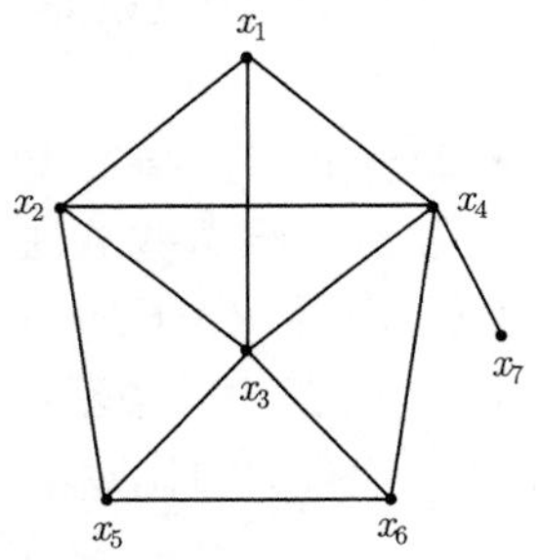

图 11.8 图模型

将图模型的节点划分为两个部分——X_o 和 X_u. 假设 X_o 中的变量值可观测, 而 X_u 中的变量值不可观测. 随机推理是在已观测 X_o 中变量的情况下, 估计 X_u 中未观测变量的值. 我们使用以 X_o 为条件的 X_u 的条件概率来估计 X_u 的未知值.

固定 X_o 的值, 并考虑 X_u 的条件分布,

$$q(X_u) = p(X_u | X_o), \tag{11.102}$$

其中 X_o 在 $q(X_u)$ 中省略. 它又一次由 X_u 的节点所组成的图模型表示. 因此, 问题在于简化图模型中 X_u 的值的估计, 其中 X_o 的值是固定的, 并省略. 我们将 X_u 简单地表示为 X, 使用向量表示法

$$x = (x_1, \cdots, x_n). \tag{11.103}$$

考虑简单的二进制情况, 其中每个 x_i 取二进制值 1 和 -1. 基于 $q(x)$ 的最大似然估计值 x 是 $q(x)$ 的最大值. 然而, 在 n 很大时, 其计算量很大, 因为存在 2^n

个 x, 还需比较所有的 $q(x)$ 的值. 简单估计如下: 当 $x_i=1$ 的概率大于 $x_i=-1$ 的概率时, x_i 的估计值为 1, 反之则为 -1. 换句话说, 我们计算 x_i 的期望,

$$\eta_i = E[x_i] = \mathrm{Prob}\{x_i > 0\} - \mathrm{Prob}\{x_i < 0\}. \tag{11.104}$$

当 η_i 为正时, $x_i=1$; 当 η_i 为负时, $x_i=-1$. 也就是说, 估计如下

$$x_i = \mathrm{sign}\eta_i. \tag{11.105}$$

这使所有变量的误差概率总和最小化.

问题归结为求 x_i 的期望值. 然而, 这又是一个计算量很大的问题, 因为

$$\eta_i = E[x_i] = \sum_{x_1, x_2, \cdots, x_n} x_i q(x_1, \cdots, x_n) \tag{11.106}$$

包括 2^n 项.

我们需要一种易于计算的算法来获得均值的良好近似值. 这个问题也出现在物理中, 平均场近似是获得这种近似解的著名方法.

11.3.2 平均场近似和 m-投影

图模型的概率分布 (11.101) 可表示为

$$q(x) = \exp\left\{\sum h_i x_i + \sum_r c_r(x) - \psi\right\}, \tag{11.107}$$

ψ 是归一化常数, 物理上称为自由能, 有

$$h_i = \frac{1}{2}\log\frac{\tilde{\phi}_i(x_i=1)}{\tilde{\phi}_i(x_i=-1)} \tag{11.108}$$

和

$$c_r(x) = \log\phi_r(x_{r_1}, \cdots, x_{r_s}) \tag{11.109}$$

是团 $C_r(x) = \{x_{r_1}, \cdots, x_{r_s}\}$ 的项.

考虑一个新的扩展指数族

$$\tilde{M} = \{p(x, \theta, v)\}, \tag{11.110}$$

$$p(x, \theta, v) = \exp\left(\theta \cdot x + \sum v_r c_r(x_r) - \psi(\theta, v)\right), \tag{11.111}$$

其中包含两个 e-仿射参数 θ 和 $v=(v_1,\cdots,v_L)$. 原始的 $q(x)$ 是这个族的一个成员,

$$\theta=h,\quad v=(1,1,\cdots,1),\tag{11.112}$$

当 $v=0$ 时, 分布不包含相互作用项, 因此 $v=0$ 所表示的子流形是 x 的独立分布族, 表示为

$$M_0=\{p_0(x,\theta)\}=\{\exp\{\theta\cdot x-\psi(\theta)\}\}.\tag{11.113}$$

图 11.9 展示了扩展的模型 $\tilde{M}$ 和独立模型 M_0. M_0 中的分布使计算 x 的期望很容易, 因为所有 $x_1,\cdots,x_n$ 是独立的. x 的期望为

$$\eta_i=E[x_i]=\frac{e^{\theta_i}-e^{-\theta_i}}{e^{\theta_i}+e^{-\theta_i}}=\tanh(\theta_i).\tag{11.114}$$

给定 $q(x)$, 我们考虑 $p^*(x)\in M_0$ 的独立分布, 它与 $q(x)$ 的 x 期望值相同. 下面的定理表明了 $q(x)$ 和 $p^*(x)$ 之间的关系.

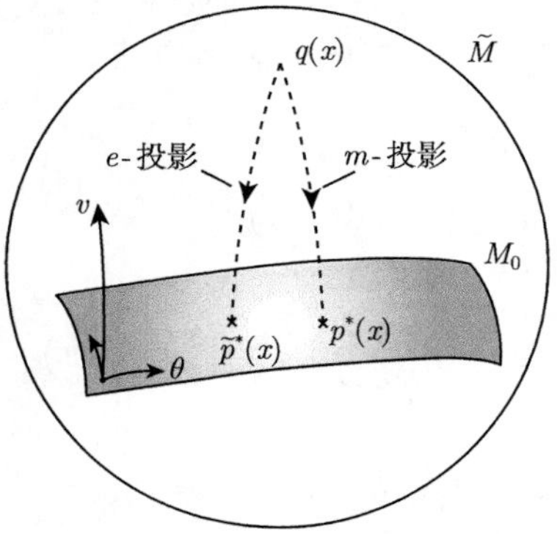

图 11.9　$v(x)$ 到 M_0 的 m-投影和 e-投影

定理 11.6　$q(x)$ 到 M_0 的 m-投影保持 x 的期望不变.

证明　让我们计算

$$p^*(x)=\overset{m}{\Pi}{}_0 q(x),\tag{11.115}$$

其中, $\overset{m}{\Pi}{}_0$ 是 m-投影到 M_0 的算子, 设 $p^*(x)$ 的 e-坐标是 θ^*. m-坐标是

$$\eta^*=E_{p^*}[x].\tag{11.116}$$

M_0 在 p^* 处的切向量表示为

$$\frac{\partial}{\partial\theta}\log p(x,\theta^*)=x-\eta^*.\tag{11.117}$$

另一方面, 连接 q 和 p^* 的 m-测地线的切向量表示为

$$t(x)=\frac{q(x)-p^*(x)}{p^*(x)}. \tag{11.118}$$

因为 m-投影, 它们是正交的, 所以

$$\langle t(x), x-\eta^*\rangle=\sum(x-\eta^*)\{q(x)-p^*(x)\}=0. \tag{11.119}$$

这表明

$$E_q[x]=E_{p^*}[x]. \tag{11.120}$$

定理得证. □

然而, $q(x)$ 的 m-投影并不容易计算. 统计物理使用平均场近似, 用 e-投影代替 m-投影 (Tanaka, 2000; 见 Amari 等 (2001) 的 α-投影). m-投影由 KL 散度 $\mathrm{KL}[q:p]$, $p_0\in M_0$ 的最小值给出. 平均场近似使用对偶 KL 散度 $\mathrm{KL}[q:p]$, 并使其相对于 $p_0\in M_0$ 最小. 极小值由 q 到 M_0 的 e-投影给出. 这在计算上是容易处理的, 因此可以用作近似解. 见 Fujiwara 和 Shuto (2010) 的高阶平均场近似.

考虑

$$q(x)=\exp\left\{h\cdot x+\sum w_{ij}x_ix_j-\psi(h,W)\right\} \tag{11.121}$$

作为一个具体的例子, 它代表了一个自旋系统, 其中两个自旋 x_i 和 x_j 的相互作用由 w_{ij} 给出. 团由分支 (i,j) 组成, $w_{ij}\neq 0$. 它不包括两个以上节点的相互作用, 这称为神经网络中的玻尔兹曼机, 其中 w_{ij} 表示两个神经元 x_i 和 x_j 之间连接的突触权值的大小.

从 $p_0\in M_0$ 到 q 的 KL 散度如下

$$\begin{aligned}&\mathrm{KL}[p(x,\theta):q(x)]\\&=E_p\left[\{\theta\cdot x-\psi(\theta)\}-\left\{h\cdot x+\sum w_{ij}x_ix_j-\psi(h,W)\right\}\right].\end{aligned} \tag{11.122}$$

容易看出

$$E_p[x_i,x_j]=\eta_i\eta_j, \tag{11.123}$$

因为 x_i 和 x_j 在 p 中独立, 因此

$$\mathrm{KL}[p:q]=\theta\cdot\eta-\psi(\theta)-h\cdot\eta-\sum w_{ij}\eta_i\eta_j+\psi(h,W). \tag{11.124}$$

对它关于 η_i 求导, 使其导数等于 0, 可得

$$\eta_i=\tanh\left(\sum w_{ij}\eta_j+h_i\right), \tag{11.125}$$

其中考虑

$$\frac{\partial}{\partial \eta_i}\{\theta \cdot \eta - \psi(\theta)\} = \operatorname{artanh}(\eta_i). \tag{11.126}$$

这时得到 (11.122) 的最小 $\tilde{\eta}^*$ 的方程.

这是一个著名的方程. 解 $\tilde{p}^*(x)$ 不同于 m-投影, 因此它是一种近似. M_0 是 e-平坦, 不是 m-平坦. 因此, m-投影是唯一的, 但 e-投影不一定是唯一的. 所以, (11.125) 的解不一定是唯一的. 解也可以是 $\mathrm{KL}[q:p]$ 的最大值或鞍点.

11.3.3 置信传播

置信传播 (BP) 是 Pearl (1988) 提出的一种有效获取 x 期望近似值的算法. 这是一个协作过程, 其中每个节点通过分支交换关于期望值的置信度. 通过考虑其他节点的期望值来更新置信度. 当达成一致意见时, 程序终止. BP 的信息几何是由 Ikeda 等 (2004a, 2004b) 制定的. 我们在这里提出了它的一个简化版本.

针对每个团 C_r, 我们构造 $\tilde{M}$ 的子模型 M_r,

$$M_r = p(x, \theta_r) = \exp\{(h + \theta_r) \cdot x + c_r(x) - \psi(\theta_r)\}. \tag{11.127}$$

它仅包括一个与团 C_r 相对应的非线性项 $c_r(x)$. C_r' 中所有其他相互作用的总和 $c_r'(x), r' \neq r$ 是由线性项 $\theta_r \cdot x$ 代替的, 它是一个指数族, 具有 e-参数 θ_r. $\tilde{M}$ 的子流形如下获取

$$\theta = h + \theta_r, \quad v_r = 1, \quad v_r' = 0, \quad r' \neq r. \tag{11.128}$$

除独立子模型 M_0 外, 还有 L 个这样的子模型 $M_r, r = 1, \cdots, L$, 由于 M_r 只包含一个非线性项, 所以在计算上很容易对 M_r 到 M_0 的成员进行 m-投影.

为了避免复杂化, 我们将符号简化. 由于所有的概率分布都有 $\exp\{h \cdot x\}$ 这一项, 我们后续中会忽略它, 然后将这一项加到最终解中. 从数学上讲, 这就像用普通测度 $\exp\{h \cdot x\}$ 定义概率密度. 通过简化, 我们的目标分布 (11.107) 是

$$q(x) = \exp\left\{\sum c_r(x) - \psi\right\}, \tag{11.129}$$

子模型是

$$M_r : p(x, \theta_r) = \exp\{\theta_r \cdot x + c_r(x) - \psi_r(x)\}, \tag{11.130}$$

$$M_0 : p(x, \theta) = \exp\{\theta_0 \cdot x - \psi_0(\theta_0)\}. \tag{11.131}$$

$\tilde{M}$ 中所有的子模型都是 e-平坦.

每个子模型都试图近似 $q(x)$, 使 x 的期望变得接近 $E_q[x]$. 由于 M_r 只包含一个非线性项, 所有其他相互作用项都被线性项 θ_r 代替. 它们交换了关于期望的结果, 最终达成一致性, 满足

$$E_r[x] = E_0[x], \quad r = 1, \cdots, L, \tag{11.132}$$

其中 E_r 是关于 $p_r(x, \theta_r)$ 的期望. 如果一致性等于 x 关于 $q(x)$ 的期望, 则为真解. 但这种情况一般不会发生, 但它会给出一个很好的近似.

考虑达成一致性的如下程序.

(1) 初始步骤: 将任意初值 θ_r^0 赋给子模型 M_r, 它们可以为 0. 继续下面的步骤 $t = 0, 1, \cdots$ 直到收敛.

(2) m-投影步骤: M_r 到 M_0 在 t 时刻的 m-投影 $p_r(x, \theta_r^t)$. $\tilde{\theta}_{0r}^t$ 表示 M_0 中的合成分布,

$$p_0\left(x, \tilde{\theta}_{0r}^t\right) = \overset{m}{\Pi}{}_0 p_r\left(x, \theta_r^t\right). \tag{11.133}$$

(3) 计算 M_r 的置信度: 计算

$$\xi_r^t = \tilde{\theta}_{0r}^t - \theta_r^t. \tag{11.134}$$

由于 $p\left(x, \theta_r^t\right)$ 到 M_0 的 m-投影为 $\tilde{\theta}_{0r}^t$, 它不仅包括 θ_r^t, 还包括 $c_r(x)$ 的线性化. 因此, (11.134) 中的 ξ_r^t 对应于单个非线性项 $c_r(x)$ 的线性化. 它表示 M_0 中 $c_r(x)$ 的线性化版本. M_r 的置信度是非线性项 $c_r(x)$ 在 M_0 中由 ξ_r^t 给出的.

(4) M_0 在 $t+1$ 处的候选项更新: 将 M_r 的 c_r 的所有置信度 ξ_r^t 相加, 得到 M_0 在 $t+1$ 处的分布,

$$\theta_0^{t+1} = \sum \xi_r^t. \tag{11.135}$$

(5) 在 $t+1$ 处更新 M_r: 构造 M_r 的一个新候选项 θ_r^{t+1}, 其中除 c_r 之外的非线性项 $c_{r'}(r' \neq r)$ 替换为 $M_{r'}$ 的置信度之和 ξ_r^t, 但 c_r 仍然使用. 因此,

$$\theta_0^{t+1} = \sum_{r' \neq r} \xi_r^t = \theta_0^{t+1} - \xi_r^t. \tag{11.136}$$

当过程收敛, 收敛的 θ_0^* 和 θ_r^* 满足

$$p_0(x, \theta_0^*) = \overset{m}{\Pi}{}_0 p_r(x, \theta_r^*), \tag{11.137}$$

所有模型都达成一致, x 的期望相同.

11.3.4　BP 算法求解

我们从几何的角度研究了 BP 算法收敛的解. 值得注意的是, BP 算法并不能保证收敛性. 请注意, 下一节的 CCCP 算法总是收敛的.

定理 11.7　BP 算法收敛时, 满足以下两个条件.

(1) m-条件：$\overset{m}{\Pi}{}_0 p_r(x,\theta_r^*) = p_0(x,\theta_0^*)$.

(2) e-条件：$(L-1)\,\theta_0^* = \sum \theta_r^*$.

证明　m-条件是一致性的结果 (11.137). e-条件是用 (11.134) 和 (11.135) 导出的. □

我们注意到第 5 步后 θ_0^t 和 θ_r^t 总是满足 e-条件, 而 m-条件不满足. 当满足 m-条件时, 程序终止. 这两个条件的含义如下, 见图 11.10、图 11.11. 设 M^* 是连接所有 $p_r(x,\theta_r^*)$ 和 $p_0(x,\theta_r^*)$ 的 m-平坦子流形,

$$M^* = \left\{ p\left(x\right) \middle| p\left(x\right) = \sum t_r p_r\left(x,\theta_r^*\right) + \left(1-\sum t_r\right) p_0(x,\theta_0^*) \right\}. \tag{11.138}$$

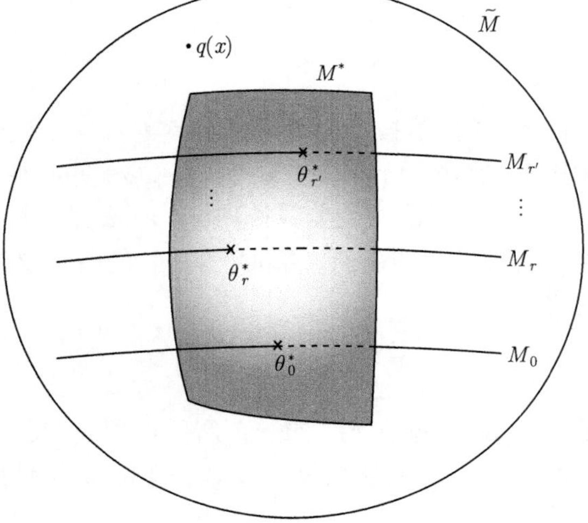

图 11.10　m-条件

设 E^* 是连接它们的 e-平坦子流形,

$$E^* = \left\{ \log p\left(x\right) = \sum t_r \log p\left(x,\theta_r^*\right) + \left(1-\sum t_r\right) \log p_0\left(x,\theta_0^*\right) - \psi \right\}. \tag{11.139}$$

推论　m-条件和 e-条件分别等价于以下两个条件.

(1) m-条件: M^* 正交于 M_0.

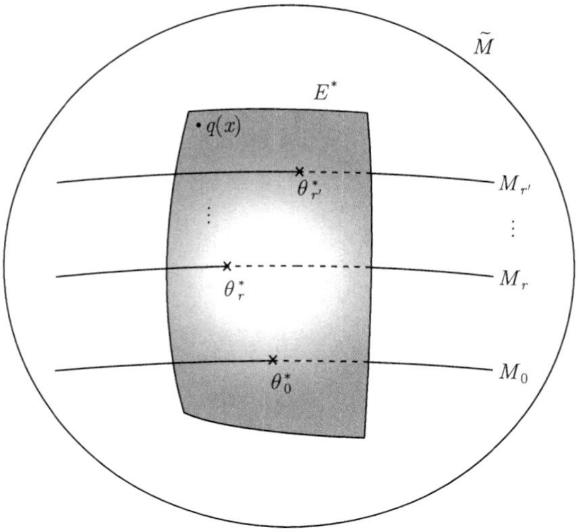

图 11.11 e-条件

(2) e-条件: E^* 包含真实分布 $q\left(x\right)$.

如果 M^* 包含 $q\left(x\right)$, 那么它到 M_0 的 m-投影是 θ^*_0. 在这种情况下, 解是精确的. 已知如下定理.

定理 11.8 当底层图是非循环的, 也就是说, 它不包含循环时, M^* 包含 $q\left(x\right)$, 解给出了准确的答案.

在上述解释中, BP 算法是用几何术语表述的. 说明几何算法与传统 BP 算法之间的关系是有益的. 这两者本质上相同. 本书只展示了节点之间存在相互作用而不存在高阶相互作用的情况. 传统算法计算节点 x_i 处的置信度 $b\left(x_i\right)$ 和消息 $m_{ki}\left(x_i\right)$, 该消息由节点 x_k 通过分支 (i,k) 传递到节点 x_i. 其置信度通过消息构成

$$b_i^t\left(x_i\right)=\frac{1}{Z}\tilde{\phi}_i(x_i)\prod_{k\in N(i)}m_{ki}^t(x_i)\,, \tag{11.140}$$

其中 Z 是归一化常数, $N\left(i\right)$ 是与节点 x_i 连接的节点集合. $t+1$ 处的消息通过以下方式更新

$$m_{ij}^{t+1}(x_j)=\frac{1}{Z}\sum_{x_i}\tilde{\phi}_i\left(x_i\right)\phi_{ij}(x_i,x_j)\prod_{k\in N(i)-j}m_{ki}^t(x_i). \tag{11.141}$$

两种方法中出现的数量的对应关系分别为

$$\theta_0^i=\frac{1}{2}\log\prod_{k\in N(i)}\frac{m_{ki}\left(x_i=1\right)}{m_{ki}\left(x_i=-1\right)}, \tag{11.142}$$

$$\theta_r^i = \frac{1}{2}\log \prod_{k\in N(i)-j} \frac{m_{ki}(x_i=1)}{m_{ki}(x_i=-1)}, \tag{11.143}$$

其中 r 是连接 i 和 j 的分支 (团).

11.3.5 凹凸计算过程

Yuille (2002) 提出了一种名为 CCCP 的新算法, 另请参见 (Yuille and Rangarajan, 2003). 本书展示了一个基于信息几何的新版本, 比原始版本简单得多, 因为新版本在程序中不包含双循环.

BP 算法选择了在每个步骤都满足 e-条件的集合 (θ_r,θ_0), 并将该集合 m-投影到 M_0. 它会在更新步骤中朝着满足 m-条件的方向修改结果. 相反, 也可以在每个步骤都满足 m-条件的集合 (θ_r,θ_0). 然后, 在更新步骤中对其进行修改, 满足 e-条件的要求.

这给出了一种新算法 (Ikeda et al., 2004a):

(1) 初始步骤: 分配初始值 θ_0^0. 它可以是 $\theta_0^0=0$. 进行以下迭代直到收敛为止, 即 $t=0,1,2,\cdots$.

(2) m-条件步骤: $p_0\left(x,\theta_0^t\right)\in M_0$ 向 M_r 逆 m-投影, 即求 $p_r\left(x,\theta_r^t\right)\in M_r$ 使得

$$\overset{m}{\Pi}{}_0 p_r\left(x,\theta_r^t\right) = p_0\left(x,\theta_0^t\right) \tag{11.144}$$

成立, 然后, $\left(\theta_0^t,\theta_r^t\right)$ 满足 m-条件.

(3) 更新 θ_0^t 得

$$\theta_0^{t+1} = \sum_r \left(\theta_0^t-\theta_r^t\right) = L\theta_0^t - \sum_r \theta_r^t. \tag{11.145}$$

当算法收敛时, 满足 e-条件.

Yuille (2002) 最初提出的形式基于不同想法. 类比物理学, BP 算法证明可以寻找称为自由能函数 $F(z)$ 的临界点, 其中 z 是状态变量, 在本书的情况下 $z=(\theta_0,\theta_1,\cdots,\theta_r)$ (Yedidia et al., 2001). 这个函数不是凸的, 所以不能保证梯度下降法收敛. Yuille (2002) 证明了 z 的函数 $F(z)$ 总是分解为一个凸函数和一个凹函数的和,

$$F(z) = F_{\text{convex}}(z) + F_{\text{concave}}(z). \tag{11.146}$$

分解不是唯一的. CCCP 是一种求 F 的临界点的迭代算法

$$\nabla E_{\text{convex}}\left(z^{t+1}\right) = -\nabla E_{\text{concave}}\left(z^t\right). \tag{11.147}$$

它总是收敛的, 而 BP 则不一定收敛. 当 BP 收敛时, 收敛点同时满足 m-条件和 e-条件.

Yuille 最初的 CCCP 算法用几何术语写作:

(1) 计算 θ_0^{t+1},

$$\theta_0^{t+1} = L\theta_0^t - \sum \theta_r^{t+1}. \tag{11.148}$$

通过求解如下公式得到 θ_r^{t+1}.

(2)

$$p_0\left(x, \theta_0^{t+1}\right) = \overset{m}{\Pi}{}_0 \exp\left\{\theta_r^{t+1} \cdot x + c_r\left(x\right) - \psi_r\right\}. \tag{11.149}$$

当与 (11.144) 和 (11.145) 比较时, 在 (11.148) 中使用 θ_r^{t+1} 代替在 (11.145) 中的 θ_r^t. 因此, 我们需要求解非线性方程, 从而一步得到 θ_0^{t+1} 和 θ_r^{t+1}. 然后, 我们继续下一个迭代步骤, 将 t 加 1. 所以它包括双循环, 且计算量大. 本书的几何算法比较简单, 且不包括双循环. Ikeda 等 (2004a) 利用曲率分析了 BP 或 CCCP 引起的近似误差.

11.4 Boosting 的信息几何

单一的学习机器可能不够强大. M. Kearns 和 L. Valiant 有个想法: 一个强大的机器可以由许多弱学习机器集成而成. 这个想法是由 Freund 和 Schapire (1997)、Schapire 等 (1998) 以 "Boosting" 的名义实现的. Lebanon 和 Lafferty (2001) 表明, 信息几何对于理解增强算法是有用的. 日本研究人员进一步扩展了这一想法, 包括 Murata 等 (2004)、Takeouchi 和 Eguchi (2004)、Kanamori 等 (2007)、Takenouchi 等 (2008).

11.4.1 Boosting: 弱机器集成

令一个模式分类器学习训练样本 $D = \{(x_1, y_1^*), \cdots, (x_N, y_N^*)\}$. 这里 x_t 是时刻 t 的输入模式, y_t^* 是对应于 x_t 的输出, 它取二进制值 1 和 -1. 分类器使用一个模拟值输出函数 $F(x)$, 输出 y 由决策函数 $h(x)$ 决定, 它是 $F(x)$ 的符号,

$$y = h\left(x\right) = \mathrm{sgn} F\left(x\right). \tag{11.150}$$

假设有 T 个弱机器, 其决策函数为

$$h_a\left(x\right) = \mathrm{sgn} F_a\left(x\right), \quad a = 1, 2, \cdots, T. \tag{11.151}$$

一个弱机器的性能可能非常弱, 尽管它的错误概率应该小于 0.5. 通过对它们进行集成, 构造了一个机器, 其输出函数为

$$F\left(x\right) = \sum_{a=1}^{T} \alpha_a h_a\left(x\right), \tag{11.152}$$

其中 α_a 是由数据确定的参数, 见图 11.12. 我们从一个弱机器开始, 然后一个接一个地添加新的弱机器, 并依次确定权值 α_a.

有两个问题需要解决: ① 如何组成 t 时刻的下一个弱机器 $h_t(x)$; ② 如何确定权值 α_t.

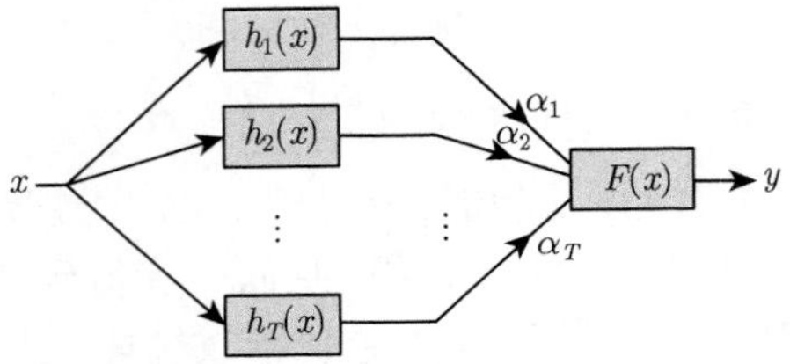

图 11.12　弱机器积分

11.4.2　机器的随机解释

尽管一个弱学习机器是确定性的, 本书引入一个随机解释评估其性能, 视其为一个随机机器, 其发射 y 的概率是

$$q(y|x) = c\exp\left\{\frac{1}{2}yF(x)\right\}, \tag{11.153}$$

其中 c 是一个归一化常数. 显然, 当 $F(x)$ 取一个较大的正值时, $y=1$ 的概率很大; 当它取一个较大的负值时, $y=-1$ 的概率也很大. 我们把 (11.153) 改写为

$$q(y|x) = c'\exp\left[\frac{1}{2}\{y - y^*(x)\}F(x)\right], \tag{11.154}$$

其中, $y^*(x)$ 是 x 的真实输出值

$$c' = c\exp\left\{\frac{1}{2}y^*(x)F(x)\right\}. \tag{11.155}$$

注意, c' 不依赖于 y. 因为当 $y=-y^*$ 出现错误时, x 的错误概率是

$$q(-y_i^*|x_i) - c'\exp\{-y_i^*F(x_i)\}. \tag{11.156}$$

忽略常数 c', 我们定义机制对输入 x 所造成的损失

$$\tilde{W}(x_i) = \exp\{-y_i^*F(x_i)\}. \tag{11.157}$$

我们将所有数据的损失标准化为

$$W(x_i) = \frac{1}{Z}\tilde{W}(x_i), \tag{11.158}$$

其中

$$Z = \sum_{i} \tilde{W}(x_i). \tag{11.159}$$

那么, $W(x_i)$ 是在训练样本上的损失分布, 因此它们的和归一化为 1.

设 I_- 是一组指标 i, 使 x_i 从机器 $F(x)$ 得到错误回答. 机器性能由误差概率评估

$$\varepsilon_F = \sum_{i \in I_-} W(x_i). \tag{11.160}$$

11.4.3 构建新弱机器

一个接一个地建造弱机器. 假设构造了 t 个弱机器 $h_1(x), \cdots, h_t(x)$, 并将它们集成到当前的机器

$$F_t(x) = \sum_{a=1}^{t} \alpha_a h_a(x). \tag{11.161}$$

机器性能通过误差分布评估

$$W_t(x_i) = \frac{1}{Z_t} \exp\left\{-y_i^* F_t(x_i)\right\}. \tag{11.162}$$

添加一个新机器是合理的, 当前机器中有些性能较差, 新机器的性能是好的.

为此, 我们建立了一个新机器, 用训练样本 D 对其进行训练, 但是模式 $x_i \in D$ 的应用不同, 根据频率 $W_t(x_i)$ 应用. 这意味着, 新的训练样本是通过重新采样从 D 中产生的, 从而使当前机器频繁面临困难. 任何类型的机器都可以用作一个新的要训练的弱机器, 简单的或多层感知器、支持向量机、决策树等.

11.4.4 弱机器权值的确定

我们将一个新训练的弱机器 $h_{t+1}(x)$ 加到以前的弱机器上, 形成一个新机器

$$F_{t+1}(x) = \sum_{a=1}^{t} \alpha_a h_a(x) + \alpha h_{t+1}(x). \tag{11.163}$$

这里, α 是要确定的参数. 新机器计算 y 的条件概率是

$$q(y\,|x, \alpha) = c\exp\left\{\frac{1}{2} y F_{t+1}(x)\right\} = c\exp\left\{\frac{1}{2} y F_t(x) + \frac{1}{2}\alpha y h_{t+1}(x)\right\}. \tag{11.164}$$

这形成了一维指数族 E_{t+1}, 其中 e-坐标是 α. 因此, 对于训练数据 D, 拟合训练数据的最佳分布由数据的经验分布对指数族 E_{t+1} 的 m-投影给出. 见图 11.13.

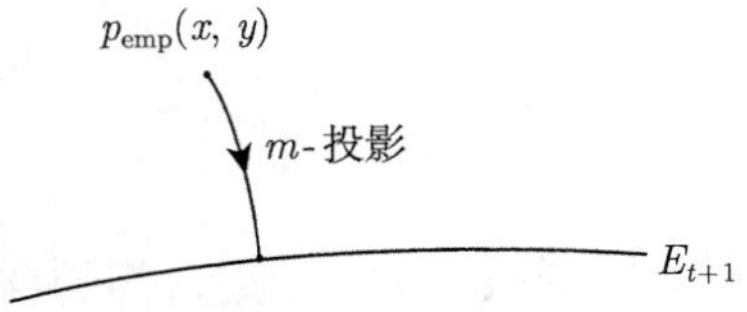

图 11.13　权值 α 测定

(11.164) 中的系数 c 是 α 和 D 的复函数, 我们忽略这一项, 把 E_{t+1} 看作非标准化的正测度,

$$M=\left\{c\exp\left\{\frac{1}{2}yF_{t+1}\left(x\right)\right\};\quad c>0\text{ 且是任意的}\right\}. \tag{11.165}$$

然后, 最优解通过将下式 m-投影

$$p_{\rm emp}\left(y,x\right)=\frac{1}{N}\sum\delta\left(y-y_i^*\right)\delta\left(x-x_i\right) \tag{11.166}$$

到 E_{t+1}, 即 $\mathrm{KL}\left[p_{\rm emp}:q\left(y|x,\alpha\right)\right]$ 最小. 从

$$\tilde{q}\left(y|x,\alpha\right)=\exp\left\{\frac{1}{2}\left(y-y^*\left(x\right)\right)\sum_{i=1}^{t}\alpha_i h_i\left(x\right)\right\}, \tag{11.167}$$

其中, c 被忽略, KL 散度为

$$\begin{aligned}&\mathrm{KL}\left[\tilde{p}_{\rm emp}\left(y,x\right):\tilde{q}\left(y|x,\alpha\right)\right]\\&=C-\sum_i\log\tilde{q}\left(y_i|x_i,\alpha\right)+\sum_{i,y}q\left(y|x_i\right)\\&=C-\frac{1}{2}\sum_i\left\{y_i^*-y^*\left(x_i\right)\right\}\sum\alpha_j h_j\left(x_i\right)\\&\quad+\sum_i\sum_{y_i=1,-1}\exp\left\{\frac{1}{2}\left(y_i-y_i^*\right)\sum\alpha_j h_j\left(x_i\right)\right\},\end{aligned} \tag{11.168}$$

其中, C 是一个不依赖于 α 的项. 由于 $y_i^*=y^*\left(x_i\right)$ 最小化的目标函数为

$$L\left(D,\alpha\right)=\sum_i\exp\left\{-y_i^*\left[\sum\alpha_j h_j\left(x_i\right)+\alpha h_{t+1}\left(x_i\right)\right]\right\}, \tag{11.169}$$

通过对 α 求导, 得到

$$\sum_i W_t\left(x_i\right)y_i^*h_{t+1}\left(x_i\right)e^{-\alpha\left\{y_i^*h_{t+1}\left(x_i\right)\right\}}=0. \tag{11.170}$$

引入一个新的指标集 I_-^{t+1}, 使 $i \in I_-^{t+1}$ 表示模式 x_i 被新机器 h_{t+1} 错误分类, 即

$$y_i^* h_{t+1}(x_i) = -1. \tag{11.171}$$

让

$$\varepsilon_{t+1} = \sum_{i \in I_-} W_t(x_i), \quad 1 - \varepsilon_{t+1} = \sum_{i \in I_+} W_t(x_i), \tag{11.172}$$

则 (11.170) 变为

$$-\varepsilon_{t+1} e^{\alpha} + (1 - \varepsilon_{t+1}) e^{-\alpha} = 0. \tag{11.173}$$

我们得到解

$$\alpha = \frac{1}{2} \log \frac{1 - \varepsilon_{t+1}}{\varepsilon_{t+1}}. \tag{11.174}$$

x_i 的权值被更新为

$$W_{t+1}(x_i) = \frac{1}{Z_{t+1}} W_t(x_i) \exp\left\{-\alpha_{t+1} y_i^* h_{t+1}(x_i)\right\}. \tag{11.175}$$

11.5 贝叶斯推理和深度学习

除了初步的研究 (如 (Zhu and Rohwer, 1995)) 外, 贝叶斯统计的信息几何还没有很好的发展. 贝叶斯理论将数据和参数同时视为随机变量. 因此, 信息几何应用于它们的联合概率分布. 他们希望构建一个比表面贝叶斯信息几何更深层次的结构, 这将有助于机器学习, 特别是深度学习. 本节提出关于贝叶斯统计信息几何的初步尝试. 为此, 我们使用了受限玻尔兹曼机 (RBM), 这是深度学习的一个重要组成部分.

11.5.1 指数族中的贝叶斯对偶性

概率分布的指数族表示为

$$p(x|\theta) = \exp\left\{\theta \cdot x - \bar{k}(x) - \psi(\theta)\right\}, \tag{11.176}$$

其中 x 是一个向量随机变量, θ 是一个向量参数, $\bar{k}(x)$ 对应于 x 的基本测度,

$$d\mu(x) = \exp\left\{-\bar{k}(x)\right\} dx. \tag{11.177}$$

贝叶斯统计假设参数 θ 也是一个服从先验分布 $\pi(\theta)$ 的随机变量. θ 与 x 的联合概率为

$$p(x, \theta) = \exp\left\{\theta \cdot x - \bar{k}(x) - \bar{\psi}(\theta)\right\}, \tag{11.178}$$

其中

$$\bar{\psi}(\theta) = \psi(\theta) - \log \pi(\theta). \tag{11.179}$$

贝叶斯后验分布是 θ 给定 x 的条件分布, 记为

$$p(\theta|x) = \exp\left\{\theta \cdot x - \bar{\psi}(\theta) - k(x)\right\}, \tag{11.180}$$

其中

$$k(x) = \bar{k}(x) + \log p(x), \tag{11.181}$$

$$p(x) = \int p(x, \theta) d\theta. \tag{11.182}$$

它是一个指数族, 其中随机变量是 θ, 而自然参数指定一个分布是 x. 尽管 θ 和 x 的作用不同, 条件分布具有相同的指数形式, 如 (11.176) 和 (11.180) 所示. 我们称之为贝叶斯对偶性.

在概率分布流形 (11.176) 中, e-仿射参数为 θ, 因此, 对偶 m-仿射参数为

$$\eta = E_\theta[x] = \int x p(x|\theta) dx. \tag{11.183}$$

然而, 在后验概率分布 (11.180) 的流形中, e-仿射参数是 x, 因此 m-仿射参数是 θ 的条件后验期望,

$$\theta^* = E_x[\theta] = \int \theta p(\theta|x) d\theta. \tag{11.184}$$

我们将 (11.178) 推广到由超参数 ζ 参数化的联合概率分布族. 那么, $M = \{p(x, \theta; \zeta)\}$ 形成了一个由指数族组成的流形. 举一个简单的例子, 当一个先验分布 $\pi(\theta)$ 以参数形式给出 $\pi(\theta, \zeta)$. 这里, 额外的参数 ζ 称为超参数, 由于其简单性, 有时会使用称为共轭先验的先验分布族. 共轭先验 $\pi(\theta, \zeta)$ 的形式与条件分布 $p(\theta|x)$ 相同. 在指数情况下, 由于 (11.180) 共轭先验写成

$$\pi(\theta, \zeta) = \exp\{\alpha \cdot \theta - \beta\psi(\theta) - \chi(\alpha, \beta)\}, \tag{11.185}$$

其中 $\zeta = (\alpha, \beta)$ 是超参数, $\chi(\alpha, \beta)$ 是标准化因子. 当我们使用 N 个独立观测值 $D = \{x_1, x_2, \cdots, x_N\}$ 时, 先验 $\pi(\theta, \alpha, \beta)$ 下的后验分布为

$$p(\theta|D, \alpha, \beta) = \exp\{\theta \cdot (\alpha + N\bar{x}) - (N + \beta)\psi(\theta) - \chi(\alpha, \beta)\}, \tag{11.186}$$

其中

$$\bar{x} = \frac{1}{N} \sum x_i \tag{11.187}$$

为观测点. 这就明确了共轭先验的作用:共轭先验能将观测点从 $\bar{x}$ 转移到 $\bar{x}+\alpha/N$, 也就是说, 将观测值为 α/β 的额外伪观测值添加到之前的 $N\bar{x}$ 中. 或者, 观测数据 D 改变共轭先验的参数如下:

$$\alpha \to \alpha + N\bar{x}, \quad \beta \to \beta + N. \tag{11.188}$$

Agarwal 和 Daumé III (2010) 研究了共轭先验的几何性质.

可以通过考虑曲线指数族来扩大框架, 其中 θ 由一个低维参数 u 表示, 使

$$\theta = \theta(u). \tag{11.189}$$

随机变量 x 可能是低维信号 v 的嵌入版本,

$$x = x(v). \tag{11.190}$$

然后, u 和 v 的概率分布形成一个曲线指数族.

可以进一步考虑一个扩展的分布族, 使联合分布 (11.178) 由一个附加参数 W 指定为 $p(x,\theta;W)$. 我们将其作为机器学习或大脑的模型. 这里, x 或 $x(v)$ 是来自环境的信息. θ 或 $\theta(u)$ 表示 x 分布的高阶概念. 一个推理系统从 x 猜测 θ, 使 x 由 $p(x|\theta)$ 生成, 见图 11.14. 这是一个简单的大脑分层模型, 其中, x 赋给输入层, θ 通过贝叶斯推断在下一层中生成. 可能存在从较高层到较低层的反馈连接, 从而在它们之间产生了动态过程. 受限玻尔兹曼机是其随机模型.

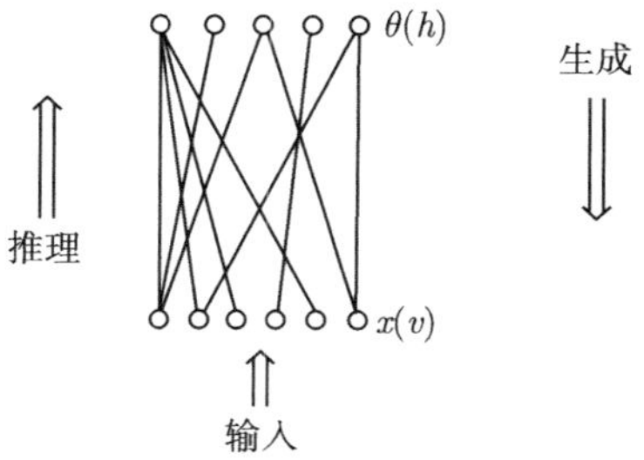

图 11.14 贝叶斯推断 x 的较高信息 θ

11.5.2 受限玻尔兹曼机

玻尔兹曼机 (RBM) 是由 Ackley 等 (1985) 提出的. 它是状态 x 上的一个马尔可夫链, 其稳定分布表示为

$$p(x,c,W) = \exp\left\{c \cdot x - \frac{1}{2}x^{\mathrm{T}}Wx - \psi\right\}, \tag{11.191}$$

其中 c 是向量, W 是对称矩阵.

RBM 是一种由两层组成的分层机器, 每层内部的元素 (称为神经元) 之间不存在相互作用. 相互作用 (连接) 只存在于不同层次的神经元之间. 这是由 Smolensky (1986) 提出的, 并已广泛应用于深度学习 (Hinton and Salakhutdinov, 2006 等).

将 x 分为两部分, $x=(v,h)$, 其中 v 和 h 是二进制向量随机变量, 代表 RBM 中两层神经元的活动 (图 11.15). 第一层称为输入层或可见层, 从环境中向其应用信号 v. 第二层称为隐藏层, 活动模式 h 由第一层的输入 v 生成.

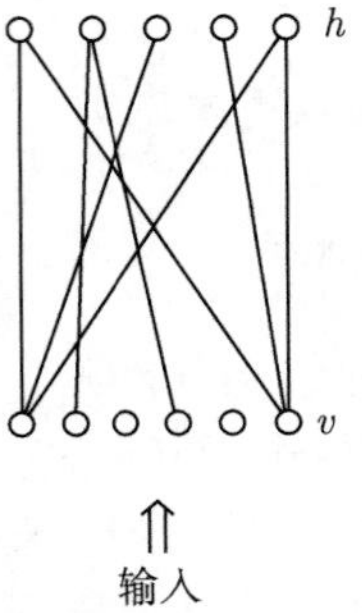

图 11.15　RBM

RBM 的稳定概率分布为

$$p(v,h,a,b,W)=\exp\left\{a\cdot v+b\cdot h+h^{\mathrm{T}}Wv-\psi(a,b,W)\right\}, \tag{11.192}$$

因为每一层的神经元之间没有联系. 这是指数分布族. v 和 h 的稳定概率由其边缘概率分布给出,

$$p_V(v)=\sum_h p(v,h), \tag{11.193}$$

$$p_H(v)=\sum_v p(v,h), \tag{11.194}$$

它们不是指数型的.

我们在前一节中将 RBM 与贝叶斯方案进行了比较. 当隐藏层的神经元数量 m 小于可见层的神经元数量 n 时, 引入新的随机变量

$$\theta=h, \tag{11.195}$$

$$x=W\cdot v. \tag{11.196}$$

情况相反时, 引入

$$\theta = h^{\mathrm{T}} W, \tag{11.197}$$

$$x = v. \tag{11.198}$$

在这两种情况下, 平稳概率分布写成贝叶斯联合分布的标准形式 (11.178). 因此, 我们可以把 RBM 看作贝叶斯统计推断机制的代表.

11.5.3 受限玻尔兹曼机的无监督学习

对于具有平稳联合概率 (11.192) 的 RBM, 有两个条件分布

$$p(h|v,a,b,W) = \frac{p(v,h,a,b,W)}{p_V(v,a,b,W)}, \tag{11.199}$$

$$p(v|h,a,b,W) = \frac{p(v,h,a,b,W)}{p_H(h,a,b,W)}. \tag{11.200}$$

在给出一层活动的情况下, 它们显示了另一层活动的概率. 令 $q(v)$ 是环境给出的 v 的概率分布, 并根据该概率生成输入 v. RBM 通过接收 v 进行训练, 使其静态边缘分布 $p_V(v,a,b,W)$ 近似于 $q(v)$. 这可以通过修改 W, a 和 b 实现, 从而使 KL 散度 $D_{\mathrm{KL}}[q(v):p_V(v,a,b,W)]$ 最小. 最小的 W, a, b 是最大似然估计值. 为了简化符号, 此后忽略偏置项 a 和 b, 使其等于 0, 也可以用类似的方式对其进行处理. 这只是为了避免不必要的复杂化.

假设 M_V 是由 RBM 的 v 的边缘概率分布组成的子流形,

$$M_V = \{p(v,W)\}. \tag{11.201}$$

在整个 v 的概率分布的流形 S_V 中. KL 散度 $D_{\mathrm{KL}}[q(v):p_V(v,W)]$ 的极小值 W 由 $q(v)$ 到子流形 M_V 的 m-投影给出 (图 11.16). 但是, 处理 (v,h) 的联合分布的流形比处理 v 的边缘分布更简单. 为此, 我们考虑由 v 和 h 的所有联合概率分布组成的流形 $S_{V,H}$. 我们研究其中的两个子流形. 一个是 RBM 的子流形,

$$M_{V,H} = \{p(v,h,W)\}, \tag{11.202}$$

由 W 参数化. 另一个是数据子流形 $M_{V,H|q}$, 表示为

$$M_{V,H|q} = \{q(v)\,r(h|v)\}, \tag{11.203}$$

其中 $q(v)$ 是固定的, $r(h|v)$ 是 h 在 v 条件下的任意条件分布. $M_{V,H|q}$ 的任何成员的边缘分布为 $q(v)$. 考虑两个子流形之间的 KL 散度,

$$D_{\mathrm{KL}}\left[M_{V,H|q}:M_{V,H}\right] = \min_{r,W} D_{\mathrm{KL}}\left[q(v)\,r(h|v):p(v,h,W)\right]. \tag{11.204}$$

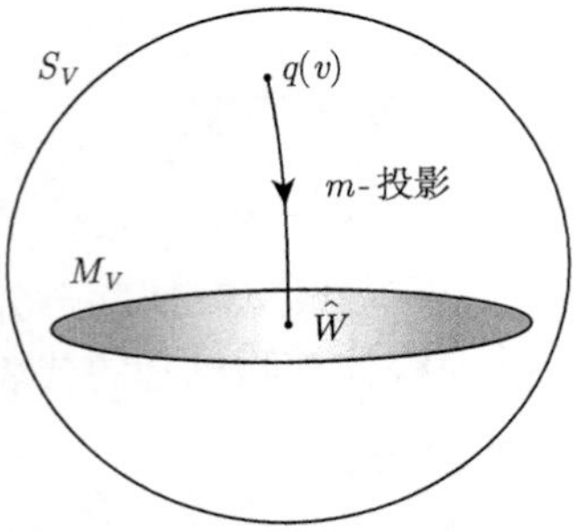

图 11.16　$q(v)$ 到 M_V 的 m-投影

定理 11.9　两个子流形之间的 KL 散度 $D_{\mathrm{KL}}\left[M_{V,H|q} : M_{V,H}\right]$ 的极小值由 $r(h|v) = p(h|v, \hat{W})$ 和 $p(v, h, \hat{W})$ 给出, 其中 $\hat{W}$ 是从 $q(v)$ 生成的数据 v 的 $p_V(v, W)$ 的 MLE.

证明　我们可以如下分解 D_{KL}:

$$\begin{aligned}
&D_{\mathrm{KL}}\left[q(v)\, r(h|v) : p(v,h,W)\right] \\
=&\int q(v)\, r(h|v) \log \frac{q(v)\, r(h|v)}{p(v,h,W)} dv dh \\
=&\int q(v)\, r(h|v) \left\{\log \frac{q(v)}{p(v,W)} + \log \frac{r(h|v)}{p(h|v,W)}\right\} dh dv \\
=&\ D_{\mathrm{KL}}\left[q(v) : p(v,W)\right] + \int q(v)\, D_{\mathrm{KL}}\left[r(h|v) : p(h|v,W)\right] dv,
\end{aligned} \tag{11.205}$$

因此, 由 $p(h|v, W)$ 可得相对于 $r(h|v)$ 的 D_{KL} 的最小值, 由 $D_{\mathrm{KL}}\left[q(v) : p(v, W)\right]$ 的极小值可得相对于 W 的最小值. □

令 $\hat{q} = q(v)\, \hat{r}(v|h)$ 和 $\hat{p} = p(v, h, \hat{W})$ 为 $D_{\mathrm{KL}}\left[M_{V,H|q} : M_{V,H}\right]$ 的最近似对. 那么, $\hat{p}$ 是由 $\hat{q}$ 的 m-投影给出的, 而 $\hat{q}$ 是 $\hat{p}$ 的 e-投影. 从存在隐变量 h 的 em (EM) 算法中可以明显看出, 因为 e-投影保留了条件概率 $p(h|v, W)$, 而 m-投影使对数似然最大化. 参见图 11.17, 其中 $S_{V,H}$ 中的最小化问题映射 S_V 中的最小化问题.

现在, 我们给出由 Ackley 等 (1985) 建立的学习算法. 这是 D_{KL} 的随机下降方法.

定理 11.10　RBM 的均值学习规则为

$$\Delta W_{ij} = \varepsilon \left(\langle h_i v_j \rangle_q - \langle h_i v_j \rangle_p\right), \tag{11.206}$$

其中, ε 是学习常数, $\langle h_i v_j \rangle_q$ 是服从联合概率分布的 $h_i v_j$ 的均值

$$q(v, h, W) = q(v)\, p(h|v, W), \tag{11.207}$$

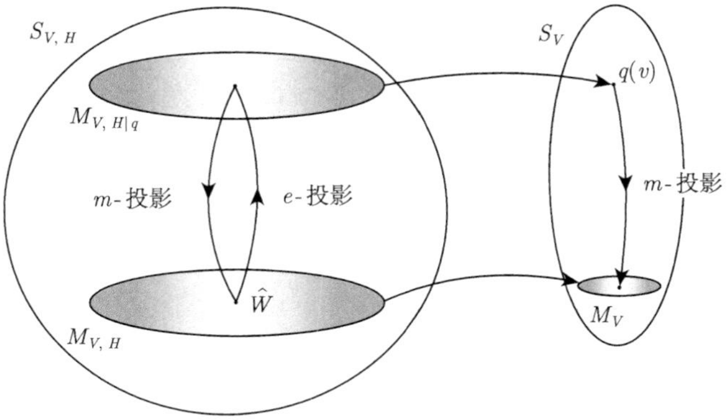

图 11.17 $D_{\mathrm{KL}}\left[M_{V,H|V}:H_{V,H}\right]$ 的极小值

$\langle h_i v_j \rangle_p$ 是 RBM 静态分布 $p(v,h,W)$ 的均值.

证明 因为有

$$D_{\mathrm{KL}}\left[q(v):p(v,W)\right]=\int q(v)\log q(v)\,dv - \int q(v)\left(\log\int \exp\left\{h^{\mathrm{T}}W_v-\psi\right\}dh\right)dv, \tag{11.208}$$

所以

$$\begin{aligned}\frac{\partial D_{\mathrm{KL}}}{\partial W}&=-\int q(v)\left(hv^{\mathrm{T}}-\frac{\partial}{\partial W}\psi\right)\frac{p(v,h,W)}{p(v,W)}dhdv\\&=-\int hv^{\mathrm{T}}q(v)\,p(h|v,W)\,dvdh+\frac{\partial}{\partial W}\psi\\&=-\left\langle hv^{\mathrm{T}}\right\rangle_{q(v)p(h|v)}+\left\langle hv^{\mathrm{T}}\right\rangle_{p(v,h)},\end{aligned} \tag{11.209}$$

因为

$$\frac{\partial\psi}{\partial W}=E_p\left[hv^{\mathrm{T}}\right]. \tag{11.210}$$

□

这是普通的梯度下降法. 如果我们有自然梯度方法, 那么计算算法效果会更好. 由于学习规则 (11.206) 仅包含 v 和 h 相对于 $p(v,h,W)$ 和 $q(v,h,W)$ 的交叉项期望, 所有其他高阶交互项都不相关. 因此, 建议使用混合坐标系, 将交互作用的二阶项与高阶项分开, 请参阅 (Akaho and Takabatake, 2008).

11.5.4　对比散度的几何学

学习算法 (11.206) 的计算量很大. 为了计算 $\langle hv^{\mathrm{T}}\rangle_p$ 的期望值, 我们需要很长的蒙特卡罗-马尔可夫 (MCMC) 程序才能从稳定分布 $p(v,h,W)$ 中获得样本. MCMC 过程的工作如下:

(1) 以任意 v_t 开头, 使用条件分布 $p(h|v,W)$ 生成 h_t;

(2) 通过使用条件分布 $p(v|h,W)$ 从当前 h_t 生成 v_{t+1};

(3) 重复过程, $t=0,1,2,\cdots$.

然后, 我们有一个 (v_t,h_t) 序列, 其经验分布收敛到 $p(v|h,W)$. 这些数据可用于计算 (11.206) 或 (11.209) 中的均值 $\langle hv^{\mathrm{T}}\rangle_p$.

对比散度是 Hinton (2002) 提出的 KL 散度的近似值. 已在深度学习中频繁使用. 它对上述过程进行有限次的迭代, 比如 k 次. 阶 k 的对比散度 (CD_k) 使用一对 (v_k,h_k), 其中 v_0 是从 $q(v)$ 导出的初始值, h_t 是从 $p(h|v_t,W)$ 导出的, 而 v_{t+1} 源自 $p(h|v_t,W)$. 从许多初始 v 开始重复执行该过程直到 $t=k$, 再使用导出的 (v_k,h_k) 的经验分布来获得 $\langle hv^{\mathrm{T}}\rangle_p$ 的近似值.

我们跟随 Karakida 等 (2014) 研究 (v_k,h_k) 的概率分布 $p_k(v,h,W)$, 称其为 CD_k 分布. 设其边缘分布为 $p_{Vk}(v,W)$ 和 $p_{Hk}(h,W)$. 它们是

$$p_{Vk}(v,W)=\int p_k(v,h,W)\,dh, \tag{11.211}$$

$$p_{Hk}(h,W)=\int p_k(v,h,W)\,dv. \tag{11.212}$$

然后, 通过以下方式递归计算 CD_j 分布,

$$p_j(v,h,W)=p_{Vj}(v)\,p(h|v,W),\quad j=0,\cdots,k, \tag{11.213}$$

$$\tilde{p}_{Hj+1}(v,h,W)=p_{Hj}(h,W)\,p(v|h,W). \tag{11.214}$$

为了理解 CD_k 分布, 我们考虑 $S_{V,H}$ 中的两个子流形 $M_{H|V}(W)$ 和 $\tilde{M}_{V|H}(W)$. 它们的定义是

$$M_{H|V}(W)=\{r(v)\,p(h|v,W)\}, \tag{11.215}$$

$$\tilde{M}_{V|H}(W)=\{\tilde{r}(h)\,p(v|h,W)\}, \tag{11.216}$$

其中 $r(v)$ 和 $\tilde{r}(h)$ 是任意分布. 它们在 $p(v,h,W)$ 处相交, 因为当 $r(v)=p_V(v,W)$ 且当 $\tilde{r}(h)=p_H(h,W)$ 时, 两个分布都等于 $p(v,h,W)$. 此外, $M_{H|V}$ 和 $\tilde{M}_{V|H}$ 均为 e-平坦, 因为 e-测地线与 $r_1(v)\,p(h|v)$ 和 $r_2(v)\,p(h|v)$ 相连,

$$\begin{aligned}&t\{\log r_1(v)\,p(h|v)\}+(1-t)\{\log r_2(v)\,p(h|v)\}\\&=\left\{\log r_1(v)^t\,r_2(v)^{1-t}\,p(h|v)\right\}\end{aligned} \tag{11.217}$$

包含在 $M_{H|V}$ 中, 其中, 省略归一化因子 $c(t)$. 对于 $\tilde{M}_{V|H}$, 情况相同, 参见图 11.18.

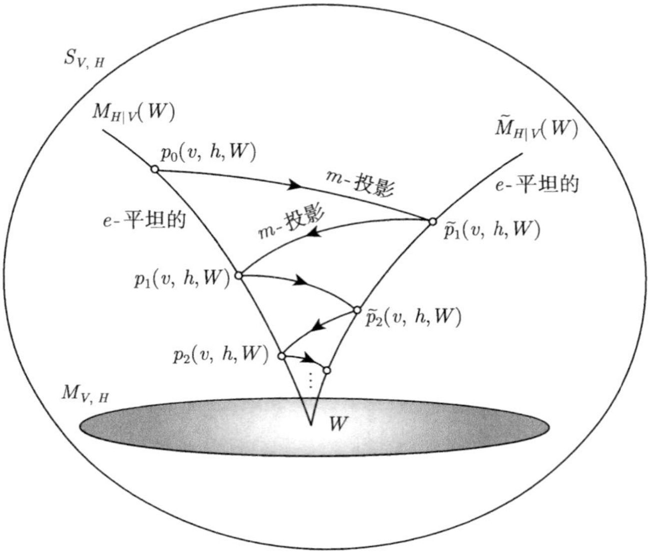

图 11.18 CDR 分布 $p_k(v,h,W)$

令 $p_0(v)=q(v)$, 初始分布为

$$p_0(v,h,W)=p_0(v)\,p(h|v,W). \tag{11.218}$$

然后, 根据 R. Karakida, 通过以下定理中的几何程序给出 CD_k 分布的序列.

定理 11.11 $\tilde{p}_j(v,h,W)$ 是 $p_{j-1}(v,h,W)$ 到 $\tilde{M}_{H|V}(W)$ 的 m-投影, $p_j(v,h,W)$ 是 $\tilde{p}_j(v,h,W)$ 到 $M_{V|H}(W)$ 的 m-投影.

证明 给定 $\tilde{p}_j(v,h,W)$, 关于 $r(v)$, 其对 $M_{H|V}$ 的 m-投影由下面公式的极小值给出

$$D_{\mathrm{KL}}\left[\tilde{p}_j(v,h,W):r(v)\,p(h|v)\right]=-\int \tilde{p}_j(v,h,W)\log r(v)\,dvdh+c \tag{11.219}$$

其中 c 是不依赖 $r(v)$ 的项. 通过添加约束

$$\int r(v)\,dv=1, \tag{11.220}$$

D_{KL} 的变化给出

$$r(v)=p_{Vj}(v,W). \tag{11.221}$$

另一种情况也可同样证明. □

定理表明, 随着 j 的增加, $p_j(v,h,W)$ 收敛到 $p(v,h,W)$. 因此, 在 $\left\langle hv^{\mathrm{T}}\right\rangle_p$ 的计算中, 可以将 $p_j(v,h,W)$ 用作 $p(v,h,W)$ 的近似值.

以下是基于勾股定理的有趣观察.

定理 11.12 从 $p_0(v,h,W)$ 到 $p(v,h,W)$ 的 KL 散度分解为

$$D_{\mathrm{KL}}[p_0:p]=\sum_{j=0} D_{\mathrm{KL}}[p_j:\tilde{p}_{j+1}]+\sum_{j=1} D_{\mathrm{KL}}[\tilde{p}_j:p_j]. \tag{11.222}$$

证明 由于 $\tilde{p}_j p_j p$ 是一个正交三角形, 其中 m-测地线 $\tilde{p}_j p_j$ 与 e-测地线 $p_j p$ 正交, 可以应用勾股定理来分解 $D_{\mathrm{KL}}[\tilde{p}_j:p]$ (图 11.17). 类似的分解也适用于 $D_{\mathrm{KL}}[\tilde{p}_j:p]$. 因此, 递归地重复分解, 我们得出定理. □

11.5.5 高斯受限玻尔兹曼机

我们可以考虑一个模拟 RBM, 其中 v 和 h 都采用模拟值. 一个典型的例子是高斯 RBM, 其中 v 和 h 均为高斯随机变量. 平稳分布记为

$$p(v,h,W)=\exp\left\{-\frac{1}{2\sigma_v^2}|v|^2-\frac{1}{2\sigma_h^2}|h|^2+\frac{h^{\mathrm{T}}Wv}{\sigma_v\sigma_h}-\psi\right\}. \tag{11.223}$$

这里存在 v 和 h 的二次项, 但它们不包括诸如 $v_iv_j\ (i\neq j)$ 之类的交叉项, 因此每一层神经元之间没有相互连接.

高斯 RBM 很简单, 之所以易于处理, 是因为所有相关分布都在高斯分布的框架中进行了描述. 高斯条件分布为

$$p(h|v,W)=c\exp\left\{-\frac{1}{2\sigma_n^2}\left|h-\frac{\sigma_h}{\sigma_v}Wv\right|^2\right\}, \tag{11.224}$$

$$p(v|h,W)=c'\exp\left\{-\frac{1}{2\sigma_n^2}\left|v-\frac{\sigma_v}{\sigma_h}W^{\mathrm{T}}h\right|^2\right\}, \tag{11.225}$$

边缘分布也是高斯的

$$p_V(v,W)=c''\exp\left\{-\frac{1}{2\sigma_n^2}v^{\mathrm{T}}\left(I-W^{\mathrm{T}}W\right)v\right\}, \tag{11.226}$$

其中 c, c' 和 c'' 是恰当的常数.

卡拉基达等 (Karakida, 2014) 分析了当外部给出的 v 的分布 $q(v)$ 均值为 0 且其协方差矩阵为 C 时高斯 RBM 的行为. 由于

$$\left\langle hv^{\mathrm{T}}\right\rangle_q=\frac{1}{\sigma_v^2}WC, \tag{11.227}$$

$$\left\langle hv^{\mathrm{T}}\right\rangle_p=\frac{1}{\sigma_v^2}W\left(I-W^{\mathrm{T}}W\right)^{-1} \tag{11.228}$$

成立, 学习方程式 (11.206) 记为

$$\varepsilon\frac{dW}{dt}=\frac{1}{\sigma_v^2}WC-\left(I-W^{\mathrm{T}}W\right)^{-1}, \tag{11.229}$$

其中使用连续的时间. 他们还计算了 CD_k 的学习方程, 得到

$$\varepsilon\frac{dW}{dt}=\frac{1}{\sigma_v^2}WC-\left\{\frac{1}{\sigma_v^2}W\left(W^{\mathrm{T}}W\right)^kC\left(W^{\mathrm{T}}W\right)^k+\sum_{i=0}^{2k-1}\left(W^{\mathrm{T}}W\right)^i\right\}. \tag{11.230}$$

显而易见, 随着 k 趋于无穷大, (11.230) 收敛至 (11.229).

我们研究上述方程的均衡解及其稳定性. 以下定理表明, 高斯 RBM 可以执行类似主成分分析. 为此, 令 $\lambda_1,\cdots,\lambda_n$ 为 C 的 n 个特征值 (假设它们都是不同的), 令 O 为对角化 C 的正交矩阵,

$$C=O^{\mathrm{T}}\tilde{\Lambda}O. \tag{11.231}$$

定理 11.13 假设存在 r 个大于 σ_v^2 的特征值. 那么, (11.229) 和 (11.230) 的平衡解相同, 由下式给出

$$W=U\tilde{\Lambda}O, \tag{11.232}$$

其中 U 是一个任意的 $m\times m$ 正交矩阵, 而

$$\tilde{\Lambda}=\operatorname{diag}\left(\sqrt{1-\frac{1}{\lambda_1}},\sqrt{1-\frac{1}{\lambda_2}},\cdots,\sqrt{1-\frac{1}{\lambda_r}},0,\cdots,0\right). \tag{11.233}$$

该证明因其技术型而省略, 参见 (Karakida et al., 2014). 他们还分析了解的稳定性.

通过充分选择 v 的坐标轴, 我们看到 RBM 的边缘分布:

$$p_V(v,W)=c\exp\left\{-\sum_{i=1}^{r}\frac{v_i^2}{2\lambda_i}-\sum_{i=r+1}^{n}\frac{v_i^2}{2\sigma_v^2}\right\}. \tag{11.234}$$

这表明高斯 RBM 进行了主成分分析, 忽略了较小的特征值. 同时表明, 与原始 RBM 学习方法 (最大似然方法) 相比, CD_1 学习方法有很好的表现.

注 我们从信息几何的角度讨论了机器学习主题. 由于现实中涉及随机不确定性, 信息几何有望提供良好的构想、有用的建议以及对机器学习各个方面的清

晰理解. 聚类技术是使用散度函数信息提取的主要工具, 它们与信息几何紧密联系. 我们已经证明了 tBD 可以实现鲁棒的聚类. 这个领域正在迅速发展, 详见 (Nock et al., 2015).

支持向量机是模式识别和回归中的有效工具. 我们避免了遵循核方法的主流, 而是谈到如何通过保角变换提高核性能. 这可能帮助我们更好地作出核选择.

随机推理是一个重要过程, 其中置信传播 (BP) 发挥着关键作用. 我们可以通过信息几何重构 BP 算法. 与传统算法相比, 这可以使算法更透明. 此外, 它提供了一种有效的随机推理算法, 是 CCCP 的新版本; 还概述了弱学习提升算法.

深度学习是热门话题, 目前仍缺乏令人信服的理论. 我们提出从贝叶斯统计信息几何学来理解它的方法. 在贝叶斯信息几何学的框架中, 我们可以理解 RBM. Karakida 等 (2014; 2016) 研究了高斯-伯努利 RBM 的性能, 并表明它在受限情况下执行 ICA. 然而, 这仍然作为一个不成熟的想法出现在本专题的最后一部分. 对比散度几何主要源于 R. Karakida (东京大学的博士生) 正在进行的研究, 现在将其包括在内可能为时过早. 为了理解深度学习, 我们需要构建一个包含层次结构的良好 $q(v)$ 模型. 隐藏层一步一步地揭示其层次结构. 这是无监督的学习. 深度学习的监督方面与神经流形中普遍存在的奇点有关, 这将是下一章的主要主题之一.

第 12 章 奇异区域中的自然梯度学习及其动态

学习是在参数空间中进行的, 这种参数空间不是一般的欧氏空间, 而是黎曼空间. 因此, 在设计学习方法时, 需要考虑黎曼结构. 自然梯度法是利用黎曼梯度的随机下降学习方法. 这是一种 Fisher 有效的在线估计方法. 其性能通常很好, 已用于各种类型的学习问题, 如神经学习、强化学习中的策略梯度、随机松弛优化、独立成分分析、黎曼流形中的蒙特卡罗-马尔可夫链 (MCMC) 等.

一些统计模型是奇异的, 这意味着其参数空间包含奇异区域. 多层感知器 (MLP) 是典型的奇异模型. 由于 MLP 的监督学习涉及深度学习, 因此研究奇异区域的动态学习行为非常重要. 奇异区域的学习非常缓慢, 这就是所谓的平稳现象. 自然梯度法克服了这一困难.

12.1 自然梯度随机下降学习

12.1.1 在线学习和批量学习

现实中存在大量数据. 考虑在确定但未知的概率分布下随机生成的一组数据. 回归问题中由一个典型例子所示, 随机生成输入信号 x, 伴有期望响应 $f(x)$. 教师信号 y 是期望输出 $f(x)$ 的噪声版本, 与 x 一起给出, 其中 ε 是随机噪声.

$$y = f(x) + \varepsilon. \tag{12.1}$$

在这种情况下, 学习机的任务是通过可用的输入-输出数据对样本 $D = \{(x_i, y_i), i = 1, 2, \cdots, T\}$ 来估计预期的输出映射 $f(x)$, 这称为训练样本. 它们受到未知联合概率分布的影响,

$$p(x, y) = q(x)\text{Prob}\{y|x\} = q(x)p_\varepsilon\{y - f(x)\}, \tag{12.2}$$

其中 $q(x)$ 是 x 的概率分布, 而 $p_\varepsilon(\varepsilon)$ 是噪声 ε 的概率分布, 通常是高斯分布. 这是通常情况下的监督学习方案.

我们使用函数的参数化族 $f(x, \xi)$ 作为期望输出的候选项, 其中 ξ 是向量参数. ξ 的集合是参数空间, 我们使用训练样本 D 寻找近似于真实的 $f(x)$ 的最优 $\hat{\xi}$. 当 y 取一个模拟值时, 这是一个回归问题. 当 y 是离散的, 例如二进制时, 这就是模式识别.

为了评估机器 $f(x, \xi)$ 的性能, 我们定义了损失函数或成本函数. 机器 $f(x, \xi)$ 处理 x 的瞬时损失通常由下式给出

$$l(x, y; \xi) = \frac{1}{2}\{y - f(x, \xi)\}^2, \tag{12.3}$$

在回归的情况下, 它是教师输出 y 与机器输出 $f(x, \xi)$ 之差的平方的一半.

机器的损失函数 ξ 是所有可能对 (x, y) 的瞬时损失的期望,

$$L(\xi) = E_p[l(x, y; \xi)], \tag{12.4}$$

其中, 期望是关于未知联合概率分布 $p(x, y)$ 的. 然而, 由于 $p(x, y)$ 未知, 这里使用训练数据的平均值,

$$L_{\text{train}}(\xi) = \frac{1}{T}\sum_{t=1}^{T} l(x_t, y_t; \xi). \tag{12.5}$$

这称为训练误差, 因为平均损失通过训练数据评估. 相比之下, (12.4) 称为泛化误差, 因为它评估的是训练过程中未使用的所有可能数据 (x, y) 的性能. 由于 L 未知, 所以最小化训练误差 L_{train}, 得到 $\hat{\xi}$. 可以在 L_{train} 中加入一个正则项, 通过学习来得到正则化的最优解 $\hat{\xi}$.

在模式识别中, 损失函数的定义与瞬时损失的期望类似. 即使在二进制 $y = 0$ 或 1 的情况下, 也可以让 (12.3) 作为损失. 然而, 用逻辑回归表述这个问题更加自然, 即 y 的概率由 $\xi \cdot x$ 的函数给出

$$\text{Prob}\{y|\xi \cdot x\} = \exp\{y\xi \cdot x - \psi(\xi \cdot x)\}, \tag{12.6}$$

其中, 归一化因子 ψ 是

$$\psi(\xi \cdot x) = \log\{1 + \exp(\xi \cdot x)\}. \tag{12.7}$$

这意味着

$$\text{Prob}\{y = 1|x; \xi\} = \frac{\exp(\xi \cdot x)}{1 + \exp(\xi \cdot x)}. \tag{12.8}$$

瞬时损失函数是对数 $\text{Prob}\{y|\xi \cdot x\}$ 的负值,

$$l(x, y; \xi) = -yx \cdot \xi + \psi(\xi \cdot x). \tag{12.9}$$

在统计模型 $\{p(x, \xi)\}$ 中估计参数 ξ 的问题, 利用对数似然的负值,

$$l(x; \xi) = -\log p(x, \xi), \tag{12.10}$$

其中仅有 x 可观测. 泛化误差为

$$L(\xi) = -E_{\xi_0}[\log p(x \cdot \xi)], \tag{12.11}$$

其中, ξ_0 为真参数, 即 x 从 $p(x, \xi_0)$ 中生成. 将回归问题当作估计 $p(x, y; \xi)$ 中的 ξ 值问题; 其中随机变量是 (x, y), 这里不关心 $q(x)$.

为了减少瞬时损失 (Rumelhart et al., 1986), 在线学习过程根据当前训练样本 $(x_t,\ y_t)$ 修改时刻为 t 的当前候选 ξ_t, 使其下一次变为 ξ_{t+1}. 通常, 用负梯度来更新 ξ_t,

$$\xi_{t+1} = \xi_t - \eta_t \nabla l(x_t, y_t; \xi_t), \tag{12.12}$$

其中, ∇ 是关于 ξ 的梯度, 系数 η_t 称为学习常数, 该常数可能依赖于 t.

由于训练数据是一一给出的, 变化量

$$\Delta\xi_t = -\eta_t \nabla l(x_t, y_t; \xi_t) \tag{12.13}$$

是依赖于 (x_t, y_t) 的随机变量. ∇l 的期望等于 $\nabla L(\xi)$. 故变化 $\Delta\xi_t$ 是随机的, 但期望是在 $-\nabla L(\xi_t)$ 方向上, 见图 12.1. 因此, (12.12) 称为随机下降学习方法. Amari (1967) 可能是第一个使用这种思想来训练多层感知器的人. 该方法现在已公认为反向传播学习方法.

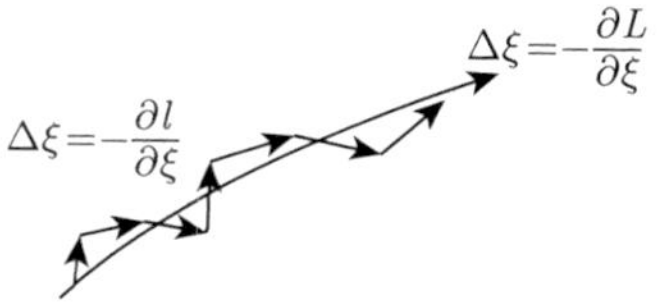

图 12.1 预期损失 L 的梯度下降和 l 的随机梯度下降

批量学习过程是一种迭代方法, 它使用所有训练数据一步修改 ξ_t, 从而将 ξ_t 通过以下方式修改为 ξ_{t+1}:

$$\xi_{t+1} = \xi_t - \eta_t \frac{1}{T} \sum_{i=1}^{T} l\left(x_i, y_i; \xi_t\right). \tag{12.14}$$

批量学习和在线学习两种类型各有优缺点.

12.1.2 自然梯度：黎曼流形中最陡的下降方向

给定流形中的函数 $L(\xi)$, 人们普遍认为梯度

$$\nabla L(\xi) = \frac{\partial}{\partial \xi} L(\xi) \tag{12.15}$$

是 $L(\xi)$ 变化最陡的方向. 在具有等高线的地理地图中, 最陡的方向是由高度函数 $H(\xi)$ 的斜率, 即 $\nabla H(\xi)$ 给定的, 与等高线正交. 但只有在欧几里得空间中使用正交法坐标系时, 这才是正确的.

在黎曼流形中, 两个相邻点 ξ 和 $\xi+d\xi$ 之间的局部距离的平方由二次形给出

$$ds^2 = g_{ij}d\xi^i d\xi^j, \tag{12.16}$$

其中 $G=(g_{ij})$ 是黎曼度量张量. 请注意, 我们使用爱因斯坦求和约定, 因此在 (12.16) 中省略了求和符号. 将当前点 ξ 更改为 $\xi+d\xi$, 再看 $L(\xi)$ 的值如何根据 $d\xi$ 方向变化. 我们寻找 L 变化最快的方向. 为了公平比较, $d\xi$ 的步长在所有方向上都应具有相同的大小, 因此 $d\xi$ 的长度应相同,

$$g_{ij}(\xi)d\xi^i d\xi^j = \varepsilon^2, \tag{12.17}$$

其中 ε 是一个小常数. 令 $d\xi=\varepsilon a$ 并要求

$$|a|^2 = g_{ij}a^i a^j = 1. \tag{12.18}$$

那么, L 的最陡方向就是下式的极大值

$$L(\xi+d\xi)-L(\xi) = \varepsilon\nabla L(\xi)\cdot a. \tag{12.19}$$

在限制条件 (12.18) 下, 参见图 12.2. 通过在约束 (12.18) 下最大化 (12.19) 的变分法, 可以轻松地获得以下公式:

$$\underset{a}{\text{maximize}}\ \nabla L(\xi)\cdot a - \lambda g_{ij}a^i a^j. \tag{12.20}$$

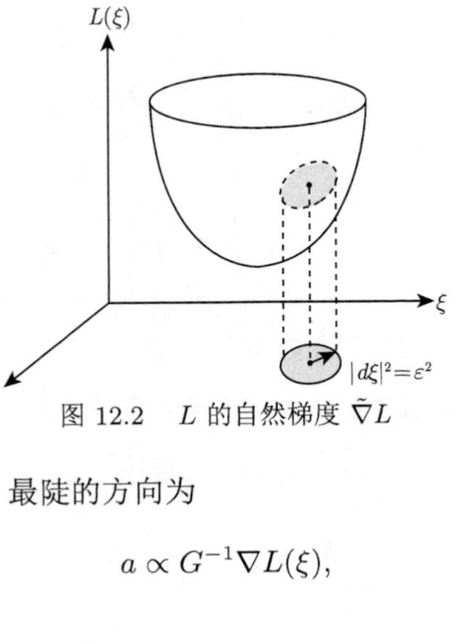

图 12.2　L 的自然梯度 $\tilde{\nabla}L$

这是一个二次问题, 最陡的方向为

$$a \propto G^{-1}\nabla L(\xi), \tag{12.21}$$

称

$$\tilde{\nabla}L(\xi)=G^{-1}(\xi)\nabla L(\xi) \tag{12.22}$$

为 L 的黎曼梯度或自然梯度, 其中

$$\tilde{\nabla}=G^{-1}\nabla \tag{12.23}$$

是自然梯度算子.

从几何学的角度来看, 在指数符号中自然梯度是一个逆变向量, 普通梯度是协变向量.

$$A^i=g^{ij}(\xi)\partial_j L, \tag{12.24}$$

$$A_j=\partial_j L(\xi), \tag{12.25}$$

当且仅当

$$g_{ij}(\xi)=\delta_{ij} \tag{12.26}$$

时, 即在欧几里得空间中使用正交坐标系时, 它们相等.

Amari (1967) 提出的自然梯度学习法已在 Amari (1998) 中正式引入, 并定义为

$$\xi_{t+1}=\xi_t-\eta_t\tilde{\nabla}l\left(x_t,y_t,\xi_t\right). \tag{12.27}$$

在批处理模式下,

$$\xi_{t+1}=\xi_t-\eta_t\frac{1}{T}\sum_{i=1}^{T}\tilde{\nabla}l\left(x_i,y_i,\xi_t\right). \tag{12.28}$$

在 Fisher 信息为黎曼度量的统计估计的情况下, 损失函数 L 和黎曼度量 G 都用对数似然函数 $\log p(x,\xi)$ 定义. 在这种情况下, 自然梯度法被认为是高斯-牛顿法的一种形式. 但是, 在许多其他情况下, 损失函数和黎曼度量也不相关. 在这种情况下, 自然梯度学习也很有用. 独立成分分析 (ICA) 就是这样的一个例子, 其中参数空间是一组混合矩阵, 而黎曼度量是由基础李群的不变度量给出的, 但是损耗是通过未混合信号的独立程度来衡量的. 在下一个小节中, 我们将把 Hessian 的 "绝对值" 作为黎曼度量, 展示一个有趣的自然梯度新概念 (Daupin et al., 2014).

自然梯度也用于深度学习 (Roux et al., 2007; Ollivier, 2015) 和强化学习, 作为自然策略梯度, 例如 (Kakade, 2002; Peters and Schaal, 2008; Morimura et al., 2009). 另外也可用于随机松弛技术的优化问题 (Malagò and Pistone, 2014; Malagò et al., 2013; Yi et al., 2009; Hansen and Ostermeier, 2001).

12.1.3 黎曼度量、Hessian 和绝对 Hessian

牛顿法利用 $L(\xi)$ 的 Hessian 通过递归求解 $\nabla L(\xi)=0$, 获得 $L(\xi)$ 的极小值. 它更新当前的 ξ_t, 给出

$$\xi_{t+1}=\xi_t-\eta_t H^{-1}\left(\xi_t\right)\nabla l\left(x_t,y_t,\xi_t\right), \tag{12.29}$$

其中

$$H(\xi)=\nabla\nabla L(\xi). \tag{12.30}$$

自然梯度用黎曼度量 G 代替 H, 因此, G 和 H 的关系很有趣.

我们研究了均值为 0, 方差为 σ^2 的高斯噪声情况. 联合概率分布为

$$p(x,y;\xi)=\frac{q(x)}{\sqrt{2\pi}\sigma}\exp\left[-\frac{1}{2\sigma^2}\{y-f(x,\xi)\}^2\right]. \tag{12.31}$$

因此, 除了常数之外, 损失函数与对数似然的负值相同. 最小化 $L(\xi)$ 等价于最大化未知参数 ξ 的似然. 在线学习算法 (12.27) 被认为是一个序列估计过程, 而批量学习算法是一个获得最大似然估计的迭代过程.

这里的 Fisher 信息是

$$G(\xi)=\nabla\nabla L(\xi)=E_{p(x,y,\xi)}[\nabla\nabla l(x,y;\xi)]. \tag{12.32}$$

另一方面, 损失函数 $L(\xi)$ 的 Hessian 为

$$H(\xi)=\nabla\nabla L(\xi)=E_{p(x,y,\xi_0)}[\nabla\nabla l(x,y;\xi)], \tag{12.33}$$

它是关于真实分布 $p\ (x,\ y;\ \xi_0)$ 的期望, 信号 y 就是从这个分布中产生的.

通过利用 (12.31) 或假设在 (12.31) 中 $\sigma^2=1$, 很容易得到

$$G(\xi)=E_x\left[\nabla f(x,\xi)\nabla f(x,\xi)^{\mathrm{T}}\right], \tag{12.34}$$

$$H(\xi)=G(\xi)-E_x\left[\left\{f\left(x,\xi_0\right)-f(x,\xi)\right\}\nabla\nabla f(x,\xi)\right], \tag{12.35}$$

其中 E_x 是对 $q(x)$ 的期望. G 一般是正定的, 但 H 不一定是 (我们稍后讨论 G 和 H 退化的奇异情况). 但是, H 和 G 在 $\xi=\xi_0$ 处完全相等. 当 $f(x,\xi)=f(x,\xi_0)$ 成立时, 它们是相等的. 我们稍后证明它们在 MLP 的临界或奇异区域是相等的.

最近, 出现了一种用矩阵的 "绝对值" 来定义黎曼度量的有趣思想 (Dauphin et al., 2014). Hessian 分解为

$$H=O^{\mathrm{T}}\Lambda O, \tag{12.36}$$

式中 O 为正交矩阵, $\Lambda = \mathrm{diag}(\lambda_1, \cdots, \lambda_n)$ 是一个对角矩阵, 对角元素为 H 的特征值. H 的绝对值的矩阵定义为

$$|H| = O^{\mathrm{T}}\mathrm{diag}(|\lambda_1|, \cdots, |\lambda_n|)O. \tag{12.37}$$

当用 $|H|$ 作为黎曼度量时, 自然梯度法变成

$$\xi_{t+1} = \xi_t - \eta_t |H(\xi_t)|^{-1} \nabla l(x_t, y_t; \xi_t). \tag{12.38}$$

该方法被称为无鞍牛顿法 (SFN), 且表现良好. 当 ξ' 值为鞍点时, 牛顿法稳定鞍点并收敛于鞍点. 因此, 牛顿法效果不佳. 研究表明, 高维中 L 的大多数临界点是鞍点 (Dauphin et al., 2014). 因此, 新思想的引入可避免鞍点, 且保持牛顿法的良好性能. 与牛顿法不同, 任何自然梯度法都不会被困在鞍中. 基于 Fisher 信息的自然梯度和基于绝对值的 Hessian 自然梯度在最优点 ξ_0 附近的表现相同, 都具有 Fisher 效率. 有趣的是, 它们的行为在后来研究的临界或奇异区域是相同的, 这是高原现象 (学习迟缓) 的主要来源.

12.1.4 优化问题的随机松弛

这里展示了一个自然梯度起重要作用的问题. 我们考虑搜索 $f(x), x \in X$ 的最小值问题. f 不是凸函数时, 尤其是 x 离散时, 这个问题很难解决. 整数规划是离散型规划的一个典型例子.

让我们引入一个概率分布族 $M = \{p(x, \xi)\}$ 并考虑期望

$$L(\xi) = E_{p(x,\xi)}[f(x)]. \tag{12.39}$$

寻找关于 ξ 的 $L(\xi)$ 最小值的问题称为原问题的随机松弛 (Malagò and Pistone, 2014; Hansen and Ostermeier, 2001). 它将在 X 中搜索的问题变成了在 M 中搜索的问题, 所以梯度下降法即使在 X 是离散的情况下也适用. 由于 M 是一个黎曼流形, 我们可以应用自然梯度法,

$$\xi_{t+1} = \xi_t - \eta_t G(\xi_t)^{-1} \nabla L(\xi_t). \tag{12.40}$$

通过仔细选择模型 M, 它能顺利运行. Yi 等 (2009) 提出了一种实现自然梯度的有效方法.

12.1.5 强化学习中的自然策略梯度

我们按照 Peters 和 Schaal (2008) 的方法总结了强化学习中的自然梯度方法. 它称为自然策略梯度法, 在马尔可夫决策过程的框架下制定. 参见 Grondman 等 (2012) 的调查论文. 考虑一个具有状态空间 $X = \{x\}$ 和行为空间 $U = \{u\}$ 的系

统. 在每个离散时间 t 上, 根据当前状态 x_t 选择一个动作, 服从策略 $\pi(u|x_t)$, 它指定动作 u_t 的概率 (密度). 我们假设它是一个由向量参数 θ 表示的条件概率的参数族, 记为 $\pi(u|x;\theta)$. 状态转移随机发生, 依赖于当前的 x_t 和 u_t, 其概率 (密度) 函数为 $p(x_{t+1}|x_t,u_t)$. 当状态转移发生时, 会产生瞬时回报, 这是当前 x_t 和 u_t 的函数, 记作 $r=r\ (x_t,\ u_t)$, 见图 12.3.

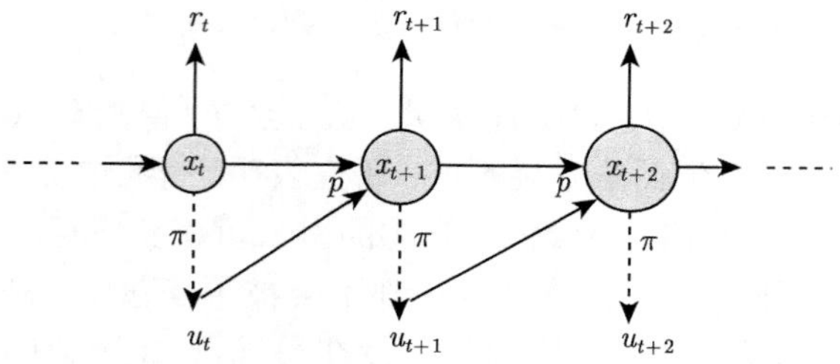

图 12.3 马尔可夫决策过程、回报与动作

t 时刻的期望回报是当前回报 r_t 和未来回报 r_{t+1}, r_{t+2}, $\cdots$, 但未来的回报是打折扣的. 因此, 状态 x 的期望回报, 包括未来的回报, 记为

$$V^{\pi}(x)=E\left[\sum_{t=0}^{\infty}\gamma^t r_t\middle|x_0=x\right], \tag{12.41}$$

其中 $\gamma<1$ 是折扣因子. 它取决于策略 π 或参数 θ. 这叫作状态值函数. 我们还定义

$$Q^{\pi}(x,u)=E\left[\sum\gamma^t r_t\middle|x,u\right], \tag{12.42}$$

这是状态在 x, 选择动作 u 时的期望回报. 期望贯穿于 $(x_t,\ u_t)$ 对的所有可能轨迹.

确定初始状态 $x=x_0$. 采用 $\pi(u|x;\theta)$, 期望回报如下

$$J(\theta)=E\left[\sum\gamma^t r_t\middle|\theta\right], \tag{12.43}$$

改写为

$$J(\theta)=E\left[d^{\pi}(x)\int\pi(u|x;\theta)r(x,u)dxdu\right], \tag{12.44}$$

其中

$$d^{\pi}(x)=\sum_t\gamma^t p(x_t)\delta(x-x_t) \tag{12.45}$$

是一系列状态的折扣概率.

定义当前状态 x 时的 Fisher 信息矩阵

$$F(\theta|x) = \int \pi(u|x)\nabla_\theta \log \pi(u|x)\{\nabla_\theta \log \pi(u|x)\}^{\mathrm{T}} du. \tag{12.46}$$

整个 Fisher 信息矩阵就是沿着所有轨迹的期望,

$$G(\theta) = \int d^\pi(x)F(\theta|x)dx. \tag{12.47}$$

参见 (Kakade, 2001; Peters and Schaal, 2008).

自然梯度法, 又称自然策略梯度或自然演算梯度, 如下

$$\theta_{t+1} = \theta_t + \eta G^{-1}(\theta_t)\nabla_\theta J(\theta_t). \tag{12.48}$$

然而, 其计算量很大. 一个好想法是通过充分的基函数 $\{a_i(x,u)\}$ 的线性组合来估计状态值函数

$$Q^\pi(x,u) = \sum a_i(x,u)w_i = a(x,u)\cdot w, \tag{12.49}$$

其中 w 为待调整权值的参数. 我们选择

$$a(x,u) = \nabla_\theta \log \pi(u|x;\theta) \tag{12.50}$$

作为基函数. 因为期望回报的梯度写作

$$\nabla_\theta J(\theta) = \int d^\pi(x)\int \nabla_\theta \pi(u|x,\theta)Q^\pi(x,u)dudx, \tag{12.51}$$

其梯度变为

$$\nabla_\theta J = Gw. \tag{12.52}$$

因此, 自然梯度的形式非常简单, 如

$$\tilde{\nabla}_\theta J(\theta) = G^{-1}\nabla_\theta J = w. \tag{12.53}$$

实现自然策略梯度, 需要评估 w, 它给出了 Q 的最佳近似. 我们使用 TD 误差

$$\delta_t = r_t + \gamma V^\pi(x_{t+1}) - V^\pi(x_t). \tag{12.54}$$

将线性回归问题递归求解为

$$w_{t+1} - w_t + \alpha\delta_t a(x_t), \tag{12.55}$$

其中, 基函数 $a(x)$ 为

$$a(x) = \int \pi(u|x)a(x,u)du. \tag{12.56}$$

据报告, 自然策略梯度在许多情况下有出色表现.

12.1.6　镜面下降和自然梯度

镜面下降法是由 Nemirovski 和 Yudin (1983) 引入的, 参见 (Beck and Teboulle, 2003), 用来搜索凸函数 $f(\theta)$ 最小值, 可用于约束区域的凸优化问题. 其使用另一个凸函数 $\psi(\theta)$ 及其勒让德对偶 $\varphi(\eta)$. 它们隐式地使用对偶平面结构和黎曼度量

$$G(\theta) = \nabla\nabla\psi(\theta). \tag{12.57}$$

对偶坐标

$$\eta = \nabla\psi(\theta) \tag{12.58}$$

用来更新当前的 η_t 为

$$\eta_{t+1} = \eta_t - \varepsilon\nabla f(\theta_t), \tag{12.59}$$

其中 ε 是一个学习速率. 由于 η 和 ∇f 都是协变量, 是不变的. 结果变换回原始坐标

$$\theta_{t+1} = \nabla_{\varphi}(\eta_{t+1}). \tag{12.60}$$

因为

$$\Delta\theta_t = G^{-1}\Delta\eta_t, \tag{12.61}$$

有

$$\Delta\theta_t = -\varepsilon G^{-1}\nabla f(\theta_t). \tag{12.62}$$

这是具有黎曼度量 $G(\theta)$ 的自然梯度法. 参见 (Raskutti and Mukherjee, 2015).

由于下面的流形是对偶平坦的, 所以可以用 e-投影和 m-投影来投影受限区域上的一点. 见下一章的稀疏信号处理.

12.1.7　自然梯度学习的性质

1. *自然梯度学习是 Fisher 高效的*

在线学习是一个循序渐进的过程, 每次使用一个样本 (x_t, y_t) 修改当前估计量 ξ_t. 用完一个样本就会丢弃, 不再用第二次. 当最优 ξ_0 随时间缓慢变化或在某些时间突然变化时, 这对于估计值 $\hat{\xi}_t$ 来跟踪变化很有用. 然而, 当真实目标固定时, 与使用所有数据批量学习获得的最大似然估计量相比, 这可能会导致效率损失. 这是为了可追溯性要付出的代价. 令人惊讶的是, 事实并非如此. 在线学习在适当选择学习常数的条件下, 可以渐近地获得 Fisher 有效估计. 以下定理说明了这一点 (Amari, 1998).

定理 12.1　通过在线自然梯度学习得到的估计值

$$\tilde{\xi}_{t+1} = \tilde{\xi}_t - \frac{1}{t}\tilde{\nabla} l(x_t, y_t; \tilde{\xi}_t) \tag{12.63}$$

是 Fisher 高效的, 渐近地达到克拉默-拉奥界.

证明 表示估计值在时间 t 的误差协方差矩阵

$$\tilde{V}_{t+1} = E[(\xi_{t+1} - \xi_0)(\xi_{t+1} - \xi_0)^{\mathrm{T}}], \tag{12.64}$$

其中 ξ_0 为 ξ 的真实值. 我们将 ξ_t 的损失扩展为

$$\nabla l(x_t, y_t; \xi_t) = \nabla l(x_t, y_t; \xi_0) + \nabla\nabla l(x_t, y_t; \xi_0) \cdot (\xi_t - \xi_0). \tag{12.65}$$

然后, 在 (12.63) 两边减去 ξ_0, 代入 (12.64), 得到

$$\tilde{V}_{t+1} = \tilde{V}_t - \frac{2}{t}\tilde{V}_t + \frac{1}{t^2}G^{-1} + O\left(\frac{1}{t^3}\right), \tag{12.66}$$

其中

$$E[\nabla l(x_t, y_t; \xi_0)] = 0, \tag{12.67}$$

$$E[\nabla\nabla l(x_t, y_t; \xi_0)] = G(\xi_0) \tag{12.68}$$

都考虑在内. 我们还注意到

$$G(\xi_t) = G(\xi_0) + O\left(\frac{1}{t}\right), \tag{12.69}$$

那么 (12.66) 的解是渐近的

$$V_t = \frac{1}{t}G^{-1}, \tag{12.70}$$

这就证明了定理. □

2. 自然梯度不饱和

考虑一个回归问题, 其中输出写成

$$y = f(x, \xi) + \varepsilon. \tag{12.71}$$

首先我们解释一个简单的感知器, f 写成

$$f(x, \xi) = \varphi(w \cdot x). \tag{12.72}$$

这里, 为了简单起见, 忽略偏差项. 参数是一个向量 $\xi = w$, 激活函数 φ 是一个 sigmoid 函数, 例如,

$$\varphi(u) = \tanh u. \tag{12.73}$$

梯度可以写成

$$\nabla l(x, y; w) = -(y - f)\varphi'(w \cdot x)x. \tag{12.74}$$

当 w 的绝对值很大时, 函数 $\phi(w \cdot x)$ 对大多数 x 饱和, 近似等于 1 或 -1. 这是饱和度问题, 梯度变成几乎等于 0, 因为其中 $\varphi' \approx 0$, 而普通的随机梯度下降学习变得缓慢. 这在简单感知器的情况下并不严重, 但在深度学习使用多层感知器的情况下就严重了, 其中 $f(x, \xi)$ 由许多 f 的连接组成. 我们可以把输出写成

$$f(x, \xi) = \varphi(W_{k\varphi}(W_{(k-1)\varphi \cdots \varphi}(W_1 x))), \tag{12.75}$$

对于 MLP, 其中 W_j 为第 j 层到第 $(j+1)$ 层的连接权矩阵, $\xi = (W_1, \cdots, W_k)$. 例如, 它相对于 W_1 的导数包括许多 φ' 的乘积. 因此, 在许多情况下, 它几乎消失了. 这被认为是深度学习中反向传播的一个缺陷.

自然梯度学习法不存在这种饱和问题. 梯度可以写成

$$\nabla l(x, y; \xi) = -(y - f)\nabla f(x, \xi). \tag{12.76}$$

Fisher 信息为

$$G(\xi) = E[\nabla f(x, \xi)\nabla f(x, \xi)^{\mathrm{T}}]. \tag{12.77}$$

普通梯度在许多情况下是非常小的, 但自然梯度不同. 我们通过它的黎曼度量计算自然梯度向量的大小

$$\tilde{\nabla} l(x, \xi) = G(x, \xi)^{-1}\nabla l(x, \xi), \tag{12.78}$$

$$E[||\tilde{\nabla} l||^2] = E[\tilde{\nabla} l^{\mathrm{T}} G \tilde{\nabla} l]. \tag{12.79}$$

定理 12.2 自然梯度的大小由下式给出

$$E[||\tilde{\nabla} l||^2] = \mathrm{tr}(\bar{G}(\xi)G^{-1}(\xi)), \tag{12.80}$$

其中

$$\bar{G}(\xi) = E_{p(x,y,\xi_0)}[\nabla l(x, \xi)\nabla l(x, \xi)^{\mathrm{T}}]. \tag{12.81}$$

即使 φ' 很小, 它也不为零. 此外,

$$E[||\tilde{\nabla}||^2] \approx k \tag{12.82}$$

在最优 ξ_0 的邻域中, k 为 ξ 维数.

证明 在 (12.78), 有

$$E[||\tilde{\nabla} l||^2] = E_{p(x,y,\xi_0)}[\mathrm{tr} G(\xi)G^{-1}(\xi)\nabla l(x, \xi)\nabla l(x, \xi)^{\mathrm{T}} G^{-1}(\xi)], \tag{12.83}$$

这证明了 (12.80). 当 $\xi = \xi_0$ 时, 我们很容易得到 (12.82). □

3. 自适应自然梯度学习

自然梯度法使用 $G^{-1}(\xi_t)$, 因此每一步都需要计算 $G(\xi_t)$ 的逆. 当参数数量很大时, 难以计算. 此外, 当 x 的分布 $q(x)$ 未知时, $G(\xi_t)$ 的计算也不易. 为避免这种情况, 提出了一种递归获取 $G^{-1}(\xi_t)$ 的自适应方法 (Amari et al., 2000). 用泰勒展开式

$$G(\xi_{t+1}) = G(\xi_t - \eta_t G^{-1}\nabla l), \tag{12.84}$$

并提出了一种自适应递归计算 $G_t^{-1} = G^{-1}(\xi_t)$ 的方法

$$G_{t+1}^{-1} = (1+\varepsilon_t)G_t^{-1}(\xi_t) - \varepsilon_t G_t^{-1}\nabla l(x_t, y_t; \xi_t)\nabla l(x_t, y_t; \xi_t)^{\mathrm{T}} G_t^{-1}, \tag{12.85}$$

其中 ε_t 为另一个学习常数.

Park 等 (2000) 通过一些简单的例子证明了自适应自然梯度学习的性能, 并证实其性能良好, 参见 (Zhao et al., 2015). 自适应方法可以用来计算 Hessian 的逆,

$$H_{t+1}^{-1} = (1+\varepsilon_t)H_t^{-1} - \varepsilon_t H_t^{-1}\nabla\nabla l(x_t, y_t; \xi_t)H_t^{-1}. \tag{12.86}$$

4. 自然梯度的近似和实际实现

因为计算成本大, 在大型网络中实现自然梯度并不容易. 为了克服这一困难并给出一个好的近似解, 专家有许多尝试. 有关自然梯度法的观点, 请参见 (Martens, 2015).

Martens 和 Grosse (2015) 提出了一种在深度神经网络中近似自然梯度下降的有效方法, 称为克罗内克因子近似曲率 (K-FAC). 它用两个阶段来近似 Fisher 信息. 一种是利用误差项和激活项矩阵的克罗内克积, 分别取期望值计算 Fisher 信息. 另一种方法是对 Fisher 信息矩阵的逆 (黎曼度量) 使用近似三对角. 深层网络由多层串联而成, Fisher 信息矩阵具有块结构. 除了对应于连续 ($i-1$, i, $i+1$) 层的块, 近似三对角忽略了非对角块. 结果表明, 该方法不仅计算简单, 而且性能优良.

我们注意到这两种近似并没有破坏下一节研究的原始 Fisher 信息的大部分奇异结构. 由于奇异区域是学习迟缓的主要原因, K-FAC 工作良好, 摆脱了高原现象.

5. 自适应学习常数

学习的动态行为取决于学习常数 η_t. 当前的 ξ_t 远离最优值 ξ_0 时, 最好使用大的 η_t, 因为我们需要用大的步长把它移到 ξ_0. 另一方面, 当 ξ_t 靠近最优值时, 如果 η_t 很大, 则 ∇l 的随机波动占主导地位, 因此选择小的 η_t 更好. 当目标的最优值固定时, 通过随机近似给出一个好的学习常数以供选择,

$$\sum_{t=1}^{\infty} \eta_t > \infty, \quad \sum_{t=1}^{\infty} \eta_t^2 > \infty. \tag{12.87}$$

当 η_t 满足 (12.87) 时, 估计量 ξ_t 以 1 概率收敛到最优 ξ_0. 一个典型例子为

$$\eta_t = \frac{c}{t}. \tag{12.88}$$

当目标不移动时, 对于固定的 η, Amari (1967) 给出收敛速度和估计精度之间的权衡. 对于目标运动的情况, 从早期就考虑了根据估计量的现状自适应地修改 η_t 的想法. Barkai 等 (1995) 在 y 为二进制时提出了一个修改学习常数的好想法. Amari (1998) 对其进行了概括和分析. 下面给出了一种新的自适应学习方法

$$\xi_{t+1} = \xi_t - \eta_t \tilde{\nabla} l(x_t, y_t; \xi_t), \tag{12.89}$$

$$\eta_{t+1} = \eta_t \exp\{\alpha[\beta l(x_t, y_t; \xi_t) - \eta_t]\}, \tag{12.90}$$

其中 α, β 为常数. 这里, 自然梯度法通过学习常数 (12.90) 的学习规则得到加强. 大致来说, 当瞬时损耗 $l(x_t, y_t; \xi_t)$ 较大时, 学习率 η_t 增加, 说明目标距离较远, 而当目标较近时 η_t 减小.

为了从数学上分析其行为, 我们使用学习方程的连续时间版本,

$$\frac{d}{dt}\xi_t = -\eta_t G^{-1}(\xi_t) \left\langle \nabla l\ (x, y; \xi_t) \right\rangle, \tag{12.91}$$

$$\frac{d}{dt}\eta_t = \alpha \eta_t \{\beta \left\langle l(x, y; \xi_t) \right\rangle - \eta_t\}, \tag{12.92}$$

其中方程在可能的输入-输出对 $(x_t,\ y_t)$ 上取平均值, $\langle\ \rangle$ 表示相对于 $p(x, y)$ 的平均值.

使用泰勒展开式

$$\begin{aligned} \langle \nabla l(x, y; \xi_t) \rangle &= \langle \nabla l(x_t, y_t; \xi_0) \rangle + \langle \nabla\nabla l(x_t, y_t; \xi_0) \cdot (\xi_t - \xi_0) \rangle \\ &= G_0(\xi_t - \xi_0), \end{aligned} \tag{12.93}$$

令 $G_0 = G(\xi_0)$, 得到

$$\frac{d}{dt}\xi_t = -\eta_t(\xi_t - \xi_0), \tag{12.94}$$

$$\frac{d}{dt}\eta_t = \alpha \eta_t \left\{ \frac{\beta}{2}(\xi_t - \xi_0)^{\mathrm{T}} G_0 (\xi_t - \xi_0) - \eta_t \right\}. \tag{12.95}$$

引入时间 t 的平方误差

$$e_t = \frac{1}{2}(\xi_t - \xi)^{\mathrm{T}} G_0 (\xi_t - \xi_0). \tag{12.96}$$

然后, 当 ξ_0 固定时方程为

$$\frac{d}{dt} e_t = -2\eta_t e_t, \tag{12.97}$$

$$\frac{d}{dt} \eta_t = \alpha\beta\eta_t e_t - \alpha\eta_t^2, \tag{12.98}$$

(12.97) 和 (12.98) 描述的误差 e_t 和学习常数 η_t 的行为很有趣. 原点 (0, 0) 是它的稳定平衡点, 所以 e_t 和 η_t 都收敛到 0. 对于足够大 t, 解近似记为

$$e_t = \frac{1}{\beta}\left(\frac{1}{2} - \frac{1}{\alpha}\right)\frac{1}{t}, \tag{12.99}$$

$$\eta_t = \frac{1}{2t}, \tag{12.100}$$

这表明当 ξ_0 固定时, 随着 t 趋于无穷大, 误差以 $1/t$ 的数量级收敛到 0. 当目标随时间变化时, ξ_t 通过修改 η_t 很好地跟踪其变化.

12.2 学习中的奇点：多层感知器

Rosenblatt (1961) 提出的多层感知器 (MLP) 是一种通用机器, 可以近似任何输入-输出函数, 前提是它包含足够多的隐藏神经元. 尽管它似乎逐渐被支持向量机 (SVM) 等新的强大学习机器所取代, 但在 21 世纪的“深度学习”中, MLP 又重新焕发了生机. 在“深度学习”中, 网络有相当多的层. 为了促进深度学习, 人们提出了许多新的技巧, 包括预处理的无监督学习 (自组织)、卷积结构和监督学习中的辍学技术. 深度学习记录了基准性能, 赢得了大多数模式识别比赛. 例如, 见 (Schmidhuber, 2015). 研究人员对多层感知器的转世感到惊讶. 在最后阶段使用反向传播学习方法.

然而, 多层感知器的参数空间存在一个严重问题. 它包括奇点, 即相同的输出函数是由特定区域中连续的许多参数实现的. 在这样的区域中无法确定唯一参数, 因此无法识别该参数. Fisher 信息矩阵在该区域退化. 这导致学习动态变得极其缓慢, 这被称为临界减速或高原现象.

本节研究多层感知器流形中的典型奇异结构, 并阐明其对统计推断的影响. 详细研究了学习近奇点的动态行为. 最后, 表明包括 SFN 在内的自然梯度学习法克服了这些困难.

12.2.1　多层感知器

多层感知器是由人工神经元组成的分层机器, 接收输入 x 并发出输出 y. 模拟人工神经元的行为描述如下：它接收矢量输入信号 x, 计算输入的加权和, 然后减去阈值记为

$$u=\sum w_i x_i - h = w\cdot x - h, \tag{12.101}$$

其中 $w=(w_1,\cdots,w_n)$. 它发出一个输出

$$y=\varphi(u), \tag{12.102}$$

其中 φ 是一个 s 形函数. 用

$$\varphi(u)=\sqrt{\frac{2}{\pi}}\int_0^u \exp\left\{-\frac{s^2}{2}\right\}ds, \tag{12.103}$$

因为这样便于获得显式解析解. 系数 w_i 称为突触权值. 为了使描述更简单, 我们将 $h=0$ 放在下面.

在深度学习中, 多层感知器由许多层组成, 但这里只考虑三层, 输入层、隐藏层和输出层 (图 12.4). 隐藏层的第 i 个神经元计算输入 x 的加权和为

$$u_i=w_i\cdot x, \tag{12.104}$$

并发出输出 $\varphi(u_i)$, 其中 w_i 为第 i 个隐藏神经元的权向量. 考虑一个简单的情况, 即输出层仅由一个输出神经元组成. 它计算隐藏神经元输出的加权和, 最终输出记为

$$y=\sum v_i\varphi(w_i\cdot x), \tag{12.105}$$

其中 v_i 为输出神经元的权值. 可以将 s 形非线性函数应用到 y 上, 但它只是一个非线性标度变化. 因此, 我们使用线性输出神经元, 但当输出神经元连接到下一层作为输入时, 使用非线性函数.

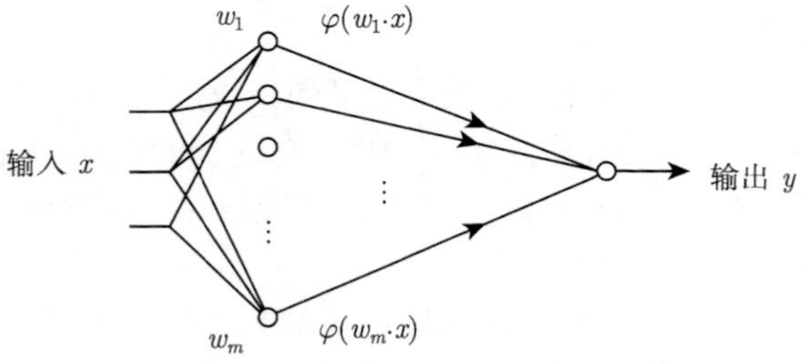

图 12.4　多层感知

多层感知器是由突触权值指定的

$$\xi = (w_1, \cdots, w_m; v_1, \cdots, v_m). \tag{12.106}$$

设 M 是感知器的参数空间. 那么, 它是一个 N-维流形, 其中 ξ 值是一个包含 $N = (n+1)m$ 个分量的坐标系. 我们把 ξ 表示的感知器的输入-输出关系记为

$$y = f(x, \xi) = \sum_{i=1}^{m} v_i \varphi(w_i \cdot x). \tag{12.107}$$

学习发生在流形 M 中, 其中 ξ 值通过使用当前输入–输出例子 (x_t, y_t) 的随机梯度下降法修正.

12.2.2 M 中的奇点

流形 M 包括一组具有相同输出函数的点

$$f(x, \xi) = f(x, \xi'), \tag{12.108}$$

因为 $\xi \neq \xi'$. 两个这样的点 ξ 和 ξ' 被认为是等价的, 并表示为

$$\xi \approx \xi', \tag{12.109}$$

因为它们的输出函数是一样的. 当 ξ 在 M 中具有除自身以外的等价点时, 我们无法从输出函数中唯一地确定 ξ. 有两种类型的不可识别性, 源于以下参数变换下的不变性.

(1) 符号变化：$\xi \approx -\xi$, 这是因为 φ 是一个奇函数, $\varphi(-u) = -\varphi(u)$, 所以 $f(x, \xi) = f(x, -\xi)$. 由于符号变化导致的不可识别性很简单, 我们可以通过将区域限制在 $v_i \geqslant 0, i = 1, \cdots, m$ 内来消除不可识别性. 然而, 边界 $v_i = 0$ 会导致奇点, 这将很快说明.

(2) 置换：令 Π 是指标的一个置换, 将 i 变换为 i', 正如 $i' = \Pi i$, 然后

$$\xi = (w_1, w_2, \cdots, w_m; v_1, \cdots, v_m) \approx \xi' = (w_1, \cdots, w_{m'}; v_{1'}, \cdots, v_{m'}). \tag{12.110}$$

我们将 M 除以等价关系 $\approx$ 有

$$\tilde{M} = M / \approx . \tag{12.111}$$

M 中的等价点减少到 $\tilde{M}$ 中的一个点, 即多层感知器的输出函数空间. $\tilde{M}$ 不是精确数学意义上的流形, 因为不可识别性, 它包括奇点. 如果我们简单地去除奇点, 它是一个流形. $\tilde{M}$ 被称为行为流形或神经流形, 尽管它不是确切意义上的流形.

我们通过简单的例子来解释奇点. 考虑由一个隐藏神经元组成的非常简单的感知器, 它作为子网络包含在更大的模型中. 它的输出函数是

$$f(x,\xi)=v\varphi(w\cdot x), \tag{12.112}$$

参数空间 M 是 $\xi=(w,v)$. 当 $v=0$ 时, 无论 w 是什么, 输出函数都是 0. 另一方面, 当 $w=0$ 时, 无论 v 是什么, 输出函数也是 0, 因为 $\varphi(0)=0$. 我们称这些点的集合是 M 的临界或奇异区域 R, 即

$$R=\left\{\xi|v=0 \text{ 或 } w=0\right\}. \tag{12.113}$$

R 中的所有点都是等价的. 通过将 M 除以等价关系, $\tilde{M}$ 由两部分组成 (不是四部分, 因为 (w,v) 和 $(-w,-v)$ 是等价的), 它们由对应于 $v=0$ 或 $w=0$ 的奇点连接. 它是 $\tilde{M}$ 中的一个奇点. 参见图 12.5. 一般情况下, 我们考虑以下方法消除奇异性.

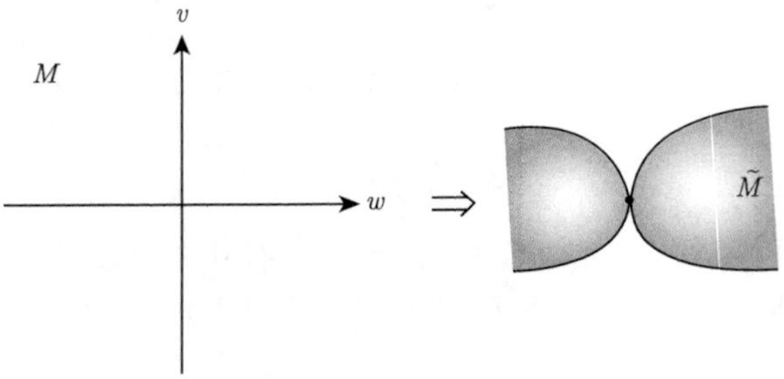

图 12.5　消除奇点

(1) 消除奇异性: 当 $v_i=0$ 时, 无论 w_i 的值是多少, 任何 w_i 都给出相同的输出函数. 因此, w_i 在这种情况下是不可识别的. 当 $w_i=0$ 时, 无论 v_i 是什么, 神经元的输出都是 0. 这样的神经元对输出没有影响, 可以消除.

考虑一个由两个隐藏神经元 i 和 j 组成的子网络. 它们的输出函数是

$$f(x,\xi)=v_i\varphi(w_i\cdot x)+v_j\varphi(w_j\cdot x). \tag{12.114}$$

(2) 重叠奇点: 当隐藏层中的两个神经元 i 和 j 具有相同的权向量时,

$$w_i=w_j=w, \tag{12.115}$$

其对输出的贡献是

$$v_i\varphi(w_i \cdot x) + v_j\varphi(w_j \cdot x) = (v_i + v_j)\varphi(w \cdot x). \tag{12.116}$$

因此, 无论 v_i 和 v_j 取什么值, 输出都是相同的, 只要 $v_i + v_j$ 等于一个固定值 v. 也就是说, 输出满足

$$v_i + v_j = v, \tag{12.117}$$

对于任何常数 v. 因此, v_i 和 v_j 本身是不可识别的. 当两个神经元具有相同的权值向量 $w_i = w_j = w$ 且它们的权值向量完全重叠时, 就会发生这种情况. 当 $w_i = -w_j$ 时也有类似的情况, 但为了简单起见, 我们省略了这种情况.

重叠奇点的临界区域由下式给出

$$R_{oij}(w, v) = \{\xi | w_i = w_j = w, v_i + v_j = v\}. \tag{12.118}$$

参见图 12.6, 其中 $R_{oij}(w, v)$ 映射到 $\tilde{M}$ 中的单个点. 当 w 和 v 变化时, $R_{oij}(w, v)$ 的图像形成一个连续的子流形. M 中的关键域记为

$$R = \left\{\xi \left| \prod_i v_i |w_i| \prod_{i \neq j} |w_i - w_j| = 0 \right.\right\}, \tag{12.119}$$

这是关键子流形的并集 (12.118).

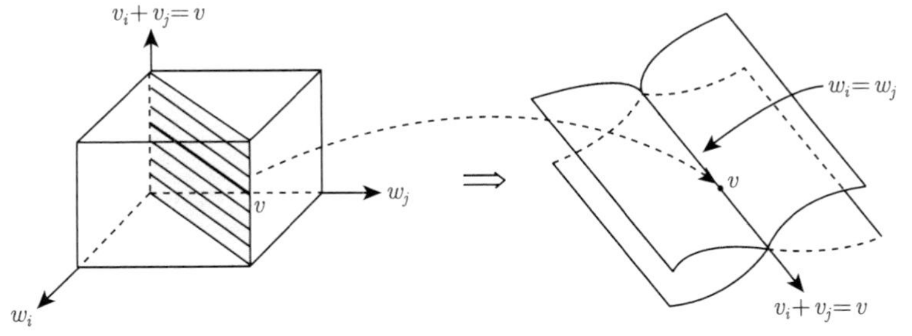

图 12.6 重叠奇点

考虑由两个参数 w 和 v 指定的等价类 $R_{ij}(w, v)$, 使得该类中的任何网络都具有相同的输出函数

$$f(x; w, v) = v\varphi(w \cdot x). \tag{12.120}$$

它由三部分组成, R_o, R_{ei} 和 R_{ej},

$$R_{ij}(w, v) = R_o \cup R_{ei} \cup R_{ej}, \tag{12.121}$$

其中

$$R_o = \{\xi | v_i + v_j = v, w_i + w_j = w\}, \tag{12.122}$$

$$R_{ei} = \left\{\xi | v_i = 0, v_j = v, w_i \text{ 是任意的}, w_j = w\right\}, \tag{12.123}$$

$$R_{ej} = \left\{\xi | v_j = 0, v_i = v, w_j \text{ 是任意的}, w_i = w\right\}. \tag{12.124}$$

R_o 是对应于重叠奇点的一维子空间, 其中 $z = v_i - v_j$ 是其中的自由参数, 保持总和 $v_i + v_j = v$ 是一个常数. R_{ei} 和 R_{ej} 对应于消除奇点. 它们是 n 维的, 因为 w_i 和 w_j 可取任何值. $R_{ij}(w, v)$ 是一个基本的关键域, 它是三部分的并集, 如图 12.7 所示. 其中的所有点都映射到行为流形 $\tilde{M}$ 中的一个点 $f = v\varphi(w \cdot x)$. 这是 $\tilde{M}$ 中的一个奇点.

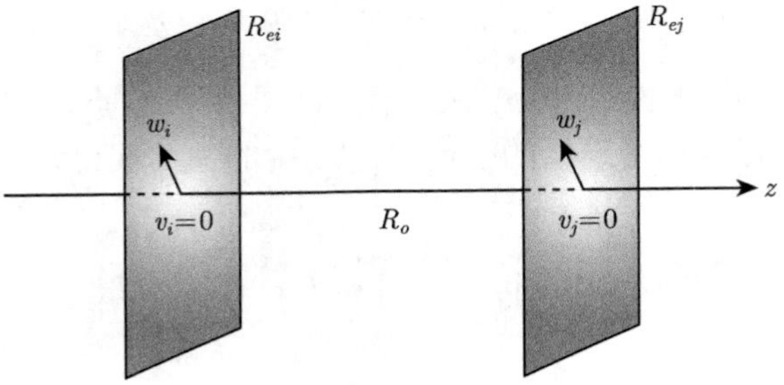

图 12.7　关键域 $R_{ij}(w, v)$

由于我们每个 w 和 v 都有一个基本的关键域, 并且它们是连续分布的, 因此存在无限多个这样的关键域. 所以它们在行为流形 $\tilde{M}$ 中形成了一个连续的奇点, 其中 w 和 v 是参数. 当该域进一步收缩时,

$$v|w| = 0 \tag{12.125}$$

成立. 较大网络中的每一对 (i, j) 都存在这样的关键域, 并且它们相交. 所以 M 包括一个丰富的关键域网络, 分布在 M 上.

M 中的学习轨迹由 (12.125) 给出. 映射到 $\tilde{M}$, 可能经过 M 中的关键域或 $\tilde{M}$ 中的奇点. 我们研究在奇点附近学习的动态行为.

损失函数在关键域 $R_{ij}(w, v)$ 取相同的值, 因此其在 $R_{ij}(w, v)$ 的切线方向上的导数始终为 0. 这也意味着 Fisher 信息在 M 的关键域 R_{ij} 中退化, 因为在 R_{ij} 中有方向 a 使得

$$f(x, \xi) = f(x, \xi + ca) \tag{12.126}$$

对任一 c 成立, 源自 (12.118). a 在区域 R_o 中是一维的, 在区域 R_{ei} 和 R_{ej} 中是 n 维的 (图 12.7). 因此, 得分函数, 即对数似然的导数, 在这些方向上变为 0. 这意

味着 Fisher 信息矩阵具有零方向, 其中

$$a^{\mathrm{T}}G(\xi)a = 0. \tag{12.127}$$

所以它退化并且 G^{-1} 在关键域发散. 除了奇点外, Fisher 信息在 $\tilde{M}$ 中存在且非退化. 在 $\tilde{M}$ 的奇点不存在切空间. 这对于绝对 Hessian 度量以及

$$a^{\mathrm{T}}|H(\xi)|a = 0 \tag{12.128}$$

在 R 中成立, 前提是在满足 $\xi \approx \xi + a$ 的方向上.

概率分布 $p(x, y, \xi)$ 伴随着 M 和 $\tilde{M}$ 的每个点, 但是这些概率分布并没有形成一个正则的统计模型, 因为非退化的 Fisher 信息不存在于关键域或奇异点. 我们将在后面的小节中讨论奇点如何影响统计推断.

12.2.3 M 中的学习动态

多层感知器在其学习行为方面存在两种缺陷. 一是局部最小值, 这样梯度方法可能无法达到全局最小值. 二是收敛缓慢, 因为学习的轨迹经常困在一个高原上, 摆脱它需很多时间 (Amari et al., 2006). 这主要是由于对称结构, 因此其行为在隐藏神经元的符号变化和置换下不变.

从几何学上讲, 高原现象是由奇异结构引起的. 关键域形成高原. 我们将分析关键域附近的系统随机梯度学习的动态. 我们还将证明自然梯度不受高原现象影响.

为了分析动态, 我们用一个简单模型, 该模型由 (12.114) 中描述的两个隐藏的神经元组成. 该模型作为部件嵌入通用感知器中, 导致学习速度严重减慢. 我们使用连续时间的平均版本, 而不是随机下降学习的差分公式 (12.12),

$$\dot{\xi}(t) = -\eta \left\langle \frac{\partial l(x, y; \xi(t))}{\partial \xi} \right\rangle, \tag{12.129}$$

其中 $\langle\ \rangle$ 是生成训练样本的真实系统或教师系统的联合概率分布 $p(x, y, \xi_0)$ 的平均值. 我们进一步假设输入 x 的概率分布服从均值为 0 , 协方差矩阵为 I (单位矩阵) 的高斯分布 $N(0, I)$. 这些假设对于获得显式解很有用.

为了分析由两个隐藏神经元组成的动态行为 (12.129), 我们使用了一个新的坐标系 ζ (Wei et al., 2008),

$$\zeta = (u, z, s, r), \tag{12.130}$$

其中

$$u = w_2 - w_1, \quad s = \frac{v_1 w_1 + v_2 w_2}{v_1 + v_2}, \tag{12.131}$$

$$z=\frac{v_1-v_2}{v_1+v_2},\quad r=v_1+v_2, \tag{12.132}$$

我们用后缀 1, 2 代替 i, j. 关键域 $R=R_{12}(w,v)$ 在新坐标系中由下式给出

$$R=\{u=0\text{或}z=\pm1\}, \tag{12.133}$$

其中 $s=w$ 及 $r=v$ 保持不变. 我们把它分成两部分 $R=R_o\cup R_e$,

$$R_o=\{\zeta|u=0\}, \tag{12.134}$$

$$R_e=\{\zeta|z=\pm1\}, \tag{12.135}$$

其中 R_o 是重叠奇点，$R_e=R_{e1}\cup R_{e2}$ 是消除奇点. 动态行为 (12.129) 在新坐标系中描述为

$$\dot{\zeta}=-\eta TT^{\mathrm{T}}\left\langle\frac{\partial l(x,y;\zeta)}{\partial\zeta}\right\rangle, \tag{12.136}$$

其中 T 是从 ξ 到 ζ 的坐标变换的雅可比矩阵,

$$T=\frac{\partial\zeta}{\xi}. \tag{12.137}$$

用新的坐标表示, 输出函数 f 记为

$$\begin{aligned}f(x,\zeta)=&\frac{1}{2}r(1+z)\varphi\left[\left\{s+\frac{1}{2}(z-1)u\right\}\cdot x\right]\\&+\frac{1}{2}r(1-z)\varphi\left[\left\{s+\frac{1}{2}(z+1)u\right\}\cdot x\right],\end{aligned} \tag{12.138}$$

在 R_o 邻域我们用泰勒级数展开,

$$f(x,\zeta)=r\varphi(s\cdot x)+\frac{1}{8}(1-z^2)u'Ju, \tag{12.139}$$

$$J=\frac{\partial^2\varphi(s\cdot x)}{\partial s\partial s}, \tag{12.140}$$

其中, 忽略 u 的高阶项. 然后就得到了在 R_o 邻域 $\zeta=(u,\ z)$ 的学习动态. 关于变量 s 和 r 的动词服从通常的微分方程 (快速动态), 它们的值迅速收敛到平衡值, 即使当 u 和 z 的行为遭遇临界减速 (慢动态). 因此, 我们分析了关于 u 和 z 的方程, 其中假定 s 和 r 收敛于其平衡值 w 和 v, 由此产生的动态为

$$\dot{u}=2(1-z^2)Ku, \tag{12.141}$$

$$\dot{z} = -\frac{z(z^2+3)}{r^2} u' K u, \tag{12.142}$$

其中

$$K = \frac{r}{4} \left\langle \{y - f(x, \zeta)\} J \right\rangle. \tag{12.143}$$

显然在区域 $R = R_o \cup R_e$ 上

$$\frac{d\zeta}{dt} = 0, \tag{12.144}$$

所以 R 中的任何点都是平衡点. 平衡点的稳定性取决于 K. 我们在没有证明的情况下给出结果 (这是有技术性且复杂的, 但并不困难, 见 (Wei et al., 2008; Wei and Amari, 2008)).

定理 12.3 当教师输出函数在关键域时, 平衡点是稳定的.

这种情况发生在系统可实现的, 具有冗余参数的情况下.

定理 12.4 当教师输出函数在关键域之外时, 我们有三种情况, 取决于 K 的特征值:

(1) R_o 上满足 $|z| > 1$ 的平衡解是稳定的, 当 K 为正定值时满足 $|z| < 1$ 是不稳定的.

(2) R_o 上满足 $|z| < 1$ 的平衡解是稳定的, 当 K 为负定值时满足 $|z| < 1$ 是不稳定的.

(3) 当一些特征值为正, 一些为负时, R_o 上的解是不稳定的.

我们进一步分析了 R_o 邻域中解的轨迹. 我们来介绍一个函数

$$h(u) = \frac{1}{2}|u|^2, \tag{12.145}$$

这显示了当前 ζ 离 R_o 有多远. 从 (12.141) 和 (12.142) 中得出其时间导数为

$$\dot{h}(u) = u^{\mathrm{T}} \dot{u} = \frac{2r^2 (z^2-1)}{z(z^2+3)} \dot{z}. \tag{12.146}$$

该方程可积, 解为

$$h(u) = \frac{2r^2}{3} \log \frac{(z^2+3)^3}{|z|} + c, \tag{12.147}$$

其中 c 是指定轨迹的任意常数.

定理 12.5 学习的轨迹是

$$h(u) = \frac{2r^2}{3} \log \frac{(z^2+3)^2}{|z|} + c, \tag{12.148}$$

在 R_o 附近.

轨迹族显示了动态轨迹如何在 R_o 附近进行. 任何 $\xi \in R_o$ 的行为都是相同的, 但它们的稳定性取决于 ξ 和 K, 见图 12.8. 当 ξ_0 在 R 中时, R 是稳定的. 当 K 为正定或负定时, 从吸引域开始的轨迹到达 R_o 中的一个稳定点并困在其中, 在它逃离之前随机地在其中波动.

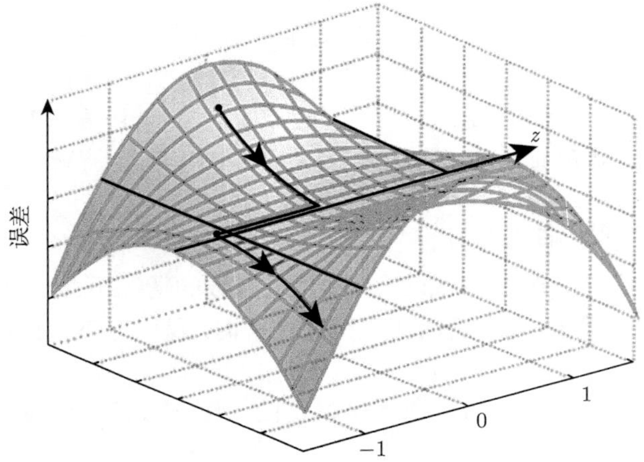

图 12.8 误差函数和学习轨迹图

12.2.4 动态的临界减速

我们分别考虑这两种情况.

情况 1: 教师函数在 R 中. 当待训练的模型网络 (学生网络) 中的隐藏神经元数大于教师网络 (真网络) 中的隐藏神经元数时, 由于使用较少的神经元数来实现最优解, 因此有些神经元是冗余的. 这是一种可实现的情况. 在这种情况下, 出现了神经元的消除或突触权向量的重叠, 意味着最优解在 R 中.

当教师网络为 $\xi_o \in R$ 时, (12.143) 记为

$$K = \frac{r}{4}\left\langle e\frac{\partial^2\varphi}{\partial s\partial s}\right\rangle, \tag{12.149}$$

其中

$$e = \langle f(x,\zeta) - f(x,\zeta_0)\rangle \tag{12.150}$$

为误差项, 当 $\zeta \in R$ 时为 0, 特别是当 $u = 0$ 时. 通过展开误差项, 很容易得到

$$K = O(|u|^2). \tag{12.151}$$

这意味着 u 的动态是

$$\frac{du}{dt}=O(|u|^3). \tag{12.152}$$

因此, u 收敛到 0 的速度非常慢, 需要很长时间的训练 (图 12.9(a)). 这可经常在模拟中观察到.

情况 2: **最优解位于 $\boldsymbol{R}$ 之外**, R 中的点是平衡解. 在这种情况下 K 不小, 因为误差项在 r 处不小. 当 K 为正定或负定时, $R_o, |z|>1$ 或 $|z|<1$ 的部分分别稳定, 而另一部分是不稳定的. 图 12.9 显示了这种情况下损失函数的曲线, 其中 R_o 用实线表示. 从属于吸引域的某个起始 ζ 出发, 这个状态被吸引到 R_o 的稳定部分. 如图 12.9(b), (c) 所示. 由于 R_o 中的所有点都是等价的, 因此损失函数在 R_o 上的值是相同的, 导数为 0. 然而, 这并不是最佳点.

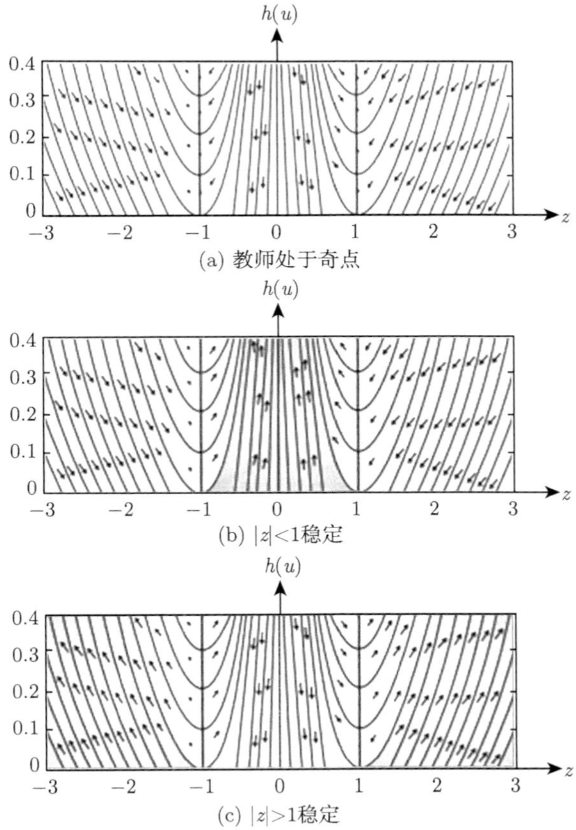

图 12.9 奇点附近的学习轨迹

由于随机输入 x, 状态通过随机动态在 R_o 的邻域内波动. 因此, 状态在 R_o 的邻域内随机游走, 最终达到稳定区域的边界 $|z|=1$. 所以它进入不稳定区域, 然后立即逃离 R_o, 向真正的最优点移动. 然而, 离开稳定关键域需要很长时间, 见图 12.10. 准确地说, R_o 周围的波动不是随机游走, 因为在 R_o 附近的稳定区域有系统的流动, 但当 u 很小时, 流动非常小.

尽管通过 R 的轨迹在 R 处有流入和流出, 这与鞍点的情况完全不同. 在鞍点情况中, 吸引域的值为 0. 因此, 在测量值 0 处状态达到鞍点. 此外, 通过一个小的扰动, 状态会迅速脱离鞍点. 另一方面, R 的吸引域具有有限测度, 在这种情况下轨迹恰好到达 R. 小的扰动会移动这个状态, 但状态会再次到达 R. 鞍形不妨碍轨迹到达 R. 鞍形对动态的减速没有任何严重影响. 这是一个导致严重放缓的关键域.

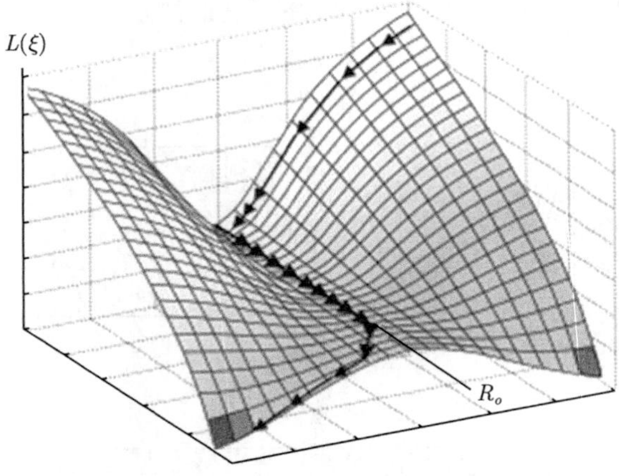

图 12.10　奇点附近的学习轨迹

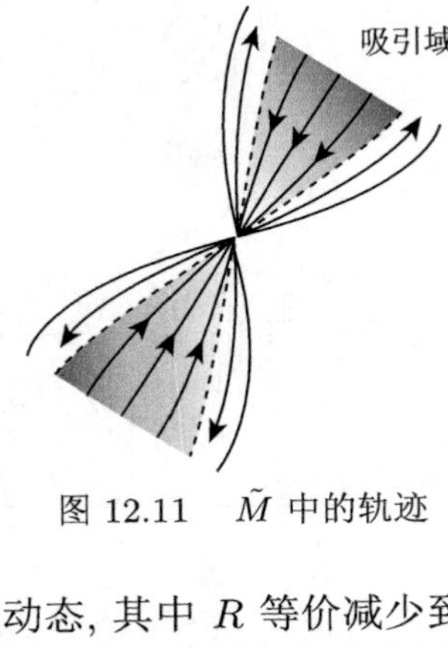

图 12.11　$\tilde{M}$ 中的轨迹

可以考虑 $\tilde{M}$ 中的相同动态, 其中 R 等价减少到一点. R 对应的点是奇异点. 它是一个 Milnor 吸引子 $\tilde{M}$, 其中吸引域有一个有限测度 (Milnor, 1985). 轨迹进入它, 然后从它出来 (图 12.11). 通用的多层感知器包括此类关键域中的网络. 系统随机梯度的轨迹学习在达到最佳解决方案之前多次陷入这样的危险区域. 这被称为高原现象. 有关示例, 请参见图 12.12 学习曲线.

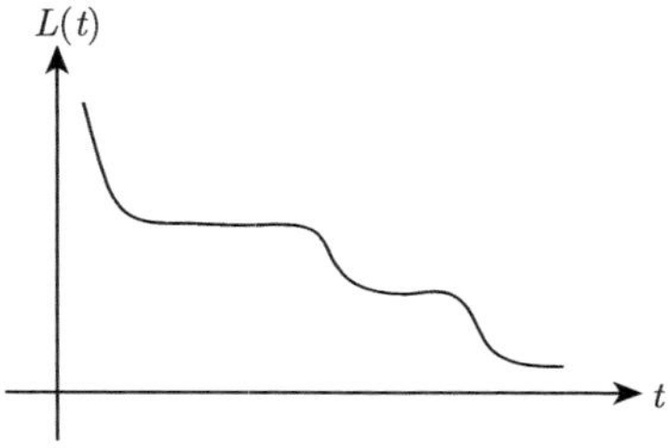

图 12.12 高原现象

12.2.5 自然梯度学习不存在高原

高原现象由奇点引起. 我们考虑 (12.114) 的一个简单情况, 图 12.7 中的水平线 (z-轴) 是临界区域, 该线上的所有点都是等价的. 黎曼长度沿这条线是 0, 黎曼度量在这个方向退化. Fisher 度量的逆沿这个方向在 R 处发散到无穷, 损失函数的梯度在这个方向上也是 0, 因为 R 上的所有点都是相等的. 所以 $\tilde{\nabla} l = G^{-1}\nabla l$ 的自然梯度在奇异点处为 0 乘以无穷. 因此, 即使在 R 的一个非常小的邻域内, 自然梯度也取一个普通的值.

Cousseau 等 (2008) 分析了当教师中的点 ζ_0 在 R 时自然梯度学习在奇点附近的动态经过复杂的计算,

$$\dot{u} = \frac{-\eta}{2}(1 - z^2)u, \tag{12.153}$$

$$\dot{z} = \frac{\eta}{2}(1 - z^2)z \tag{12.154}$$

是在一维情况下导出的. 这表明动态以线性收敛于 R. 因此, 没有发生迟滞.

当 ζ_0 在 R 之外时, 在普通随机梯度学习的情况下, 轨迹困在高原. 然而, 在自然梯度学习的情况下, 没有发生延迟, 因为黎曼度量沿 R_o-方向为 0, 所以所有的点减少为一个点. 也就是说, 轨迹进入 R 里的一个点且立即离开, 不停留. 通过考虑 $\tilde{M}$ 中的轨迹可以很好地理解这一点.

在 $\tilde{M}$ 中, R 简化为单奇异点, 且 $\tilde{M}$ 中的其他所有点都是正则的, 具有非退化的黎曼度量. 即使在 R 的一个非常小的邻域中, $G^{-1}\nabla l$ 也取普通值. 因此, 不会发生严重的减速. 为了证明这一点, Cousseau 等 (2008) 使用了代数几何的分解技术. 他们引入了一个新的坐标系 $\mu = (\delta, \gamma)$,

$$\delta = (1 - z^2)u^2, \tag{12.155}$$

$$\gamma = z(1 - z^2)u^3, \tag{12.156}$$

当 u 是一维的. 奇异区域 R 中的所有点都映射到单个点 $\mu = (0, 0)$. Fisher 信息 G 即使在 R 的一个小邻域中也取普通值, 除了 (0, 0) 没有定义. 这表明

$$\langle \nabla l \rangle = G\mu. \tag{12.157}$$

当教师中的点在 R 中时, 在这个坐标系中成立. 因此, 当教师中的点在 R 内时, 自然梯度学习动态在 R 的邻域内变得非常简单,

$$\dot{\mu} = -\eta\mu. \tag{12.158}$$

当教师中的点在 R 外时, 轨迹进入 R, 即 $\mu = 0$ 无阻滞, 然后立即逃离. 有趣的是, 从各个初始点开始, 轨迹一次进入 R, 然后离开. 即使轨迹立即离开, R 的吸引域也有一个有限的数, 见图 12.11. 这是一个典型的米尔诺吸引子. 使用分解技术的新坐标系 μ 很有用. 应该注意的是, 绝对 Hessian 动态具有相同的特征.

有关自适应自然梯度学习方法与普通反向传播方法相比的学习曲线示例, 请参见图 12.13.

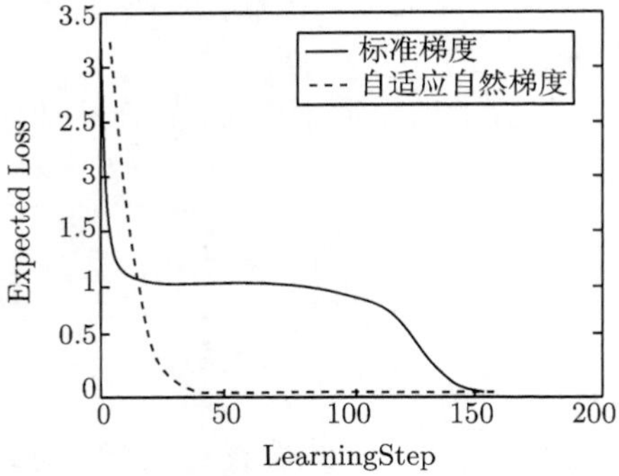

图 12.13　学习曲线

12.2.6　奇异统计模型

当满足两个条件时, 统计模型 $M = \{p(x, \xi)\}$ 是正则的:

(1) 参数 ξ 属于欧几里得空间中的开集;

(2) Fisher 信息矩阵存在且非奇异.

在这种情况下, n 个得分函数

$$u_i(x, \xi) = \frac{\partial \log p(x, \xi)}{\partial \xi^i}, \quad i = 1, \cdots, n \tag{12.159}$$

线性无关, 切空间 T_ξ 由它们扩展. 统计学的标准渐近理论成立, 正如克拉默-拉奥定理所强调的那样. 然而, 在单一统计模型中推翻了该理论.

有许多奇异的统计模型. 一种类型是 Fisher 信息矩阵在奇点处退化的情况. 混合模型

$$p(x,w,v)=\sum v_i p(x,w_i), \quad \sum v_i=1, \quad v_i \geqslant 0, \tag{12.160}$$

其中 $p(x,w)$ 是 w 指定的正则统计模型, 属于此类. MLP 属于此类. 当 $p(x,w)$ 是均值和方差变化的高斯分布时, 称为高斯混合模型. 时间序列中的变化时间模型 (有时也称为尼罗河模型) 和 ARMA 模型也属于这一类型.

另一种类型处理 Fisher 信息矩阵发散到无穷大的情况. 一个典型的例子是位置模型写成

$$p(x,\xi)=f(x-\xi), \tag{12.161}$$

其中 $f(x)$ 是一个具有有限支持度的函数, 其导数在边界处不为 0. 未知参数是平均值 ξ. 一个典型的例子是 $[\xi, 1+\xi]$ 上的均匀分布. 我们不讨论这种情况, 虽然它的几何很有趣, 因为它的度量不是黎曼的, 而是芬斯勒的. 我们还没有一个好的几何理论. 参见 Amari (1984) 的初步研究.

对于概率分布 $p(x,\xi)$ 中的 N 个观测值, 考虑对数似然比除以 $\sqrt{N}$,

$$\frac{1}{\sqrt{N}}\sum_{i=1}^{N}\log\frac{p(x_i,\xi)}{p(x_i,\xi_0)}. \tag{12.162}$$

当 M 是正则时, 它渐近服从自由度为 n 的 χ^2-分布, 其中 n 为 ξ 的维数. 通过分析其行为, 我们可以证明最大似然估计值是渐近最优的、无偏的、高斯的, 其误差协方差矩阵是 Fisher 信息矩阵除以 N 的渐近逆.

在第一类奇异统计模型中, 当真实分布在奇点上时, 最大似然估计值就不再服从高斯分布, 即使是在渐近状态下也是如此. 但是, 它是渐近一致的, 其收敛速度在 $1/\sqrt{N}$ 阶. 多年来, 已知一些统计模型是奇异的. Fukumizu (2003) 证明, 在多层感知器和混合模型的情况下, log 似然 (12.162) 分别在 $\log N$ 和 $\log\log N$ 阶上发散至无穷. 日本有一本 Fukumizu 和 Kuriki (2004) 的专著, 详细研究了奇异统计模型.

模型选择是一个重要问题, 在多层感知器的情况下, 从观察到的数据中决定隐藏神经元的数量. 众所周知, 具有大量自由参数的模型能很好地拟合观测数据. 训练误差随着参数数量的增加而减小. 然而, 估计的参数过度拟合, 不能预测未来数据的行为, 因为泛化误差随着参数数量的增加超过一定的值而增加. 有足够数量的参数, 这些参数应由观测数据决定.

赤池信息准则 (AIC) 和最小描述长度 (MDL) 是两个众所周知的模型选择准则. 贝叶斯信息准则 (BIC) 与 MDL 相同, 尽管其基本原理不同.

多层感知器和高斯混合是应用中经常使用的模型. 它们是层次奇异模型, 其中低阶模型包含在高阶模型的关键域内. 我们需要确定一个适当的阶, 从观测数据中得到参数数量. AIC 和 MDL 经常用于此目的, 而没有考虑单一结构. 关于使用哪种标准, AIC 还是 MDL, 已经有了很多讨论. AIC 和 MDL 都是在假设协方差矩阵为 $1/N$ 乘以 Fisher 信息的逆的渐近高斯分布条件下, 利用最大似然估计得到的, 但当真实参数在关键域时, 它不是高斯分布. 当真实分布在一个较小的模型中时, 它是含在一个较大模型的关键域中. 因此, MDL 和 AIC 在这种层次模型中都是无效的. 它们需要修改. 由于奇点, 应该考虑修正. 在多层感知器的情况下, AIC 的惩罚项应该是参数数量的 $\log N$ 倍, 而不是参数数量的两倍. 这来自对数似然的渐近特性. Watanabe (2010) 提出了一种新的信息准则, 其中考虑了奇异结构.

12.2.7 贝叶斯推理和奇异模型

贝叶斯推理假定统计模型参数 ξ 的先验分布为 $\pi(\xi)$. 对于一族概率分布 $M = \{p(x,\xi)\}$, ξ 和 x 的联合概率由下式给出：

$$p(x,\xi) = \pi(\xi)p(x|\xi). \tag{12.163}$$

因此, 以观察到的训练数据为条件的 ξ 的条件分布是

$$p(\xi|x_1,\cdots,x_N) = \frac{\pi(\xi)\prod_{i=1}^{N} p(x_i|\xi)}{\int \pi(\xi)\prod p(x_i|\xi)d\xi}. \tag{12.164}$$

它的对数除以 N 是

$$\frac{1}{N}\log p(\xi|x_1,\cdots,x_N) = \frac{1}{N}\log\pi(\xi) + \frac{1}{N}\sum \log p(x_i|\xi) + c, \tag{12.165}$$

其中 c 是不依赖于 ξ 的项. 最大后验估计是其最大化,

$$\hat{\xi}_{\mathrm{MAP}} = \arg\max \frac{1}{N}\log p(\xi|x_1,\cdots,x_N). \tag{12.166}$$

如 (12.165) 所示, 由于贝叶斯先验分布的惩罚项被添加到损失函数中, 它是对数先验概率的负数.

从 (12.165) 可以看出，先验分布的影响随着正则统计模型中训练样本 N 的数量增加而降低. 在这种情况下，最大后验估计量 (MAP) 收敛到最大似然估计量. 然而，单一的统计模型具有不同的特征.

我们考虑像多层感知器这样的奇异模型中的平滑非零先验. 它包括临界区 R, R 是子空间的并集，包括无数的点. 这样的区域在输出函数 $\tilde{M}$ 的空间中减小到一点. 因此，参数空间 M 上的一致先验 (不适当的先验) 在 $\tilde{M}$ 上是不一致的. 奇异点的先验是等价类 R 上先验概率的积分，因此 $\tilde{M}$ 的先验分布是奇异的，因为与正则点相比，$\tilde{M}$ 中的奇异点具有无限大的先验概率测度.

包含 n 个隐藏神经元的感知器的参数空间 M_n 作为子流形包含在 M_{n+1} 中. 但 M_n 作为临界区包含在 M_{n+1} 中，因为它由 $v_i = 0$ 给出，$|w_i| = 0$ 或 $w_i = w_j$ 在 M_{n+1} 中. 所以当我们考虑 M_{n+1} 中的光滑非零先验时，奇异点 $\tilde{M}_{n+1}$ 收集了 M_{n+1} 关键域中无限多个点的先验概率.

当我们采用最大后验估计量时，由于奇异先验，具有较少参数数量的模型是有利的. 因此，贝叶斯 MAP 倾向于选择较小的模型，自动选择合适的模型，尽管不能保证这是最佳的.

Watanabe 和他的学派 (Watanabe, 2001, 2009) 使用现代代数几何研究了奇异性在贝叶斯推理中的影响. 该理论使用了更深层次的数学知识，超出了本专著的范围.

注 本章重点介绍黎曼流形中的自然梯度法. 由于许多工程问题都是由黎曼流形表述的，自然梯度非常实用. 我们已经处理了在线和批量学习程序，并证明自然梯度法表现出色.

多层感知器在黎曼参数流形中使用梯度方法 (反向传播). 它是深度学习的一个组成部分，因此应仔细研究其动态性能. 然而，参数空间包括广泛分布的奇异区域，其中 Fisher 度量退化. 因此它不是一个正则统计模型，而是一个单一的统计模型. 我们研究了基于系统梯度的反向传播学习的动态，发现奇异性会导致不良性能. 在 Fisher 度量和绝对 Hessian 度量中，自然梯度法都没有此类缺陷. 该特征保留在 K-FAC 近似中 (Martens and Grosse, 2015). 然而，当真实模型不在奇异区域时，学习动态在奇异邻域中表现如何仍然是一个有待研究的问题. 我们将通过使用分解技术证明轨迹没有被困在奇点中. 我们还研究了与奇点相关的统计问题.

黎曼流形中的自然梯度还有其他有趣的话题. 可以使用任何黎曼度量，例如 $Gl(n)$ 中的 Killing 度量和绝对 Hessian 度量 (Dauphin et al., 2014). Girolami 和 Calderhead (2011) 使用自然梯度在黎曼流形中提出了 MCMC 方法. 强化学习还使用黎曼策略流形中的自然梯度，参见 (Kakade, 2001; Kim et al., 2010; Roux et al., 2007; Peters and Schaal, 2008; Thomas et al., 2013). 随机松弛机制中的优

化是自然梯度学习有效的另一个领域 (Malagò and Pistone, 2014; Malagò et al., 2013; Hansen and Ostermeier, 2001). 一个重要的问题是有效地评估 Fisher 信息的逆或其近似值, 参见 (Martens, 2015; Martens and Grosse, 2015). 自适应自然梯度方法是一种解决方案.

自然梯度法是黎曼流形中的一阶梯度法, 不同于牛顿法等二阶梯度法. 我们可以将自然梯度法进一步扩展到黎曼流形中的自然牛顿法、自然共轭梯度法等, 见 (Edelman et al., 1998; Honkela et al., 2010; Malagò and Pistone, 2014).

第 13 章　信号处理和优化

现实中, 信号大多是随机的. 信号处理利用随机特性来找到我们想知道的隐藏结构. 本章从主成分分析 (PCA) 开始, 通过研究信号的相关结构来找到信号方向广泛分布的主成分. 正交变换用于将信号分解为不相关的主成分. 然而, 除了高斯分布的特殊情况外, "不相关" 并不意味着 "独立". 独立成分分析 (ICA) 是一种将信号分解为独立分量的技术. 信息几何, 特别是半参数, 在其中起着基础性作用; 促进了正矩阵分解和稀疏分量分析新技术的兴起, 我们也涉及这些技术. 本章从信息几何的角度简要讨论了凸约束下的优化问题和博弈论方法. Hyvärinen 评分方法从信息几何的角度提出了一个值得进一步研究的方向.

13.1　主成分分析

13.1.1　特征值分析

设 x 是一个向量随机变量, 它已经过预处理, 期望值为 0,

$$E[x]=0. \tag{13.1}$$

然后, 它的协方差矩阵是

$$V_X=E\left[xx^{\mathrm{T}}\right]. \tag{13.2}$$

如果我们用正交矩阵 O 把 x 变换成 s,

$$s=O^{\mathrm{T}}x, \tag{13.3}$$

s 的协方差矩阵由下式给出

$$V_S=E\left[ss^{\mathrm{T}}\right]=O^{\mathrm{T}}V_XO. \tag{13.4}$$

让我们考虑 V_X 的特征值问题,

$$V_XO=\lambda O. \tag{13.5}$$

那么, 我们有 n 个特征值 $\lambda_1,\cdots,\lambda_n,\lambda_1>\lambda_2>\cdots>\lambda_n>0$ 和相应的 n 个单位特征向量 $o_1,\cdots,o_n$, 其中我们假设没有重特征值 (当存在重特征值时, 会出现旋转不确定性. 这里不处理这种情况). 设 O 是由特征向量组成的正交矩阵

$$O=[o_1,\cdots,o_n]. \tag{13.6}$$

那么, V_S 是一个对角矩阵

$$V_S = \begin{bmatrix} \lambda_1 & & \\ & \ddots & \\ & & \lambda_n \end{bmatrix}, \tag{13.7}$$

s 的分量是不相关的,

$$E[s_i s_j] = 0, \quad i \neq j. \tag{13.8}$$

13.1.2　主成分、次成分与白化

信号 x 被分解为不相关分量的和, 如

$$x = \sum_{i=1}^{n} s_i o_i. \tag{13.9}$$

因为 s_i 的方差是 λ_i, s_1 的平均幅值最大, s_2 次之, 最后 s_n 的幅值最小, 见图 13.1. 我们称 s_1 为 x 的 (第一) 主成分, 它是通过将 x 投影到 o_1 得到的. 前 k 个最大分量由 $s_1, \cdots, s_k$ 给出. 我们称由 k 个特征向量 $o_1, \cdots, o_k$ 扩展的子空间为 k-维主子空间. 向量

$$\tilde{x} = \sum_{i=1}^{k} s_i o_i \tag{13.10}$$

是 x 到主子空间的投影.

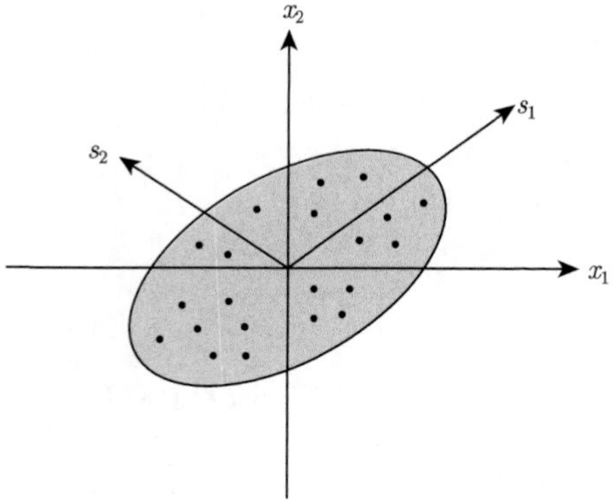

图 13.1　主成分 $s_1, s_2, \cdots$

x 的维数通过投影而减小, 使生成向量尽可能接近原始向量, 也就是丢失部分的幅值

$$L = \frac{1}{2} E\left[\left| x - \sum_{i=1}^{k} s_i o_i \right|^2\right] \tag{13.11}$$

最小化. 所以主成分用于通过少量的成分来逼近 x, 从而减少了维数.

类似地, k 次分量由 $s_{n-k+1},\cdots,s_n$ 给出, 是 x 到 o_i 的投影, $i=n-k+1,\cdots,n$. 由 $o_{n-k+1},\cdots,o_n$ 扩展的子空间称为 k-维次子空间. x 到次子空间的投影由下式给出

$$\tilde{\tilde{x}}=\sum_{i=n-k+1}^{n} s_i o_i. \tag{13.12}$$

给出 (13.12) 的最大化

$$L=\frac{1}{2}E\left[\left|x-\sum_{i=n-k+1}^{n} s_i o_i\right|^2\right]. \tag{13.13}$$

注意, V_X 的次分量是 V_X^{-1} 的主分量, 因为 V_X^{-1} 的特征值是 $1/\lambda_n,1/\lambda_{n-1},1/\lambda_1$. V_X^{-1} 的特征向量与 V_X 的特征向量相同, 但顺序是反的, 为 $o_n,\cdots,o_1$.

让我们重新调整 n 个特征向量的幅值, 得到一组新的基向量

$$\tilde{o}_i=\sqrt{\lambda_i}o_i,\quad i=1,\cdots,n. \tag{13.14}$$

那么, x 在新的基上写成

$$x=\sum \tilde{s}_i\tilde{o}_i, \tag{13.15}$$

其中

$$\tilde{s}_i=\frac{1}{\sqrt{\lambda_i}}s_i, \tag{13.16}$$

得出

$$E\left[\tilde{s}_i\tilde{s}_j\right]=\delta_{ij}\tilde{s}_i. \tag{13.17}$$

这意味着 $\tilde{s}$ 的协方差矩阵是单位矩阵

$$V_{\tilde{s}}=I. \tag{13.18}$$

x 到 $\tilde{s}$ 的变换被称为 x 的白化. 这种命名源于这样一个事实: 当我们处理时间序列 $x(t)$, $t=1,2,3,\cdots$ 时, 变换 (13.15) 将时间序列 $x(t)$ 变成白噪声序列 $\tilde{s}(t)$.

因为 $V_{\tilde{S}}$ 是单位矩阵, 所以如果我们用任意正交矩阵 U 进一步变换 $\tilde{s}$, 结果是不变的

$$\tilde{\tilde{s}}=U\tilde{s}. \tag{13.19}$$

因此, 白化不是唯一的, 仍然存在旋转不确定性, 即由 U 带来的进一步变换. 在因子分析中, 这一事实称为旋转不确定性. 为了消除不确定性, 我们需要使用高阶统计量, 假设信号不是高斯信号. 这就是下一节讨论独立成分分析的动机.

13.1.3 主次成分动态性

当 N 个样本 $x_1, \cdots, x_N$ 被观测为数据 D 时, 我们估计协方差矩阵

$$\hat{V}_X = \frac{1}{N} \sum x_i^{\mathrm{T}} x_i. \tag{13.20}$$

通过计算其特征值和特征向量求主成分. 当逐一地给出样本时, 我们使用学习算法. 从简单的例子开始, 先推导第一主成分 o_1. 设 w 为第一主特征向量的候选, 满足

$$|w|^2 = 1. \tag{13.21}$$

设

$$y = w \cdot x \tag{13.22}$$

为 x 到 w 的投影. 在 (13.21) 约束下损失函数最小化为

$$L = \frac{1}{2} |x - yw|^2 . \tag{13.23}$$

利用拉格朗日乘子, 给出了求主分量的随机梯度法

$$w(t+1) = w(t) + y(t)x(t) - \{y(t)\}^2 w(t). \tag{13.24}$$

这是由 Amari (1977) 作为神经学习的特例导出的, 因为关系式 (13.22) 被视为线性神经元的输出. Oja (1982) 发现了同样的算法, 并将其推广得到 k-维主子空间 (Oja, 1992).

设 W 为 $n \times k$ 矩阵, 包括 k 个正交单位列向量 $w_1, \cdots, w_k$,

$$W = [w_1, w_2, \cdots, w_k] , \tag{13.25}$$

满足

$$W^{\mathrm{T}} W = I_k, \tag{13.26}$$

其中 I_k 是 $k \times k$ 单位矩阵. 所有这些矩阵的集合形成流形 $S_{n,k}$, 称为 Stiefel 流形. x 到 $w_1, \cdots, w_k$ 所扩展的子空间的投影是

$$\tilde{x} = W W^{\mathrm{T}} x = \sum y_i w_i, \tag{13.27}$$

其中

$$y_i = w_i x. \tag{13.28}$$

为了得到由 W 的列向量所扩展的 k-维主子空间, 将损失函数最小化

$$L(W)=\frac{1}{2}E\left[\left|x-WW^{\mathrm{T}}x\right|^{2}\right]. \tag{13.29}$$

给出了 W 的梯度下降学习方程

$$w_i(t+1)=w_i(t)+y_i(t)x(t)-\sum_{j}y_i(t)y_j(t)w(t),\quad i=1,\cdots,k. \tag{13.30}$$

其连续时间的平均值为

$$\dot{W}(t)=V_XW(t)-WW^{\mathrm{T}}V_XW, \tag{13.31}$$

其中 · 表示时间导数 d/dt.

学习方程式 (13.30) 的解 $w_1,\cdots,w_k$ 或 (13.31) 的解收敛到由 k 个主特征向量构成的子空间. 然而, 每个 w_i 不对应于特征向量 o_i, 尽管主子空间由 $w_1,\cdots,w_k$ 扩展.

为了得到 k 个主特征向量, Xu (1993) 引入了对角矩阵

$$D=\begin{bmatrix} d_1 & & \\ & \ddots & \\ & & d_k \end{bmatrix}, \tag{13.32}$$

满足 $d_1>\cdots>d_k$, (13.31) 修改为

$$\dot{W}(t)=V_XW(t)D-WDW^{\mathrm{T}}V_XW. \tag{13.33}$$

该算法给出了主特征向量 $w_i=o_i$.

类似的算法也适用于获得次分量子空间的问题. 我们需要找到 W 最大化 (13.29). 如果用梯度上升法代替梯度下降法, 算法如下.

$$\dot{W}(t)=-V_XW+WW^{\mathrm{T}}V_XW. \tag{13.34}$$

但是, 这不起作用. 为什么 (13.34) 不起作用一直是个谜.

当 W 受限于 Stiefel 流形 $S_{n,k}$ 时, 这两种算法 (13.31) 和 (13.34) 都有效. 流形 $S_{n,k}$ 是 $M_{n,k}$ 的子流形, $M_{n,k}$ 是所有 $n\times k$ 矩阵的流形. 当我们用数值方法求解 (13.34) 或其随机形式时, 由于数值误差, $W(t)$ 与 $S_{n,k}$ 有偏差. 当 W 被 M 代替时, 算法 (13.31) 和 (13.34) 在整个 $M_{n,k}$ 中定义了流 $\dot{M}$, 其中 $M(t)\in M_{n,k}$.

流接近 $S_{n,k}$, 即 $\dot{M} \in S_{n,k}$, 当 $M \in S_{n,k}$ 时. $S_{n,k}$ 是流 (13.31) 在 $M_{n,k}$ 中的稳定子流形. 因此, 当 W 发生小的波动时, 它从 $S_{n,k}$ 偏离进入到 $M_{n,k}$, 它会自动返回到 $S_{n,k}$ (图 13.2(a)). 然而, 对于次成分的流 (13.34), $M_{n,k}$ 中的 $S_{n,k}$ 不稳定并且由于偏差较小 W 会偏离 $S_{n,k}$ (图 13.2(b)). 这就是算法 (13.34) 不起作用的原因.

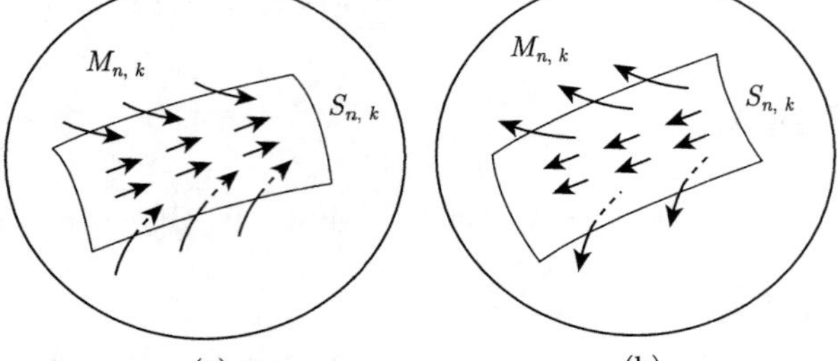

图 13.2　(a) 主子空间, (b) 次子空间中的流

由于根据文献 (Chen et al., 1998), 考虑在 $M_{n,k}$ 中两个修正微分方程.

$$\dot{M}(t) = V_X M M^{\mathrm{T}} M - M M^{\mathrm{T}} V_X M, \tag{13.35}$$

$$\dot{M}(t) = -V_X M M^{\mathrm{T}} M - M M^{\mathrm{T}} V_X M. \tag{13.36}$$

然后, 可证明子流形 $S_{n,k}$ 对于这两个流都是中性稳定的. 因此, 可以用 (13.35) 求主成分, 用 (13.36) 求最小成分. (13.35) 和 (13.36) 的在线学习版本是

$$\dot{m}_i(t) = \pm \sum_j \{(m_i \cdot m_j)(m_j \cdot x)x - (m_i \cdot x)(m_j \cdot x)m_j\}, \tag{13.37}$$

其中 m_i 是 M 的第 i 列向量.

动态性方程 (13.35) 和 (13.36) 具有有趣的不变量. 设

$$M(t) = W(t)D(t)U(t) \tag{13.38}$$

为 $M(t)$ 的奇异分解, 其中 $W(t)$ 是 $S_{n,k}$ 的元素, 由 k 个正交单位向量组成, $U(t)$ 是 $k \times k$ 正交矩阵, D 是 $k \times k$ 对角矩阵, 对角元素为 $d_1, \cdots, d_k$.

引理 13.1　(1) $M^{\mathrm{T}}(t)M(t)$ 是 (13.35) 和 (13.36) 的不变量, $M^{\mathrm{T}}(t)M(t) = M^{\mathrm{T}}(0)M(0)$.

(2) $D(t)$ 是 (13.35) 和 (13.36) 的不变量, $D(t) = D(0)$.

(3) $U(t)$ 是 (13.35) 和 (13.36) 的不变量, $U(t) = U(0)$.

我们省略了证明, 见 (Chen et al., 1998). 通过使用初始条件 $D(0) = \mathrm{diag}\{d_1, \cdots, d_k\}$ 并根据 $W(t)$ 重写 (13.35), 立即得到 Xu (1993) 的算法. 当 $k = n$ 时, (13.35) 和 (13.36) 都给出了 Brockett 流 (Brockett, 1991), 其中损失函数为

$$L(M) = \pm\mathrm{tr}\left(MM^{\mathrm{T}}V\right). \tag{13.39}$$

这是正交矩阵流形中的自然梯度流, 见 (Chen et al., 1998).

因为 $S_{n,k}$ 在式 (13.35) 和 (13.36) 中是中性稳定的, 数值误差可能累积. Chen 和 Amari (2001) 提出了以下方程式

$$\dot{M}(t) = \left(V_X MM^{\mathrm{T}}M - MM^{\mathrm{T}}V_X M\right) + M\left(D^2 - M^{\mathrm{T}}M\right), \tag{13.40}$$

$$\dot{M}(t) = -\left(V_X MM^{\mathrm{T}}M - MM^{\mathrm{T}}V_X M\right) + M\left(D^2 - M^{\mathrm{T}}M\right), \tag{13.41}$$

其中 D 是与 M 的初始值相关的正对角矩阵,

$$M(0) = \begin{bmatrix} d_1 & & \\ & \ddots & \\ & & d_k \\ & 0 & \\ & \vdots & \\ & 0 & \end{bmatrix}. \tag{13.42}$$

$S_{n,k}$ 在 (13.40) 和 (13.41) 下都是稳定的, 所以主特征向量和次特征向量都是由各自的方程稳定提取的, 这两个方程只在特征上有所不同.

13.2 独立成分分析

考虑将向量随机变量 x 分解成 n 个独立分量的问题,

$$x = \sum_{i=1}^{n} s_i a_i, \tag{13.43}$$

使得 s_i 是独立的随机变量, $\{a_1, \cdots, a_n\}$ 是一组新的基向量. 我们考虑了 n 个独立分量信号 $s_1, \cdots, s_n$ 在充分基下存在的情况. 当 x 是高斯分布时, PCA 成功地执行了这个任务. 然而, 如前一节所述, 由于旋转不确定性, 这种分解是无限多的. 此外, 当 x 为非高斯分布时, PCA 无效. 因为即使 n 个信号 $s_1, \cdots, s_n$ 之间不存在相关性, 也并不意味着它们独立.

举一个简单的例子. 设 s_1 和 s_2 是两个独立的信号, 其中 s_1 和 s_2 服从 $[-0.5,\ 0.5]$ 上的均匀分布, 它们均匀分布在正方形上 (图 13.3(a)), 构造其混合 $x=(x_1,x_2)^{\mathrm{T}}$,

$$x_1 = s_1, \tag{13.44}$$

$$x_2 = s_1 + 2s_2. \tag{13.45}$$

然后, x 均匀分布在平行六面体中 (图 13.3(b)), 其协方差矩阵为

$$V_X = \begin{bmatrix} 1 & 1 \\ 1 & 5 \end{bmatrix}, \tag{13.46}$$

其中特征向量不同于原来的 s_1 和 s_2 轴. PCA 解给出了非相关分量, 但其不独立. 所以需要其他方法来把 x 分解成独立的分量. 协方差之外的高阶统计量对于解决这个问题很有用.

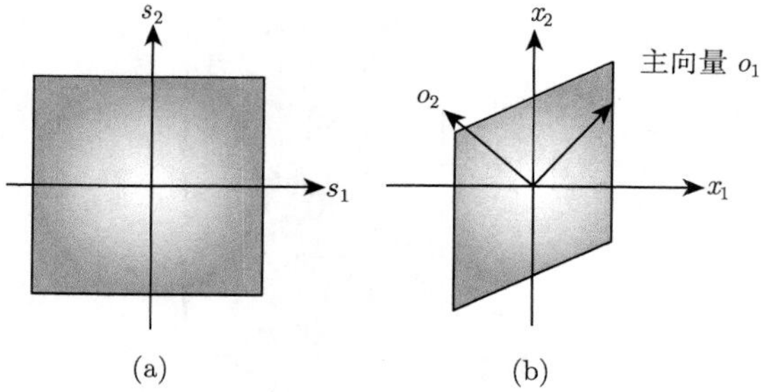

图 13.3　(a) 均匀分布 $P(s)$; (b) 它的线性变换 $p(x)$

ICA 的一个例子是鸡尾酒会问题. 鸡尾酒会上有 n 个人在独立发言. 令 $s_i(t)$ 为某个人 i 在时间 t 的声音. 在聚会室中放置 m 个麦克风, 以便每个麦克风记录 n 个人的混合声音. 设 $x_j(t)$ 为麦克风 j 在时间 t 录制的声音, 见图 13.4. 它们写成

$$x_j(t) = \sum A_{ji} s_i(t), \quad x(t) = As(t), \tag{13.47}$$

其中 A_{ji} 是混合系数, 取决于人 i 和麦克风 j 之间的距离. 问题在于, 在 A_{ji} 未知的情况下, 从记录的混合 $x(1), x(2)$ 中恢复所有人的声音 $s(1), s(2)$. 这里假设人和麦克风的数量相同, $n=m$. 当 $n<m$ 时, 首先对 x 应用 PCA, 将其投影到 n-维主子空间. 然后, 问题简化为 $m=n$ 时的情况. 当 $m<n$ 时, 则需要稀疏信号处理技术.

假设 A 是 $n\times n$ 正则矩阵. 当 A 已知时, 问题就可以通过下式解决

$$y(t) = A^{-1}x(t), \tag{13.48}$$

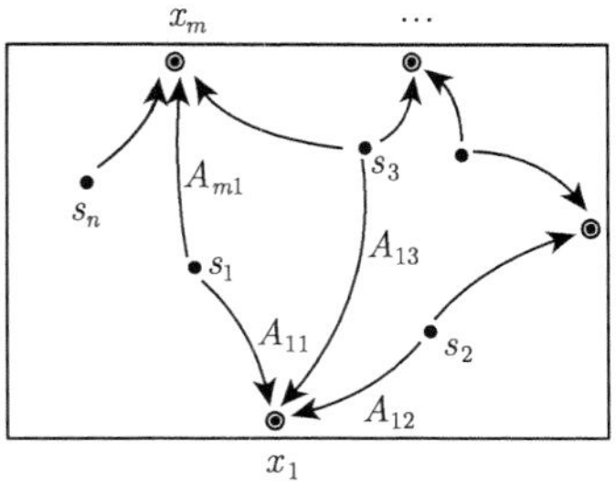

图 13.4 房间内有 n 个人和 m 个麦克风

$y(t)$ 等于原 $s(t)$. 但是, A 或 A^{-1} 未知. 我们用一个矩阵 W 变换 x, 如下

$$y(t) = Wx(t), \tag{13.49}$$

检查 y 的 n 个分量在时间序列 $y(1), \cdots, y(T)$ 中是否独立分布. 若非独立分布, 则修改矩阵 W 以降低非独立度. 为此, 需要定义 n 个随机变量 $y_1, \cdots, y_n$ 的非独立度. 由于它是 W 的函数, 我们可以采用随机梯度下降法或自然梯度下降法来获得 W, 从而恢复独立信号.

在定义非独立度之前, 我们注意到解的不确定性. 众所周知, 只有当 s 中除一个以外的所有分量都是非高斯分量时, 才能恢复独立分量. 进一步, 由于 n 个独立信号的任何置换都保持独立性, 信号 $s_1, \cdots, s_n$ 的顺序没有恢复. 此外, s_i 的幅值没有恢复, 因为当 $s_1, \cdots, s_n$ 是独立的时, $c_1s_1, c_2s_2, \cdots, c_ns_n$ 对于任何常数 $c_1, \cdots, c_n$ 都是独立的. 所以独立的分量恢复到标量和顺序之内.

用数学的方法来描述这个问题. 设 $k_i(s_i)$ 为第 i 个独立分量 s_i 的概率密度函数, 其中假设

$$E[s_i] = 0. \tag{13.50}$$

然后, s 的联合概率密度为

$$k(s) = \prod k_i(s_i). \tag{13.51}$$

对于由 (13.49) 确定的 y, 边缘概率密度记为

$$p_Y(y; W) = |WA|^{-1} k(A^{-1}W^{-1}y). \tag{13.52}$$

在这里, 我们用一般公式使概率密度函数 $p(x)$ 变为

$$p_Y(y) = \left|\frac{\partial y}{\partial x}\right|^{-1} p(x), \tag{13.53}$$

当 x 转化为 y 时

$$y = f(x). \tag{13.54}$$

从 $p_Y(y)$ 到 $k(y)$ 的 KL 散度,

$$D_{\mathrm{KL}}[p_Y : k] = \int p_Y(y) \log \frac{p_Y}{k(y)} dy, \tag{13.55}$$

将用作非独立性的程度. 如果我们知道 $k(s)$, 这将是一个很好的选择. 然而, 我们不知道 $k(s)$, 而只知道 $k(s)$ 被分解成未知 $k_i(s_i)$ 的乘积. 利用 n 个任意独立分布,

$$q(y) = \prod q_i(y_i), \tag{13.56}$$

并定义

$$D[p_Y : q] = \int p_Y(y) \log \frac{p_Y(y)}{q(y)} dy \tag{13.57}$$

作为函数来表示不独立的程度. 这种选择是合理的, 如下所示.

考虑所有概率分布的流形

$$S = \{p(y)\}, \tag{13.58}$$

以几何学的方式来理解这种情况. 定义所有独立分布的子流形 S_I,

$$S_I = \left\{ p(y) | p(y) = \prod p_i(y_i), p_i \text{ 是任意的密度函数} \right\}, \tag{13.59}$$

这是 S 的 e-平坦子流形. 它包括 $k(y)$ 和 $q(y)$. 考虑的另一个子流形由 W 参数化为

$$S_W = \{p_Y(y; W)\}, \tag{13.60}$$

对于每个 W, 我们有一个分布 $p_Y(y; W)$ 由 $y = Wx$ 的变换给出. 它不是一个平坦的子流形. 见图 13.5.

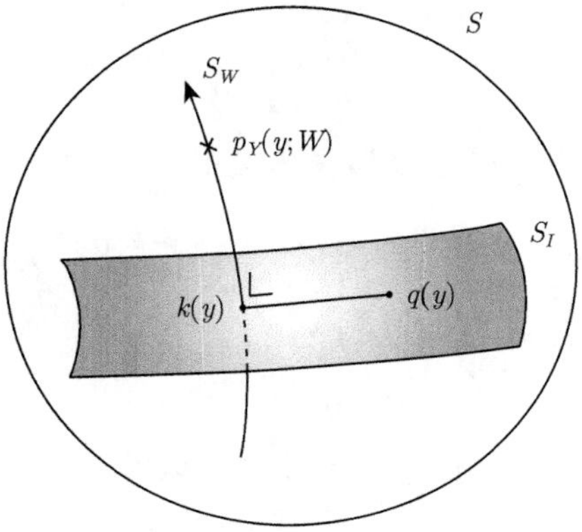

图 13.5 独立分布的 S_Ie-平坦子流形 W 生成的 S_N 子流形. 它们是正交的

利用损失函数

$$L_k(W) = D_{\mathrm{KL}}[p_Y(y;W) : k(y)], \tag{13.61}$$

当我们知道 $k(s)$ 时. S_W 和 S_I 在 $W = A^{-1}$ 处相交, 损失函数 L 在此点为 0. 但是, 我们不知道 $k(s)$, 所以用

$$L(W) = D_{\mathrm{KL}}[p_Y(y;W) : q(y)], \tag{13.62}$$

利用适当选择的 q (Bell and Sejnowski, 1995). 我们可以证明 S_W 和 S_I 是正交的. 尽管如此, 因为 S_W 不是 m-平坦的, 不能应用勾股定理. 然而, 由于正交性, 表明 $W = A^{-1}$ 是 L 的临界点. 它是一个取决于 q 选择的局部最小值、鞍点或局部最大值. 临界点的稳定性取决于 q 和 S_W 在 $q = k$ 时的 m-嵌入曲率. 当 q 接近 k 时, A^{-1} 是全局最大值. 在目前的讨论中, 我们忽略了 W 关于标量和置换的不确定性, 但对于所有等价的 W, 情况都是一样的.

应该指出, 除 (13.62) 外, 还有许多损失函数. 通过混合独立的 $s_1, \cdots, s_n$, 中心极限定理表明 x 的分布接近联合高斯分布. 因此, 非高斯度量可用作损失函数. 当 y 为高斯分布时, y 的高阶累积量消失, 因此三阶和四阶累积量的绝对值之和在损失函数起重要的作用. 我们可以使用其他非高斯的度量作为损失函数, 见 (Hyvärinen et al., 2001; Cichocki and Amari, 2002). 以下分析是所有此类损失函数的共同点.

给出了随机下降在线学习算法

$$W_{t+1} = W_t - \varepsilon \frac{\partial}{\partial W} D_{\mathrm{KL}}[p_Y(y_t) : q(y_t)]. \tag{13.63}$$

损失函数记为

$$\begin{aligned} D_{\mathrm{KL}}[p_Y(y) : q(y)] &= \int p_Y(y) \log \frac{p_Y(y)}{q(y)} dy \\ &= -H(Y) - E[\log q(y)], \end{aligned} \tag{13.64}$$

其中

$$H(Y) = -\int p_W(y) \log p_W(y) dy \tag{13.65}$$

是 y 的熵, 表示为 W 的函数. 我们可以看到,

$$H(Y) = H(X) + \log|W|. \tag{13.66}$$

为了计算关于 W 瞬时损耗的梯度

$$l(y, W) = -\log|W| - \log q(y; W), \tag{13.67}$$

其中忽略 $H(X)$, 因为它不依赖于 W, 我们考虑了由于 W 的小变化而引起的 $l(y,W)$ 的小变化, 从 W 到 $W+dW$.

有

$$d\log|W| = \log|W+dW| - \log|W| = \mathrm{tr}(dWW^{-1}). \tag{13.68}$$

同样, 有

$$d\log q_i(y) = \frac{q_i'(y_i)}{q_i(y_i)}dy_i. \tag{13.69}$$

令

$$\varphi_i(y_i) = \frac{-q_i'(y_i)}{q_i(y_i)}. \tag{13.70}$$

更进一步, 从

$$dy = (dW)x, \tag{13.71}$$

对 $\varphi(y) = [\varphi_1(y_1),\cdots,\varphi_n(y_n)]^{\mathrm{T}}$, 有

$$d\log q(y) = -\varphi(y)^{\mathrm{T}}dWW^{-1}y. \tag{13.72}$$

因此, 有

$$dl(y,W) = -\mathrm{tr}(dWW^{-1}) + \varphi(y)^{\mathrm{T}}dWW^{-1}y, \tag{13.73}$$

其中相对于 W 的瞬时损耗 l 梯度, $\partial D/\partial W_{ij}$, 用分量形式计算.

为了得到自然梯度, 需要在矩阵的流形 $Gl(n)$ 中引入黎曼度量. 让 dW 是一个小的行元素, 写成

$$dW = \sum dW_{ij}E_{ij}, \tag{13.74}$$

其中 E_{ij} 是一个矩阵, 其 (i,j) 元素为 1, 所有其他元素为 0. 它们构成切空间中的基. 我们考虑 $Gl(n)$ 的李群结构. 通过右乘 W^{-1}, W 映射到单位矩阵,

$$WW^{-1} = I. \tag{13.75}$$

我们还通过右乘 W^{-1} 来映射附近的点 $W+dW$, 给出

$$(W+dW)W^{-1} = I + dWW^{-1}. \tag{13.76}$$

因此, 在 W 处 $Gl(n)$ 的切空间中的线性微元 dW 被映射到

$$dX = dWW^{-1} \tag{13.77}$$

在 I 的切空间中, 见图 13.6.

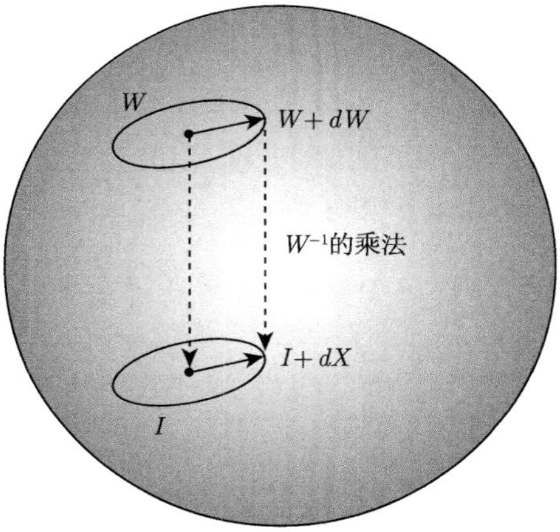

图 13.6 T_W 到 T_I 的映射

定义在 I 处的 dX 的大小为

$$\langle dX, dX\rangle = \mathrm{tr}(dX dX^{\mathrm{T}}) = \sum (dX_{ij})^2. \tag{13.78}$$

黎曼度量是通过定义 W 处切空间 dW 的大小来定义的. 我们应用了李群不变性, 使得大小不会因右乘 W^{-1} 而改变.

随后, dW 的大小由相应 dX 的大小定义

$$\langle dW, dW\rangle_W = \langle dX, dX\rangle_I. \tag{13.79}$$

重写为

$$\langle dW, dW\rangle = \mathrm{tr}\left\{dWW^{-1}(dWW^{-1})^{\mathrm{T}}\right\}, \tag{13.80}$$

这就是 Killing 度量. 通过右乘矩阵, 切向量的长度保持不变.

有人可能会想, 是否有 W 的坐标变换,

$$X = X(W), \tag{13.81}$$

其中 dX 由下式得出

$$dX = \frac{\partial X}{\partial W} \cdot dW. \tag{13.82}$$

不幸的是, 没有这样的坐标变换. 我们可以定义 dX, 但它是不可积的, 即 dX 从 W 到 W' 的积分

$$X(W') - X(W) = \int_{W}^{W'} dX \tag{13.83}$$

取决于连接 W 和 W' 的路径. 所以在 $Gl(n)$ 中没有坐标系 X, 使得 dX_{ij} 是沿着新坐标曲线的增量. 这种虚坐标 X 称为非完整坐标系, 其中只定义 dX. 这种切空间的非完整基便于在 $Gl(n)$ 中引入黎曼度量和定义自然梯度.

l 的微小变化 (13.73) 用 dX 表示为

$$dl = -\mathrm{tr}(dX) + \varphi(y)^{\mathrm{T}} dXy. \tag{13.84}$$

记分量形式为

$$\frac{dl}{dX_{ij}} = -\delta_{ij} + \varphi_i(y_i)\, y_j. \tag{13.85}$$

如 (13.78) 所示, 由于内积 $\langle dx, dX \rangle$ 是欧氏的, 所以它是基于 Killing 度量的自然梯度.

利用 dX, W 的增量记为

$$\Delta X_{ij} = -\varepsilon \left\{\delta_{ij} - \varphi_i(y_i)y_j\right\}, \quad \nabla_X l = -\varepsilon \left(I - \varphi(y)y^{\mathrm{T}}\right), \tag{13.86}$$

其中 ∇_X 是相对于 X 的梯度. 通过 (13.77), 相对于 W 的梯度重写为

$$\nabla_W l = -\varepsilon \left(I - \varphi(y)y^{\mathrm{T}}\right) W. \tag{13.87}$$

正因为如此, 自然梯度具有一个不变的性质, 即无论真实 W 是什么, 动态收敛都是相同的. 稳定性也不依赖于 W. 这些是 Cardoso 和 Laheld (1996) 以及 Amari 等 (1996) 给出的理想性质.

独立分量分析的估计函数：半参数方法

观测到的 x 的概率密度函数可以写成

$$p(x, W, k) = \prod_i k_i \left(\sum_j W_{ij} x_j\right). \tag{13.88}$$

在这个统计模型中, 未知参数不仅包括 W 函数, 还包括 n 个独立源信号的概率密度函数 $k_1(s_1), \cdots, k_n(s_n)$. x 的概率分布由 $n \times n$ 矩阵 W 指定, 这是要估计的参数, 也能由 n 个函数 $k_1(s_1), \cdots, k_n(s_n)$ 表示, 这是函数自由度的冗余参数. 因此, ICA 是一个半参数统计问题 (Amari and Cardoso, 1997).

估计函数是矩阵 $F(x,W)$, 满足

$$E_W[F(x,W')]\begin{cases}=0, & W'\approx W,\\ \neq 0, & W'\not\approx W.\end{cases} \tag{13.89}$$

这里, 对 $p(x,W)$ 取期望值, $W\approx W'$ 意味着 W 和 W' 在标度和置换中是等价的. 估计公式如下:

$$\sum_{t=1}^{T}F(y(t))=\sum_{t=1}^{T}F\{Wx(t)\}=0. \tag{13.90}$$

通过学习方程实现序列估计

$$W_{t+1}=W_t-\varepsilon_t F(x_t,W_t), \tag{13.91}$$

虽然不一定保证收敛, 但期望收敛到 (13.90) 的解.

信息几何给出了一类一般的估计函数, 详见 (Amari, 1999). 设 $\varphi(y)$ 为 y 的任意向量函数. 在此基础上, 产生了一类包含任意向量函数 φ 的有效的估计函数

$$F(x,W)=F(y)=I-\varphi(y)y^{\mathrm{T}}, \tag{13.92}$$

设 $R(W)$ 是作用在 F 上的矩阵的线性可逆变换

$$\tilde{F}(x,W)=R(W)F(x,W). \tag{13.93}$$

R 是一个有四个指数的张量, 以分量形式写成

$$\tilde{F}_{ij}(x,W)=\sum_{k,l}R_{ij}^{kl}F_{kl}(x,W). \tag{13.94}$$

F 和 RF 的估计公式相同, 因为

$$\sum_{t}RF(x(t),W)=0, \tag{13.95}$$

等价于 (13.90).

给出基于 RF 的在线学习方程

$$W_{t+1}=W_t-\varepsilon_t R(W_t)F. \tag{13.96}$$

虽然平衡点不依赖于 R, 但它的稳定性依赖于 R, 收敛速度也依赖于 R. 因此, 我们需要谨慎地选择 $\varphi(y)$ 和 $R(W)$.

一旦选择了 $\varphi(y)$, 牛顿法可用来迭代求解. 根据估计公式 (13.90), 得到

$$\sum_t F(x_t, W+\Delta W)=\sum F(x_t, W)+\sum \frac{\partial F}{\partial W}\circ \Delta W=0, \tag{13.97}$$

其中 $x_t=x(t)$，$\circ$ 用于获取矩阵乘法的轨迹. 利用

$$\Delta X_t=\Delta W W_t^{-1}, \tag{13.98}$$

定义算子

$$J=E\left[\frac{\partial F}{\partial X}\right]=E\left[\frac{\partial F}{\partial W}\right]W^{\mathrm{T}}. \tag{13.99}$$

牛顿法写成

$$W_{t+1}=W_t-\varepsilon_t J^{-1}(W_t)F(y_t). \tag{13.100}$$

因此, 牛顿法通过用以下方式选择 R 得出:

$$R(W)=J^{-1}(W). \tag{13.101}$$

算子 J 是一个四阶张量, 虽可以明确地计算它, 但它取决于未知的真 $k(s)$.

估计函数 $\tilde{F}(x,W)$ 当满足

$$\tilde{J}=E\left[\frac{\partial \tilde{F}}{\partial W}\right]W^{\mathrm{T}}=\text{单位算子} \tag{13.102}$$

时被称为是标准的. 给定一个估计函数 F, 我们得到它的标准形式

$$\tilde{F}(x,W)=J^{-1}F(x,W). \tag{13.103}$$

学习方程使用了标准估计函数来对应牛顿法. Hyvärinen 快速算法 (Hyvärinen, 2005) 使用了标准估计函数.

利用 $\varphi(y)$ 标准估计函数写成如下形式

$$\tilde{F}=I-\alpha\varphi(y)y^{\mathrm{T}}+\beta y\varphi^{\mathrm{T}}(y), \tag{13.104}$$

此时 α 和 β 应取合适的参数, 可以使用自适应的方法从数据中选择它们. 当采用标准估计函数时, 由于采用了牛顿法, 分离 W 是稳定的.

令人惊讶的结果之一是以下 “超级效率”. 我们将恢复信号在 t 处的协方差定义为

$$V_{ij}(t)=E\left[y_i(t)y_j(t)\right],\quad i\neq j. \tag{13.105}$$

当源分离成功时, 收敛到 0.

以下为极其有效的结果.

定理 13.1 当

$$E[\varphi_i(s_i)] = 0, \tag{13.106}$$

通过使用标准估计函数 F, 自然梯度学习的协方差以 $1/t^2$ 的数量级递减,

$$W_{t+1} = W_t - \frac{1}{t}F(x_t, W_t). \tag{13.107}$$

当学习常数 η 固定时, 数量级为 η^2,

$$W_{t+1} = W_t - \eta F(x_t, W_t). \tag{13.108}$$

在以下两种情况下满足条件 (13.106):

(1) $\varphi_i(s_i) = \dfrac{d}{ds_i}\log k_i(s_i)$; (13.109)

(2) $k_i(s_i)$ 是一个偶函数, $\varphi_i(s_i)$ 是一个奇函数. (13.110)

详细的讨论和证明见 (Amari, 1999).

注 当独立源信号 $s_i(t)$ 具有时间相关性时使得

$$E[s_i(t)s_i(t-\tau)] = c_i(\tau), \tag{13.111}$$

对于某些 $\tau > 0$, 其不为 0, 即使我们不知道 $c_i(\tau)$, 我们也可以使用此信息. 虽然在这种情况下, 先前的结果也是有效的, 但是通过考虑时间相关性的存在, 我们采用更有效的方法. 延迟协方差矩阵的联合对角化是一个好方法, 参见 (Cardoso and Souloumiac, 1996). 即使源信号是高斯信号, 该方法也能很好地工作.

即使在这种情况下, 也可以开发一种估计函数的方法. 我们获得了估计函数的一般形式, 其中包括要应用于观测信号 $x(t)$ 的任意时间滤波器. 联合对角化是估计函数方法的一个特例. 有关详细信息, 请参阅 (Amari, 2000).

13.3 非负矩阵分解

给定一系列观测信号 $x(1), \cdots, x(T)$, 把它们全部排列成 $n \times T$ 矩阵,

$$X = [x(1) \cdots x(T)]. \tag{13.112}$$

ICA 搜索基向量 $\{a_1, \cdots, a_n\}$, 构成一个 $n \times n$ 混合矩阵

$$A = [a_1 \cdots a_n], \tag{13.113}$$

x 被分解成

$$x(t) = As(t) = \sum s_i(t)a_i, \tag{13.114}$$

使得 $s_1, \cdots, s_n$ 是独立的. (13.114) 用矩阵表示为

$$X = AS. \tag{13.115}$$

在许多情况下, x 不是独立来源的混合. ICA 在这种情况下不起作用. 另一方面, 也有分量 s_i 都是非负的情况. 视觉图像就是这样的信号, 其中 $s(i,j)$ 是图像在像素 (i,j) 处的亮度.

当 s 的所有分量都非负时, 它们分布在信号空间的第一象限, 即为一个圆锥. 当信号通过 A 线性变换为

$$x = As, \tag{13.116}$$

x 分布在另一个圆锥上, 因为线性变换 A 把一个圆锥变换成另一个圆锥. 所以, 从大量的观测 $x(t)$ 中, 我们可以找到 x 所在的锥 (图 13.7). 混合矩阵 A 从 X 的锥中恢复, 当 A 的元素同为非负时, X 的元素也非负. 因此, 问题表述如下.

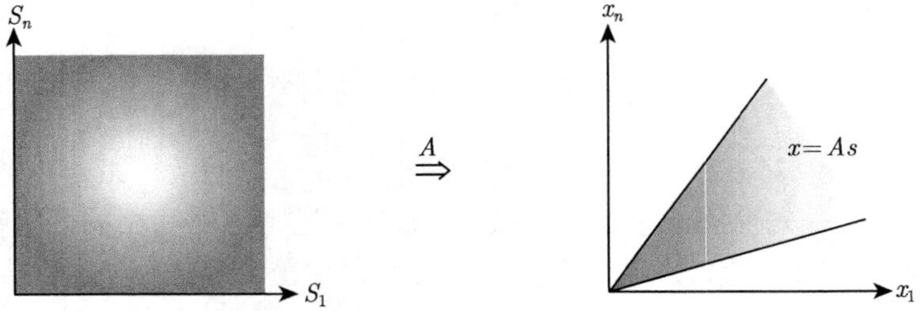

图 13.7 A 将正象限变换为正锥

非负矩阵分解 (NMF): 给定非负矩阵 X, 将其分解为两个非负矩阵 A 和 S 的乘积,

$$X = AS. \tag{13.117}$$

我们在两个非负矩阵 M 和 N 之间定义一个散度 $D[M:N]$, 然后给出分解的损失函数

$$L(A,S) = D[X:AS]. \tag{13.118}$$

Frobenius 矩阵范数

$$D(A,B) = \frac{1}{2}\sum_{i,t}|a_{it} - b_{it}|^2 \tag{13.119}$$

是频繁使用的散度. 这是欧几里得范数的平方且关于 A 和 B 是对称的, 另一个散度是由下式定义的 KL 散度

$$D_{\mathrm{KL}}[A:B]=\sum_{i,t}\left\{a_{it}\log\frac{a_{it}}{b_{it}}-a_{it}-b_{it}\right\}. \tag{13.120}$$

其他散度, 如 α-, β-和 (α,β)-散度也有其自身的优点, 参见 (Cichocki et al., 2011).

交替极小化法是求两个变量 $L(A,S)$ 的最小值的一种有效方法, 在时间 t 固定 $A^{(t)}, t=1,2,\cdots$, 使 $L(A^{(t)},S)$ 相对于 S 最小. 设极小值为 $S^{(t)}$. 然后固定 $S^{(t)}$, 相对于 A 最小化 $L(A,S^{(t)})$. 极小值记为 $A^{(t+1)}$. 重复这个过程直到收敛.

采用梯度下降法求得最小损失函数. 然而, 我们需要考虑 A 和 S 的非负性. 传统的梯度下降法不能满足这一要求, 在此过程中矩阵的分量将变为负数.

指数梯度下降法 (Kivinen and Warmuth, 1997) 可以克服这一困难. 其步骤如下:

$$S^{(t+1)}=S^{(t)}\exp\left\{-\eta\frac{\partial L}{\partial S}\right\},\quad A^{(t+1)}=A^{(t)}\exp\left\{-\eta\frac{\partial L}{\partial A}\right\}, \tag{13.121}$$

其中 η 是一个学习常数. 通过使用对数, 我们得到

$$\log S_{it}^{(t+1)}=\log S_{it}^{(t)}-\eta\frac{\partial L}{\partial S_{it}},\quad \log A_{it}^{(t+1)}=\log A_{it}^{(t)}-\eta\frac{\partial L}{\partial A_{it}}. \tag{13.122}$$

因此, (13.121) 是应用于 $\log S$ 和 $\log A$ 的梯度下降. 当 D 是 Frobenius 范数 (13.119) 时, 有

$$\frac{\partial L}{\partial A_{it}}=\left[-XS^{\mathrm{T}}+\Lambda SS^{\mathrm{T}}\right]_{it},\quad \frac{\partial L}{\partial S_{it}}=\left[-A^{\mathrm{T}}X+A^{\mathrm{T}}AS\right]_{it}. \tag{13.123}$$

在这个类比中, 我们有以下算法, 最初由 Lee 和 Seung (1999) 提出:

$$\log A_{it}^{(t+1)}=\log A_{it}^{(t)}+\log(XS^{\mathrm{T}})_{it}-\log(ASS^{\mathrm{T}})_{it}, \tag{13.124}$$

$$\log S_{it}^{(t+1)}=\log S_{it}^{(t)}+\log(A^{\mathrm{T}}X)_{it}-\log(A^{\mathrm{T}}AS)_{it}. \tag{13.125}$$

NMF 有很多算法. 例如, 参见 (Cichocki et al., 2011). NMF 进一步推广到非负张量因子分解 (NTF), 其中张量是具有两个以上指标的量.

13.4 稀疏信号处理

我们研究了从 x 到 s 的线性信号分解,

$$x = As = \sum_{i=1}^{n} s_i a_i. \tag{13.126}$$

本节讨论的情况是, 信号是极少数非零分量的混合, 即向量信号 s 是稀疏的. 当信号 s 的分量为零时, 至多 k 个分量除外, 信号 s 是 k-稀疏的. 当 k 远小于 s 的维数 n 时, 称为稀疏向量. 我们考虑一种典型的情况, 当 n 较大时, k 的阶为 $\log n$ 或更小.

我们将 (13.126) 解释为 x 是 n 个基向量 $a_1, \cdots, a_n$ 的线性组合, 并且当 s_i 非零时基 a_i 激活. 在稀疏情况下, 只有少数基向量被激活. 我们假设 x 稀疏生成, 但是不知道哪个基向量被激活. 令 m 为向量 x 的维数. 我们将 x 的 m 个分量视为关于未知信号 s 的 m 个测量值, 其中 $a_1, \cdots, a_n$ 是已知的. 当 $m > n$ 时, (13.126) 是超定的, 即方程的个数 m 大于未知数的个数 n. 通常假设观测被噪声污染, 使得

$$x = As + \varepsilon, \tag{13.127}$$

其中 ε 是噪声向量, 我们寻找最小二乘解.

当 $m < n$ 时, 方程是欠定的. 即使受到噪声污染, 也有无数解满足 (13.126). 传统的解决方案是在所有可能的解中最小化欧几里得范数的广义逆. 当我们知道 s 是稀疏的, 我们就有了不同的解. Chen 等 (1998) 第一次注意到这点. Donoho (2006) 和 Candes 等 (2006) 给出了下面令人惊奇的定理.

定理 13.2 当 n 和 m 很大时, 在大多数情况下可以恰当地恢复 s, 前提是 s 是 k-稀疏的, 且

$$m > 2k \log n. \tag{13.128}$$

粗略地说, 当 k 为常数时, $\log n$ 个观测值的常数倍就足以恢复 n-维的 s. 当原始信号稀疏时, 只需很少的传感器已经足够, 这种范式称为压缩感知 (Donoho, 2006; Candes and Walkin, 2008). 这种范式已经出现在统计学、ICA、信号处理和许多相关领域. 它已经发展成为一个非常热门的领域. 关于这个主题有很多专著和论文, 例如, 参见 (Elad, 2010; Eldar and Kutyniok, 2012) 以及 (Bruckstein et al., 2009).

13.4.1 线性回归与稀疏解

让我们来系统阐述线性回归问题

$$x = A\theta + \varepsilon, \tag{13.129}$$

其中 x 是观测向量, $A=(A_{ij})$ 是已知的设计矩阵, θ 是待确定的因子或解释向量, ε 是噪声向量. 为了强调 θ 是一个 e-仿射坐标系, 用 θ 代替 s. 最小化的损失函数是

$$\psi(\theta)=\frac{1}{2}\sum|x-A\theta|^2. \tag{13.130}$$

由于 $\psi(\theta)$ 在定义对偶平面结构的凸函数中发挥重要作用, 所以本节用 $\psi(\theta)$ 作为损失函数. 当噪声是独立的高斯分布时, 这是对数似然的负值. 由于 ψ 是 (13.130) 情况下的二次函数, 通过下式定义

$$G=A^{\mathrm{T}}A, \tag{13.131}$$

有

$$\psi(\theta)=\frac{1}{2}\theta^{\mathrm{T}}G\theta-x^{\mathrm{T}}A\theta+c, \tag{13.132}$$

其中 c 是一个常数. 当 $m>n$ 时, G 一般是正则的, 最优解为

$$\theta^*=G^{-1}A^{\mathrm{T}}x. \tag{13.133}$$

当 $m<n$ 时, G 是奇异的, 在这种欠定情况下存在无穷多个解. 设 s_0 是一个解. 对于任何零向量满足

$$Gn=0, \tag{13.134}$$

s_0+n 为一个解. 使 L_2 范数最小的解由下式给出

$$\theta^*=A^{\dagger}x. \tag{13.135}$$

$A^{\dagger}$ 是广义逆, 通过下式定义

$$A^{\dagger}=A^{\mathrm{T}}(AA^{\mathrm{T}})^{-1}. \tag{13.136}$$

然而, 这个解不是稀疏的, 几乎所有的分量都是非零的.

最稀疏解是使非零分量的数量最小化

$$L_0(\theta)=\sum_{i=1}^{n}(\theta^i)^0. \tag{13.137}$$

然而, 这是一个组合问题, 对于较大的 n, 计算上很难解决. 人们可以使用 L_1-范数而非 L_0-范数,

$$L_1(\theta)=\sum_{i=1}^{n}\left|\theta^i\right|, \tag{13.138}$$

获得稀疏解 (Ishikawa, 1996). 关于最小 L_1-范数解何时与最小 L_0-范数解相同, 已有许多研究. 现在已知, 随机生成具有高概率的 A, 这两个问题的解在以下条件下重合

$$m \approx 2k \log n, \tag{13.139}$$

例如, 见 (Candes et al., 2006).

13.4.2　L_1 约束下凸函数的极小化

我们推广了线性回归问题, 研究了 L_1-约束下一般凸函数 $\psi(\theta)$ 的极小化问题, 参见 (Hirose and Komaki, 2010). 约束条件为

$$L(\theta) = \sum \left|\theta^i\right| = c. \tag{13.140}$$

通过下式定义 θ 的区域

$$B_c = \left\{\theta \middle| \left|\theta^i\right| \leqslant c\right\}. \tag{13.141}$$

随着 c 的减小, 约束变得更强, 最终当 $c = 0$ 时, 它只包含极稀疏解 $\theta = 0$, 见图 13.8.

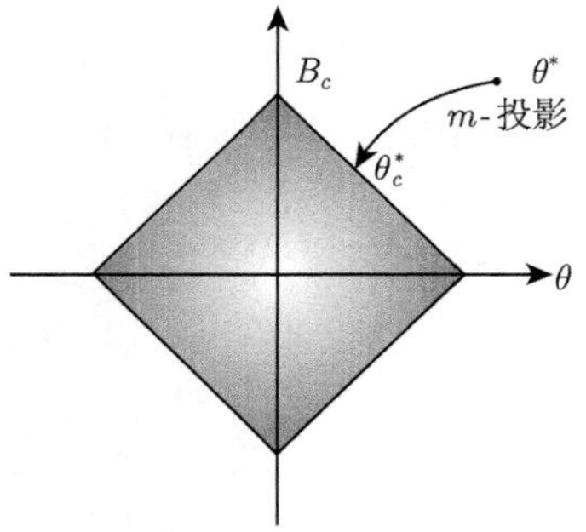

图 13.8　凸集 B_c 和 θ^* 到 B_c 的 m-投影

我们在 (13.129) 中假设噪声是高斯噪声. 当它不是高斯噪声时, 对数似然函数 $\psi(\theta)$ 的负值是凸函数, 但不是二次函数. 另一个典型的例子是逻辑回归. 在这种情况下, 给定输入 x_i, 响应 y_i 是二进制的, 取值为 0 和 1. 它的概率是

$$\mathrm{Prob}\{y_i = y\} = \exp\{y\theta \cdot x_i - \tilde{\psi}(\theta \cdot x_i)\}, \tag{13.142}$$

其中

$$\tilde{\psi} = 1 + \exp\{\theta \cdot x_i\}. \tag{13.143}$$

损失函数是恰当的负对数概率,

$$\tilde{\psi}(\theta) = -\sum y_i x_i \cdot \theta + \sum \tilde{\psi}(\theta \cdot x_i). \tag{13.144}$$

这是凸函数, 当 $m > n$ 时是严格凸函数.

问题是最小化

$$f(\theta) = \psi(\theta) + \lambda L(\theta), \tag{13.145}$$

其中, λ 为拉格朗日乘子. 我们从超定情况开始, 因为它更简单. 欠定的情况可以用类似的方法处理, 后续会陈述, 参见 (Donoho and Tsaig, 2008). 在超定情况下, 存在唯一最优 θ^* 最小化 $L(\theta)$, 满足

$$\nabla\psi\left(\theta^*\right) = 0. \tag{13.146}$$

这个解对应于一个足够大 c 并且不是稀疏的.

引入对偶平面几何, 其中 e-仿射坐标为 θ, 对偶坐标 (m-平面坐标) 由下式给出

$$\eta = \nabla\psi(\theta). \tag{13.147}$$

黎曼度量是

$$G(\theta) = \nabla\nabla\psi(\theta). \tag{13.148}$$

由 $\psi(\theta)$ 导出的 θ 到 θ' 的散度为

$$D\left[\theta : \theta'\right] = \psi(\theta) - \psi(\theta') - \nabla\psi(\theta') \cdot (\theta - \theta'). \tag{13.149}$$

因此, 从 (13.146), 我们得出

$$D\left[\theta : \theta^*\right] = \psi(\theta) - \text{const}. \tag{13.150}$$

所以, $\psi(\theta)$ 最小化等价于最小化从 θ 到 θ^* 的散度, 即从 θ^* 到 θ 的对偶散度. 由于约束 (13.141) 定义的面积 B_c 是 e-凸的, 下面的式子直接来自投影定理.

定理 13.3 在 B_c 区域内使 $\psi(\theta)$ 最小化的 θ_c^* 的解是由 θ^* 到 B_c 的 m-投影给出的. 投影是唯一的.

(13.145) 通过对 θ 微分, 得到了 θ_c^* 的解析方程

$$\nabla\psi(\theta_c^*) = -\lambda\nabla L(\theta_c^*). \tag{13.151}$$

既然解是 θ^* 到 B_c 的 m-投影, 那么连接 θ^* 和 θ_c^* 的 m-测地线如果位于 B_c 的光滑表面上, 则与 B_c 的边界正交 (图 13.8).

梯度 $\nabla L(\theta)$ 是 L 曲面的法向量, 这是 B_c 在该点的支撑超曲面. 然而, 由于凸集 B_c 是一个多面体, 因此在低维面 (如顶点、边等) 上是不可微的, 其中一些分量满足

$$\theta^i = 0. \tag{13.152}$$

在一个不可微点上有无穷多个支撑超曲面. 支撑超曲面的法向量集称为 L 在该点的次梯度 (图 13.9).

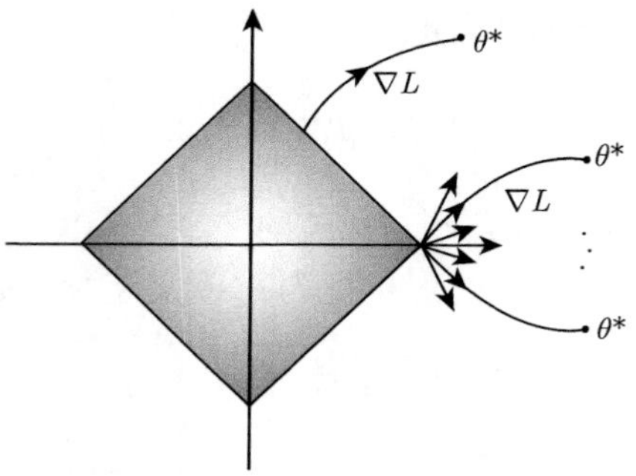

图 13.9　L 的梯度和次梯度

我们给出了次梯度的显式. 设 $A(\theta)$ 是 $\theta^i \neq 0$ 的指数合集,

$$A(\theta) = \left\{ i | \theta^i \neq 0 \right\}. \tag{13.153}$$

之所以称它为 θ 的有效集, 是因为对于 $i \in A(\theta), \theta^i$ 是有效的, 即不为 0. 次梯度记为

$$(\nabla L)_i = \begin{cases} \partial_i L(\theta) = \mathrm{sgn}\theta^i, & i \in A, \\ \varepsilon_i, & \varepsilon_i \in [-1, 1], i \in \bar{A}, \end{cases} \tag{13.154}$$

其中 ε_i 在 $[-1, 1]$ 中取任意值.

只有一条 m-测地线正交地通过 B_c 的正则边界点. 另一方面, 存在无数条经过非正则点的 m-测地线, 它们的切线方向属于次梯度.

因此, 随着稀疏性变大, 存在较大数量的点 θ^* 通过 m-投影映射到非正则点. 这就解释了为什么通过 L_1 正则化可以得到稀疏解, 见图 13.9.

13.4.3　求解路径分析

我们称 θ_c^* 为求解路径, 将 c 作为沿着路径上的一个参数. 当 c 从 0 变为一个大值时, 它连接原点 0 和最佳点 θ^*. 因此, 求解路径给出稀疏解, 其稀疏度由 c 指

定. Tibshirani (1996) 提出 LASSO. 由于拉格朗日乘子 λ 被确定为 c 的单调函数 $\lambda(c)$, 我们也可以把 λ 看作路径的另一个参数 (Efron et al., 2004). 最优解的对偶坐标满足

$$\eta_c^* = -\lambda \nabla L(\theta_c^*). \tag{13.155}$$

通过对 c 求导, 路径满足

$$G(\theta_c^*)\dot{\theta}_c^* = -\dot{\lambda}_c \nabla L(\theta_c^*). \tag{13.156}$$

这是表示解路径的方向 $\dot{\theta}_c^*$ 的方程, 参见 (Amari and Yukawa, 2013; Yukawa and Amari, 2016).

让我们从足够大的 c 开始追踪 θ_c^*, 其中 $\theta_c^* = \theta^*$. 当 c 减小时, 只要有效集 $A(\theta_c^*)$ 不变, 路径遵循 (13.156), 尽管路径本身是连续的. 因为 (13.154) ∇L 的改变在某个点上 $\theta_c^{*^i}$ 变成 0, 有效集 A 改变, 路径的方向 $\dot{\theta}_c^*$ 间断地变化.

我们将索引分为两部分, 一部分属于有效集 A, 另一部分属于其补集 (非有效集) $\bar{A}$, 并使用混合坐标

$$\theta = (\theta^A, \theta^{\bar{A}}), \tag{13.157}$$

$$\eta = (\eta^A, \eta^{\bar{A}}). \tag{13.158}$$

然后, 我们得到以下引理.

引理 13.2 求解路径满足

$$\eta_c^{*A} = -\lambda(c) s^A, \quad \eta_c^{*\bar{A}} = 0. \tag{13.159}$$

有效集不变, 其中 $s = \nabla L(\theta_c)$ 是分量为 $\mathrm{sgn}\theta_c^{*^i}$ 的向量.

下面 Efron 等 (2004) 给出在一般情况下也成立的最小等角定理.

定理 13.4 (最小等角定理) 解路径的方向 $\dot{\theta}_c^*$ 具有以下性质:

(1) 对于有效集 A 的任何坐标轴, $\dot{\theta}_\lambda^*$ 与坐标轴之间的夹角相等,

$$\left|\left\langle \dot{\theta}_\lambda^{*A}, e_i \right\rangle\right| = \left|\left\langle \dot{\theta}_\lambda^{*A}, e_j \right\rangle\right|, \quad i, j \in A, \tag{13.160}$$

其中 e_i 是沿坐标 θ_i 的切向量.

(2) 对于属于 $\bar{A}$ 的任何轴, $\dot{\theta}_\lambda^*$ 与坐标轴之间的夹角都大于属于 A 的坐标轴的夹角,

$$\left|\left\langle \dot{\theta}_\lambda^*, e_i \right\rangle\right| < \left|\left\langle \dot{\theta}_\lambda^*, e_j \right\rangle\right|, \quad i \in A, j \in \bar{A}. \tag{13.161}$$

证明 $\dot{\theta}_\lambda^*$ 与任意坐标轴 e_i 之间的夹角由内积计算,

$$\left\langle \dot{\theta}_\lambda^*, e_i \right\rangle = \dot{\eta}_\lambda^* \cdot e_i = \dot{\eta}_{\lambda,i}^*. \tag{13.162}$$

由于 $\dot{\eta}_\lambda^*$ 与 $\nabla L(\theta_\lambda^*)$ 成正比, 而对 $i \in A$ 有

$$\left|\nabla L(\theta_\lambda^*)\right|_i = 1, \tag{13.163}$$

并且对于 $i \in \bar{A}$ 有

$$\left|\nabla L\right|_i < 1, \tag{13.164}$$

(13.160) 和 (13.162) 成立. 仅当 i 由 $\bar{A}$ 变为 A 时, $\dot{\theta}_\lambda^*$ 的方向才会发生变化. □

这是 Efron 等 (2004) 的最小角度回归 (LARS) 原理, 并扩展到一般的凸优化类.

13.4.4 闵可夫斯基梯度流

梯度流是路径集, 对某个函数 $f(\theta)$ 满足

$$\dot{\theta}_c = -\nabla f(\theta_c). \tag{13.165}$$

当 ψ 有界且无振荡时, 梯度流收敛到最小 ψ. 我们证明了, 扩展的 LARS 的求解路径是 Minkovskian 梯度下的梯度流, 定义如下 (Amari and Yukawa, 2013). $f(\theta)$ 的自然梯度是方向 a, 其中 f 的变化量最大. 在 a 的范数保持不变的条件下, 我们通过下式定义它,

$$\tilde{\nabla} f(\theta) = \lim_{\varepsilon \to 0} \arg\max_a f(\theta + \varepsilon a) \tag{13.166}$$

自然梯度使用黎曼范数. 考虑 L_q-范数

$$\|a\|_q = \sum |a_i|^q, \tag{13.167}$$

这是 Minkovskian 范数. L_2-范数是 Minkovskian 范数的特例. 很容易看出, 最陡的方向由下式给出

$$a_i = c\left|\partial_i f(\theta)\right|^{\frac{1}{q-1}} \operatorname{sgn}\{\partial_i f(\theta)\}, \tag{13.168}$$

其中 c 是常数.

因为我们在处理 L_1-约束时, 通过取 q 趋近于 1 的极限来定义关于 L_1-范数的 Minkovskian 梯度. 取常数 c 为

$$c = \frac{1}{\max\left|\dfrac{\partial}{\partial \theta_i} f(\theta)\right|}. \tag{13.169}$$

那么, 极限是

$$a_i = \begin{cases} \operatorname{sgn}\{\partial_i f(\theta)\}, & |\partial_i f| = \max\{|\partial_1 f|, \cdots, |\partial_n f|\}, \\ 0, & \text{在所有 } |\partial_1 f|, \cdots, |\partial_n f| \text{ 中 } |\partial_i f| \text{ 不是最大的}. \end{cases} \tag{13.170}$$

这是对应于 L_1-范数的 Minkovskian 梯度. f 的 Minkovskian 梯度记为

$$a = \tilde{\nabla}_M f(\theta). \tag{13.171}$$

当 $\partial_i f$ 的绝对值为最大值时, 其分量为 ± 1, 其他所有分量为 0, 见 (Amari and Yukawa, 2013).

考虑 Minkovskian 梯度流,

$$\theta^{t+1} = \theta^t - \varepsilon \tilde{\nabla}_M \psi(\theta^t), \tag{13.172}$$

从对偶坐标的原点出发. 这是问题的求解路径. $\tilde{\nabla}_M \psi(\theta^*)$ 的分量为零, 除了那些给出 $|\eta_i^*|$ 最大值的指数, 因为 η_i^* 是 $f(\theta)$ 相对于 i 的导数. 因此, 沿着 Minkovskian 梯度流, 只有绝对值最大的分量 η_i^* 发生变化. 我们需要用原始坐标系 θ_c^* 来解这个方程. θ_c^* 的任何分量都会根据等角性质而变化.

重申 LARS 算法. 我们从原点 0 开始, 计算 $\tilde{\nabla}_M \psi(\theta^*)$ 的 Minkovskian 梯度, 并选取指标 i^*,

$$i^* = \arg\max_j \left|\eta_j^*\right|. \tag{13.173}$$

有效集由单个 i^* 组成 (我们忽略两个或多个指标成为最大值的情况, 但考虑这种情况很容易) . 随着 c 增加, 路径 η_c^* 沿着 Minkovskian 梯度的这个方向前进, 而 $|\eta_{ci^*}^*|$ 是最小的. 当 c 变大时, 另一个指标 j^* 加入了最大化的指标集, 满足

$$|\eta_{ci^*}^*| = \left|\eta_{cj^*}^*\right|. \tag{13.174}$$

然后我们将其添加到有效集, 并为新的有效集计算 Minkovskian 梯度. 这样, 有效集逐步增加, 直到路径收敛到 θ^*. Minkovskian 梯度流从梯度流的几何形状解释了 LARS 的特性.

13.4.5 欠定情况

到目前为止, 我们已经研究了超定情况, 其中存在唯一的无约束最优 θ^*. 在 $m < n$ 的欠定情况下, $\psi(\theta)$ 不是严格凸的,

$$\nabla \psi(\theta) = 0 \tag{13.175}$$

的解并不是唯一的. 方程的解形成子流形. 问题是要获得具有最小 L_1-范数的那个. 在这种情况下, Hessian G 不是严格正定的. 因此, 黎曼度量不存在. 从 θ 到 η 的变换 (13.147) 存在, 但不是双射的, 逆变换也不一定是唯一的.

尽管有这些差异, 由拉格朗日量得到的公式 (13.151) 成立. 因此, 求解路径方程 (13.156) 也成立. 我们可以用类似的方法证明最小等角定理. 因此, 求解路径由从原点 $\theta_c = 0$ 开始的 Minkovskian 梯度流给出. 我们可以用同样的算法来解决欠定情况下的问题. 参见回归案例中的 Donoho 和 Tsaig (2008).

13.5　凸规划的优化

数学规划是在各种约束条件下寻找最优解的问题. 一个典型的例子是线性规划 (LP), 它在线性不等式给出的约束条件下最小化线性函数. 一般来说, 在凸区域中存在最小化线性损失函数的问题, 参见 (Nesterov and Nemirovski, 1993). 这叫作凸规划. 一个典型的例子是半正定规划. 内点法是一种在凸区域内依次搜索最优解的方法. 由于凸区域定义了对偶平面结构, 信息几何对于理解这些问题很有帮助.

13.5.1　凸规划

考虑一个具有坐标系 θ 和有界凸区域 Ω 的流形 M. 当一个可微函数 $\psi(\theta)$ 是凸的, 并在 Ω 区域的边界 $\partial\Omega$ 处发散至无穷时, 它被称为障碍函数. 设

$$\sum_i A_i(\omega)\theta^i - b(\omega) = 0 \tag{13.176}$$

为 Ω 在 $\omega \in \partial\Omega$ 点处的支撑超曲面 (图 13.10). 凸区域 Ω 定义为

$$\Omega = \left\{\theta \middle| \text{对所有的} \omega \in \partial\Omega, \sum_i A_i(\omega)\theta^i - b(\omega) \geqslant 0\right\}. \tag{13.177}$$

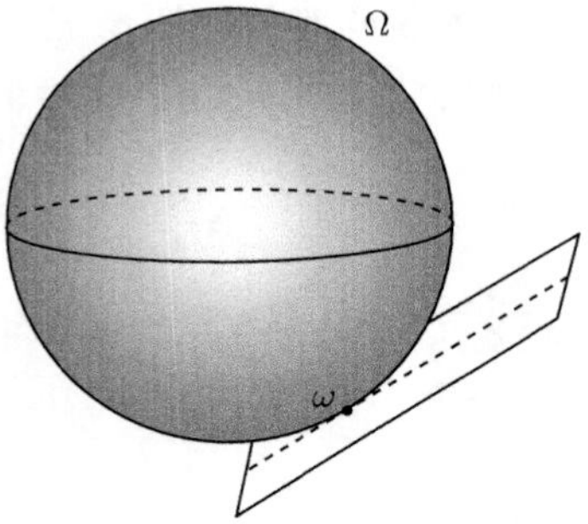

图 13.10　凸区域 Ω 和 ω 处的支撑超曲面

因为

$$-\log\left\{\sum A_i(\omega)\theta^i - b(\omega)\right\} \tag{13.178}$$

在边界处发散到无穷, 凸函数

$$\psi(\theta) = -\int_{\partial\Omega} w(\omega) - \log\left\{\sum A_i(\omega)\theta^i - b(\omega)\right\} d\omega \tag{13.179}$$

是障碍函数.

LP 情况下的支撑超曲面为

$$\sum A_{\kappa i}\theta^i - b_\kappa \geqslant 0, \quad \kappa - 1, \cdots, m. \tag{13.180}$$

因此, Ω 为多面体, 凸函数为

$$\psi(\theta) = -\sum_\kappa \log\left(\sum A_{\kappa i}\theta^i - b_\kappa\right). \tag{13.181}$$

要最小化的损失函数为

$$C(\theta) = \sum c_i\theta^i. \tag{13.182}$$

半正定规划是求得使线性函数最小的半正定矩阵 X 的问题

$$C(X) = \mathrm{tr}(CX), \tag{13.183}$$

其中 C 是一个常数矩阵. 所有半正定矩阵的集合形成一个锥体. 我们施加于 X 必须满足的约束条件为

$$\mathrm{tr}(A_\kappa X) - b_\kappa = 0, \quad \kappa = 1, \cdots, m, \tag{13.184}$$

其中 A_κ 是常数矩阵. 由 (13.184) 定义的区域是凸的. 这种类型的问题也被称为锥规划问题, 出现在许多研究领域, 如控制理论, 见 (Ohara, 1999).

正定矩阵的障碍函数由下式给出

$$\psi(X) = -\log\det|X|. \tag{13.185}$$

其几何结构与均值为 0 且协方差矩阵 X 的高斯分布的不变几何结构相同.

13.5.2 由障碍函数推导出的对偶平面结构

由于障碍函数 $\psi(\theta)$ 是凸的, 它为流形 M 提供了对偶平面结构, 其中 θ 是 e-仿射坐标, 其勒让德变换

$$\eta = \nabla\psi(\theta) \tag{13.186}$$

是 m-仿射坐标.

黎曼度量 G 由下式给出

$$g_{ij}(\theta) = \partial_i\partial_j\psi(\theta) \tag{13.187}$$

(Nesterov and Todd, 2002). 因此,

$$\eta_i = -\int \frac{A_i(\omega)}{\sum A_k(\omega)\theta^k - b(\omega)}d\omega, \tag{13.188}$$

$$g_{ij}(\theta)=\int\frac{A_i(\omega)A_j(\omega)}{\left\{\sum A_k(\omega)\theta^k-b(\omega)\right\}^2}d\omega \tag{13.189}$$

在 (13.181) 情况下.

内点法是通过在 Ω 内部沿 C 减小的方向改变 θ, 来依次搜索 $C(\theta)$ 最小值的方法. 自然梯度给出了 C 的最陡方向, 由下式给出

$$\tilde{\nabla}C(\theta)=G^{-1}(\theta)\nabla C(\theta). \tag{13.190}$$

LP 问题使用一个线性函数

$$C(\theta)=c\cdot\theta \tag{13.191}$$

作为损失函数. 通过采用连续时间, 自然梯度流为

$$\dot{\theta}(t)=-\varepsilon G(\theta)^{-1}c, \tag{13.192}$$

其中 ε 是一个常数. Karmarkar 的仿射-投影方法通过利用离散时间步长解决了这个问题,

$$\Delta\theta=-\varepsilon\tilde{\nabla}C(\theta)=-\varepsilon G(\theta)^{-1}c. \tag{13.193}$$

已知, 这给出了一个多项式时间复杂度的算法, 见 (Tanade, 1980).

动态特性方程 (13.192) 简化为在对偶坐标中由下式给出的方程

$$\dot{\eta}(t)=-\varepsilon c, \tag{13.194}$$

解是 m-测地线,

$$\eta(t)=-\varepsilon tc+c_0. \tag{13.195}$$

虽然对偶坐标系下的解很简单, 但我们需要在 θ 坐标系下的解. 因此, 该算法在 θ 坐标下并不简单, 且 θ 与 η 之间的变换代价较大. 用牛顿法求解原对偶公式中的问题是普遍方法.

13.5.3　计算复杂度和 m-曲率

为了计算达到最优解的步骤数, 我们分析求解路径. 为此, 考虑以下由 t 参数化的损失函数:

$$L(\theta,t)=tC(\theta)+\psi(\theta), \tag{13.196}$$

将障碍函数添加到损失函数中. 设 $\theta^*(t)$ 是 $L(\theta,t)$ 的最小值. 这定义了一个由 t 参数化的 Ω 内部的路径, 它不能越过 Ω 的边界. 当 $t\to\infty$ 时, 障碍函数的影响消失, 因此 $\theta^*(t)$ 收敛于原问题的最优解 θ^*.

通过对 θ 求导 (13.196), 我们得到了对偶坐标下的求解路径,

$$\eta^*(t) = -tc. \tag{13.197}$$

称 $\eta^*(0)=0$ 点为 Ω 的中心. 求解路径是连接中心和最优解 η^* 的对偶测地线. 这是使用自然梯度从中心开始的最陡的下降路径.

该路径为 m-测地线, 但在 e-坐标 θ 中弯曲. 当路径的曲率较小时, 我们可以采用大步长来求解离散路径方程, 但当曲率较大时, 我们需要使用小步长. 因此, 步数取决于路径的曲率. Kakihara, Ohara 和 Tsuchiya (2012) 根据路径的嵌入曲率, 评估了在预先分配的精度内获得最优解所需的步骤数.

13.6 源自博弈论的对偶几何

13.6.1 博弈得分的最小化

统计推断可以看作一种对抗自然的博弈, 即玩家估计自然分配的概率分布. 自然表示随机变量 x 受真实概率分布 $p(x)$ 影响的实现值. 玩家从动作合集 A 中选择一个动作 a. 设 $l(x,a)$ 为 x 取 a 时的瞬时损失, 期望损失为

$$L(p,a) = E\left[l(x,a)\right] = \int p(x)l(x,a)dx. \tag{13.198}$$

详细公式见 (Topsoe, 1979; Grünwald and Dawid, 2004; Dawid, 2007; Dawid et al., 2012).

预计情况下, 玩家的动作是从一组包含概率分布的动作集合中选择一个概率分布 $q(x)$, 即 $A=\{q(x)\}$. 我们称损失 $l(x,q)$ 为概率分布下的博弈得分, 用 $S(x,q)$ 表示,

$$S(x,q) = l(x,q). \tag{13.199}$$

当 N 个独立观测值 $x_1,\cdots,x_N$ 可用时, 则博弈得分记为

$$S(x_1,\cdots,x_N,q) = E_{\hat{p}}\left[S(x,q)\right] = \frac{1}{N}\sum_{i=1}^{N} S(x_i,q), \tag{13.200}$$

其中 $\hat{p}(x)$ 是经验分布

$$\hat{p}(x) = \frac{1}{N}\sum_{i=1}^{N}\delta(x-x_i). \tag{13.201}$$

统计中使用的常规损失是对数损失, 所以对应的博弈得分是

$$S(x,q) = -\log q(x). \tag{13.202}$$

对数损失 (13.202) 下的最小化博弈得分 (13.200) 会得到最大似然估计量. 我们将在下一小节中研究另一种类型的博弈得分, 称为 Hyvärinen 分数 (Hyvärinen, 2005)

$$S(x,q)=\ddot{l}(x)+\frac{1}{2}\left\{\dot{l}(x)\right\}^2, \tag{13.203}$$

其中

$$l(x,q)=\log q(x), \tag{13.204}$$

而 $\dot{l}$ 等则是对 x 的微分.

对于 $p(x)$ 和 $q(x)$ 两个概率分布, 用下式定义博弈相对熵,

$$H_S\left[p:q\right]=E_p\left[S\{x,q(x)\}\right], \tag{13.205}$$

$p(x)$ 的博弈熵由 $H_S\left[p:p\right]$ 给出. 当博弈得分为 (13.202) 时, 即为 Shannon 熵. 博弈得分是正则的, 当

$$H_S\left[p:q\right]>H_S\left[p:p\right] \tag{13.206}$$

时对任意 p 和 q 均成立, 当等式仅对 $q=p$ 成立时, 它是严格正则的. 我们研究严格正则博弈得分. 在这种情况下, 我们定义 $p(x)$ 和 $q(x)$ 之间的博弈散度为

$$D_S\left[p:q\right]=-H_S\left[p:p\right]+H_S\left[p:q\right]. \tag{13.207}$$

这是当博弈得分为 (13.202) 时的 KL 散度. 对于任何严格为正的博弈得分 $S(x,q)$, 可以从博弈散度 (Dawid, 2007) 中导出一个对偶几何结构 $\{g,\nabla,\nabla^*\}$. 我们称它为 S-几何, 其中包括作为对数损失特例的不变几何.

考虑一个统计模型 $M=\{p(x,\xi)\}$ 的参数形式, 其中 x 是一个标量或一个向量. 我们只给出一个标量的情况, 但是很容易将结果推广到向量的情况. 对于一个严格正则的博弈得分

$$S(x,\xi)=S\{x,q(x,\xi)\}, \tag{13.208}$$

散度记作 ξ 和 ξ' 的函数,

$$D_S\left[\xi:\xi'\right]=D_S\left[p(x,\xi):p(x,\xi')\right]=E_{p(x,\xi)}\left[S(x,\xi'):S(x,\xi)\right]. \tag{13.209}$$

因此, 从

$$\left.\frac{\partial}{\partial\xi'}D_S\left[\xi:\xi'\right]\right|_{\xi'=\xi}=0, \tag{13.210}$$

有

$$E_{p(x,\xi)}\left[\frac{\partial}{\partial\xi}S(x,\xi)\right]=0. \tag{13.211}$$

这表明

$$s(x,\xi)=\frac{\partial}{\partial\xi}S(x,\xi) \tag{13.212}$$

是由博弈得分 S 导出的估计函数, 估计方程是

$$\frac{1}{N}\sum_{i=1}^{N}s(x_i,\xi)=0. \tag{13.213}$$

这等价于经验分布 $\hat{p}(x)$ 最小化 $D_S\left[\hat{p}(x):p(x,\xi)\right]$.

我们证明存在除 $l(x,\xi)=-\log p(x,\xi)$ 以外, 还有严格正则的博弈分数. 一种类型是从布雷格曼散度 $D_\psi\left[p(x):q(x)\right]$ 推导而得

$$D_\psi\left[p:q\right]=\int\left[\psi\{q(x)\}-\psi\{p(x)\}+\{p(x)-q(x)\}\psi'\{q(x)\}\right]dx, \tag{13.214}$$

其中 $\psi(q)$ 是一个严格凸函数. 不难看出, 这是布雷格曼散度, 相关的博弈得分为

$$S\{x,q(x)\}=\psi'\{q(x)\}+\int\left[\psi\{q(y)\}-q(y)\psi'\{q(y)\}\right]dy. \tag{13.215}$$

当它减少到对数分数时

$$\psi(u)=-u\log u. \tag{13.216}$$

这种情况下的估计函数是

$$s(x,\xi)=\psi''\{p(x,\xi)\}\partial\xi p(x,\xi)-c(\xi), \tag{13.217}$$

其中

$$c(\xi)=E\left[\psi''\{p(x,\xi)\}\partial\xi p(x,\xi)\right]. \tag{13.218}$$

由于 D_ψ 是布雷格曼散度, 在流形 $M=\{p(x)\}$ 中引入对偶平面结构. 由 (13.214) 可知, 凸函数是 $\psi(q)$, 其中 $q\in M$ 的 θ-坐标具有函数自由度,

$$\theta_x(q)=q(x), \tag{13.219}$$

以及 η-坐标是

$$\eta_x(q)=\psi'\{q(x)\}. \tag{13.220}$$

黎曼度量和三次张量是从 ψ 推导出的.

由于 $s(x,\xi)$ 是一个估计函数, 因此从一个博弈得分导出的估计量 $\hat{\xi}$ 是一致的. 我们研究它的有效性. 设 ξ 值为真实值, 令

$$\hat{\xi}=\xi+\Delta\xi, \tag{13.221}$$

其中 $\hat{\xi}$ 为满足估计方程的估计量,

$$\frac{1}{N}\sum s(x_t,\hat{\xi})=0. \tag{13.222}$$

由泰勒展开, 我们得到

$$\frac{1}{N}\sum s\left(x_t,\xi+\Delta\xi\right)=\frac{1}{\sqrt{N}}\frac{1}{\sqrt{N}}\sum s\left(x_t,\xi\right)+\frac{1}{N}\sum \partial_\xi s\left(x_t,\xi\right)\Delta\xi. \tag{13.223}$$

根据中心极限定理, (13.223) 第一项的 $1/\sqrt{N}$ 收敛于高斯随机变量 ε, ε 的均值为 0, 协方差为

$$V=E\left[\varepsilon\varepsilon^{\mathrm{T}}\right]=E\left[s\left(x,\xi\right)s\left(x,\xi\right)^{\mathrm{T}}\right]. \tag{13.224}$$

由于大数定律, 第二项的系数收敛于

$$K(\xi)=E\left[\partial_\xi s\left(x,\xi\right)\right]. \tag{13.225}$$

因此, 估计误差为

$$\Delta\xi=-\frac{1}{N}K^{-1}\varepsilon. \tag{13.226}$$

$\hat{\xi}$ 的渐近误差协方差为

$$E[\varepsilon\varepsilon^{\mathrm{T}}]=-\frac{1}{N}K^{-1}V(K^{-1})^{\mathrm{T}}, \tag{13.227}$$

它一般大于 Fisher 信息矩阵的逆 G^{-1}.

信息的损失或有效性分析如下. 沿着分数向量 $\partial_\xi l\left(x,\xi\right)$ 的方向分解随机变量 $s\left(x,\xi\right)$, 它由表示沿坐标曲线 ξ 的切向量的随机变量组成, 并与其正交,

$$s\left(x,\xi\right)=c\left(\xi\right)\left\{\partial_\xi l\left(x,\xi\right)+a\left(x,\xi\right)\right\}, \tag{13.228}$$

$$E\left[a\left(x,\xi\right)\partial_\xi l\left(x,\xi\right)^{\mathrm{T}}\right]=0. \tag{13.229}$$

我们可以让 $c\left(\xi\right)=1$, 因为任何 $c\left(\xi\right)$ 的估计方程都是相同的. 那么, 有

$$K(\xi)=E\left[\partial_\xi\partial_\xi l\left(x,\xi\right)+\partial_\xi a\left(x,\xi\right)\right]=-G(\xi), \tag{13.230}$$

因为

$$0=E\left[s\left(x,\xi\right)\right]=E\left[\partial_\xi l\left(x,\xi\right)+\partial_\xi a\left(x,\xi\right)\right], \tag{13.231}$$

以及

$$E\left[\partial_\xi l\left(x,\xi\right)\right]=0. \tag{13.232}$$

项 a 由以下公式明确给出

$$a\left(x,\xi\right)=s\left(x,\xi\right)-G(\xi)^{-1}E\left[s\left(x,\xi\right)\partial_\xi l\left(x,\xi\right)^{\mathrm{T}}\right]\partial_\xi l\left(x,\xi\right). \tag{13.233}$$

因此, 有

$$V=G+E\left[a\left(x,\xi\right)a\left(x,\xi\right)^{\mathrm{T}}\right], \tag{13.234}$$

以及

$$E[\varepsilon\varepsilon^{\mathrm{T}}]=G^{-1}+G^{-1}AG^{-1}, \tag{13.235}$$

其中

$$A=E\left[a\left(x,\xi\right)a\left(x,\xi\right)^{\mathrm{T}}\right]. \tag{13.236}$$

因此, 渐近误差协方差增加了 $G^{-1}AG^{-1}$. 当且仅当 $a\left(x,\xi\right)=0$ 时, 估计量才是 Fisher 有效的.

13.6.2 Hyvärinen 得分

Hyvärinen (2005, 2007) 提出了一个有趣的博弈得分, 由

$$S(x,q)=\ddot{l}(x)+\frac{1}{2}\left\{\dot{l}(x)\right\}^2, \tag{13.237}$$

其中 $l(x)=\log q(x)$, $\dot{l}$ 表示对 x 的微分. 当 x 是向量时,

$$S(x,q)=\Delta l(x,\xi)+\frac{1}{2}\left|\nabla l(x,\xi)\right|^2, \tag{13.238}$$

其中 Δ 是拉普拉斯 (Laplacian) 算子, ∇ 是关于 x 的梯度. 相关的博弈熵是

$$H[p(x)]=-\frac{1}{2}\int p(x)\{\dot{l}(x)^2\}dx, \tag{13.239}$$

并且散度是

$$D[p(x):q(x)]=E_p\left[S(x,q)-S(x,p)\right]. \tag{13.240}$$

引理 13.3 Hyvärinen 散度被改写为

$$D[p(x):q(x)]=\frac{1}{2}\int p(x)\left\{\frac{d}{dx}\log p(x)-\frac{d}{dx}\log q(x)\right\}^2dx. \tag{13.241}$$

证明 计算 $E_pS(x,q)$, 令

$$l_p(x) = \log p(x), \quad l_q(x) = \log q(x). \tag{13.242}$$

然后

$$\begin{aligned} E_p[S(x,q)] &= \int p(x)\left\{\ddot{l}_q(x) + \frac{1}{2}\left\{\dot{l}_q(x)\right\}^2\right\}dx \\ &= \int \left\{-\dot{p}(x)\dot{l}_q(x) + \frac{1}{2}p(x)\left\{\dot{l}_q(x)\right\}^2\right\}dx \\ &= \frac{1}{2}E_P\left[\left\{\dot{l}_q(x)\right\}^2 - 2\dot{l}_q(x)\dot{l}_p(x)\right], \end{aligned} \tag{13.243}$$

其中使用了分部积分公式. $E_q[S(x,p)]$ 计算是类似的, 并且有 (13.241). □

Hyvärinen 散度不是布雷格曼散度, 因此从中导出的几何不是对偶平面. 请注意, 它不依赖 q 的归一化常数, 因为对于任何 c,

$$D[p(x):cq(x)] = D[p(x):q(x)]. \tag{13.244}$$

所以, 当归一化因子难以计算时, 可以使用它进行估计.

对于概率分布 $p(x,\xi)$ 的参数族, Hyvärinen 估计函数由下式给出

$$s(x,\xi) = \nabla S\{x,\ p(x,\xi)\} = \partial_\xi \ddot{l}(x,\xi) + \dot{l}(x,\xi)\,\partial_\xi \dot{l}(x,\xi). \tag{13.245}$$

它是一个齐次估计函数, 因为它不依赖于概率分布的归一化因子 $c(\xi)$. 例如, 一个指数族写成

$$p(x,\ \theta) = \exp\{\theta \cdot x + k(x) - \psi(\theta)\}, \tag{13.246}$$

但是 $\dot{l}$ 和 $\ddot{l}$ 不包括 $\psi(\theta)$. 因此, 无需计算 $\psi(\theta)$ 就可以很容易地得到估计量. 在贝叶斯推理中, 归一化因子 ψ 的计算是很困难的, 因此 Hyvärinen 分数在这种情况下很有用.

我们举一个简单的说明性例子.

例 13.1 考虑一个简单的指数族,

$$p(x,\ \theta) = \exp\left\{-\theta x^3 - \psi(\theta)\right\}, \quad \theta > 0, \quad x > 0. \tag{13.247}$$

在这种情况下, 我们可以计算 ψ 为

$$\psi(\theta) = \frac{1}{3}\log\theta + c. \tag{13.248}$$

因此, η 坐标为

$$\eta = \frac{1}{3}\frac{1}{\theta}. \tag{13.249}$$

MLE 由下式给出

$$\hat{\theta}_{\mathrm{MLE}} = \frac{N}{3\sum x_i^3}. \tag{13.250}$$

Hyvärinen 得分是

$$s\left(x,\ \theta\right) = -6x - 9\theta x^4. \tag{13.251}$$

之所以相关的估计量为

$$\theta = \frac{2}{3}\frac{\sum x_i}{\sum x_i^4}, \tag{13.252}$$

它是渐近无偏, 但不是有效的, 是因为得分 $s\left(x,\ \theta\right)$ 不包含在如下空间内

$$\partial_\theta \log \mathrm{p}\left(x,\ \theta\right) = x^3 - \psi'\left(\xi\right). \tag{13.253}$$

以下定理显示了 Hyvärinen 估计量是 Fisher 有效的情况. 参见 (Hyvärinen, 2005).

定理 13.5 Hyvärinen 估计量对于多元高斯分布是 Fisher 有效的, 对于其他分布是无效的.

证明 在多元高斯情况下, $s\left(x,\ \xi\right)$ 和 $\partial_\xi l(x,\xi)$ 都是 x 的二次函数, $\partial_\xi l(x,\xi)$ 生成 x 的所有二次函数. 因此, $s\left(x,\ \xi\right)$ 包含在 $\partial_\xi l(x,\xi)$ 生成的空间中, 且 $a\left(x,\ \xi\right) = 0$. 然而, 这只出现在多元高斯分布中. □

Parry 等 (2012) 和 Hyvärinen (2007) 扩展了适用于离散 x 情况的 Hyvärinen 得分, 例如图形模型. 我们展示了另一个新想法.

考虑 x 是一个离散随机变量并具有图形结构的情况. 当 x 和 x' 通过分支连接, x' 是 x 的邻域, $x' \in N_x$, 其中 N_x 是 x 的邻域集. 一个典型的例子是一个玻尔兹曼机, 当且仅当 x' 的一个分量与 x 不同时, x' 是 x 的邻域. 因此, 图是由一个 n-立方体表示.

拉普拉斯算子图 Δ 是一个算子, 作用于函数 $f(x)$ 为

$$\Delta f(x) = \frac{1}{|N_x|}\sum_{x' \in N_x}\left\{f\left(x\right) - f\left(x'\right)\right\}, \tag{13.254}$$

其中 $|N_x|$ 是 N_x 的基数. 可以改写为

$$\Delta f(x) = \sum_{x'} C\left(x,\ x'\right) f\left(x'\right), \tag{13.255}$$

其中

$$C(x,\ x')=\begin{cases}\dfrac{1}{|N_x|}, & x'\in N_x,\\ -1, & x'=x,\\ 0, & \text{否则}.\end{cases} \tag{13.256}$$

下面的引理显示了一个有趣的性质.

引理

$$\sum_x \Delta f(x)h(x)=\sum f(x)\Delta' h(x), \tag{13.257}$$

其中

$$\Delta' f(x)=\sum_x C(x',x)f(x'). \tag{13.258}$$

当图是齐次的, 具有常数 $|N_x|$,

$$\Delta'=\Delta. \tag{13.259}$$

证明 从

$$\sum_x \Delta f(x)h(x)=\sum_{x,x'} f(x')C(x,x')h(x) \tag{13.260}$$

可得 (13.257).

当 x 离散且图齐次时, 定义一个新的博弈得分, 即 $\Delta=\Delta'$,

$$S(x,\ p)=\left\{\frac{\Delta p(x)}{p(x)}\right\}^2-2\Delta\left\{\frac{\Delta p(x)}{p(x)}\right\}. \tag{13.261}$$

其不依赖于 $p(x)$ 的归一化因子. 估计函数 $s(x,\xi)$ 在参数情况下定义为

$$s(x,\xi)=\nabla_\xi S\{x,\ p(x,\ \xi)\}. \tag{13.262}$$

□

给出估计方程

$$\sum s(x_i,\xi)=0 \tag{13.263}$$

不依赖于归一化因子.

该分数的含义由以下定理给出.

定理 13.6 由分数 (13.261) 导出的散度为

$$D[\xi:\ \xi']=E_\xi\left[\left\{\frac{\Delta p(x,\xi)}{p(x,\xi)}-\frac{\Delta p(x,\xi')}{p(x,\xi')}\right\}^2\right]. \tag{13.264}$$

证明 我们像前面一样计算 $E_{\xi}\left[S\left\{x, p(x,\xi')\right\}\right]$. 然而利用

$$\sum_{x} p\left(x,\ \xi\right) \Delta\left\{\frac{\Delta p(x,\xi')}{p(x,\xi')}\right\} = \sum_{x} \Delta p\left(x,\ \xi\right) \frac{\Delta p(x,\xi')}{p(x,\xi')}$$

$$= E_{\xi}\left[\left\{\frac{\Delta p(x,\xi)}{p(x,\xi)} \frac{\Delta p(x,\xi')}{p(x,\xi')}\right\}\right], \tag{13.265}$$

而非用于连续情况下的分部积分公式. 之后得到该定理. □

可以通过计算 $a\left(x,\ \xi\right)$ 来验证导出的估计量的有效性.

注 最后一章讨论信号处理的各种问题. 主成分分析技术 (PCA) 是一个古老但仍然很活跃的学科. 我们从几何的角度研究了 PCA 学习的动态. 独立成分分析 (ICA) 是一门新兴的学科, 其中非高斯分布起着重要的作用. 信息几何可解释其结构. 矩阵流形中的自然梯度有助于达成这一目的. 此外, 它被表述为半参数统计问题, 从而用信息几何给出估计函数的一般形式. 在矩阵流形中应用牛顿法可以稳定和加速它的学习动态. 我们还进一步讨论了 NMF 问题.

稀疏信号处理是许多研究者研究的热点. 我们无法概述这一领域的大多数优秀成果. 相反, 我们从信息几何的角度讨论了最小化问题. Minkovskian 梯度是一个新的话题, 该方法重新解释了 L_1-约束极小化. $L_p(0 < p < 1)$ 下的极小化问题是另一个有趣的课题. 参见 (Xu et al., 2012; Yukawa and Amari, 2016) 以及 (Jeong et al., 2014).

凸规划是运筹学中的一个重要领域. 我们只讨论了内点法, 其中信息几何起着有趣的作用. 另一个与优化相关的重要主题是随机松弛框架, 它甚至对离散优化也很有用 (Malagò et al., 2013), 在前一章中已经提到过. 我们还谈到了博弈论给出的信息几何框架 (Dawid, 2007). 当 x 为离散时, Hyvärinen 得分 $S(x,p)$ 是在编写专著的最后阶段出现的一个新思路. 由 Hyvärinen 得分衍生出的对偶几何是未来研究的一个有趣课题.

参考文献

D. Ackley, G. E. Hinton and J. Sejnowski, A learning algorithm for Boltzmann machines. Cognitive Science, 9, 147-169, 1985.

A. Agarwal and H. Daumé III, A geometric view of conjugate priors. Machine Learning, 81, 99-113, 2010.

M. Aizerman, E. Braverman and L. Rozonoer, Theoretical foundations of the potential function method in pattern recognition learning. Automation and Remote Control, 25, 821-837, 1964.

M. Akahira and K. Takeuchi, Asymptotic Efficiency of Statistical Estimators: Concepts and Higher Order Asymptotic Efficiency, Springer LN in Statistics, vol. 7, 1981.

S. Akaho and K. Takabatake, Information geometry of contrastive divergence. In Information Theory and Statistical Learning, 3-9, 2008.

M. S. Ali and S. D. Silvey, A general class of coefficients of divergence of one distribution from another. Journal of Royal Statistical Society, B, 28, 131-142, 1966.

S. Amari, On some primary structures of non-Riemannian plasticity theory. RAAG Memoirs, 3, D-IX, 99-108, 1962.

S. Amari, A geometrical theory of moving dislocations. RAAG Memoirs, 4, D-XVII, 153-161, 1968.

S. Amari, Theory of adaptive pattern classifiers. IEEE Transactions on Electronic Computers, 16, 299-307, 1967.

S. Amari, Neural theory of association and concept-formation. Biological Cybernetics, 26, 175-185, 1977.

S. Amari, Differential geometry of curved exponential families—curvature and information loss. Annals of Statistics, 10, 357-385, 1982.

S. Amari, Finsler geometry of non-regular statistical models. RIMS Kokyuroku (in Japanese), Non-Regular Statistical Estimation, Ed. M. Akahira, 538, 81-95, 1984.

S. Amari, Differential-Geometrical Methods in Statistics. Lecture Notes in Statistics, 28, Springer, 1985.

S. Amari, Differential geometry of a parametric family of invertible linear systems—Riemannian metric, dual affine connections and divergence. Mathematical Systems Theory, 20, 53-82, 1987.

S. Amari, Information geometry of the EM and em algorithms for neural networks. Neural Networks, 8, 1379-1408, 1995.

S. Amari, Natural gradient works efficiently in learning. Neural Computation, 10, 251-276, 1998.

S. Amari, Superefficiency in blind source separation. IEEE Transactions on Signal Processing, 47, 936-944, 1999.

S. Amari, Estimating functions of independent component analysis for temporally correlated signals. Neural Computation, 12, 2083-2107, 2000.

S. Amari, Information geometry on hierarchy of probability distributions. IEEE Transactions on Information Theory, 47, 1701-1711, 2001.

S. Amari, Integration of stochastic models by minimizing α-divergence. Neural Computation, 19, 2780-2796, 2007.

S. Amari, α-divergence is unique, belonging to both f-divergence and Bregman divergence classes. IEEE Transactions on Information Theory, 55, 11, 4925-4931, 2009.

S. Amari, Information geometry of positive measures and positive-definite matrices: Decomposable dually flat structure. Entropy, 16, 2131-2145, 2014.

S. Amari and J. Armstrong, Curvature of Hessian manifolds, Differential Geometry and its Applications 33, 1-12, 2014.

S. Amari and J-F. Cardoso, Blind source separation—Semiparametric statistical approach. IEEE Transactions on Signal Processing, 45, 2692-2700, 1997.

S. Amari, A. Cichocki and H. Yang, A new learning algorithm for blind signal separation. In Advances in Neural Information Processing Systems (Eds. M. Mozer et al.), 8, 757-763, 1996.

S. Amari and M. Kawanabe, Information geometry of estimating functions in semi-parametric statistical models. Bernoulli, 3, 29-54, 1997.

S. Amari, S. Ikeda and H. Shimokawa, Information geometry of α-projection in mean field approximation. In M. Opper and D. Saad (Eds), Advanced Mean Field Methods: Theory and Practice, 241-257. MIT Press, 2001.

S. Amari, K. Kurata and H. Nagaoka, Information geometry of Boltzmann machines. IEEE Transactions on Neural Networks, 3, 260-271, 1992.

S. Amari and H. Nagaoka, Methods of Information Geometry. American Mathematical Society and Oxford University Press, 2000.

S. Amari, H. Nakahara, S. Wu and Y. Sakai, Synchronous firing and higher-order interactions in neuron pool. Neural Computation, 15, 127-142, 2003.

S. Amari and A. Ohara, Geometry of q-exponential family of probability distributions. Entropy, 13, 1170-1185, 2011.

S. Amari, A. Ohara and H. Matsuzoe, Geometry of deformed exponential families: Invariant, dually flat and conformal geometry. Physica A, 391, 4308-4319, 2012.

S. Amari, H. Park and K. Fukumizu, Adaptive method of realizing natural gradient learning for multilayer perceptrons. Neural Computation, 12, 1399-1409, 2000.

S. Amari, H. Park and T. Ozeki, Singularities affect dynamics of learning in neuromanifolds. Neural Computation, 18, 1007-1065, 2006.

S. Amari and S. Wu, Improving support vector machine classifiers by modifying kernel functions. Neural Networks, 12, 783-789, 1999.

S. Amari and M. Yukawa, Minkovskian gradient for sparse optimization. IEEE Journal of Selected Topics in Signal Processing, 7, 576-585, 2013.

D. Arthur and S. Vassilvitskii, k-means++: The advantages of careful seeding, Proceedings of the 18th Annual ACM-SIAM Symposium on Discrete Algorithms, 1027-1035, 2007.

K. Arwini and C. T. J. Dodson, Information Geometry. Springer, 2008.

N. Ay, An information-geometric approach to a theory of pragmatic structuring. Annals of Probability, 30, 416-436, 2002.

N. Ay, Information geometry on complexity and stochastic interaction. Entropy, 17, 2432-2458, 2015.

N. Ay, J. Jost, H. V. Lê and L. Schwachhöfer, Information Geometry and Sufficient Statistics. https://arxiv.org/abs/1207.6736, 2013.

N. Ay and S. Amari, A novel approach to canonical divergences within information geometry. Entropy, 17, 8111-8129, 2015.

N. Ay and A. Knauf, Maximizing multi-information. Kybernetika, 42, 517-538, 2006.

N. Ay, E. Olbrich, N. Bertschinger and. J. Jost, A geometric approach to complexity. Chaos, 21, 037103, 2011.

D. Balduzzi and G. Tononi, Integrated information in discrete dynamical systems: Motivation and theoretical framework. PLos Computational Biology, 4, e1000091, 2008.

A. Banerjee, S. Merugu, I. Dhillon and J. Ghosh, Clustering with Bregman divergences. Journal of Machine Learning Research, 6, 1705-1749, 2005.

N. Barkai, H. S. Seung, and H. Sompolinsky. On-line learning of dichotomies. Advances in Neural Information Processing Systems, 7, 303-310, 1995.

O. E. Barndorff-Nielsen, Information and Exponential Families in Statistical Theory. Wiley, 1978.

A. B. Barrett and A. K. Seth, Practical measures of integrated information for time-series data. PLoS Computational Biology, 7, e1001052, 2011.

M. Basseville, Divergence measures for statistical data processing—An annotated bibliography. Signal Processing, 93, 621-633, 2013.

A. Beck and M. Teboulle, Mirror descent and nonlinear projected subgradient methods for convex optimization. Operations Research Letters, 31, 167-175, 2003.

J. M. Begun, W. J. Hall, W. M. Huang and J. A. Wellner, Information and asymptotic efficiency in parametric-nonparametric models. Annals of Statistics, 11, 432-452, 1983.

A. J. Bell and T. Sejnowski, An information maximization approach to blind separation and blind deconvolution. Neural Computation, 7, 1129-1159, 1995.

P. J. Bickel, C. A. J. Ritov, and J. A. Wellner, Efficient and Adaptive Estimation for Semiparametric Models. Johns Hopkins University Press, 1994.

J.-D. Boissonnat, F. Nielsen and R. Nock, Bregman Voronoi diagrams. Discrete and Computational Geometry, 44, 281-307, 2010.

L. Bregman, The relaxation method of finding a common point of convex sets and its applications to the solution of problems in convex programming. USSR Computational Mathematics and Mathematical Physics, 7, 200-217, 1967.

R. Brockett, Some geometric questions in the theory of linear systems. IEEE Transactions on Automatic Control, 21, 449-455, 1976.

R. Brockett, Dynamical systems that sort lists, diagonalize matrices, and solve linear programming problems. Linear Algebra and its Applications, 146, 79-91, 1991.

A. Bruckstein, D. Donoho and M. Elad, From sparse solutions of systems of equations to sparse modeling of signals and images. SIAM Review, 51, 34-81, 2009.

J. Burbea and C. R. Rao, On the convexity of some divergence measures based on entropy functions. IEEE Transactions on Information Theory, 28, 489-495, 1982.

W. Byrne, Alternating minimization and Boltzmann machine learning. IEEE Transactions on Neural Networks, 3, 612-620, 1992.

O. Calin and C. Udriste, Geometric Modeling in Probability and Statistics. Springer, 2013.

L. L. Campbell, An extended Chentsov characterization of a Riemannian metric. Proceedings of American Mathematical Society, 98, 135-141, 1986.

E. J. Candes, J. Romberg and T. Tao, Stable signal recovery from incomplete and inaccurate measurements. Communications on Pure and Applied Mathematics 59, 1207-1223, 2006.

E. J. Candes and M. B. Walkin, An introduction to compressive sampling. IEEE Signal Processing Magazine, 25, 21-30, 2008.

J.-F. Cardoso and B. H. Laheld, Equivariant adaptive source separation. IEEE Transactions on Signal Processing, 44, 3017-3030, 1996.

J.-F. Cardoso and A. Souloumiac, Jacobi angles for simultaneous diagonalization. SIAM Journal on Mathematical Analysis and Applications, 17, 161-164, 1996.

A. Cena and G. Pistone, Exponential statistical manifold. Annals of Institute of Statistical Mathematics, 59, 27-56, 2007.

T. Chen and S. Amari, Unified stabilization approach to principal and minor components extraction algorithms. Neural Networks, 14, 1377-1387, 2001.

T. P. Chen, S. Amari and Q. Lin, A unified algorithm for principal and minor components extraction. Neural Networks, 11, 3, 385-390, 1998.

S. S. Chen, D. L. Donoho and M. A. Saunders, Atomic decomposition by basis pursuit. SIAM Journal on Scientific Computation, 20, 33-61, 1998.

N. N. Chentsov, Statistical Decision Rules and Optimal Inference, AMS, 1982 (originally published in Russian, Nauka, 1972).

H. Chernoff, A measure of asymptotic efficiency for tests of a hypothesis based on a sum of observations. Annals of Mathematical Statistics, 23, 493-507, 1952.

H. Choi, S. Choi, A. Katake and Y. Choe, Parameter learning for α-integration. Neural Computation, 25, 1585-1604, 2013.

J. Choi and A. P. Mullhaupt, Kahlerian information geometry for signal processing. Entropy, 17, 1581-1605, 2015.

A. Cichocki and S. Amari, Adaptive Blind Signal and Image Processing. John Wiley, 2002.

A. Cichocki and S. Amari, Families of α-, β- and γ-divergences: flexible and robust measures of similarities. Entropy, 12, 1532-1568, 2010.

A. Cichocki, S. Cruces and S. Amari, Generalized $\alpha - \beta$ divergences and their application to robust nonnegative matrix factorization. Entropy, 13, 134-170, 2011.

A. Cichocki, S. Cruces and S. Amari, Log-determinant divergences revisited: $\alpha - \beta$ and γ log-det divergences. Entropy, 17, 2988-3034, 2015.

A. Cichocki, R. Zdunek, A. H. Phan and S. Amari, Nonnegative Matrix and Tensor Factorizations. John Wiley and Sons, UK, 2009.

C. Cortes and V. Vapnik, Support-vector networks. Machine Learning, 20, 273-297, 1995.

F. Cousseau, T. Ozeki and S. Amari, Dynamics of learning in multilayer perceptrons near singularities. IEEE Transactions on Neural Networks, 19, 1313-1328, 2008.

F. Critchley, P. K. Marriott and M. Salmon, Preferred point geometry and statistical manifolds. Annals of Statistics, 21, 1197-1224, 1993.

I. Csiszár, Information-type measures of difference of probability distributions and indirect observation. Studia Scientiarum Mathematicarum Hungarica, 2, 229-318, 1967.

I. Csiszár, Information measures: A critical survey. in Proceedings of 7th Conference on Information Theory, Prague, Czech Republic, 83-86, 1974.

I. Csiszár, Why least squares and maximum entropy? An axiomatic approach to inference for linear inverse problems. Annals of Statistics, 19, 2032-2066, 1991.

I. Csiszár and G. Tusnady, Information geometry and alternating minimization procedure. In E. F. Dedewicz, et. al. (Eds.), Statistics and Decision, 205-237, Oldenburg Verlag, 1984.

Y. Dauphin, R. Pascanu, C. Gulcehre, K. Cho, S. Ganguli and Y. Bengio, Identifying and attacking the saddle point problem in high-dimensional non-convex optimization. https://arxiv.org/abs/1406.2572 , NIPS, 2014.

A. P. Dawid, The geometry of proper scoring rules. Annals of Institute of Statistical Mathematics, 59, 77-93, 2007.

A. P. Dawid, S. Lauritzen and M. Parry, Proper local scoring rules on discrete sample spaces. Annals of Statistics, 40, 593-608, 2012.

A. P. Dempster, N. M. Laird and D. B. Rubin, Maximum likelihood from incomplete data via the EM algorithm. Journal Royal Statistical Society, B, 39, 1-38, 1977.

S. Dhillon and J. A. Tropp, Matrix nearness problems with Bregman divergences. SIAM Journal on Matrix Analysis and Applications, 29, 1120-1146, 2007.

D. L. Donoho, Compressed sensing. IEEE Transactions on Information Theory, 52, 1289-1306, 2006.

D. L. Donoho and Y. Tsaig, Fast solution of L1-norm minimization problems when the solution may be sparse. IEEE Transaction on Information Theory, 54, 4789-4812, 2008.

A. Edelman, A. A. Arias and S. T. Smith, The geometry of algorithms with orthogonality constraints. SIAM Journal on Matrix Analysis and Applications, 20, 303-353, 1998.

B. Efron, Defining the curvature of a statistical problem (with application to second order efficiency). Annals of Statistics, 3, 1189-1242, 1975.

B. Efron, T. Hastie, I. Johnstone and R. Tibshirani, Least angle regression. Annals of Statistics, 32, 407-499, 2004.

S. Eguchi, Second order efficiency of minimum contrast estimators in a curved exponential family. Annals of Statistics, 11, 793-803, 1983.

S. Eguchi, O. Komori and A. Ohara, Duality of maximum entropy and minimum divergence. Entropy, 16, 3552-3572, 2014.

M. Elad, Sparse and Redundant Representations: From Theory to Applications in Signal and Image Processing. Springer, 2010.

Y. Eldar and G. Kutyniok, Compressed Sensing. Cambridge University Press, 2012.

Y. Freund and R. E. Schapire, A decision-theoretic generalization of on-line learning and an application to boosting. Journal Computer and Systems Sciences, 55, 119-139, 1997.

H. Fujisawa and S. Eguchi, Robust parameter estimation with a small bias against heavy contamination. Journal Multivariate Analysis, 99, 2053-2081, 2008.

A. Fujiwara and S. Shuto, Hereditary structure in Hamiltonians: Information geometry of Ising spin chains. Physics Letters A, 374, 911-914, 2010.

K. Fukumizu, Likelihood ratio of unidentifiable models and multilayer neural networks. Annals of Statistics, 31, 833-851, 2003.

K. Fukumizu, Exponential manifold by reproducing kernel Hilbert spaces. In Algebraic and Geometric Methods in Statistics (P. Gibilisco, E. Riccomagno, M.-P. Rogantin and H. Winn Eds.), 291-306, Cambridge University Press, 2009.

K. Fukumizu and S. Kuriki, Statistics of Singular Models. Frontiers in Statistical Sciences, 7, Iwanami, 2004 (in Japanese).

S. Furuichi, An axiomatic characterization of a two-parameter extended relative entropy. Journal of Mathematical Physics, 51, 2010.

P. Gibilisco and G. Pistone, Connections on non-parametric statistical manifolds by Orlicz space geometry: infinite-dimensional analysis. Quantum Probabilities and Related Topics, 1, 325-347, 1998.

M. Girolami and B. Calderhead, Riemannian manifold Langevin and Hamiltonian Monte Carlomethods. Journal of Royal Statistical Society, B-73, 123-214, 2011.

V. P. Godambe, Estimating Functions. Oxford University Press, 1991.

M. Grasselli, Dual connections in nonparametric classical information geometry. Annals of Institute of Statistical Mathematics, 62, 873-896, 2010.

I. Grondman, L. Bu soniu, G.A.D. Lopes and R. Babuška, A survey of actor-critic reinforcement learning: Standard and natural policy gradients. IEEE Transactions on Systems, Man, and Cybernetics-Part C: Applications and Reviews, 42, 1291-1307, 2012.

P. D. Grünwald and A. P. Dawid, Game theory, maximum entropy, minimum discrepancy and robust Bayesian decision theory. Annals of Statistics, 32, 1367-1433, 2004.

N. Hansen and A Ostermeier, Completely derandomized self-adaptation in evolution strategies. Evolutionary Computation, 9, 159-195, 2001.

G. H. Hardy, J. E. Littlewood and G. Polya, Inequalities (2nd ed.). Cambridge: Cambridge University Press, 1952.

K. V. Harsha and K. S. S. Moosath, F-geometry and Amari's α-geometry on a statistical manifold. Entropy, 16, 2472-2487, 2014.

M. Hayashi and S. Watanabe, Information geometry approach to parameter estimation in Markov chains. IEEE Transactions on Information Theory, 2014.

M. Henmi and R. Kobayashi, Hooke's law in statistical manifolds and divergence. Journal Nagoya Mathematical, 159, 1-24, 2000.

G. E. Hinton, Training products of experts by minimizing contrastive divergence. Neural Computation, 14, 1771-1800, 2002.

G. E. Hinton and E. R. Salakhutdinov, Reducing the dimensionality of data with neural networks. Science, 313, 504-507, 2006.

Y. Hirose and F. Komaki, An extension of least angle regression based on the information geometry of dually flat spaces. Journal of Computational and Graphical Statistics, 19, 1007-1023, 2010.

S. W. Ho and R. W. Yeung, On the discontinuity of the Shannon information measures. IEEE Transactions on Information Theory, 55, 5362-5374, 2009.

A. Honkela, T. Raiko, M. Kuusela, M. Tornio and J. Karhunen, Approximate Riemannian conjugate gradient learning for fixed-form variational Bayes. Journal of Machine Learning Research, 11, 3235-3268, 2010.

A. Hyvärinen, Estimation of non-normalized statistical models by score matching. Journal of Machine Learning Research, 6, 695-709, 2005.

A. Hyvärinen, Some extensions of score matching. Computational Statistics & Data Analysis, 51:2499-2512, 2007.

A. Hyvärinen, J. Karhunen and E. Oja, Independent Component Analysis. John Wiley, 2001.

T. Ichimori, On rounding off quotas to the nearest integers in the problem of apportionment methods. JSIAM Letters, 3, 21-24, 2011.

S. Ikeda, T. Tanaka and S. Amari, Stochastic reasoning, free energy, and information geometry. Neural Computation, 16, 1779-1810, 2004a.

S. Ikeda, T. Tanaka and S. Amari, Information geometry of turbo and low-density parity-check codes. IEEE Transactions on Information Theory, 50, 1097-1114, 2004b.

M. Ishikawa, Structural learning with forgetting. Neural Networks, 9, 509-521, 1996.

R. A. Jacobs, M. I. Jordan, S. J. Nolwan and G. E. Hinton, Adaptive mixtures of local experts. Neural Computation, 3, 79-87, 1991.

A. T. James, The variance information manifold and the function on it. Multivariate Statistical Analysis, Ed. P. K. Krishnaiah, Academic Press, 157-169, 1973.

H. Jeffreys, Theory of Probability, 1st ed. Clarendon Press, 1939.

H. Jeffreys, An invariant form for the prior probability in estimation problems. Proceedings of Royal Society of London, Series A, Mathematical and Physical Sciences, 186, 453-461, 1946.

H. Jeffreys, Theory of Probability, 2nd ed. Oxford University Press, 1948.

K. Jeong, M. Yukawa and S. Amari, Can critical-point paths under lp-regularization (0p1) reach the sparsest least square solutions?. IEEE Transactions on Information Theory, 60, 2960-2968, 2014.

J. Jiao, T. M. Courtade, A. No, K. Venkat and T. Weissman, Information measure: The curious case of the binary alphabet. IEEE Transactions on Information Theory, 60, 7616-7626, 2015.

S. Kakade, A natural policy gradient. In Advances in Neural Information Processing, 14, 1531-1538, 2002.

S. Kakihara, A. Ohara and T. Tsuchiya, Information geometry and interior-point algorithms in semidefinite programs and symmetric cone programs. Journal of Optimization Theory and Applications, DOI https://dx.doi.org/10.1007/s10957-012-0189-9, 2012.

T. Kanamori, T. Takenouchi, S. Eguchi and N. Murata, Robust loss function for boosting. Neural Computation, 19, 2183-2244, 2007.

K. Kanatani, Statistical optimization and geometric inference in computer vision. Philosophical Transactions of Royal Society of London, Ser. A, 356, 1303-1320, 1998.

G. Kaniadakis and A. Scarfone, A new one parameter deformation of the exponential function. Physica A, 305, 69-75, 2002.

Y. Kano, Beyond third-order efficiency. Sankhya, 59, 179-197, 1997.

Y. Kano, More higher order efficiency. Journal of Multivariate Analysis. 67, 349-366, 1998.

R. Karakida, M. Okada and S. Amari, Analyzing feature extraction by contrastive divergence learning in RBM. NIPS Workshop on Deep Learning, 2014.

R. Karakida, M. Okada and S. Amari, Dynamical analysis of contrastive divergence learning. Restricted Boltzmann machines with Gaussian visible units, To appear, 2016.

R. E. Kass and P. Vos, Geometrical Foundations of Asymptotic Inference. Wiley, 1997.

A. Kim, J. Park S. Park and S. Kang, Impedance learning for robotic contact tasks using natural actor-critic algorithm. IEEE Transactions on Systems, Man and Machine, B39, 433-443, 2010.

J. Kivinen and M. K. Warmuth, Exponentiated gradient versus gradient descent for linear predictors. Information and Computation, 132, 1-63, 1997.

K. Kumon and S. Amari, Geometrical theory of higher-order asymptotics of test, interval estimator and conditional inference. Proceedings of Royal Society of London, A 387, 429-458, 1983.

M. Kumon, A. Takemura and K. Takeuchi, Conformal geometry of statistical manifold with application to sequential estimation. Sequential Analysis, 30, 308-337, 2011.

T. Kurose, Dual connections and affine geometry. Mathematische Zeitschrift, 203, 115-121, 1990.

T. Kurose, On the divergence of 1-conformally flat statistical manifolds. Tohoku Mathematical Journal, 46, 427-433, 1994.

T. Kurose, Conformal-projective geometry of statistical manifolds. Interdisciplinary Information Sciences, 8, 89-100, 2002.

S. Lauritzen, Graphical Models. Oxford University Press, 1996.

H. V. Lê, Statistical manifolds are statistical models. Journal of Geometry, 84, 83-93, 2005.

G. Lebanon and J. Lafferty, Boosting and maximum likelihood for exponential models. In Advances in Neural Information Processing Systems (NIPS), 14, 2001.

D. D. Lee and S. Seung, Algorithms for nonnegative matrix factorization. Nature, 401, 788-791, 1999.

C. Lin and J. Jiang, Supervised optimizing kernel locality preserving projection with its application to face recognition and palm biometrics. Submitted, 2015.

M. Liu, B. C. Vemuri, S. Amari and F. Nielsen, Shape retrieval using hierarchical total Bregman soft clustering. IEEE Transactions on Pattern Analysis and Machine Learning, 34, 2407-2419, 2012.

L. Malagò, M. Matteucci and G. Pistone, Natural gradient, fitness modelling and model selection: A unifying perspective. IEEE Congress on Evolutionary Computation, 486-493, 2013.

L. Malagò and G. Pistone, Combinatorial optimization with information geometry: Newton method. Entropy 16, 4260-4289, 2014.

P. Marriott, On the local geometry of mixture models. Biometrika, 89, 77-93, 2002.

P. Marriott and M. Salmon, Applications of Differential Geometry to Econometrics. Academic Press, 2011.

J. Martens, New perspectives on the natural gradient method. https://arxiv.org/abs/1412.1193, 2015.

J. Martens and R. Grosse, Optimizing neural networks with Kronecker-factored approximate curvature. https://arxiv.org/abs/1503.05671, 2015.

R. J. Martin, A metric for ARMA processes. IEEE Transactions on Signal Processing, 48, 1164-1170, 2000.

T. Matumoto, Any statistical manifold has a contrast function—On the C3-functions taking the minimum at the diagonal of the product manifold. Hiroshima Mathematical Journal, 23, 327-332, 1993.

Y. Matsuyama, The α-EM algorithm: Surrogate likelihood maximization using α-logarithmic information measures. IEEE Transactions on Information Theory, 49, 692-706, 2003.

H. Matsuzoe, On realization of conformally-projectively flat statistical manifolds. Hokkaido Mathematical Journal, 27, 409-421, 1998.

H. Matsuzoe, Geometry of contrast functions and conformal geometry. Hokkaido Mathematical Journal, 29, 175-191, 1999.

H. Matsuzoe, J. Takeuchi and S. Amari, Equiaffine structures on statistical manifolds and Bayesianstatistics. Differential Geometry and its Applications, 24, 567-578, 2006.

J. Milnor, On the concept of attractor. Communications of Mathematical Physics, 99, 177-195, 1985.

M. Minami and S. Eguchi, Robust blind source separation by β-divergence. Neural Computation, 14, 1859-1886, 2004.

K. Miura, M. Okada and S. Amari, Estimating spiking irregularities under changing environments. Neural Computation, 18, 2359-2386, 2006.

T. Morimoto, Markov processes and the H-theorem. Journal of Physical Society of Japan, 12, 328-331, 1963.

T. Morimura, E. Uchibe, J. Yoshimoto and K. Doya, A generalized natural actor-critic algorithm. In Advances in Neural Information Processing Systems, 22, MIT Press, 1312-1320, 2009.

R. Morioka and K. Tsuda, Information geometry of input-output table. Technical Report IEICE, 110, 161-168, 2011 (in Japanese).

N. Murata, T. Takenouchi, T. Kanamori and S. Eguchi, Information geometry of U-boost and Bregman divergence. Neural Computation, 16, 1432-1481, 2004.

M. K. Murray and J. W. Rice, Differential Geometry and Statistics. Chapman Hall, 1993.

H. Nagaoka and S. Amari, Differential geometry of smooth families of probability distributions. Technical Report METR 82-7, University of Tokyo, 1982.

H. Nakahara and S. Amari, Information-geometric measure for neural spikes. Neural Computation, 14, 2269-2316, 2002.

H. Nakahara, S. Amari and B. Richmond, A comparison of descriptive models of a single spike train by information-geometric measure. Neural Computation, 18, 545-568, 2006.

J. Naudts, Generalized Thermostatistics. Springer, 2011.

A. Nemirovski and D. Yudin, Problem Complexity and Method Efficiency in Optimization, Wiley, 1983.

Y. Nesterov and A. Nemirovski, Interior Point Polynomial Methods in Convex Programming: Theory and Algorithms. SIAM Publications, 1993.

Y. Nesterov and M. Todd, On the Riemannian geometry defined by self-concordant barriers and interior-point methods. Foundations of Computational Mathematics, 2, 333-361, 2002.

N. J. Newton, An infinite-dimensional statistical manifold modeled on Hilbert space. Journal of Functional Analysis, 263, 1661-1681, 2012.

J. Neyman and E. L. Scott, Consistent estimates based on partially consistent observation. Econometrica, 16, 1-32, 1948.

F. Nielsen and R. Nock, On the χ-square and higher-order χ-distances for approximating f-divergences. IEEE Signal Processing Letters, 21, 10-13, 2014.

R. Nock and F. Nielsen, Bregman divergences and surrogates for learning. IEEE Transactions on Pattern Analysis and Machine Intelligence, 31, 2048-2059, 2009.

R. Nock, F. Nielsen and S. Amari, On conformal divergences and their population minimizers. IEEE Transactions on Information Theory, accepted, 2015.

K. Nomizu and T. Sasaki, Affine Differential Geometry. Oxford University Press, 1994.

A. Ohara, Information geometric analysis of an interior point method for semidefinite programming. In O. Barndorff-Nielsen and E. Jensen Eds, Geometry in Present Day Science, World Scientific, 49-74, 1999.

A. Ohara, Geometry of distributions associated with Tsallis statistics and properties of relative entropy minimization. Physics Letters, A, 370, 184-193, 2007.

A. Ohara and S. Amari, Differential geometric structures of stable state feedback systems with dual connections. Kybernetika, 30, 369-386, 1994.

A. Ohara and S. Eguchi, Group invariance of information geometry on q-Gaussian distributions induced by beta-divergence. Entropy, 15, 4732-4747, 2013.

A. Ohara, H. Matsuzoe and S. Amari, Conformal geometry of escort probability and its applications. Modern Physics Letters B, 26, 10, 1250063, 2012.

M. Oizumi, L. Albantakis and G. Tononi, From phenomenology to the mechanism of consciousness: Integrated information theory 3.0. PLoS Computational Biology, 10, e1003588, 2014.

M. Oizumi, S. Amari, T. Yanagawa, N. Fujii and N. Tsuchiya, Measuring integrated information from the decoding perspective. https://arxiv.org/abs/1505.04368 [q-bio.NC], To appear in PLoS Computational Biology, 2015.

M. Oizumi, M. Okada and S. Amari, Information loss associated with imperfect observation and mismatched decoding. Frontiers in Computational Neuroscience, 5, 1-13, 2011.

M. Oizumi, N. Tsuchiya and S. Amari, A unified framework for information integration based on information geometry. Submitted, 2016.

E. Oja, A simplified neuron model as a principal component analyzer. Journal of Mathematical Biology, 15, 267-273, 1982.

E. Oja, Principal components, minor components, and linear neural networks. Neural Networks, 5, 927-935, 1992.

I. Okamoto, S. Amari and K. Takeuchi, Asymptotic theory of sequential estimation: Differential-geometrical approach. Annals of Statistics, 19, 961-981, 1991.

T. Okatani and K. Deguchi, Easy calibration of a multi-projector display system. International Journal of Computer Vision, 2009.

Y. Ollivier, Riemannian metric for neural networks I: Feedforward networks. Information and Inference, 4, 108-153, 2015, DOI https://academic.oup.com/imaiai/article/4/2/108/696725.

H. Park, S. Amari and K. Fukumizu, Adaptive natural gradient learning algorithms for various stochastic models. Neural Networks, 13, 755-764, 2000.

M. Parry, A. P. Dawid and S. Lauritzen, Proper local scoring rule. Annals of Statistics, 40, 561-592, 2012.

J. Pearl, Probabilistic Reasoning in Intelligent Systems. Morgan Kaufmann, 1988.

J. Peters and S. Schaal, Natural actor-critic. Neurocomputing, 71, 1180-1190, 2008.

G. Pistone, Examples of the application of nonparametric information geometry to statistical physics. Entropy, 15, 4042-4065, 2013.

G. Pistone and M. P. Rogantin, The exponential statistical manifold: mean parameters, orthogonality and space transformations. Bernoulli, 5, 721-760, 1999.

G. Pistone and C. Sempi, An infinite-dimensional geometric structure on the space of all the probability measures equivalent to a given one. Annals of Statistics, 23, 1543-1561, 1995.

C. R. Rao, Information and accuracy attainable in the estimation of statistical parameters. Bulletin of the Calcutta Mathematical Society, 37, 81-91, 1945.

C. R. Rao, Efficient estimates and optimum inference procedures in large samples. Journal of Royal Statistical Society, B, 24, 46-72, 1962.

G. Raskutti and S. Mukherjee, The information geometry of mirror descent. IEEE Transactions on Information Theory, 61, 1451-1457, 2015.

J. Rauh, Finding the maximizers of the information divergence from an exponential family. IEEE Transactions on Information Theory, 57, 3236-3247, 2011.

N. Ravishanker, E. L. Melnik and C. Tsai, Differential geometry of ARMA models. Journal of Time Series Analysis, 11, 259-274, 1990.

A. Rényi, On measures of entropy and information, in Proc. 4th Symposium on Mathematical Statistics and Probability Theory, Berkeley, CA, 1, 547-561, 1961.

F. Rosenblatt, Principles of Neurodynamics. Spartan, 1962.

N. L. Roux, P.-A. Manzagol and Y. Bengio, Topmoumoute online natural gradient algorithm. In Advances in Neural Information Processing Systems, 17, 849-856, 2007.

D. E. Rumelhart, G. E. Hinton and R. J. Williams, Learning representations by back-propagating errors. Nature, 323, 533-536, 1986.

R. E. Schapire, Y. Freend, P. Bartlett and W. S. Lee, Boosting the margin: A new explanation for the effectiveness of voting methods. Annals of Statistics, 26, 1651-1686, 1998.

J. Schmidhuber, Deep Learning in Neural Networks: An Overview. Neural Networks, 61, 85-117, 2015.

B. Scholkopf, Support Vector Learning. Oldenbourg, 1997.

J. A. Schouten, Ricci Calculus. Springer, 1954.

J. Shawe-Taylor and N. Cristianini, Kernel Methods for Pattern Analysis. Cambridge University Press, 2004.

H. Shima, The Geometry of Hessian Structures. World Scientific, 2007.

S. Shinomoto, K. Shima and J. Tanji, Differences in spiking patterns among cortical neurons. Neural Computation, 15, 2823-2842, 2003.

P. Smolensky, Information processing in dynamical systems: Foundations of harmony theory, In D. E. Rumelhart and J. L. McLelland (Eds.), Parallel Distributed Processing, 1, 194-281, MIT Press, 1986.

A. Soriano and L. Vergara, Fusion of scores in a detection context based on alpha integration. Neural Computation, 27, 1983-2010, 2015.

S. M. Stigler, The epic story of maximum likelihood. Statistical Science, 22, 598-620, 2007.

T. Takenouchi and S. Eguchi, Robustifying AdaBoost by adding the naive error rate. Neural Computation 16, 767-787, 2004.

T. Takenouchi, S. Eguchi, N. Murata and T. Kanamori, Robust boosting algorithm against mislabeling in multiclass problems. Neural Computation, 20, 1596-1630, 2008.

J. Takeuchi, Geometry of Markov chains, finite state machines and tree models. Technical Report of IEICE, 2014.

J. Takeuchi, T. Kawabata and A. Barron, Properties of Jeffreys mixture for Markov sources. IEEE Transactions on Information Theory, 41, 643-652, 2013.

K. Tanabe, Geometric method in nonlinear programming. Journal of Optimization Theory and Applications, 30, 181-210, 1980.

T. Tanaka, Information geometry ofmean field approximation. Neural Computation, 12, 1951-1968, 2000.

M. Taniguchi, Higher-Order Asymptotic Theory for Time Series Analysis. Springer Lecture Notes in Statistics, 68, 1991.

P. S. Thomas, W. Dabney, S. Mahadeven and S. Giguere, Projected natural actor-critic. In Advances in Neural Information Processing Systems, 26, 2013.

R. Tibshirani, Regression shrinkage and selection via the LASSO. Journal of Royal Statistical Society, Series B, 58, 267-288, 1996.

G. Tononi, Consciousness as integrated information: a provisional manifest. Biological Bulletin, 215, 216-242, 2008.

F. Topsoe, Information-theoretical optimization techniques. Kybernetika, 15, 8-27, 1979.

C. Tsallis, Possible generalization of Boltzmann-Gibbs statistics. Journal of Statistical Physics, 52, 479-487, 1988.

C. Tsallis, Introduction to Nonextensive Statistical Mechanics: Approaching a Complex World, Springer, 2009.

K. Uohashi, α-conformal equivalence of statistical submanifolds. Journal of Geometry, 75, 179-184, 2002.

V. N. Vapnik, Statistical Learning Theory. John Wiley, 1998.

B. C. Vemuri, M. Liu, S. Amari and F. Nielsen, Total Bregman divergence and its applications to DTI analysis. IEEE Transactions on Medical Imaging, 30, 475-483, 2011.

R. F. Vigelis, and C. C. Cavalcante, On φ-families of probability distributions. Journal of Theoretical Probabilities, 26, 870-884, 2013.

P. Vos, A geometric approach to detecting influential cases. Annals of Statistics, 19, 1570-1581, 1991.

J. Wada, A divisor apportionment method based on the Kolm-Atkinson social welfare function and generalized entropy. Mathematical Social Sciences, 63, 243-247, 2012.

M. J. Wainwright and M. I. Jordan, Graphical models, exponential families, and variational inference. Foundations and Trends in Machine Learning, 1, 1-305, 2008.

S. Watanabe, Algebraic geometrical methods for hierarchical learning machines. Neural Networks, 14, 1409-1060, 2001.

S. Watanabe, Algebraic Geometry and Statistical Learning Theory. Cambridge University Press, 2009.

S. Watanabe, Asymptotic equivalence of Bayes cross validation and widely applicable information criterion in singular statistical learning theory. Journal of Machine Learning Research, 11, 3571- 3591, 2010.

H. Wei and S. Amari, Dynamics of learning near singularities in radial basis function networks. Neural Networks, 21, 989-1005, 2008.

H. Wei, J. Zhang, F. Cousseau, T. Ozeki and S. Amari, Dynamics of learning near singularities in layered networks. Neural Computation, 20, 813-843, 2008.

P. Williams, S. Wu and J. Feng, Two scaling methods to improve performance of the support vector machine. In Support Vector Machines: Theory and Applications, Ed. L. Wang, 205-218, Springer, 2005.

D. Wu, Parameter estimation for α-GMM based on maximum likelihood criterion. Neural Computation, 21, 1776-1795, 2009.

S. Wu and S. Amari, Conformal transformation of kernel functions: A data-dependent way to improve support vector machine classifiers. Neural Processing Letters, 15, 59-67, 2002.

S.Wu, S. Amari and H. Nakahara, Population coding and decoding in a neural field: A computational study. Neural Computation, 14, 999-1026, 2002.

L. Xu, Least mean square error reconstruction principle for self-organizing neural nets. Neural Networks, 6, 627-648, 1993.

Z. Xu, X. Chang, F. Xu and H. Zhang, $L_{1/2}$regularization: A thresholding representation theory and a fast solver. IEEE Transactions on Neural Networks and Learning Systems, 23, 1013-1027, 2012.

S. Yi, D. Wierstra, T. Schaul and J. Schmidhuber, Stochastic search using the natural gradient. ICML Proceedings of the 26th Annual Internatinal Conference on Machine Learning, 1161-1168, 2009.

J. S. Yedidia, W. T. Freeman and Y. Weiss, Generalized belief propagation. In T. K. Leen, T. G. Dietrich and V. Tresp (Eds.), Advances in Neural Information Processing Systems, 13, 689-695, MIT Press, 2001.

A. Yuille, CCCP algorithms to minimize the Bethe and Kikuchi free energies: Convergent alternatives to belief propagation. Neural Computation, 14, 1691-1722, 2002.

A. L. Yuille and A. Rangarajan, The concave-convex procedure. Neural Computation, 15, 915-936, 2003.

M. Yukawa and S. Amari, l_p-regularized least squares ($0 < p < 1$) and critical path. IEEE Transactions on Information Theory, 62, 1-15, 2016.

J. Zhang, Divergence function, duality and convex analysis. Neural Computation, 16, 159-195, 2004.

J. Zhang, From divergence function to information geometry: Metric, equiaffine and symplectic structures. Geometry Symposium, Japan Mathematical Society, Proceedings, 47-62, 2011.

J. Zhang, Nonparametric information geometry: From divergence function to referential representational biduality on statistical manifolds. Entropy, 15, 5384-5418, 2013.

J. Zhang, On monotone embedding in information geometry. Entropy, 17, 4485-4499, 2015.

J. Zhao, H. Wei, C. Zhang, W. Li, W. Guo and K. Zhang, Natural gradient learning algorithms for RBF networks. Neural Computation, 27, 481-505, 2015.

H. Y. Zhu and R. Rohwer, Bayesian invariant measurements of generalization. Neural Processing Letters, 2, 28-31, 1995.

《现代数学译丛》已出版书目

(按出版时间排序)

1　椭圆曲线及其在密码学中的应用——导引　2007. 12 〔德〕Andreas Enge　著　吴　铤　董军武　王明强　译

2　金融数学引论——从风险管理到期权定价　2008. 1 〔美〕Steven Roman　著　邓欣雨　译

3　现代非参数统计　2008. 5 〔美〕Larry Wasserman　著　吴喜之　译

4　最优化问题的扰动分析　2008. 6 〔法〕J. Frédéric Bonnans　〔美〕Alexander Shapiro　著　张立卫　译

5　统计学完全教程　2008. 6 〔美〕Larry Wasserman　著　张　波　等　译

6　应用偏微分方程　2008. 7 〔英〕John Ockendon, Sam Howison, Andrew Lacey　& Alexander Movchan　著　谭永基　程　晋　蔡志杰　译

7　有向图的理论、算法及其应用　2009. 1 〔丹〕J. 邦詹森 〔英〕G . 古廷　著　姚　兵　张忠辅　译

8　微分方程的对称与积分方法　2009.1 〔加〕乔治 W. 布卢曼 斯蒂芬 C. 安科 著　闫振亚　译

9　动力系统入门教程及最新发展概述　2009.8 〔美〕Boris Hasselblatt & Anatole Katok　著　朱玉峻　郑宏文　张金莲　阎欣华　译　胡虎翼　校

10　调和分析基础教程　2009.10 〔德〕Anton Deitmar 著　丁　勇　译

11　应用分支理论基础　2009. 12 〔俄〕尤里·阿·库兹涅佐夫　著　金成桴　译

12　多尺度计算方法——均匀化及平均化　2010. 6　Grigorios A. Pavliotis, Andrew M. Stuart 著　郑健龙　李友云　钱国平　译

13　最优可靠性设计：基础与应用　2011. 3 〔美〕Way Kuo, V. Rajendra Prasad,　Frank A.Tillman, Ching-Lai Hwang 著　郭进利　闫春宁　译　史定华 校

14　非线性最优化基础　2011.4 〔日〕Masao Fukushima　著　林贵华　译

15　图像处理与分析：变分，PDE，小波及随机方法　2011.6　Tony F. Chan, Jianhong (Jackie) Shen 著　陈文斌，程　晋　译

16　马氏过程　2011.6 〔日〕福岛正俊　竹田雅好　著　何　萍　译　应坚刚　校

17 合作博弈理论模型 2011.7 〔罗〕Rodica Branzei 〔德〕Dinko Dimitrov 〔荷〕Stef Tijs 著 刘小冬 刘九强 译

18 变分分析与广义微分 I：基础理论 2011. 9 〔美〕 Boris S. Mordukhovich 著 赵亚莉 王炳武 钱伟懿 译

19 随机微分方程导论应用(第 6 版) 2012. 4 〔挪〕Bernt Øksendal 著 刘金山 吴付科 译

20 金融衍生产品的数学模型 2012.4 郭宇权(Yue-Kuen Kwok) 著 张寄洲 边保军 徐承龙 等 译

21 欧拉图与相关专题 2012.4 〔英〕Herbert Fleischner 著 孙志人 李 皓 刘桂真 刘振宏 束金龙 译 张 昭 黄晓晖 审校

22 重分形：理论及应用 2012.5 〔美〕戴维·哈特 著 华南理工分形课题组 译

23 组合最优化：理论与算法 2014. 1 〔德〕 Bernhard Korte Jens Vygen 著 姚恩瑜 林治勋 越民义 张国川 译

24 变分分析与广义微分 II：应用 2014. 1 〔美〕 Boris S. Mordukhovich 著 李 春 王炳武 赵亚莉 王 东 译

25 算子理论的 Banach 代数方法(原书第二版) 2014.3 〔美〕 Ronald G. Douglas 著 颜 军 徐胜芝 舒永录 蒋卫生 郑德超 孙顺华 译

26 Bäcklund 变换和 Darboux 变换——几何与孤立子理论中的应用 2015.5 [澳]C. Rogers W. K. Schief 著 周子翔 译

27 凸分析与应用捷径 2015.9 〔美〕 Boris S. Mordukhovich, Nguyen Mau Nam 著 赵亚莉 王炳武 译

28 利己主义的数学解析 2017.8 〔奥〕 K. Sigmund 著 徐金亚 杨 静 汪 芳 译

29 整数分拆 2017.9 〔美〕 George E. Andrews 〔瑞典〕Kimmo Eriksson 著 傅士硕 杨子辰 译

30 群的表示和特征标 2017.9 〔英〕 Gordon James, Martin Liebeck 著 杨义川 刘瑞珊 任燕梅 庄 晓 译

31 动力系统仿真、分析与动画—— XPPAUT 使用指南 2018.2 〔美〕 Bard Ermentrout 著 孝鹏程 段利霞 苏建忠 译

32 微积分及其应用 2018.3 〔美〕 Peter Lax Maria Terrell 著 林开亮 刘 帅 邵红亮 等 译

33 统计与计算反问题 2018.8 〔芬〕 Jari Kaipio Erkki Somersalo 著 刘逸侃 徐定华 程 晋 译

34 图论(原书第五版) 2020.4 〔德〕 Reinhard Diestel 著 〔加〕于青林 译

35 多元微积分及其应用 2019.10 〔美〕 Peter Lax Mara Terrell 著 林开亮 刘 帅 邵红亮 等 译

36 变分分析与应用 2023.3 〔美〕 Boris S. Mordukhovich 著 欧阳薇 译

37 流行病学中的数学模型 2023.4 〔美〕 弗雷德・ 布劳尔 (Fred Brauer) 〔美〕 卡洛斯・卡斯蒂略-查弗斯 (Carlos Castillo-Chavez) 〔美〕 冯芷兰 (Zhilan Feng) 著 〔荷〕金成桴 〔荷〕何燕琍 译

38 非光滑分析与控制理论 2024.6 〔法〕 F. H. 克拉克 (F. H. Clarke) 〔俄〕 Yu. S. 拉德耶夫 (Yu. S. Ledyaev) 〔加〕 R. J. 斯特恩 (R. J. Stern) 〔美〕 P. R. 沃伦斯基 (P. R. Wolenski) 李明华 薛小维 李小兵 王其林 卢成武 译

39 **信息几何及其应用 2024.7 〔日〕甘利俊一 (Shun-ichi Amari) 著 何元智 译**